普通高等教育力学系列“十三五”规划教材

工程力学教程

主　编　冯立富　贾坤荣　吴守军　杨　帆

副主编　张烈霞　张文荣　王　玲　王　垠

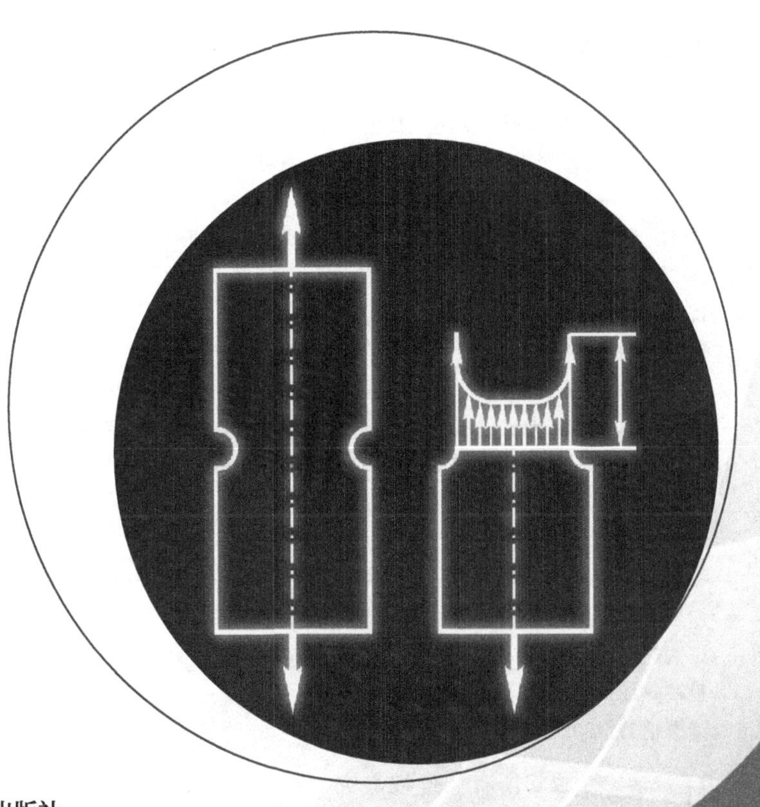

西安交通大学出版社
XI'AN JIAOTONG UNIVERSITY PRESS

内容提要

本书将理论力学和材料力学的基本内容有机地融合为一个整体，主要内容分为刚体静力学和变形固体静力学两篇，结构合理，叙述简明，内容精练。本书适合由于学时偏少，因而不宜将理论力学和材料力学单独设课的工科本科各类相关专业使用，也可供专科的各类相关专业选用，还可供广大力学教师和工程技术人员参考。

图书在版编目(CIP)数据

工程力学教程/冯立富等主编. —西安：西安交通大学出版社，2020.8(2024.8 重印)
ISBN 978-7-5605-5760-1

Ⅰ. ①工…　Ⅱ. ①冯…　Ⅲ. ①工程力学-高等学校-教材
Ⅳ. ①TB12

中国版本图书馆 CIP 数据核字(2020)第 131000 号

书　　名　工程力学教程
主　　编　冯立富　贾坤荣　吴守军　杨　帆
责任编辑　田　华
责任校对　陈　昕

出版发行　西安交通大学出版社
　　　　　(西安市兴庆南路 1 号　邮政编码 710048)
网　　址　http://www.xjtupress.com
电　　话　(029)82668357　82667874(市场营销中心)
　　　　　(029)82668315(总编办)
传　　真　(029)82668280
印　　刷　西安日报社印务中心

开　　本　787mm×1092mm　1/16　　印张　14.625　　字数　351 千字
版次印次　2020 年 8 月第 1 版　　2024 年 8 月第 5 次印刷
书　　号　ISBN 978-7-5605-5760-1
定　　价　36.00 元

如发现印装质量问题，请与本社市场营销中心联系。
订购热线：(029)82665248　(029)82667874
投稿热线：(029)82664954
读者信箱：190293088@qq.com

前　言

作为普通高等教育“十一五”规划教材，2008 年 8 月由西安交通大学出版社出版的《工程力学》教材将理论力学和材料力学的基本内容有机地融合为一个整体，满足了由于学时偏少，因而不宜把理论力学和材料力学单独设课的工科本科各类相关专业的教学需要，受到了各使用院校广大师生的肯定和欢迎。

这本《工程力学教程》尽量利用学生已有的高等数学和普通物理学基础，避免简单重复，理论严谨，结构合理，逻辑清晰，内容简练，有利于培养学生的科学思维方式和世界观；注重理论联系实际，培养学生应用本课程的理论和方法，分析和解决工程与生活实际中简单力学问题的能力。

考虑到目前部分院校的学时进一步减少，根据教育部高等学校力学教学指导委员会力学基础课程教学分委员会 2019 年 6 月颁布的《高等学校理工科非力学专业力学基础课程教学基本要求》，我们从此系列丛书中的《工程力学》教材中选取了刚体静力学和变形固体静力学两篇及其相关的内容，进行了适当修订，现单独成书出版。

本书可供工科本科非机械类的各类专业使用，也可供广大力学教师和工程技术人员参考。本书的参考学时为 40～60 学时。

参加本书修订工作的有：西安交通大学伍晓红、谭宁，西安工业大学刘百来、杨帆、张文荣，西安科技大学杨帆，西安工程大学贾坤荣、王玲、段苗苗，西北农林科技大学吴守军、李宝辉，空军工程大学李颖、赵静波、赵雪，西安电子科技大学王芳林、朱应敏、马娟，陕西理工大学张烈霞、赵亮，西安理工大学王垠、刘志强，榆林学院曹保卫。由冯立富、贾坤荣、吴守军、杨帆（西安科技大学）担任主编，张烈霞、张文荣、王玲、王垠担任副主编。全书由冯立富统稿并审定。

由于我们水平所限，书中难免会有疏漏之处，恳请广大读者朋友们批评指正。

编者

2020 年 2 月

目　录

第二篇　变形固体静力学

绪　论

力学是研究物体机械运动规律的科学。

所谓**机械运动**，即**力学运动**，是指物体在空间的位置随时间的变化。它是物质的运动形式中最简单的一种。为方便计，本书中一般都把机械运动简称为**运动**。

所谓**力，是指物体相互之间的机械作用，这种作用的效应是使物体改变运动状态，或者产生变形。**其中，前一种效应称为力的**外效应**(或**运动效应**)，而后一种效应称为力的**内效应**(或**变形效应**)。

作用于同一物体的一群力称为**力系**。若二力系分别作用于同一物体而效应相同，则称此二力系互为**等效力系**。若一个力和一个力系等效，则称该力为此力系的**合力**，而此力系中的每一个力都是合力的**分力**。

实践证明，力对物体的作用效应取决于三个要素：①力的大小；②力的方向；③力的作用点。力的大小反映了物体间相互机械作用的强度。为了度量力的大小，必须选定力的单位。本书采用国际单位制(SI)。在国际单位制中，力的单位是 N(牛顿)或 kN(千牛)。

力的三要素可以用一带箭头的线段表示(图0-1)。线段的长度按照一定的比例表示力的大小；线段的方位和箭头的指向表示力的方向；线段的始端或末端表示力的作用点。线段所在的直线称为**力的作用线**。在 1.1 节中将说明，作用在物体上同一点的两个力的合成服从平行四边形公理。根据定义，任何一个具有大小、方向并服从平行四边形公理的物理量都是矢量。因此，力是矢量。由于力的作用点是力的三要素之一，所以力还是**固定矢量**。矢量常用黑斜体字母或带箭头的斜体字母表示。本书中除第二篇变形固体静力学以外，一般采用黑斜体字母来表示矢量(如图0-1中的力 $\boldsymbol{F}$)。仅表示力的大小和方向的矢量称为**力矢**。力矢的要素中不含作用点，也没有作用线的问题，它是一种**自由矢量**。

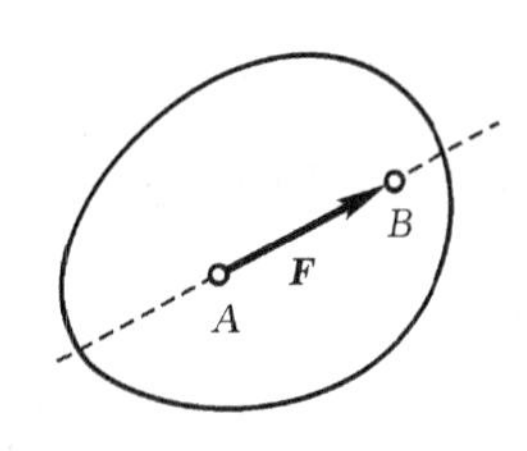

图 0-1

如果力集中作用在物体上的某一个点(作用点)，则这种力称为**集中力**。实际上力的作用位置不可能是一个点，而是物体上的某一部分面积(**面力**)或体积(**体力**)。例如，飞机在飞行中机翼上承受的空气动力是分布在物体的整个机翼表面上的；物体受到的重力是分布在物体的整个体积上的，这种力称为**分布力**。仅当力的作用面积或作用体积不大时，才可以近似地看成集中力。

分布力的表示和处理，要用微积分的概念和方法。以面力为例，在力的作用面上任取一微面，设其面积为 ΔA，其上作用的分布力为 $\Delta\boldsymbol{F}$。一般地说，若所取面积 ΔA 的大小不同，则 $\Delta\boldsymbol{F}$ 的大小和方向也不同。令微面收缩到面中的一点 P，取极限 $\boldsymbol{S}=\lim\limits_{\Delta A\to 0}\dfrac{\Delta\boldsymbol{F}}{\Delta A}$。$\boldsymbol{S}$ 表示面力在 P 点的强度和方向。一般情形下，在力作用面上的不同的点，$\boldsymbol{S}$ 的大小和方向是不同的。$\boldsymbol{S}$ 的大小 S 称为**面分布力的集度**(或**强度**)，常记为 q，其单位为 $\mathrm{N/m^2}$。类似地，可用 $\boldsymbol{B}=\lim\limits_{\Delta V\to 0}\dfrac{\Delta\boldsymbol{F}}{\Delta V}$表示体

力在某一点的强度和方向，这里的 ΔV 为所取微体的体积。$\boldsymbol{B}$ 的大小 B 称为体分布力的集度，单位为 $\mathrm{N/m^3}$。用 $\boldsymbol{S}$ 或 $\boldsymbol{B}$ 给定的分布力，可以近似地看成是由许多集中力 $\boldsymbol{S}\cdot\Delta A$ 或 $\boldsymbol{B}\cdot\Delta V$ 组成的力系，有时也将它们合成为一个合力。例如，将机翼表面上各小部分承受的空气动力合成为一个作用在**压力中心**上的总空气动力；将物体各小部分受到的重力合成为一个作用在**重心**上的总重力。

在工程实际中，常遇到沿着某一狭长面积分布的力，这种力可以看作是沿着一条线段分布的，称为**线分布力**或**线分布载荷**。表示力的分布情况的图形称为**载荷图**。线分布力合力的大小等于载荷图的面积，作用线通过载荷图的形心。如图 0－2(a)所示，作用在水平梁 AB 上的载荷是均匀分布的，集度为 q，其合力的大小 $F=ql$，方向与均布载荷相同，作用在梁的中点 C 上(图 0－2(b))。

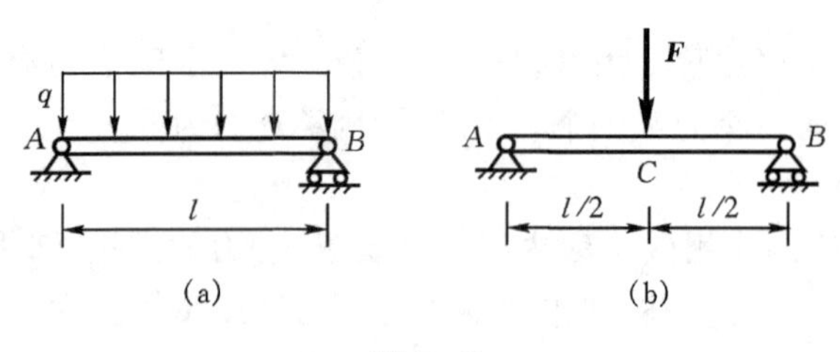

图 0－2

如图 0－3(a)所示，作用在水平梁 AB 上的载荷是线性分布的，其中右端的集度为零，左端的集度为 q，则其合力的大小 $F=\dfrac{1}{2}ql$，方向也与分布载荷相同，作用在梁上的 D 点，如图 0－3(b)所示。

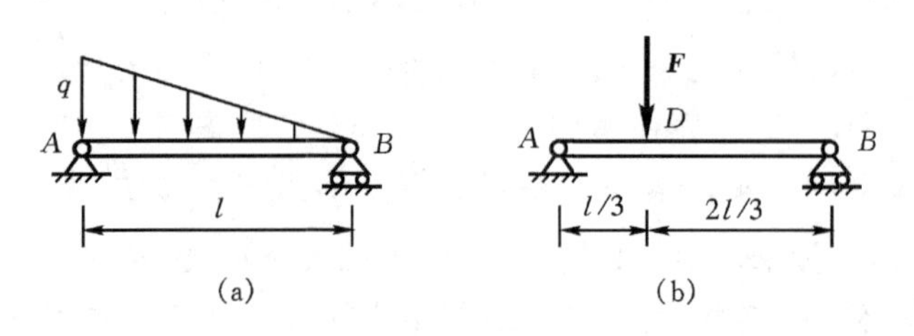

图 0－3

力学是最早产生并获得发展的科学之一。人类开始研究力学理论，大约可以追溯到 2500 年以前。在记述我国古代伟大学者墨翟(约公元前 5 世纪上半叶至公元前 4 世纪初)学说的《墨经》中，在力学方面就有关于力、重心、秤的原理以及材料的性质、运动的分类等论述。但力学真正成为一门科学，则要从牛顿在 1687 年发表其《自然哲学的数学原理》这篇名著时算起。

力学，在英语中叫 mechanics，起源于希腊语 $\mu\eta\chi\alpha\upsilon\eta$，有机械、工具之意。西方的 mechanics 于明末清初传入我国，当时译为“重学”或“力艺”，直到 1903 年才正式译为力学。我们汉语中的力学，在字面上的含义是力的科学，与 $\mu\eta\chi\alpha\upsilon\eta$ 不尽一致。

从历史上看，力学原是物理学的一个分支，而物理科学的建立则是从力学开始的。后来由于数学理论和工程技术的推进，以研究宏观机械运动为主的力学逐渐从物理学中独立出来，而物理学中仍保留的有关基础部分被称为“经典力学”，以区别于其它分支如热力学、电动力学、量子力学等，后面这些带有“力学”名称的分支属于物理学而不属于力学。

力学与数学和物理学等学科一样，是一门基础科学，它所阐明的规律带有普遍的性质；力学同时又是一门技术科学，它是众多应用科学特别是工程技术的基础，是人类认识自然、改造自然的重要学科。追溯到20世纪前，经典力学的发展曾推动了影响整个人类文明进程的第一次工业革命。进入20世纪后，高新技术硕果累累，但无论是导弹、飞机、海底遂道、高层建筑、远洋巨轮、海洋平台、精密机械、高速列车、人造卫星、机器人等，无不都是在现代力学成就的指导下实现的。甚至在表面看来似乎与力学关系不大的电子工业、生命科学、医学、农学等领域中，哪里有力与运动，哪里就有力学问题需要去解决。马克思说过，力学“是大工业的真正科学的基础”。钱学森说：“不能设想，不要现代力学就能实现现代化。”一部航空航天工业的发展史已经证明，正是由于一个个力学问题的相继突破，才促进了航空航天工业的腾飞与繁荣。

工程力学是研究物体机械运动的一般规律和构件的承载能力的科学。它与工程技术的联系极为广泛，是现代工程技术的重要理论基础之一。工程力学是工科各类专业的一门技术基础课。它以高等数学和普通物理学为基础，又为结构力学、机械原理和机械零件，以及弹性力学、断裂力学、流体力学、岩土力学等后继课程提供必要的基础知识。

工程力学的研究对象往往是相当复杂的。在研究实际的复杂力学问题时，必须抓住问题的内在联系，抽出起决定作用的主要因素，忽略或暂时忽略次要因素，从而抽象成为一定的力学模型作为研究对象，这就是力学中的**抽象化方法**。例如，忽略物体受力时要发生变形的性质，可以得到**刚体**的概念；忽略物体的几何尺寸，则可得到**质点**的概念，等等。这样的抽象，一方面能使问题得到某种程度的简化，另一方面也能更深刻、更正确、更完全地反映事物的本质。当然，任何抽象化的模型都是有条件的、相对的。例如，在研究地球绕太阳的公转时，可以不考虑地球上各点运动的差异，把它抽象为一个质点；但在研究地球的自转或弹丸的弹道时，就不能再把地球视为一个质点了。

由许多相互之间有一定联系的质点组成的系统称为**质点系**。刚体是任意两个质点之间的距离始终保持不变的质点系，也称为不变质点系。**变形固体**也是一种质点系。工程力学的研究对象是质点和质点系，主要是刚体和变形固体。

与研究其它自然科学问题一样，研究工程力学问题一般遵循实验、观察分析、综合归纳、假设推理、检验等步骤。因此，在工程力学中理论和实验之间不仅有着紧密的联系，而且具有同等重要的地位。

工程力学的主要内容分为刚体静力学、变形固体静力学、运动学和动力学四部分。

刚体静力学研究物体受力分析的基本方法，以及力系的简化和平衡的规律，重点是力系的平衡问题。

变形固体静力学研究构件在外力的作用下产生变形和破坏的规律，主要是构件的强度、刚度和稳定性问题。

运动学仅以几何观点研究物体的运动，而不涉及运动产生的物理原因。

动力学则研究物体的运动与其受力和物体本身的物理性质之间的关系，它比静力学和运动学问题更广泛、更深入。

第一篇　刚体静力学

引　　言

刚体静力学是研究物体平衡规律的科学。它主要研究以下三个方面的问题。

(1)**物体的受力分析。**所谓受力分析，是指分析物体受到了哪些力的作用，以及每个力的作用位置和作用方向的过程。

(2)**力系的简化。**将作用在某物体上的由多个力构成的复杂力系用一个较简单的力系代替，而保持其对该物体的作用效应不变。这种方法称为**力系的简化**，或称为**力系的等效替换**。

(3)**力系的平衡。**建立物体在力系作用下保持平衡的条件。**平衡**是物体机械运动的一种特殊状态。若物体相对于惯性参考系保持静止或作匀速直线平动，则称此物体处于平衡状态。在一般工程问题中，常把固连于地球上的参考系视为惯性参考系。本书中如无特别说明，都将视地球为惯性参考系。

第1章　静力学基础

1.1　静力学公理

人们在长期的生活和生产实践中，对力的基本性质进行了概括和归纳，得出了一些显而易见的、能更深刻地反映力的本质的一般规律。这些规律的正确性为实践反复证明，从而被人们所公认，我们称之为**静力学公理**。静力学的所有其余内容，都可以由这些公理推论得到。所以，静力学公理是整个静力学的理论基础。

公理一　力的平行四边形公理

作用在物体上同一点的两个力，可以合成为一个也作用于该点的合力。合力的大小和方向由以这两个力为邻边所构成的平行四边形的对角线表示。

图1-1(a)中，力 $\boldsymbol{F}_R$ 为两共点力 $\boldsymbol{F}_1$、$\boldsymbol{F}_2$ 的合力，力 $\boldsymbol{F}_1$、$\boldsymbol{F}_2$ 为 $\boldsymbol{F}_R$ 的分力，它们之间的关系可写成矢量等式

$$\boldsymbol{F}_R = \boldsymbol{F}_1 + \boldsymbol{F}_2$$

式中的"+"号表示按矢量相加，即按平行四边形法则相加。因此，力的平行四边形公理也可以叙述为：**两个共点力的合力矢等于两分力矢的矢量和(几何和)**。这种通过作力的平行四边形来求合力的几何方法称为**力的平行四边形法则**。

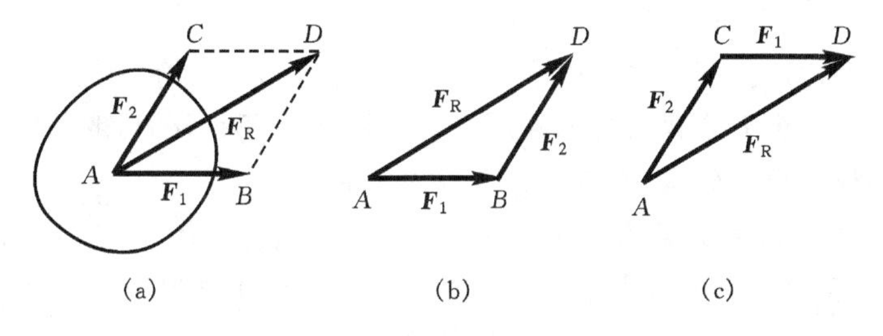

图1-1

由图1-1(b)可见，在求合力矢 $\boldsymbol{F}_R$ 时，实际上不必作出整个平行四边形，只要以力矢 $\boldsymbol{F}_1$ 的末端 B 作为力矢 $\boldsymbol{F}_2$ 的始端画出 $\boldsymbol{F}_2$，即两分力矢首尾相接，则矢量$\overrightarrow{AD}$就代表合力矢 $\boldsymbol{F}_R$。如果先画 $\boldsymbol{F}_2$，后画 $\boldsymbol{F}_1$(图1-1(c))，也能得到相同的结果。这样画成的三角形 ABD 或 ACD 称为**力三角形**。这种通过作力三角形来求合力矢的几何方法称为**力三角形法则**。

如图1-2(a)所示，设物体上作用有共点力 $\boldsymbol{F}_1$、$\boldsymbol{F}_2$、$\boldsymbol{F}_3$ 和 $\boldsymbol{F}_4$。为了求该力系的合力矢，可连续应用力三角形法则，把各力两两顺次合成。如图1-2(b)所示，先从任意点 a 起，画出 $\boldsymbol{F}_1$ 和 $\boldsymbol{F}_2$ 的力三角形 abc，求出它们合力矢 $\boldsymbol{F}_{R1}$；再画出 $\boldsymbol{F}_{R1}$ 和 $\boldsymbol{F}_3$ 的力三角形 acd，求出它们的合力矢 $\boldsymbol{F}_{R2}$。显然 $\boldsymbol{F}_{R2}$ 也就是 $\boldsymbol{F}_1$、$\boldsymbol{F}_2$ 和 $\boldsymbol{F}_3$ 这三个力的合力矢。继续采用这种方法，可以求得共点力系的合力矢 $\boldsymbol{F}_R$。

由图1-2(b)可以看出，为了求合力矢 $\boldsymbol{F}_R$，作图过程中的力矢 $\boldsymbol{F}_{R1}$ 和 $\boldsymbol{F}_{R2}$ 可不必画出，只须

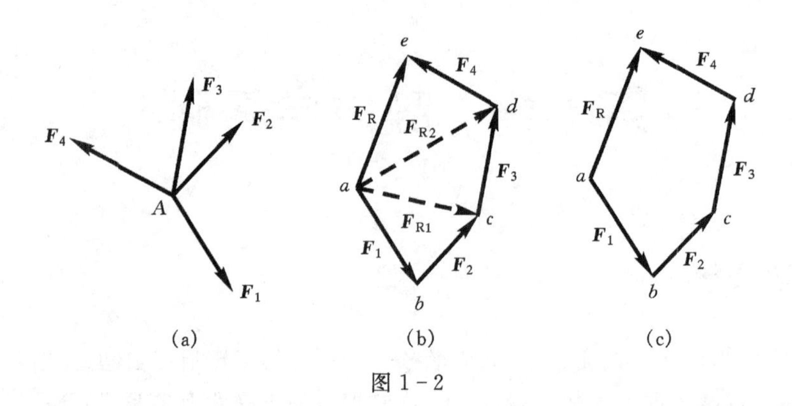

图 1-2

将力系中各力矢按首尾相接的原则顺次画出，连接第一个力矢的始端与最后一个力矢的末端的矢量，就是合力矢 $\boldsymbol{F}_R$，如图 1-2(c)所示。这样画出的多边形 *abcde* 称为**力多边形**。合力矢为力多边形的封闭边。用力多边形求合力矢的几何方法称为**力多边形法则**。

具有公共作用点的力系称为**共点力系**。上述方法容易推广到由 n 个力 $\boldsymbol{F}_1,\boldsymbol{F}_2,\cdots,\boldsymbol{F}_n$ 组成的共点力系的情形。结论如下：**共点力系可以合成为一个合力，合力的作用点与各分力相同，合力的大小和方向由力多边形的封闭边表示**。写成矢量等式，则有

$$\boldsymbol{F}_R = \boldsymbol{F}_1 + \boldsymbol{F}_2 + \cdots + \boldsymbol{F}_n = \sum_{i=1}^{n}\boldsymbol{F}_i$$

或简写为

$$\boldsymbol{F}_R = \sum \boldsymbol{F} \tag{1-1}$$ [①]

不难看出，在一般情况下，力多边形是空间折线。仅对各力的作用线在同一平面内的平面共点力系，力多边形才是平面折线。

利用力的平行四边形公理或力多边形法则也可以将一个力分解为与之共点的两个或多个分力。在工程中常将一个力分解为与之共面的两个相互垂直的分力，或分解为三个相互垂直的分力。这种分解称为**正交分解**，所得的分力称为**正交分力**。

如图 1-3(a)所示，力 $\boldsymbol{F}$ 分解为两个正交分力 $\boldsymbol{F}_x$ 和 $\boldsymbol{F}_y$。由图 1-3(b)可知，力 $\boldsymbol{F}$ 分解为 $\boldsymbol{F}_x$、$\boldsymbol{F}_y$ 和 $\boldsymbol{F}_z$ 三个正交分力。若分别以 F_x、F_y、F_z 表示力 $\boldsymbol{F}$ 在三根直角坐标轴 x、y、z 上的投影，以 α、β、γ 表示力 $\boldsymbol{F}$ 与三根坐标轴正向之间的夹角，则

$$F_x = F\cos\alpha,\quad F_y = F\cos\beta,\quad F_z = F\cos\gamma \tag{1-2}$$

利用力在坐标轴上的投影，可以同时说明力沿直角坐标轴分解所得分力的大小和方向；投影的绝对值等于对应分力的大小，投影的正负号表明该分力是沿坐标轴的正向还是负向。若分别以 $\boldsymbol{i}$、$\boldsymbol{j}$、$\boldsymbol{k}$ 表示沿三根坐标轴方向的单位矢量，则力 $\boldsymbol{F}$ 的解析表达式为

$$\boldsymbol{F} = F_x\boldsymbol{i} + F_y\boldsymbol{j} + F_z\boldsymbol{k} \tag{1-3}$$

若已知力 $\boldsymbol{F}$ 的三个投影 F_x、F_y、F_z，则力 $\boldsymbol{F}$ 的大小

$$F = \sqrt{F_x^2 + F_y^2 + F_z^2} \tag{1-4}$$

力 $\boldsymbol{F}$ 的三个方向余弦

① 为了简便，以下都用“Σ”代替“$\sum\limits_{i=1}^{n}$”。

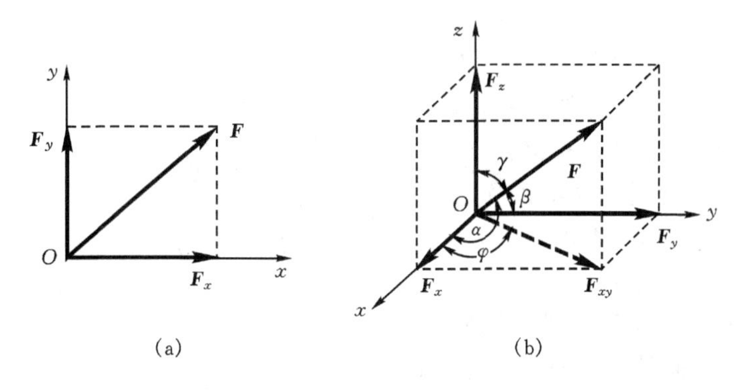

图 1-3

$$\cos(\boldsymbol{F},\boldsymbol{i})=\frac{F_x}{F},\quad \cos(\boldsymbol{F},\boldsymbol{j})=\frac{F_y}{F},\quad \cos(\boldsymbol{F},\boldsymbol{k})=\frac{F_z}{F} \tag{1-5}$$

为了求得力 $\boldsymbol{F}$ 沿坐标轴的三个正交分力或在坐标轴上的三个投影，也可以先把力 $\boldsymbol{F}$ 在其作用线与 z 轴所构成的平面上正交分解，得到 $\boldsymbol{F}_z$ 和 $\boldsymbol{F}_{xy}$，如图 1-3(b)所示。其中 $\boldsymbol{F}_{xy}$ 在 Oxy 平面上，再把力 $\boldsymbol{F}_{xy}$ 在 Oxy 平面上正交分解，即得 $\boldsymbol{F}_x$ 和 $\boldsymbol{F}_y$。设力 $\boldsymbol{F}$ 与 z 轴的夹角为 γ，力 $\boldsymbol{F}_{xy}$ 与 x 轴的夹角为 φ，则有 $F_z=F\cos\gamma$，$F_{xy}=F\sin\gamma$，$F_x=F_{xy}\cos\varphi=F\sin\gamma\cos\varphi$，$F_y=F_{xy}\sin\varphi=F\sin\gamma\sin\varphi$。矢量 $\boldsymbol{F}_{xy}$ 称为力 $\boldsymbol{F}$ 在 Oxy 平面上的投影。注意，力在平面上的投影是矢量，而力在坐标轴上的投影是代数量。类似地，也可以先把力 $\boldsymbol{F}$ 正交分解成 $\boldsymbol{F}_x$、$\boldsymbol{F}_{yz}$ 或 $\boldsymbol{F}_y$、$\boldsymbol{F}_{xz}$。

设空间共点力系的合力 $\boldsymbol{F}_R$ 在三根坐标轴上的投影分别为 F_{Rx}、F_{Ry} 和 F_{Rz}，分力 $\boldsymbol{F}_i$ 在三根坐标轴上的投影分别为 F_{xi}、F_{yi} 和 F_{zi}，则力 $\boldsymbol{F}_i$ 和 $\boldsymbol{F}_R$ 的解析表达式分别为

$$\boldsymbol{F}_i=F_{xi}\boldsymbol{i}+F_{yi}\boldsymbol{j}+F_{zi}\boldsymbol{k},\quad \boldsymbol{F}_R=\boldsymbol{F}_{Rx}\boldsymbol{i}+F_{Ry}\boldsymbol{j}+F_{Rz}\boldsymbol{k} \tag{1}$$

由式(1-1)有

$$\begin{aligned}\boldsymbol{F}_R&=\sum\boldsymbol{F}_i=\sum(F_{xi}\boldsymbol{i}+F_{yi}\boldsymbol{j}+F_{zi}\boldsymbol{k})\\&=(\sum F_{xi})\boldsymbol{i}+(\sum F_{yi})\boldsymbol{j}+(\sum F_{zi})\boldsymbol{k}\end{aligned} \tag{2}$$

比较(1)式和(2)式，可得

$$F_{Rx}=\sum F_{xi},\quad F_{Ry}=\sum F_{yi},\quad F_{Rz}=\sum F_{zi}$$

简写为

$$F_{Rx}=\sum F_x,\quad F_{Ry}=\sum F_y,\quad F_{Rz}=\sum F_z \tag{1-6}$$

即共点力系的合力在任一轴上的投影，等于各分力在同一轴上投影的代数和。

利用力在坐标轴上的投影求合力的方法称为解析法。本书主要采用这种方法。

公理二　二力平衡公理

作用于刚体上的两个力，使刚体保持平衡的充分和必要条件是：这两个力的大小相等、方向相反，作用在同一条直线上(或者说这两个力等值、反向、共线)，如图1-4所示。

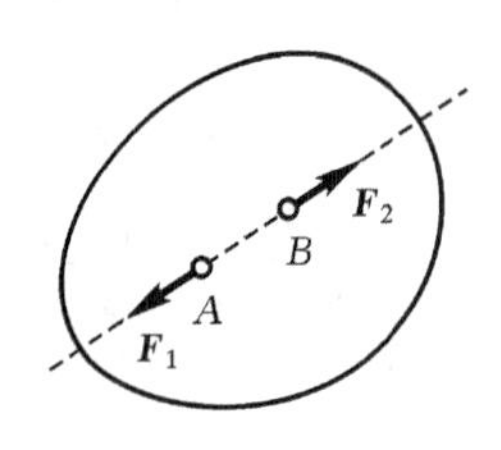

图 1-4

注意，这个公理只适用于刚体。对于变形体，这个条件则只是必要的而不是充分的。例如，不可伸长的软绳受到等值、反向的两个拉力作用时可以平衡，而受到两个等值、反向的压力作用时就不能保持平衡。

工程中常遇到只受两个力作用而处于平衡的构件。这类构件称为平衡的二力构件，简称为**二力体**。如果二力体是杆件，则也称为**二力杆**。对于二力体，根据公理二，可以立刻确定构件上所受两个力的作用线的位置(必定沿着两力作用点的连线)。图1-5(a)所示机构中的棘爪AB，在爪尖B点受到棘轮所给的力$\boldsymbol{F}_B$，在A处受到圆柱形销钉所给的力$\boldsymbol{F}_A$，而棘爪很轻，它所受到的重力可忽略不计，所以棘爪是二力体。根据公理二可知，当棘爪平衡时，力$\boldsymbol{F}_A$、$\boldsymbol{F}_B$的作用线必定沿A、B两点的连线(图1-5(b))。

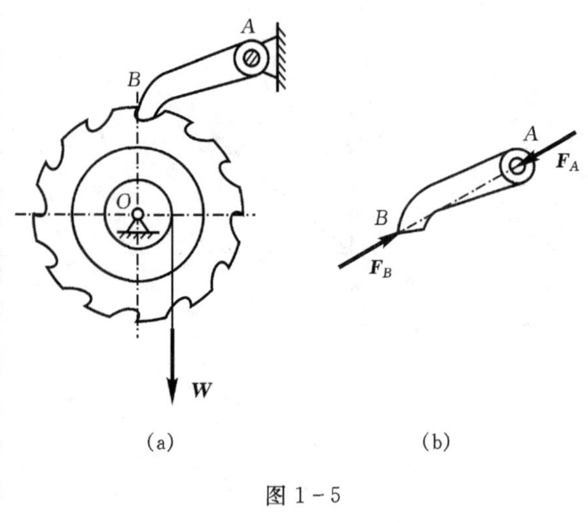

图1-5

一个力系作用于刚体而不改变其运动状态，这样的力系统称为**平衡力系**。等值、反向、共线的两个力组成了一个最简单的平衡力系。

刚体在某力系作用下维持平衡状态时，该力系所应满足的条件，称为**力系的平衡条件**。公理二总结了作用于刚体上的最简单力系的平衡条件。

公理三　增减平衡力系公理

在作用于刚体上的任何一个力系中，增加或减去任一个平衡力系，不改变原力系对刚体的作用。

注意，此公理也仅适用于刚体，而不适用于变形体。

上述三个公理是研究力系的简化和平衡条件的基本依据。根据上述三个公理，可以得出如下两个推论。

推论一　力的可传性定理

作用于刚体上的力，可以沿其作用线移动到该刚体上的任意一点，而不改变此力对刚体的作用。

证明：设力$\boldsymbol{F}$作用于刚体上的A点，如图1-6(a)所示。在其作用线上的任一点B处加上一对平衡力$\boldsymbol{F}'$和$\boldsymbol{F}''$，并且使$\boldsymbol{F}'=-\boldsymbol{F}''=\boldsymbol{F}$(图1-6(b))。根据公理三，力系$\{\boldsymbol{F}、\boldsymbol{F}'、\boldsymbol{F}''\}$与力$\boldsymbol{F}$等效。又由公理二可知，力$\boldsymbol{F}$和$\boldsymbol{F}''$是一对平衡力，再根据公理三，可以把这一对力减去，即力系$\{\boldsymbol{F}、\boldsymbol{F}'、\boldsymbol{F}''\}$又与力$\boldsymbol{F}'$等效(图1-6(c))。于是，力$\boldsymbol{F}'$与原来的力$\boldsymbol{F}$等效。而力$\boldsymbol{F}'$就是原来

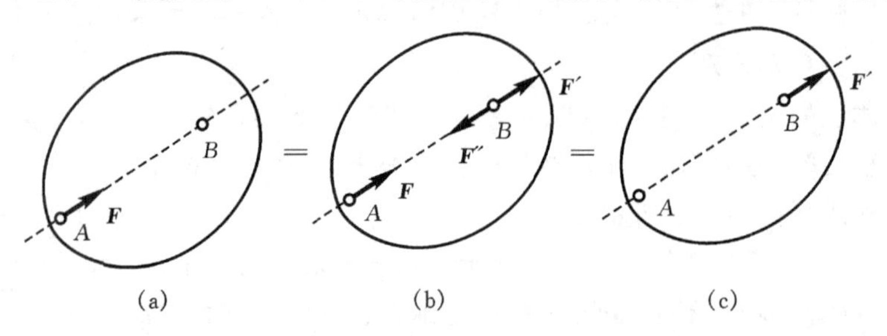

图1-6

的力 $\boldsymbol{F}$ 从刚体上的点 A 沿着作用线移动到任意点 B 后所得到的。这就证明了力的可传性定理。

根据力的可传性定理，力对刚体的作用与力的作用点在作用线上的位置无关。因此，对于刚体来说，力的作用点已不再是决定力的作用效应的要素，力的三要素之一的作用点被其作用线所取代。在这种情况下，力变为**滑动矢量**。

各力的作用线汇交于一点的力系称为**汇交力系**。根据力的可传性定理，将力系中各力的作用点分别沿各自的作用线移至汇交点，汇交力系即成为共点力系，于是可按照共点力系的合成方法进行合成。

根据上述公理和力的可传性定理，又可以得到一个推论。

推论二　三力平衡汇交定理

当刚体在三个力作用下处于平衡时，若其中两个力的作用线汇交于一点，则此三力必在同一平面内，且第三个力的作用线也通过汇交点。

证明：如图 1－7(a)所示，在刚体上的 A、B、C 三点，分别作用着三个力 $\boldsymbol{F}_1$、$\boldsymbol{F}_2$ 和 $\boldsymbol{F}_3$ 使刚体处于平衡，其中 $\boldsymbol{F}_1$ 和 $\boldsymbol{F}_2$ 的作用线汇交于 O 点。根据力的可传性定理，将力 $\boldsymbol{F}_1$ 和 $\boldsymbol{F}_2$ 的作用点移到汇交点 O(图 1－7(b))，得到 $\boldsymbol{F}_1'$ 和 $\boldsymbol{F}_2'$。根据公理一，$\boldsymbol{F}_1'$ 和 $\boldsymbol{F}_2'$ 可以合成为一个合力 $\boldsymbol{F}_{R12}$。力 $\boldsymbol{F}_3$ 应与 $\boldsymbol{F}_{R12}$ 平衡。再根据公理二，$\boldsymbol{F}_3$ 必与 $\boldsymbol{F}_{R12}$ 共线(图 1－7(c))。所以力 $\boldsymbol{F}_3$ 必定与 $\boldsymbol{F}_1$、$\boldsymbol{F}_2$ 共面，且 $\boldsymbol{F}_3$ 的作用线必通过 $\boldsymbol{F}_1$ 和 $\boldsymbol{F}_2$ 的汇交点 O。定理得证。

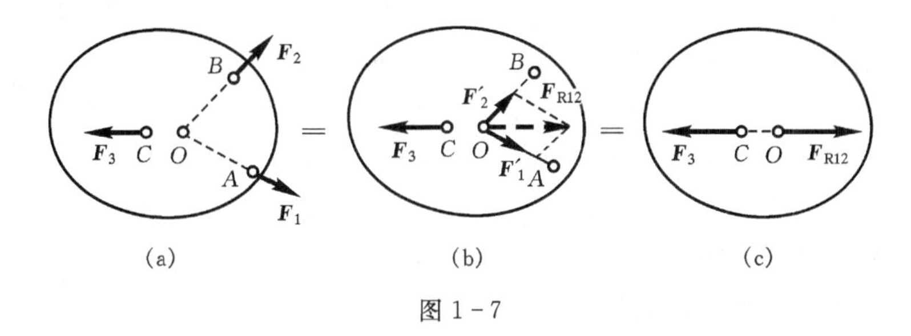

图 1－7

三力平衡汇交定理是三个不平行力平衡的必要条件。当刚体受三个不平行力的作用而处于平衡时，如果已知其中两个力的作用线的位置，则可以利用此定理确定第三个力的作用线的位置。

公理四　作用力和反作用力公理

任何两个物体间相互作用的一对力总是大小相等，方向相反，沿着同一条直线，并同时分别作用在这两个物体上。这两个力互为作用力和反作用力。

作用力和反作用力公理，无论对刚体还是变形体都是成立的。在分析由多个物体组成的系统(简称**物系**)问题时，利用这个公理可以把系统中相邻两物体的受力分析联系起来。

注意，分析作用在两个物体上的作用力与反作用力，虽然等值、反向、沿同一直线，但并不是一对平衡力，因为这一对力不作用在同一刚体上。

公理五　刚化公理

当变形体在已知力系作用下处于平衡时，如果把变形后的变形体换为刚体(刚化)，则平衡状态保持不变。

这个公理建立了刚体平衡条件和变形体平衡条件之间的关系。它说明，变形体平衡时，作用于其上的力系必定满足刚体的平衡条件，这样就能把刚体的平衡理论应用于变形体，从而扩大了刚体静力学理论的应用范围。注意，刚体平衡的必要充分条件，对于变形体来说，只是必要条件，不是充分条件。

在变形体受力达到平衡之前的变形过程中，各力的大小、方向和作用点都可能发生改变。满足刚体平衡条件的是达到平衡后作用在变形体上的力系。

1.2 力 矩

实践证明，作用于物体的力，一般不仅可使物体移动，而且可使物体转动。由物理学知，力使物体转动的效应是用力矩来度量的。

1.2.1 力对点的矩

如图 1-8 所示，力 $\boldsymbol{F}$ 使刚体绕某点 O 转动的效应，可用力 $\boldsymbol{F}$ 对 O 点的矩来度量。图中 O 点称为**力矩中心**，简称**矩心**。矩心 O 到力 F 作用线的垂直距离 h 称为**力臂**。在一般情况下，力 $\boldsymbol{F}$ 对 O 点的矩取决于以下三个要素：

(1)力矩的大小，即力 $\boldsymbol{F}$ 的大小与力臂 h 的乘积，恰好等于 $\triangle OAB$ 面积的二倍($Fh=2\triangle OAB$的面积)；

(2)力 $\boldsymbol{F}$ 与矩心 O 所构成平面的方位；

(3)在此平面内力 $\boldsymbol{F}$ 绕矩心 O 的转向(称为力矩的转向)。

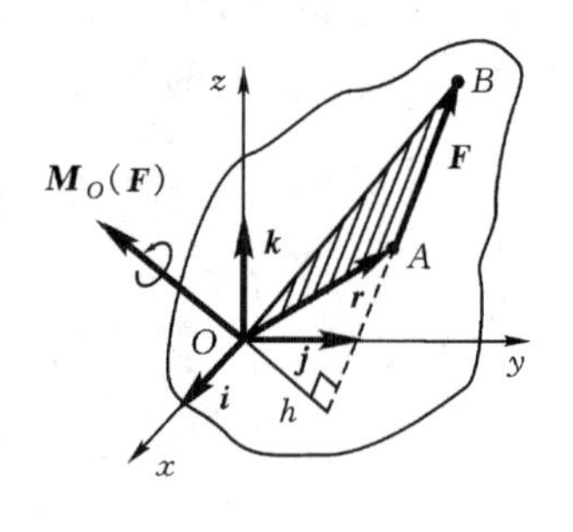

图 1-8

显然这三个要素不可能用一个代数量表示出来，而必须用一个矢量来表示：矢量的模等于力矩的大小，矢量的方位垂直于力与矩心所构成的平面，矢量的指向按右手螺旋法则确定。该矢量称为**力 $\boldsymbol{F}$ 对 O 点的矩矢**，简称**力矩矢**，记为 $\boldsymbol{M}_O(\boldsymbol{F})$。若以 $\boldsymbol{r}$ 表示力 $\boldsymbol{F}$ 的作用点 A 相对于矩心 O 的矢径$\overrightarrow{OA}$，可知

$$\boldsymbol{M}_O(\boldsymbol{F}) = \boldsymbol{r} \times \boldsymbol{F} \tag{1-7}$$

上式为**力对点之矩的矢积表达式**。即力对点的矩矢等于力作用点对于矩心的矢径与该力的矢积。

应当指出，力矩矢 $\boldsymbol{M}_O(\boldsymbol{F})$与矩心的位置有关，因而力矩矢 $\boldsymbol{M}_O(\boldsymbol{F})$只能画在矩心 O 处，所以力矩矢是定位矢量。

若以矩心 O 为原点，建立直角坐标系 $Oxyz$，分别以 $\boldsymbol{i}$、$\boldsymbol{j}$、$\boldsymbol{k}$ 表示沿三根坐标轴正向的单位矢量。设力 $\boldsymbol{F}$ 作用点 A 的坐标为 x、y、z，$\boldsymbol{F}$ 在三根坐标轴上的投影分别为 F_x、F_y、F_z，则矢径 $\boldsymbol{r}$ 和力 $\boldsymbol{F}$ 的解析表达式分别为

$$\boldsymbol{r} = x\boldsymbol{i} + y\boldsymbol{j} + z\boldsymbol{k}, \quad \boldsymbol{F} = F_x\boldsymbol{i} + F_y\boldsymbol{j} + F_z\boldsymbol{k}$$

代入式(1-7)可得

$$\begin{aligned}\boldsymbol{M}_O(\boldsymbol{F}) &= \boldsymbol{r} \times \boldsymbol{F} = (x\boldsymbol{i} + y\boldsymbol{j} + z\boldsymbol{k}) \times (F_x\boldsymbol{i} + F_y\boldsymbol{j} + F_z\boldsymbol{k}) \\ &= (yF_z - zF_y)\boldsymbol{i} + (zF_x - xF_z)\boldsymbol{j} + (xF_y - yF_x)\boldsymbol{k}\end{aligned} \tag{1-8}$$

上式也可表示为行列式的形式，即

$$M_O(F) = \begin{vmatrix} i & j & k \\ x & y & z \\ F_x & F_y & F_z \end{vmatrix} \tag{1-9}$$

对于平面情形，力对点的矩只取决于力矩的大小和力矩的转向这两个要素，因而可用代数量表示，即(图 1-9)

$$M_O(F) = \pm Fh \tag{1-10}$$

正负号的规定是：逆钟向转向的力矩为正值，反之为负值。

平面情形力对点之矩表示为如下解析形式：

$$M_O(F) = \begin{vmatrix} x & y \\ F_x & F_y \end{vmatrix} = xF_y - yF_x \tag{1-11}$$

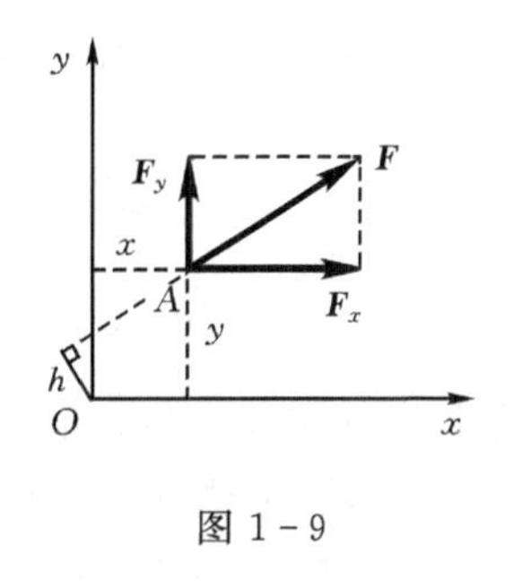

图 1-9

1.2.2　力对轴的矩

为了度量力使物体绕某轴转动(如开门、关窗等)的效应，提出力对轴的矩的概念。例如，设力 F 作用在可绕 z 轴转动的刚体上，如图 1-10 所示。将力 F 分解为两个分力：平行于 z 轴的分力 F_z 和垂直于 z 轴的分力 F_{xy}(此力即为 F 在过 A 点而垂直于 z 轴的 Oxy 平面上的投影)。由经验知，分力 F_z 不能使刚体绕 z 轴转动，所以它对 z 轴转动的效应为零。而分力 F_{xy} 使刚体绕 z 轴转动的效应，决定于 F_{xy} 的大小与 O 点到 F_{xy} 的垂直距离 h 的乘积，即可用力 F_{xy} 对 O 点的矩来度量。因此，力 F 在 Oxy 平面上的投影 F_{xy} 对 O 点的矩就是力 F 对 z 轴的矩，记作 $M_z(F)$，则

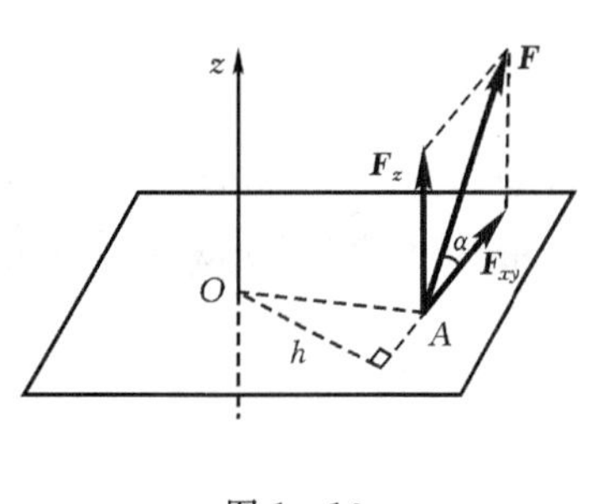

图 1-10

$$M_z(F) = M_O(F_{xy}) = \pm F_{xy}h \tag{1-12}$$

即**力对轴的矩等于该力在垂直于此轴的平面上的投影对于此轴与该平面交点的矩**。力对轴的矩是一代数量，其正、负号按右手螺旋法则确定。

由力对轴的矩的定义可知，当力的作用线与轴平行或相交(即共面)时，力对该轴的矩等于零。

力对轴的矩可写成解析表达式。根据式(1-11)和式(1-12)可得

$$\left.\begin{aligned} M_z(F) &= xF_y - yF_x \\ M_y(F) &= zF_x - xF_z \\ M_x(F) &= yF_z - zF_y \end{aligned}\right\} \tag{1-13}$$

1.2.3　力对点的矩与力对通过该点的轴的矩之间的关系

由力对点的矩的解析表达式(1-8)知，力矩矢 $M_O(F)$ 在三根坐标轴上的投影分别为

$$\left.\begin{aligned} [M_O(F)]_x &= yF_z - zF_y \\ [M_O(F)]_y &= zF_x - xF_z \\ [M_O(F)]_z &= xF_y - yF_x \end{aligned}\right\} \tag{1-14}$$

比较式(1-14)和式(1-13)可知：**力对点的矩矢在通过该点的轴上的投影等于力对该轴的矩**，即

$$\left.\begin{aligned}[\boldsymbol{M}_O(\boldsymbol{F})]_x &= M_x(\boldsymbol{F})\\ [\boldsymbol{M}_O(\boldsymbol{F})]_y &= M_y(\boldsymbol{F})\\ [\boldsymbol{M}_O(\boldsymbol{F})]_z &= M_z(\boldsymbol{F})\end{aligned}\right\}\tag{1-15}$$

若已知力 $\boldsymbol{F}$ 对直角坐标轴 x、y、z 的矩，则可以求得力对坐标原点 O 的矩矢的大小和方向，即

$$\left.\begin{aligned}&|\boldsymbol{M}_O(\boldsymbol{F})| = \sqrt{[M_x(\boldsymbol{F})]^2+[M_y(\boldsymbol{F})]^2+[M_z(\boldsymbol{F})]^2}\\ &\cos\alpha = \frac{M_x(\boldsymbol{F})}{|\boldsymbol{M}_O(\boldsymbol{F})|},\ \cos\beta = \frac{M_y(\boldsymbol{F})}{|\boldsymbol{M}_O(\boldsymbol{F})|},\ \cos\gamma = \frac{M_z(\boldsymbol{F})}{|\boldsymbol{M}_O(\boldsymbol{F})|}\end{aligned}\right\}\tag{1-16}$$

式中：α、β、γ 分别为力矩矢 $\boldsymbol{M}_O(\boldsymbol{F})$ 与轴 x、y、z 正向之间的夹角。

在国际单位制中，力矩的单位是N·m（牛顿·米）。

顺便指出，力矩的概念及其计算公式可以推广到其它任何具有明确作用线的矢量，从而抽象得到“矢量矩”的概念。本书第四篇中将要介绍的动量矩就是矢量矩的又一个例子。

例 1-1　如图 1-11 所示，手柄 $ABCD$ 在平面 Axy 内，E 处作用一力 $\boldsymbol{F}$。若力 $\boldsymbol{F}$ 在垂直于 y 轴的平面内，与铅垂平面间的夹角为 α；$\overline{CE}=a$，$\overline{AB}=\overline{BC}=l$，$BC$ 平行于 x 轴，CD 平行于 y 轴，试求力 $\boldsymbol{F}$ 对 x、y、z 三轴的矩。

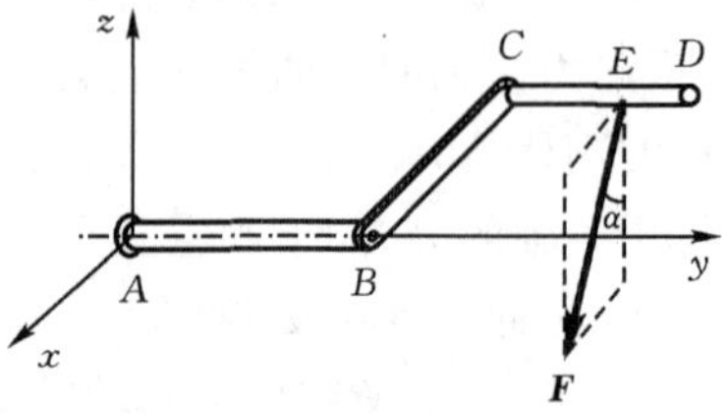

图 1-11

解　力 $\boldsymbol{F}$ 的作用点在坐标系 $Axyz$ 中的坐标分别为

$$x=-l,\quad y=l+a,\quad z=0$$

力 $\boldsymbol{F}$ 在三根坐标轴上的投影分别为

$$F_x = F\sin\alpha,\quad F_y = 0,\quad F_z = -F\cos\alpha$$

由式(1-13)即可求得力 $\boldsymbol{F}$ 对三轴的矩分别为

$$M_x(\boldsymbol{F}) = yF_z - zF_y = -F(l+a)\cos\alpha$$
$$M_y(\boldsymbol{F}) = zF_x - xF_z = -Fl\cos\alpha$$
$$M_z(\boldsymbol{F}) = xF_y - yF_x = -F(l+a)\sin\alpha$$

例 1-2　图 1-12(a)所示的弯杆 OAB 的端点 B 作用一力 $F=100$ N。力 $\boldsymbol{F}$ 在 OAB 平面内。若 $l=1$ m，$r=0.5$ m，$\alpha=30°$，求力 $\boldsymbol{F}$ 对 O 点的矩。

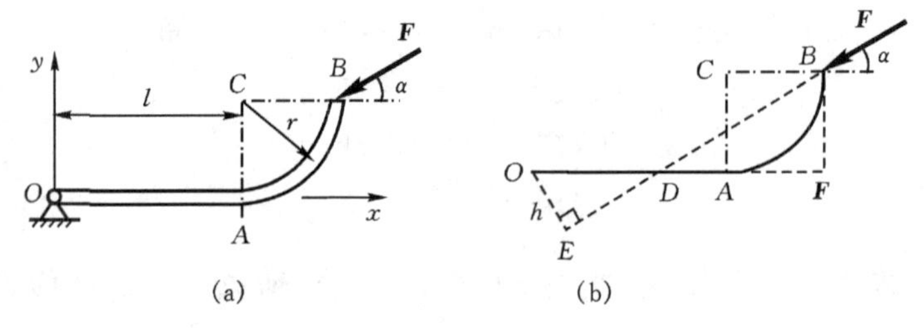

图 1-12

解　建立坐标系 Oxy（图 1-12(a)）。力 $\boldsymbol{F}$ 的作用点 B 的坐标分别为

$$x = l+r = 1+0.5 = 1.5\ \text{m},\quad y = r = 0.5\ \text{m}$$

力 $\boldsymbol{F}$ 在 x、y 轴上的投影分别为

$$F_x = -F\cos\alpha = -100\cos30° = -86.6\ \text{N}$$
$$F_y = -F\sin\alpha = -100\sin30° = -50.0\ \text{N}$$

根据公式(1-11)，即可求得力 $\boldsymbol{F}$ 对 O 点的矩为

$$M_O(\boldsymbol{F}) = xF_y - yF_x = 1.5\times(-50) - 0.5\times(-86.6) = -31.7\ \text{N·m}$$

本例也可以先求出矩心 O 到力 $\boldsymbol{F}$ 作用线的距离，即力臂 h(图1-12(b))，然后再由 $M_O(\boldsymbol{F})=-Fh$ 求得力 $\boldsymbol{F}$ 对 O 点的矩。请读者自行练习。

1.3　力偶理论

1.3.1　力偶的概念　力偶矩

在生活和生产实践中，常常同时施加**大小相等、方向相反、作用线不在同一直线上的两个力**来使物体转动。例如，用两个手指拧动水龙头或转动钥匙，用双手转动汽车的方向盘或用丝锥攻螺纹(图1-13(a))等。在力学中，把这样的两个力作为一个整体来考虑，称为**力偶**，用记号($\boldsymbol{F}$、$\boldsymbol{F}'$)表示。如图1-13(b)所示，力偶中两力作用线所决定的平面称为**力偶的作用面**，**两力作用线间的垂直距离**称为**力偶臂**，**力偶中两力所形成的转动方向**，称为**力偶的转向**。

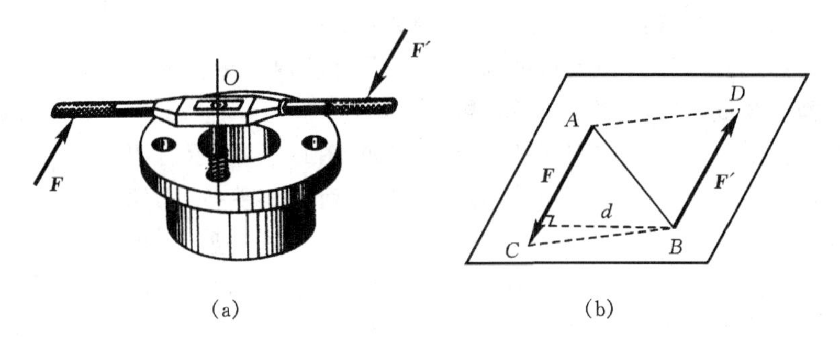

图1-13

力偶对刚体绕一点转动的效应用力偶中两个力对该点的力矩之和来量度。

设有一力偶($\boldsymbol{F}$、$\boldsymbol{F}'$)作用在刚体上，如图1-14所示。任取一点 O，两力对该点的矩之和为

$$\begin{aligned}\boldsymbol{M}_O(\boldsymbol{F},\boldsymbol{F}') &= \boldsymbol{M}_O(\boldsymbol{F}) + \boldsymbol{M}_O(\boldsymbol{F}')\\ &= \boldsymbol{r}_A\times\boldsymbol{F} + \boldsymbol{r}_B\times\boldsymbol{F}'\end{aligned}$$

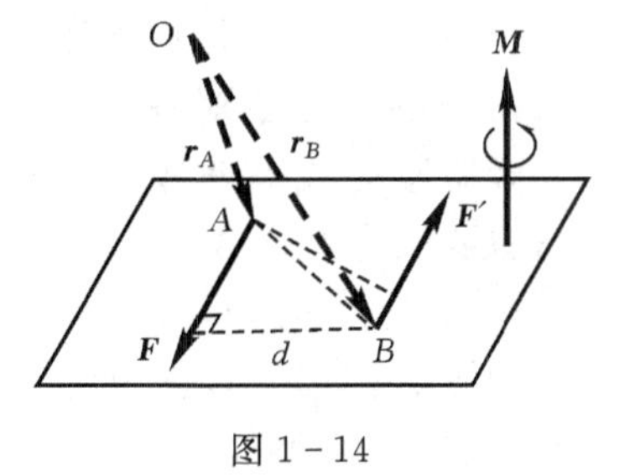

图1-14

式中：$\boldsymbol{r}_A$、$\boldsymbol{r}_B$ 分别表示两个力的作用点 A 和 B 对于 O 点的矢径，由于 $\boldsymbol{F}=-\boldsymbol{F}'$，因此

$$\boldsymbol{M}_O(\boldsymbol{F},\boldsymbol{F}') = \boldsymbol{r}_A\times\boldsymbol{F} - \boldsymbol{r}_B\times\boldsymbol{F} = (\boldsymbol{r}_A - \boldsymbol{r}_B)\times\boldsymbol{F} = \overrightarrow{BA}\times\boldsymbol{F} \tag{1-17}$$

矢积 $\overrightarrow{BA}\times\boldsymbol{F}$ 称为**力偶矩矢**，用矢量 $\boldsymbol{M}$ 表示。由于矩心 O 点是任取的，所以**力偶对任一点的矩矢都等于力偶矩矢，它与矩心位置无关**。

从上面的计算结果可知，力偶对刚体的转动效应完全决定于力偶矩矢 $\boldsymbol{M}$(包括大小、方位和指向)，从而得到力偶的三要素(图1-14)。

(1)**力偶矩的大小**，即力偶矩矢 $\boldsymbol{M}$ 的模，等于力偶中的力 $\boldsymbol{F}$ 的大小与力偶臂 d 的乘积。

(2)**力偶作用面的方位**，即力偶矩矢 $\boldsymbol{M}$ 的方向。

(3)**力偶在其作用面内的转向**,力偶矩矢 $\boldsymbol{M}$ 的指向即代表该转向(它们符合右手螺旋法则)。

对于平面问题,因为力偶作用面的方位一定,力偶对刚体的作用效应只决定于力偶矩的大小和力偶的转向这两个要素,所以力偶矩可用代数量表示。即

$$M = \pm Fd \tag{1-18}$$

正负号的规定为:逆钟向转向为正,反之为负。

1.3.2　力偶等效定理

上面讲到,力偶对刚体的转动效应完全决定于力偶矩矢 $\boldsymbol{M}$,因此,一般情形下,**作用于刚体上的两个力偶,若它们的力偶矩矢相等,则两力偶等效**;对于平面问题,**作用在刚体上同一平面内的两个力偶,若它们的力偶矩相等,则两个力偶等效**。这就是**力偶等效定理**。

1.3.3　力偶的性质

(1)**力偶无合力**。

由于力偶对刚体只产生转动效应,没有移动效应,即力偶不可能与一个力等效,所以力偶不能用一个力来代替,也不能与一个力平衡。因此,力偶无合力。

(2)**只要保持力偶矩不变,力偶可在其作用平面内及相互平行的平面内任意移转而不改变它对刚体的作用效果**。

力偶的这一性质已为经验和实践所证实。例如,图1-15所示启闭小型闸门的转盘,只要在位置 1 和位置 2 的两转盘平面互相平行,力偶($\boldsymbol{F}$、$\boldsymbol{F}'$)无论是作用在位置 1 的转盘上还是作用在位置 2 的转盘上,也无论其在任一转盘上的位置如何,所产生的转动效应都是完全相同的。

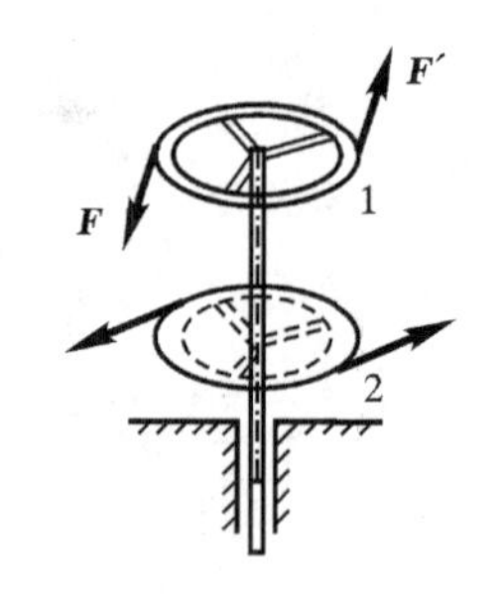

图 1-15

力偶既可在其作用面内移转,又可从一个平面移到另一个平行的平面内,所以只要力偶矩矢 $\boldsymbol{M}$ 的大小和方向保持不变,它可以在刚体上任意搬动,由此可知,力偶矩矢是一个**自由矢量**。

(3)**只要力偶矩保持不变,可以任意改变力偶中力的大小和力偶臂的长短,而不改变它对刚体的效应(图 1-16)**。

经验证实,如果汽车司机转动方向盘时,将力偶加在 A、B 位置或加在 C、D 位置(图 1-16),只要保持 $F_1 \cdot \overline{AB} = F_2 \cdot \overline{CD}$,则对方向盘的作用效果不变。

由上述分析可知,力偶在其作用面内的位置,以及力偶中力和力偶臂的大小,都不是决定力偶对刚体作用效果的独立因素,只有力偶矩才能唯一地决定力偶对刚体的作用。因此,平面力偶(图 1-17(a))可画成一弯箭头的形式(图 1-17(b)),弯箭头表示力偶的转向,字母 M 表示力偶矩的大小。

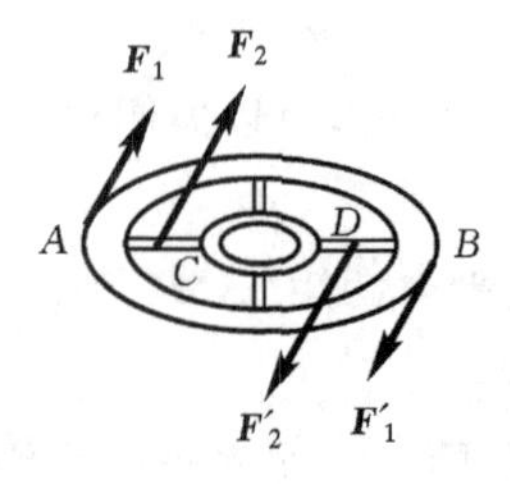

图 1-16

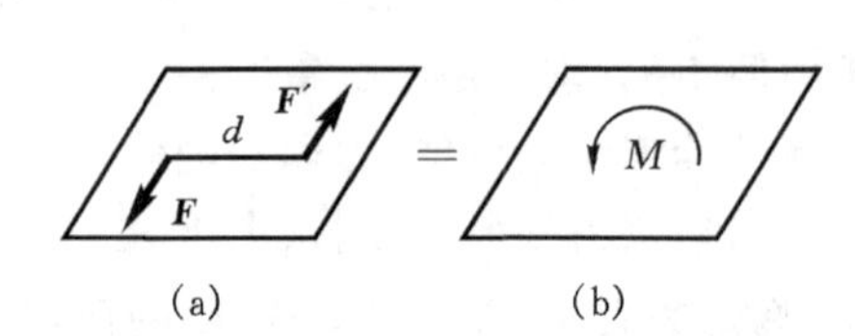

图 1-17

1.3.4　力偶系的合成与平衡

由于力偶矩矢是自由矢量，因此可将空间力偶系中的各力偶矩矢分别向任一点平移，从而得到一个共点矢量系。根据共点矢量系的合成和平衡理论可知，**空间力偶系一般可以合成为一个合力偶，合力偶矩矢等于各分力偶矩矢的矢量和**，即

$$\boldsymbol{M}_R = \boldsymbol{M}_1 + \boldsymbol{M}_2 + \cdots + \boldsymbol{M}_n = \sum \boldsymbol{M} \tag{1-19}$$

空间力偶系平衡的必要和充分条件：力偶系的合力偶矩矢等于零，亦即**力偶系中各力偶矩矢的矢量和等于零**，即

$$\sum \boldsymbol{M} = 0 \tag{1-20}$$

式(1-20)是力偶系平衡方程的矢量形式。将它投影到三根直角坐标轴上，可得到三个独立的代数方程。当一个刚体受空间力偶系的作用而平衡时，可用这些方程来求解三个未知量。

对于平面问题，力偶矩矢退化为代数量。于是，式(1-19)和式(1-20)可分别改写为

$$M_R = M_1 + M_2 + \cdots + M_n = \sum M \tag{1-21}$$

$$\sum M = 0 \tag{1-22}$$

例 1-3　图 1-18(a)所示的三棱柱体在三个力偶的作用下处于平衡。若已知 $F=150$ N，求其余两力偶中力的大小 F_1 和 F_2。图中尺寸单位为 cm。

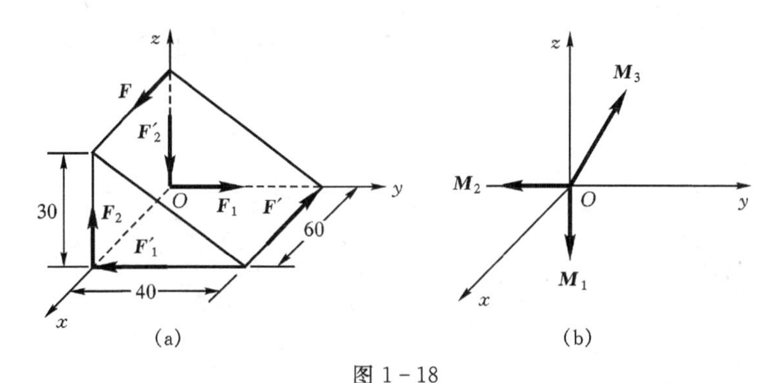

图 1-18

解　设沿坐标系 $Oxyz$ 的三根坐标轴正向的单位矢量分别为 $\boldsymbol{i}$、$\boldsymbol{j}$、$\boldsymbol{k}$，则三棱柱体上所受到的三个力偶的矩矢 $\boldsymbol{M}_1(\boldsymbol{F}_1,\boldsymbol{F}_1')$、$\boldsymbol{M}_2(\boldsymbol{F}_2,\boldsymbol{F}_2')$和 $\boldsymbol{M}_3(\boldsymbol{F},\boldsymbol{F}')$可由图1-18(b)表示，其中

$$\boldsymbol{M}_1 = -60F_1\boldsymbol{k}, \quad \boldsymbol{M}_2 = -60F_2\boldsymbol{j}$$

$$\boldsymbol{M}_3 = 50F\left(\frac{3}{5}\boldsymbol{j} + \frac{4}{5}\boldsymbol{k}\right) = 150 \times (30\boldsymbol{j} + 40\boldsymbol{k})$$

根据式(1-20)，有　$\boldsymbol{M}_1 + \boldsymbol{M}_2 + \boldsymbol{M}_3 = 0$

即　$-60F_1\boldsymbol{k} - 60F_2\boldsymbol{j} + 150 \times (30\boldsymbol{j} + 40\boldsymbol{k}) = 0$

$$(4\,500 - 60F_2)\boldsymbol{j} + (6\,000 - 60F_1)\boldsymbol{k} = 0$$

于是可解得　$F_1 = \dfrac{6\,000}{60} = 100$ N，　$F_2 = \dfrac{4\,500}{60} = 75$ N

思考题

1-1　若力 $\boldsymbol{F}$ 沿 x、y 轴分解的分力分别为 $\boldsymbol{F}_1$ 和 $\boldsymbol{F}_2$，它在二轴上的投影分别为 F_x 和 F_y。

试问：$\boldsymbol{F}=\boldsymbol{F}_1+\boldsymbol{F}_2=F_x\boldsymbol{i}+F_y\boldsymbol{j}$ 对于图示两种坐标系是否都成立，为什么？

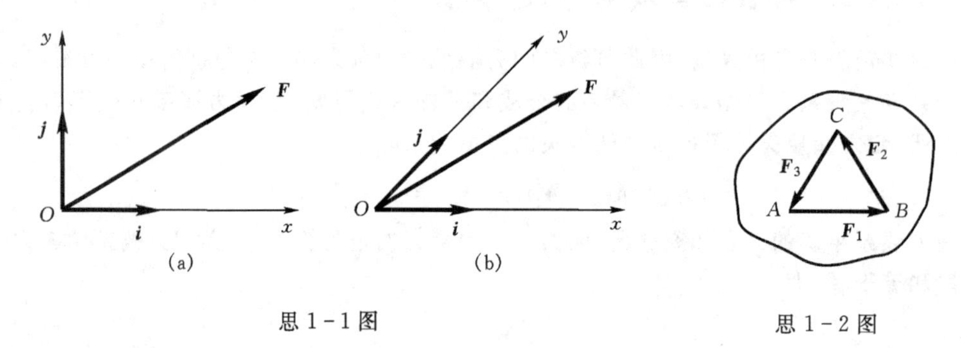

思 1－1 图　　思 1－2 图

1－2　如图所示，在刚体上的 A、B、C 三点分别作用有力 $\boldsymbol{F}_1$、$\boldsymbol{F}_2$、$\boldsymbol{F}_3$，试问该刚体是否平衡，为什么？

1－3　什么叫二力构件？二力构件的受力与其形状有无关系？试指出图示各结构中的二力构件，其中各构件的自重均忽略不计。

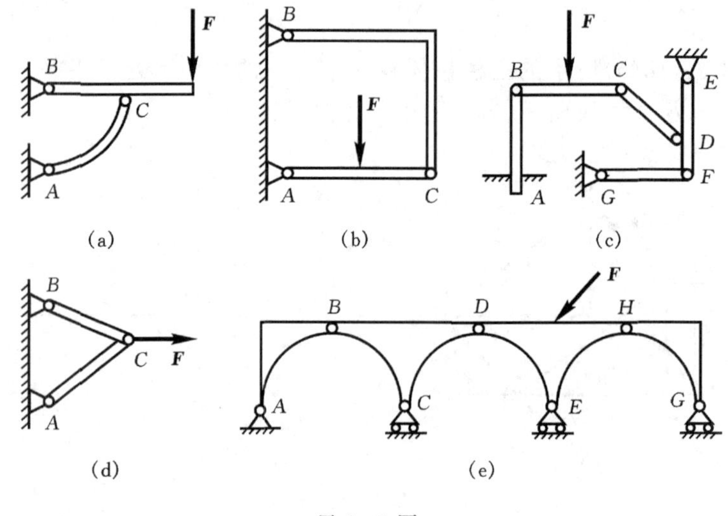

思 1－3 图

1－4　若作用在刚体上的三个力作用线汇交于一点，试问此刚体是否必然平衡？

1－5　力在坐标轴上的投影与力在平面上的投影是否都是代数量？

1－6　试比较力与力偶、力矩与力偶矩的异同。

1－7　力偶不能和单独的一个力相平衡，为什么图中的均质轮又能平衡呢？（图中的力偶矩 $M=Fr$。）

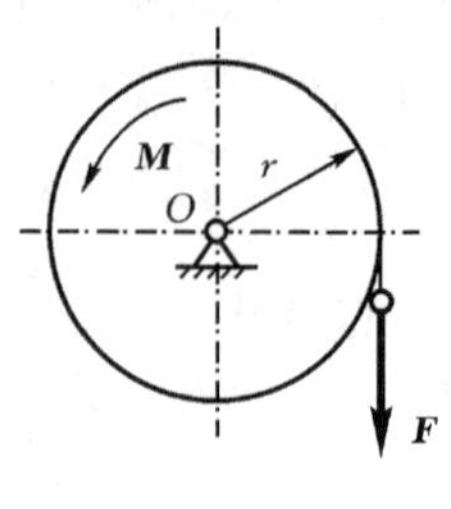

思 1－7 图

习　题

1－1　五个力作用于一点 O，如图所示，图中坐标的单位为 cm。求它们的合力。

1－2　图示火箭沿与水平面的夹角 $\beta=25°$的方向作匀速直线运动。火箭的推力 $F=100$ kN，

与运动方向的夹角 $\alpha=5°$。若火箭重 $W=200\ \text{kN}$，求空气动力 $\boldsymbol{F}_1$ 的大小和它与飞行方向的交角 γ。

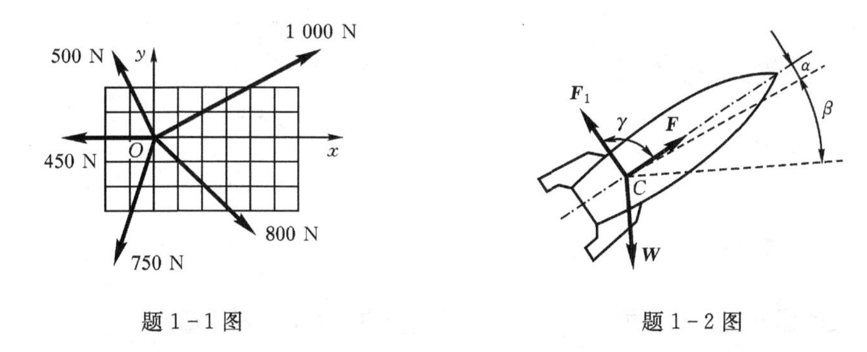

题 1－1 图　　题 1－2 图

1－3　三力汇交于 O 点，其大小和方向如图所示，图中坐标单位为 cm。求力系的合力。

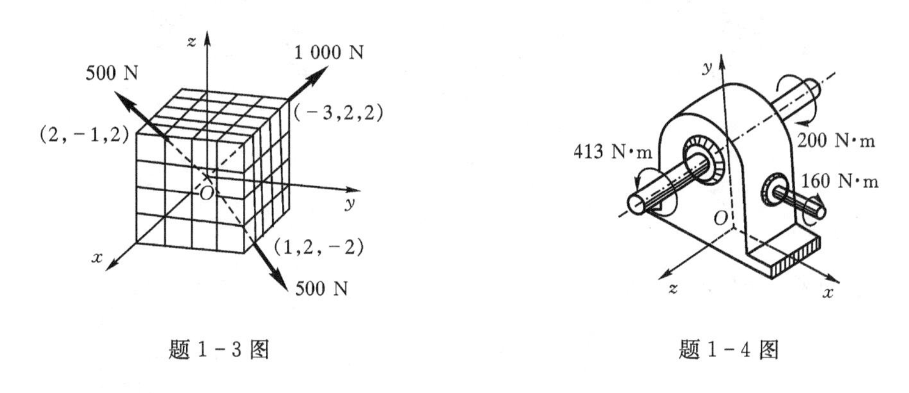

题 1－3 图　　题 1－4 图

1－4　齿轮箱受三个力偶的作用，如图所示。求此力偶系的合力偶矩矢。

1－5　如图所示，两推进器各以全速的推力 $F_1=300\ \text{kN}$ 推船。试问拖船需多大的推力 F_2，才能抵消船推进器的转动效应。图中尺寸单位为 m。

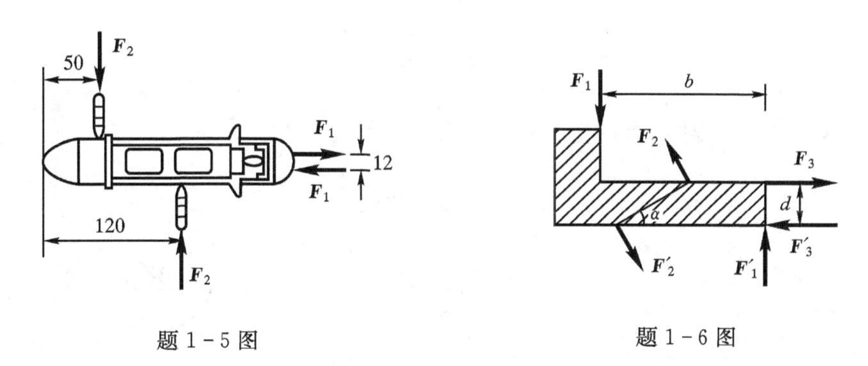

题 1－5 图　　题 1－6 图

1－6　设有力偶 $(\boldsymbol{F}_1,\boldsymbol{F}_1')$、$(\boldsymbol{F}_2,\boldsymbol{F}_2')$ 和 $(\boldsymbol{F}_3,\boldsymbol{F}_3')$ 作用在角钢的同一侧面内，如图所示。已知 $F_1=200\ \text{N}$，$F_2=600\ \text{N}$，$F_3=400\ \text{N}$；$b=100\ \text{cm}$，$d=25\ \text{cm}$，$\alpha=30°$，试求此力偶系的合力偶矩。

1－7　图中 $a=10\ \text{cm}$，$b=15\ \text{cm}$，$c=5\ \text{cm}$，$F=1\ \text{kN}$，求图示力 $\boldsymbol{F}$ 对 z 轴的矩 $m_z(\boldsymbol{F})$。

1－8　图示一鱼对钓鱼竿的线施一瞬间拉力 $F=70\ \text{N}$，试以如下两种方式求此拉力 $\boldsymbol{F}$ 对钓鱼者握竿处 A 的矩：(1)视力 $\boldsymbol{F}$ 的作用点为竿端 B；(2)视力 $\boldsymbol{F}$ 的作用点为鱼处 C。

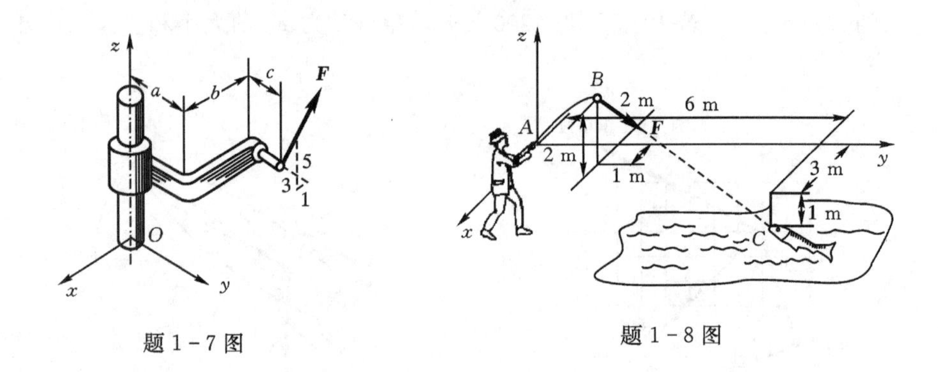

题 1-7 图　　　　题 1-8 图

1-9　试计算下列各图中力 $\boldsymbol{F}$ 对 O 点之矩。图中 α、β、l、b 皆为已知。

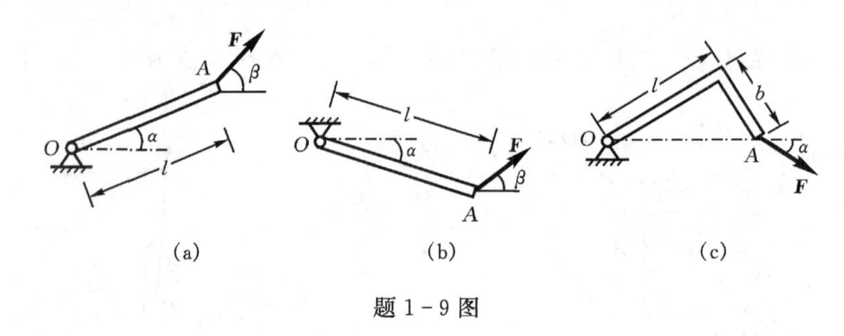

题 1-9 图

1-10　试计算下列各图中的分布力对 O 点之矩。图中 q、l、a 皆为已知。

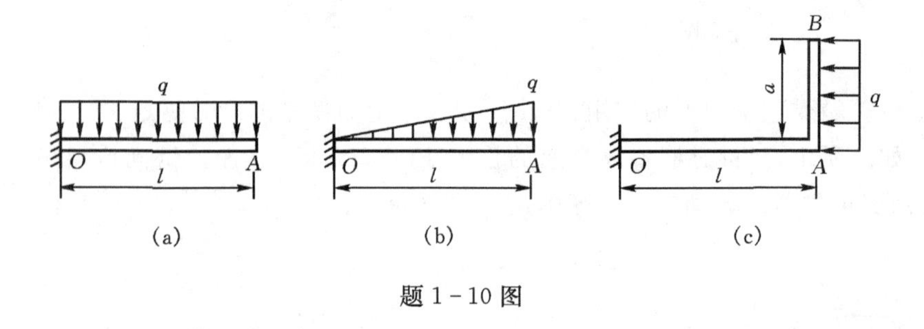

题 1-10 图

1-11　求图中力 $\boldsymbol{F}$ 对 C 点的矩。图中 α、β、γ、r 皆为已知。

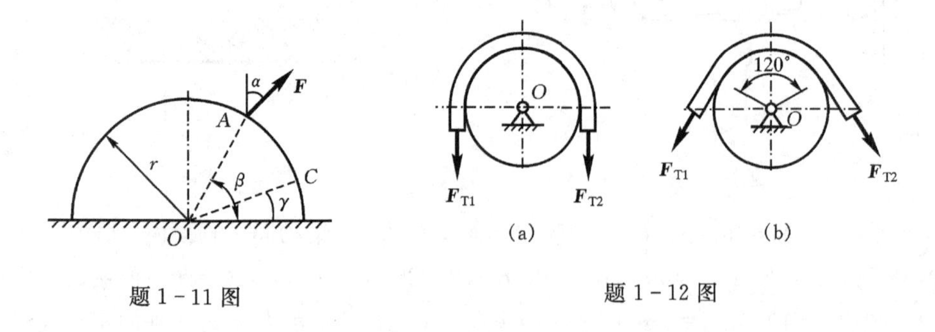

题 1-11 图　　　　题 1-12 图

1-12　图示两相同胶带轮的直径 $d=30$ cm，$F_{T1}=1$ kN，$F_{T2}=0.5$ kN。试求两种情况下使胶带轮转动的力矩各为多少？

第 2 章　力系的简化

本章研究一般力系的简化问题。其中采用的力系向一点简化的方法，在静力学和动力学中都占有重要的地位，并具有广泛的应用。本章首先介绍力的平移定理，然后研究空间力系的简化，而将平面力系和空间平行力系作为其特殊情况处理。最后由平行力系中心的概念导出物体重心的计算公式，并进一步介绍平面图形的几何性质。

2.1　力的平移定理

在静力学公理中指出，根据力多边形法则，空间共点力系可以合成为一个合力。但对于各力的作用线在空间任意分布的**空间一般力系**(也称为**空间任意力系**，简称为**空间力系**)，则不能直接应用力多边形法则进行合成。为了解决这个问题，须借助于力的平移定理。

设刚体上的某点 A 作用着力 $\boldsymbol{F}$，O 为刚体上任取的一个指定点，如图 2－1(a)所示。现于点 O 处增加一对平衡力 $\boldsymbol{F}'$ 和 $\boldsymbol{F}''$ (图 2－1(b))，且令 $\boldsymbol{F}'=\boldsymbol{F}$。根据增减平衡力系公理，力系 $\{\boldsymbol{F},\boldsymbol{F}',\boldsymbol{F}''\}$ 与原来的力 $\boldsymbol{F}$ 等效。而力系 $\{\boldsymbol{F},\boldsymbol{F}',\boldsymbol{F}''\}$ 可视为由一个作用于指定点 O 的力 $\boldsymbol{F}'$ 和一个力偶 $(\boldsymbol{F},\boldsymbol{F}'')$ 组成。容易看出，力偶 $(\boldsymbol{F},\boldsymbol{F}'')$ 的矩矢 $\boldsymbol{M}$ 等于原来的力 $\boldsymbol{F}$ 对指定点 O 的力矩矢，即

$$\boldsymbol{M}=\boldsymbol{M}_O(\boldsymbol{F})$$

于是可以得出结论：**作用在刚体上的力可以向刚体上的任一指定点平移，但同时必须附加一力偶，此附加力偶的矩矢等于原来的力对指定点的力矩矢**。这就是**力的平移定理**，也称为**力线平移定理**。

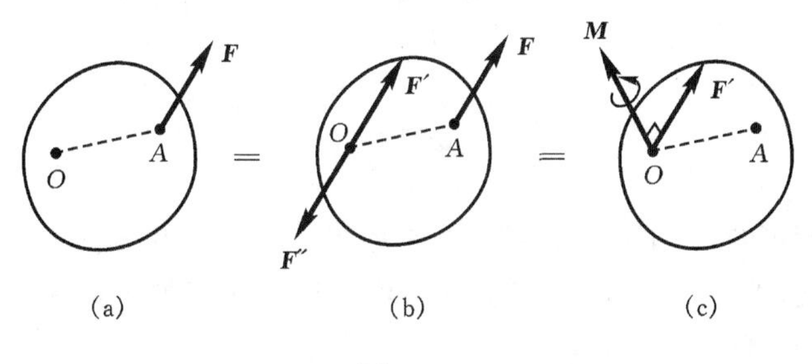

图 2－1

在平面问题中，力偶矩矢和力矩矢都退化为代数量，力的平移定理仍然成立。

力的平移定理在理论和实际应用方面都具有重要意义。它不仅在静力学中是力系向一点简化的基本理论和方法，也是解决某些动力学问题的有力工具，同时还可以直接用来解释一些工程实际中的力学问题。例如，钳工攻丝时必须用两手握扳手，而且同时协调动作以便产生力偶(图 1－13(a))。若仅一手用力或两手用力不等，根据力的平移定理，丝锥将会受到一个与其轴线相垂直的力的作用，这个力往往是把丝攻斜或折断丝锥的主要原因。

又如在分析空气阻力 $\boldsymbol{F}_{\mathrm{R}}$ 对尾翼弹丸的作用时(图 2－2)，可将 $\boldsymbol{F}_{\mathrm{R}}$ 向尾翼弹丸的质心 C 平

移，得到一个力 $\boldsymbol{F}'_R$ 和一个力偶($\boldsymbol{F}_R$，$\boldsymbol{F}''_R$)。将力 $\boldsymbol{F}'_R$ 沿弹道的切线和法线方向分解为 $\boldsymbol{F}_R^t$ 和 $\boldsymbol{F}_R^n$。$\boldsymbol{F}_R^t$ 与弹丸质心的速度 $\boldsymbol{v}$ 方向相反，使弹丸减速；$\boldsymbol{F}_R^n$ 为弹丸的升力，使弹丸质心的运动方向发生改变。而力偶($\boldsymbol{F}_R$，$\boldsymbol{F}''_R$)则使弹丸绕质心摆动。当尾翼摆至弹道切线下方时，力偶($\boldsymbol{F}_R$，$\boldsymbol{F}''_R$)使其向上摆动；当尾翼摆至弹道切线上方时，力偶使其向下摆动，从而使弹丸在飞行过程中不致翻倒，保证了飞行的稳定性。

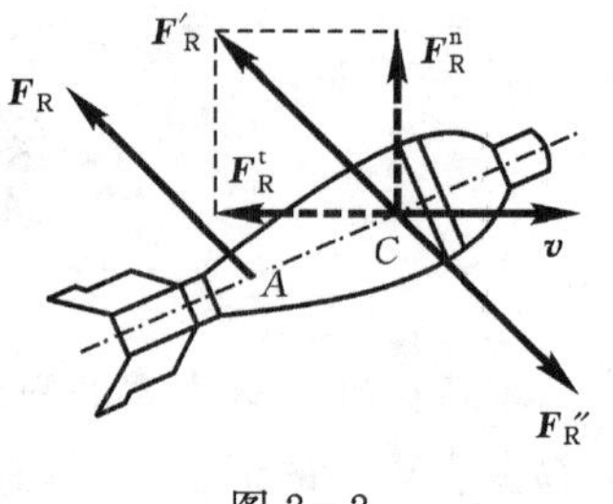

图 2-2

2.2 力系向一点的简化

2.2.1 空间力系的简化

1. 简化方法

设有一空间力系{$\boldsymbol{F}_1$，$\boldsymbol{F}_2$，…，$\boldsymbol{F}_n$}分别作用于刚体上的点 A_1，A_2，…，A_n(图 2.3(a))，在刚体上任选一点 O，称为**简化中心**。应用力的平移定理，将力系中各力均向 O 点平移。结果是原力系中任一分力 $\boldsymbol{F}_i$ 都相应地被一个作用于O 点的力 $\boldsymbol{F}'_i$ 和一个附加力偶 $\boldsymbol{M}_i$ 等效替换。整个力系则被一个空间共点力系{$\boldsymbol{F}'_1$，$\boldsymbol{F}'_2$，…，$\boldsymbol{F}'_n$}和一个附加的空间力偶系{$\boldsymbol{M}_1$，$\boldsymbol{M}_2$，…，$\boldsymbol{M}_n$}等效替换(图 2-3(b))。

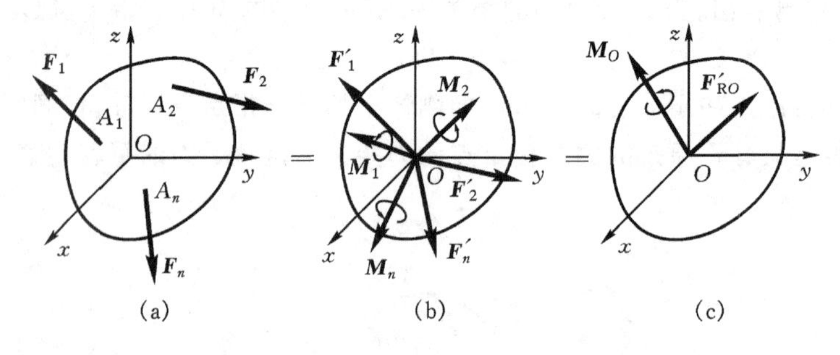

图 2-3

由力的平移定理可知，经平移所得共点力系中各力的大小和方向分别与原力系中对应各力的大小和方向相同，即 $\boldsymbol{F}'_1=\boldsymbol{F}_1$，$\boldsymbol{F}'_2=\boldsymbol{F}_2$，…，$\boldsymbol{F}'_n=\boldsymbol{F}_n$。而附加力偶系中各力偶矩矢等于原力系中各力对简化中心的矩矢，即

$$\boldsymbol{M}_1=\boldsymbol{M}_O(\boldsymbol{F}_1),\quad \boldsymbol{M}_2=\boldsymbol{M}_O(\boldsymbol{F}_2),\quad \cdots,\ \boldsymbol{M}_n=\boldsymbol{M}_O(\boldsymbol{F}_n)$$

上述空间共点力系可进一步合成为作用线过简化中心 O 的一个力 $\boldsymbol{F}'_{RO}$。显然，该力的力矢等于原力系中各力矢的矢量和(图 2-3(c))，即

$$\boldsymbol{F}'_{RO}=\sum \boldsymbol{F}_i \tag{2-1}$$

上述附加力偶系亦可进一步合成为一个力偶，该力偶的矩矢等于原力系中各力对简化中心 O之矩的矢量和(图 2-3(c))，即

$$\boldsymbol{M}_O=\sum \boldsymbol{M}_O(\boldsymbol{F}_i) \tag{2-2}$$

综上所述，**空间力系向任一点简化，可得到一个力和一个力偶：这个力的作用线过简化中**

心，其大小和方向由式(2-1)确定；这个力偶的矩矢由式(2-2)确定。

2. 主矢和主矩

空间力系中各力的矢量和，称为该力系的**主矢**。记为 $\boldsymbol{F}'_R$，即

$$\boldsymbol{F}'_R = \sum \boldsymbol{F}_i \tag{2-3}$$

若分别以 $\boldsymbol{i}$、$\boldsymbol{j}$、$\boldsymbol{k}$ 表示沿直角坐标系三根坐标轴方向的单位矢量，则主矢的解析表达式可写为

$$\boldsymbol{F}'_R = (\sum F_x)\boldsymbol{i} + (\sum F_y)\boldsymbol{j} + (\sum F_z)\boldsymbol{k} \tag{2-4}$$

空间力系中各力对简化中心 O 点之矩的矢量和，称为该力系对简化中心 O 点的**主矩**。记为 $\boldsymbol{M}_O$，即

$$\boldsymbol{M}_O = \sum \boldsymbol{M}_O(\boldsymbol{F}_i) \tag{2-5}$$

其解析表达式为

$$\boldsymbol{M}_O = [\sum M_x(\boldsymbol{F}_i)]\boldsymbol{i} + [\sum M_y(\boldsymbol{F}_i)]\boldsymbol{j} + [\sum M_z(\boldsymbol{F}_i)]\boldsymbol{k} \tag{2-6}$$

比较式(2-1)与式(2-3)，式(2-2)与式(2-5)可以看出，空间力系向任一点简化得到一个力和一个力偶，其中该力的力矢等于力系的主矢；该力偶的矩矢等于力系对同一简化中心的主矩。主矢和主矩完整地反映了力系对刚体的作用效应，它们是力系的两个特征量。

必须强调指出：

(1)主矢和力(或合力)是两个不同的概念。主矢只反映了某一力系合力的大小和方向，不反映力的作用线位置。它是自由矢量。

(2)主矢与简化中心的选取无关。对于一给定力系，其主矢是一定的。因此，主矢是力系的一个不变量(称为力系的**第一不变量**)。

(3)一般情况下，主矩与简化中心的选取有关。力系对任两点 B 和 A 的主矩之间的关系为

$$\boldsymbol{M}_B = \boldsymbol{M}_A + \overrightarrow{BA} \times \boldsymbol{F}'_R \tag{2-7}$$

这个结论请读者自证。

3. 空间力系简化结果的讨论

下面分四种情形讨论。

(1) $\boldsymbol{F}'_R=0$，$\boldsymbol{M}_O=0$。此时力系平衡。这种情形将在第 4 章中详细研究。

(2) $\boldsymbol{F}'_R=0$，$\boldsymbol{M}_O\neq0$。由式(2-7)知，此时力系对任一点的主矩都相等，即主矩与简化中心的选取无关，力系合成为一合力偶，其矩等于力系对任意简化中心的主矩。

(3) $\boldsymbol{F}'_R\neq0$，$\boldsymbol{M}_O=0$。此时力系合成为一个作用线过简化中心的合力，其力矢等于力系的主矢。

(4) $\boldsymbol{F}'_R\neq0$，$\boldsymbol{M}_O\neq0$。此时又可分为三种情况。

①$\boldsymbol{F}'_R\perp\boldsymbol{M}_O$。由力的平移定理证明的逆过程可知，此时力系可进一步合成为一个合力，合力的作用线位于通过 O 点且垂直于 $\boldsymbol{M}_O$ 的平面内(图 2-4)，其作用线至简化中心的距离为

$$d = \frac{|\boldsymbol{M}_O|}{F'_R} \tag{2-8}$$

②$\boldsymbol{F}'_R /\!/ \boldsymbol{M}_O$。这时力系不能再进一步简化，这种结果称为**力螺旋**。在工程实际中力螺旋是很常见的，例如，钻孔时钻头对工件施加的切削力系、子弹在发射时枪管对弹头作用的力系、

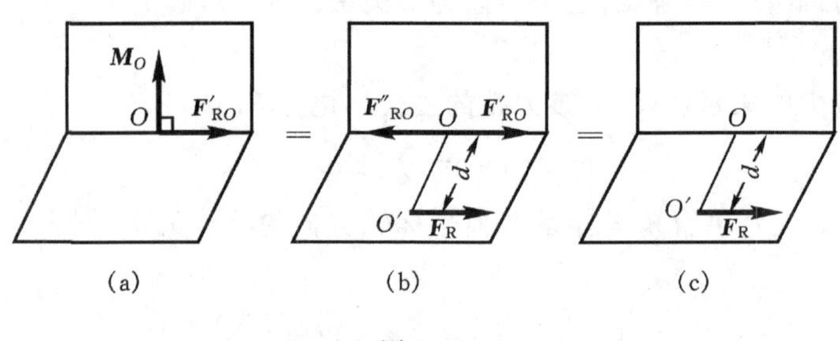

图 2-4

空气或水对螺旋浆的推进力系等等，都是力螺旋的实例。

当 $\boldsymbol{F}'_R$ 与 $\boldsymbol{M}_O$ 同向时，称为**右手螺旋**(图 2-5(a))；当 $\boldsymbol{F}'_R$ 与 $\boldsymbol{M}_O$ 反向时，称为**左手螺旋**(图 2-5(b))。力螺旋中力的作用线称为力螺旋的**中心轴**。在上述情况下中心轴通过简化中心。

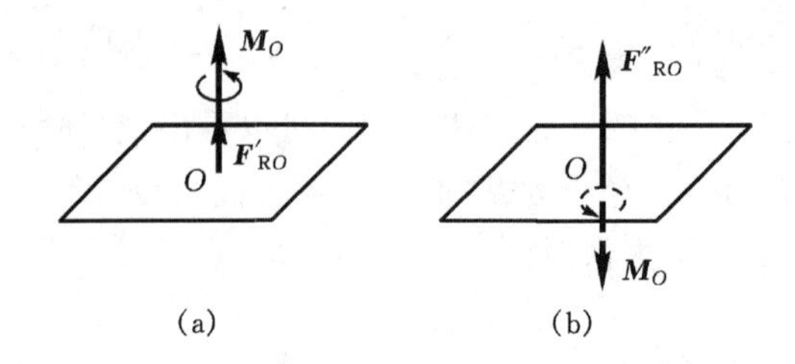

图 2-5

③$\boldsymbol{F}'_{RO}$与 $\boldsymbol{M}_O$ 成任意角度 α(图 2-6(a))。为进一步简化，将 $\boldsymbol{M}_O$ 分解成为与$\boldsymbol{F}'_{RO}$平行的$\boldsymbol{M}'$和与$\boldsymbol{F}'_{RO}$垂直的$\boldsymbol{M}''$两个分量(图 2-6(b))。由①中的分析可知，$\boldsymbol{F}'_{RO}$和 $\boldsymbol{M}''$可合成为一个作用线过O'点的力 $\boldsymbol{F}'_{RO'}$，且 $\boldsymbol{F}'_{RO'}$仍与 $\boldsymbol{M}'$平行。故此时力系仍简化为力螺旋。应注意的是此时力螺旋的中心轴不通过简化中心 O，而是通过另一点 O'。O'点至力 $\boldsymbol{F}'_{RO}$作用线的距离 $d=|M''|/F'_R=|M_O\sin\alpha|/F'_R$(图 2-6(c))。

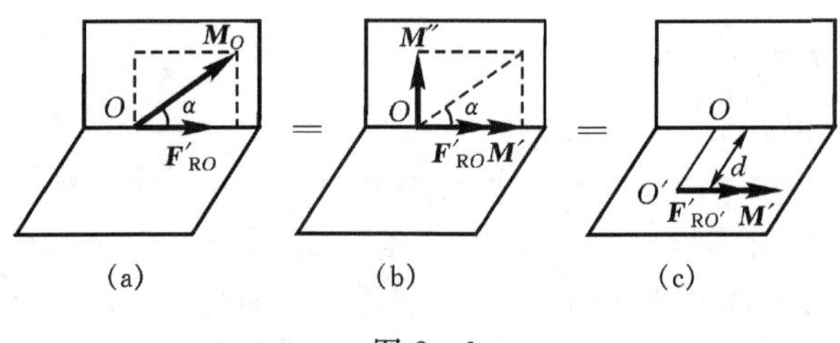

图 2-6

必须指出：力螺旋不能与一个力等效，也不能与一个力偶等效，即不能再进一步简化，它也是一种最简单的力系。

2.2.2 平面力系的简化

若力系中各力的作用线在同一平面内任意分布，则该力系称为**平面任意力系**，简称为**平面力系**。

仍采用将力系向一点简化的方法。选取力系作用面上的任一点 O 为简化中心，结果可得

到一个作用线过 O 点的力 $\boldsymbol{F}'_{RO}$（其力矢等于力系的主矢）和一个附加力偶（其力偶矩等于力系对 O 点的主矩）。不难看出，平面力系的主矢 $\boldsymbol{F}'_R$ 与主矩 $\boldsymbol{M}_O$ 必定相互垂直，平面任意力系的最终简化结果只有下列三种可能：平衡、合力偶、合力。

平面力系的简化过程如图 2－7 所示。其中，主矩 $M_O = \sum M_O(\boldsymbol{F}_i)$。

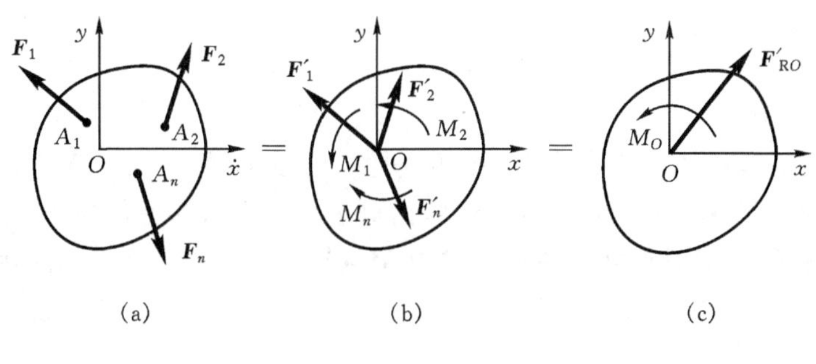

图 2－7

例 2－1　由力 $\boldsymbol{F}_1$、$\boldsymbol{F}_2$、$\boldsymbol{F}_3$ 和矩为 M 的力偶组成的平面力系作用于等腰直角三角形板 ABC 上，如图 2－8(a)所示。其中 $F_1=3F$，$F_2=F$，$F_3=2F$，$M=aF$。试求力系向 A 点简化的结果及力系的最终简化结果。

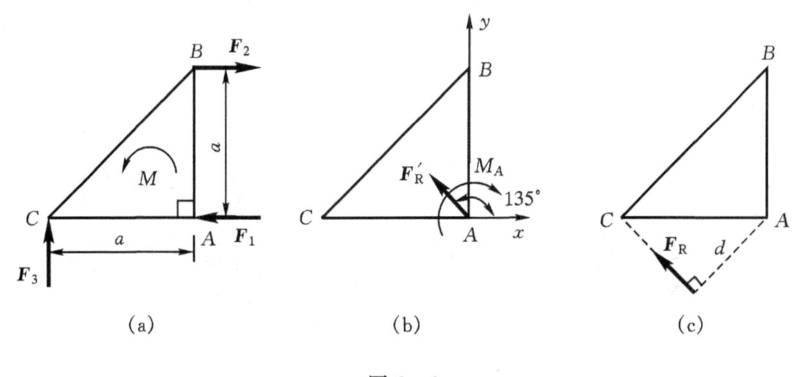

图 2－8

解　力系向 A 点简化，可得一个作用线过 A 点的力（其力矢等于力系的主矢）和一个力偶矩等于力系对 A 点主矩的附加力偶。因此，只要求出力系的主矢和力系对 A 点的主矩，即可得力系向 A 点简化的结果。

建立坐标系 Axy，如图 2－8(b)所示。主矢在 x 轴和 y 轴上的投影分别为

$$F'_{Rx} = \sum F_x = F_2 - F_1 = -2F, \quad F'_{Ry} = \sum F_y = F_3 = 2F$$

主矢的大小和方向为

$$F'_R = \sqrt{F'^2_{Rx} + F'^2_{Ry}} = 2\sqrt{2}F$$

$$\cos(\boldsymbol{F}'_R, \boldsymbol{i}) = F'_{Rx}/F'_R = -\sqrt{2}/2, \quad \angle(\boldsymbol{F}'_R, \boldsymbol{i}) = 135^\circ$$

$$\cos(\boldsymbol{F}'_R, \boldsymbol{j}) = F'_{Ry}/F'_R = \sqrt{2}/2, \quad \angle(\boldsymbol{F}'_R, \boldsymbol{j}) = 45^\circ$$

力系对 A 点的主矩为

$$M_A = \sum M_A(\boldsymbol{F}) = -aF_2 - aF_3 + M$$
$$= -aF - a \cdot 2F + aF = -2aF$$

力系向 A 点简化所得的力的方向和附加力偶的转向如图 2－8(b)所示。

由于 $\boldsymbol{F}'_R \neq 0$，所以该力系必可进一步合成为一个合力 $\boldsymbol{F}_R$，合力矢等于主矢，合力的作用线至 A 点的距离为

$$d = |M_A| / F'_R = \sqrt{2}a/2$$

如图 2－8(c)所示。

讨论：(1)合力的作用线位于简化中心的哪一侧，要由 $\boldsymbol{F}'_R$ 的方向及 M_A 的转向综合判定。对空间力系而言应满足 $\boldsymbol{M}_A(\boldsymbol{F}_R) = \boldsymbol{M}_A$ 的条件，而对于平面力系则退化为 $M_A(\boldsymbol{F}_R) = M_A$。

(2) 在平面情形中，力对点之矩的解析式为 $M_A(\boldsymbol{F}_R) = xF_y - yF_x$。此式可用来确定合力的作用线方程。本例中 $F_x = F'_{Rx} = -2F$，$F_y = F'_{Ry} = 2F$，$M_A = -2aF$，代入上述方程可得作用线方程为

$$x + y = -a$$

令 $y=0$ 可得合力作用线与 x 轴的交点坐标为$(-a,0)$，即合力作用线通过 C 点，或者说如将力系向 C 点简化可直接得到力系的合力 $\boldsymbol{F}_R$。上述结论请读者自行验证。

例 2－2　正立方体边长为 a，在四个顶点 O、A、B、C 上分别作用着大小都等于 F 的四个力 $\boldsymbol{F}_1$、$\boldsymbol{F}_2$、$\boldsymbol{F}_3$、$\boldsymbol{F}_4$，如图 2－9(a)所示。试求该力系向 O 点简化的结果以及力系的最终合成结果。

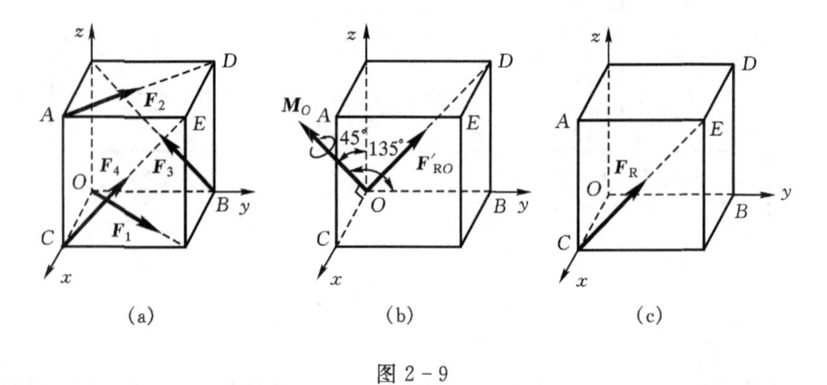

图 2－9

解　建立坐标系 $Oxyz$，力系的主矢在三根坐标轴上的投影分别为

$$F'_{Rx} = F_1\cos45° - F_2\cos45° = 0$$
$$F'_{Ry} = F_1\cos45° + F_2\cos45° - F_3\cos45° + F_4\cos45° = \sqrt{2}F$$
$$F'_{Rz} = F_3\cos45° + F_4\cos45° = \sqrt{2}F$$

力系主矢的大小和方向为

$$F'_R = \sqrt{F'^2_{Rx} + F'^2_{Ry} + F'^2_{Rz}} = 2F$$
$$\cos(\boldsymbol{F}'_R, \boldsymbol{i}) = F'_{Rx}/F'_R = 0, \quad \angle(\boldsymbol{F}'_R, \boldsymbol{i}) = 90°$$
$$\cos(\boldsymbol{F}'_R, \boldsymbol{j}) = F'_{Ry}/F'_R = \sqrt{2}/2, \quad \angle(\boldsymbol{F}'_R, \boldsymbol{j}) = 45°$$
$$\cos(\boldsymbol{F}'_R, \boldsymbol{k}) = F'_{Rz}/F'_R = \sqrt{2}/2, \quad \angle(\boldsymbol{F}'_R, \boldsymbol{k}) = 45°$$

力系对 O 点的主矩在三根坐标轴上的投影分别为

$$M_x = -aF_2\cos45^\circ + aF_3\cos45^\circ = 0$$

$$M_y = -aF_2\cos45^\circ - aF_4\cos45^\circ = -\sqrt{2}aF$$

$$M_z = aF_2\cos45^\circ + aF_4\cos45^\circ = \sqrt{2}aF$$

力系对 O 点主矩的大小和方向为

$$M_O = \sqrt{M_x^2 + M_y^2 + M_z^2} = 2aF$$

$$\cos(\boldsymbol{M}_O, \boldsymbol{i}) = M_x/M_O = 0, \quad \angle(\boldsymbol{M}_O, \boldsymbol{i}) = 90^\circ$$

$$\cos(\boldsymbol{M}_O, \boldsymbol{j}) = M_y/M_O = -\sqrt{2}/2, \quad \angle(\boldsymbol{M}_O, \boldsymbol{j}) = 135^\circ$$

$$\cos(\boldsymbol{M}_O, \boldsymbol{k}) = M_z/M_O = \sqrt{2}/2, \quad \angle(\boldsymbol{M}_O, \boldsymbol{k}) = 45^\circ$$

所以，力系向 O 点简化的结果是作用于 O 点、力矢等于主矢 $\boldsymbol{F}'_R$ 的一个力 $\boldsymbol{F}'_{RO}$ 和矩矢等于主矩 $\boldsymbol{M}_O$ 的一个力偶(图 2-9(b))。

因为 $\boldsymbol{F}'_R \neq 0$，且 $\boldsymbol{F}'_R \perp \boldsymbol{M}_O$，所以该力系可进一步合成为一个合力 $\boldsymbol{F}_R$，其大小和方向与主矢 $\boldsymbol{F}'_R$ 相同，作用线至 O 点的距离为

$$d = M_O/F'_R = 2aF/(2F) = a$$

即合力 $\boldsymbol{F}_R$ 的作用线通过 C 点且沿对角线 CE(图 2-9(c))。

2.3　平行力系中心和重心

各力的作用线相互平行的空间力系，称为**空间平行力系**(或**平行力系**)。它是空间力系的一种特例。

2.3.1　平行力系中心

对于任一平行力系，以简化中心 O 为原点建立直角坐标系，且令 z 轴与各力平行，则可得力系的主矢 $\boldsymbol{F}'_R$ 和对 O 点的主矩 $\boldsymbol{M}_O$ 分别为

$$\boldsymbol{F}'_R = (\sum F_z)\boldsymbol{k}, \qquad \boldsymbol{M}_O = (\sum yF_z)\boldsymbol{i} + (-\sum xF_z)\boldsymbol{j}$$

由于 $\boldsymbol{F}'_R \perp \boldsymbol{M}_O$，所以平行力系的简化结果只能是平衡、合力偶、合力这三种情况中的一种，不可能简化为力螺旋。

下面研究平行力系中心的概念及其坐标的计算公式。

设一平行力系$\{\boldsymbol{F}_1, \boldsymbol{F}_2, \cdots, \boldsymbol{F}_n\}$作用于刚体上的 $C_1, C_2, \cdots, C_n$ 各点(图 2-10)。设力系的合力为 $\boldsymbol{F}_R$，其作用点为 C。建立任一直角坐标系 $Oxyz$，点 C 和 C_i 对于坐标原点的位置矢径分别为 $\boldsymbol{r}_C$ 和 $\boldsymbol{r}_i$。由合力矩定理可得

$$\boldsymbol{r}_C \times \boldsymbol{F}_R = \sum \boldsymbol{r}_i \times \boldsymbol{F}_i$$

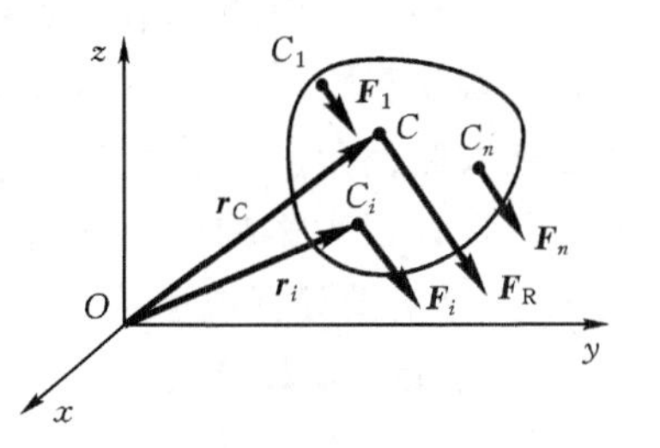

图 2-10

设力线方向的单位矢量为 $\boldsymbol{e}$，并规定与 $\boldsymbol{e}$ 同向的 $\boldsymbol{F}_i$ 和 $\boldsymbol{F}_R$ 为正，反之为负，于是有

$$(F_R\boldsymbol{r}_C - \sum F_i\boldsymbol{r}_i) \times \boldsymbol{e} = 0$$

因为坐标原点可以任取，所以单位矢量 $\boldsymbol{e}$ 是任意的，故有

$$F_R\boldsymbol{r}_C - \sum F_i\boldsymbol{r}_i = 0$$

$$\boldsymbol{r}_C = \sum F_i\boldsymbol{r}_i / F_R \tag{2-9}$$

由上式可知，C 点的位置矢径只决定于力系中各力的大小、指向及作用点的位置，而与它们的方位无关。这个 C 点称为**平行力系中心**。

将式(2-9)向各直角坐标轴投影，可得平行力系中心的直角坐标计算公式

$$x_C = \sum x_iF_i/F_R,\quad y_C = \sum y_iF_i/F_R,\quad z_C = \sum z_iF_i/F_R \tag{2-10}$$

式中：x_i、y_i、z_i 为力 $\boldsymbol{F}_i$ 作用点的坐标。应该注意，式中的 F_R 及 F_i 均为代数量。

例 2-3　空间平行力系由五个力组成，力的大小、指向及作用点如图 2-11 所示。图中长度单位为 cm。试问该力系是否存在合力？若有合力，求出该平行力系中心 C。

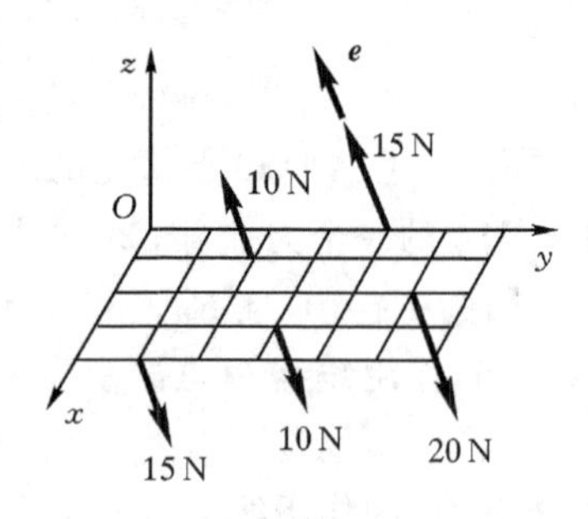

图 2-11

解　建立坐标系 $Oxyz$，并取力线方向的单位矢量 $\boldsymbol{e}$ 如图。力系的主矢 $\boldsymbol{F}'_R$ 为

$$\boldsymbol{F}'_R = \sum \boldsymbol{F}_i = [(10+15)-(15+10+20)]\boldsymbol{e} = -20\boldsymbol{e}$$

因为 $\boldsymbol{F}'_R \neq 0$，所以平行力系必存在合力 $\boldsymbol{F}_R$，其大小 $|\boldsymbol{F}_R| = |\boldsymbol{F}'_R| = 20$ N，指向与 $\boldsymbol{e}$ 相反。设该平行力系中心 C 的坐标为 (x_C, y_C, z_C)，由式(2-10)得

$$x_C = \sum x_iF_i/F_R = (10-60-30-40)/(-20) = -120/(-20) = 6\ \text{cm}$$

$$y_C = \sum y_iF_i/F_R = (20+60-15-30-100)/(-20) = (-65)/(-20) = 3.25\ \text{cm}$$

$$z_C = \sum z_iF_i/F_R = 0$$

2.3.2　物体的重心

1. 重心的概念

如果将物体看成是由许多质点组成的质点系，那么因每个质点都受到地球引力的作用而形成一个力系。由于地球的半径远大于所研究的物体的尺寸，因此可以足够精确地认为该力系是一个空间平行力系，力系的合力 $\boldsymbol{W}$ 就是物体的重力，重力的作用点 C(即平行力系中心)称为**重心**。必须指出：重心可能在物体上，也可能在物体外，但它相对于物体本身有确定的位置。

重心是力学中的一个重要概念，它对物体的平衡和运动都有重要影响。例如，坦克的重心与它的最大上、下坡能力及最大侧偏角度有直接关系；飞机的重心对它的稳定性和操纵性有很大影响。因此，在工程技术特别是军事工程技术中，常需要计算或测量物体重心的位置。

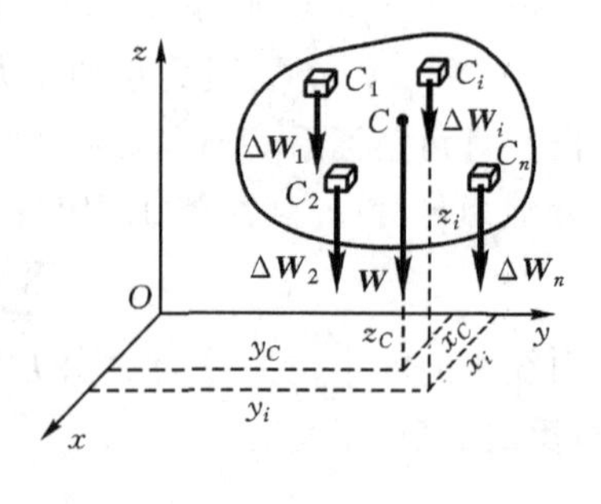

图 2-12

2. 重心的坐标公式

假设将物体分割成无数微元，每一微元上受地球的引力为 $\Delta\boldsymbol{W}_i$，其作用点 $C_i(x_i, y_i, z_i)$，如图 2-12 所示。该物体的重力为 $\boldsymbol{W}$，重心为点 $C(x_C, y_C, z_C)$。由式(2-10)可直

接得出物体重心坐标的计算公式

$$x_C = \sum x_i \Delta W_i / W,\quad y_C = \sum y_i \Delta W_i / W,\quad z_C = \sum z_i \Delta W_i / W \tag{2-11}$$

设各微元的体积为 ΔV_i，单位体积重量为 γ_i，则 $\Delta W_i = \gamma_i \Delta V_i$。代入上式并取极限，可得重心坐标的一般计算公式

$$\begin{aligned} x_C &= \lim_{\Delta V_i \to 0}\left[\left(\sum x_i \gamma_i \Delta V_i\right)/\left(\sum \gamma_i \Delta V_i\right)\right] = \left(\int_V x_i \gamma_i \mathrm{d}V\right)\Big/\left(\int_V \gamma_i \mathrm{d}V\right) \\ y_C &= \lim_{\Delta V_i \to 0}\left[\left(\sum y_i \gamma_i \Delta V_i\right)/\left(\sum \gamma_i \Delta V_i\right)\right] = \left(\int_V y_i \gamma_i \mathrm{d}V\right)\Big/\left(\int_V \gamma_i \mathrm{d}V\right) \\ z_C &= \lim_{\Delta V_i \to 0}\left[\left(\sum z_i \gamma_i \Delta V_i\right)/\left(\sum \gamma_i \Delta V_i\right)\right] = \left(\int_V z_i \gamma_i \mathrm{d}V\right)\Big/\left(\int_V \gamma_i \mathrm{d}V\right) \end{aligned} \tag{2-12}$$

对于均质物体，γ 为常量。上式可写成

$$x_C = \left(\int_V x \mathrm{d}V\right)\Big/V,\quad y_C = \left(\int_V y \mathrm{d}V\right)\Big/V,\quad z_C = \left(\int_V z \mathrm{d}V\right)\Big/V \tag{2-13}$$

式中：$V = \int_V \mathrm{d}V$ 是物体的总体积。上式说明均质物体的重心 C 仅决定于物体的形状，由式(2-13)计算出的点又称为**形心**。因此，均质物体的重心与形心是重合的。

对于等厚度的均质薄壳(图 2-13)，其重心坐标公式为

$$x_C = \left(\int_A x \mathrm{d}A\right)\Big/A,\quad y_C = \left(\int_A y \mathrm{d}A\right)\Big/A,\quad z_C = \left(\int_A z \mathrm{d}A\right)\Big/A \tag{2-14}$$

式中：$A = \int_A \mathrm{d}A$ 是薄壳的总面积。

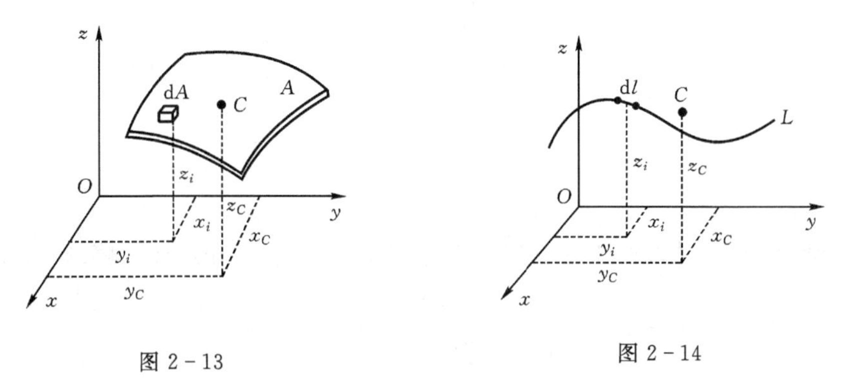

图 2-13　　图 2-14

对于任意形状的等截面均质细杆(图 2-14)，其重心坐标公式为

$$x_C = \left(\int_L x \mathrm{d}l\right)\Big/L,\quad y_C = \left(\int_L y \mathrm{d}l\right)\Big/L,\quad z_C = \left(\int_L z \mathrm{d}l\right)\Big/L \tag{2-15}$$

式中：$L = \int_L \mathrm{d}l$ 是细杆的总长度。

3. 确定重心的方法

确定物体重心位置的方法，可以分为计算法和实验法两大类。下面分别进行介绍。

(1) 计算法。

①积分法。对于形状简单的物体，可根据其几何特点取便于计算的微元，利用前面给出的公式经积分求出重心的位置。不难看出：**具有对称面、对称轴或对称中心的均质物体，其重心(形心)必在其对称面、对称轴或对称中心上。**这一结论有时也为确定重心的位置提供了方便。

例 2-4　试求图 2-15 所示半径为 r、中心角为 2α 的均质圆弧线的重心。

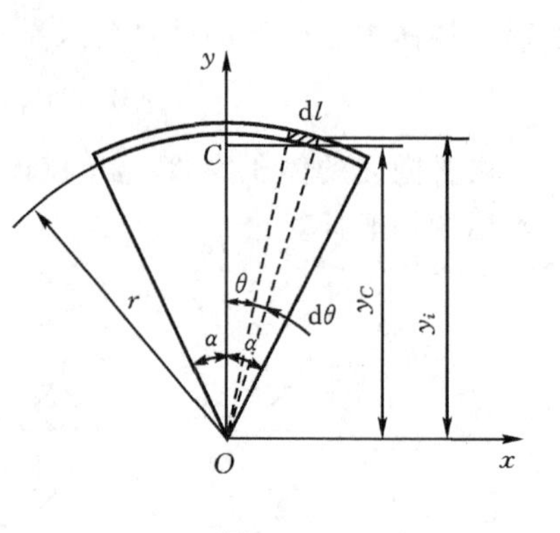

图 2-15

解　取中心角的平分线为 y 轴。由对称性知该圆弧线的重心必在 y 轴上，即 $x_C=0$。

取微元 $\mathrm{d}l=r\mathrm{d}\theta$，该微元的 y 坐标 $y=r\cos\theta$，代入式(2-15)得

$$y_C=\left(\int_L y\mathrm{d}l\right)\Big/L=\left(\int_{-\alpha}^{\alpha} r^2\cos\theta\mathrm{d}\theta\right)\Big/(2r\alpha)=\frac{r\sin\alpha}{\alpha}$$

即该圆弧线的重心坐标为$\left(0,\dfrac{r\sin\alpha}{\alpha}\right)$。

所有简单几何形体的形心均可直接查阅有关手册。

②分割法。在工程实际中，经常要求一些组合形体的重心，这时可以设想将组合形体分割成若干个简单形体，然后利用式(2-13)即可求出整个组合形体的重心。这种方法称为**分割法**。

例 2-5　试求图 2-16(a)所示角钢截面的形心。图中尺寸单位为 cm。

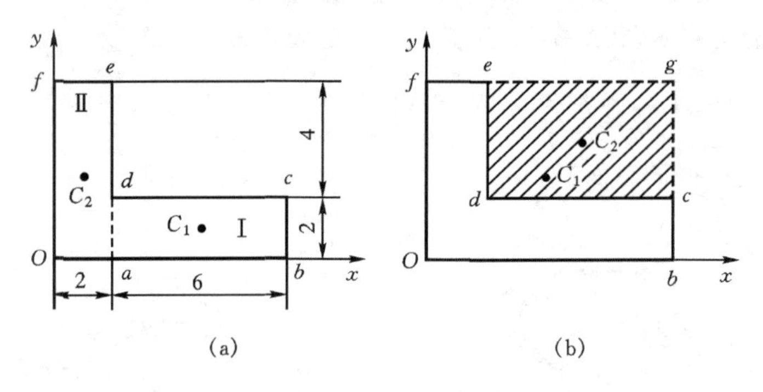

图 2-16

解　将所给图形分成两个矩形，这两个矩形的面积及其形心的坐标如表 2-1 所示。

表 2-1

简单形体	A_i/cm^2	x_i/cm	y_i/cm
Ⅰ(矩形 $abcd$)	12	5	1
Ⅱ(矩形 $Oaef$)	12	1	3

代入式(2-14)，得角钢截面的形心坐标为

$$x_C=\sum x_iA_i/\sum A_i=(5\times12+1\times12)/24=3\ \mathrm{cm}$$

$$y_C=\sum y_iA_i/\sum A_i=(1\times12+3\times12)/24=2\ \mathrm{cm}$$

若在物体或薄板内切去一部分(例如有空穴或孔的物体)，则这类物体的重心仍可应用与分割法相同的公式来求得，只是切去部分的面积或体积应取负值。这种方法称为**负面积(体积)法**。

例 2 - 6　用负面积法求解例 2 - 5。

解　将所给图形看成是由大矩形 $Obgf$ 减去小矩形 $cged$ 而形成。其中小矩形 $cged$ 的面积应取负值(图 2 - 16(b))。这两部分图形的面积及形心坐标如表 2 - 2 所示。

表 2 - 2

简单形体	A_i/cm^2	x_i/cm	y_i/cm
Ⅰ(矩形 $Obgf$)	48	4	3
Ⅱ(矩形 $cged$)	−24	5	4

代入式(2 - 14),得角钢截面的形心坐标为

$$x_C = \sum x_iA_i / \sum A_i = (4\times 48 - 5\times 24)/(48-24) = 3\ \text{cm}$$

$$y_C = \sum y_iA_i / \sum A_i = (3\times 48 - 4\times 24)/(48-24) = 2\ \text{cm}$$

(2) 实验法

对于形状复杂或非均质物体,很难用计算法求得其重心,这时可用实验法。下面介绍两种实验方法。

①悬挂法。在设计水坝时,为确定其截面重心的位置,可按一定比例尺将薄板做成截面的形状。先将板悬挂于任一点 A。根据二力平衡条件,重心必在过点 A 的铅垂线上,于是在板上画出该直线;再将板悬挂于另一点 B,可以画出另一条直线。两直线的交点 C 就是截面的重心。

②称重法。下面以汽车为例,说明称重法的应用。

首先称出汽车的重量 W,并测量出前后轴距 l 和车轮半径 r。设汽车是左右对称的,则重心必在其对称面内。所以只需测定重心 C 距地面的高度 z_C 和距后轮轴的距离 x_C 即可。

为了测定 x_C,将汽车后轮放在地面上,前轮放在磅秤上,车身保持水平(图2 - 17(a)),这时磅秤的读数为 W_1。因为车身处于平衡状态,所以有 $Wx_C=W_1l$,于是得

$$x_C = W_1l/W \tag{1}$$

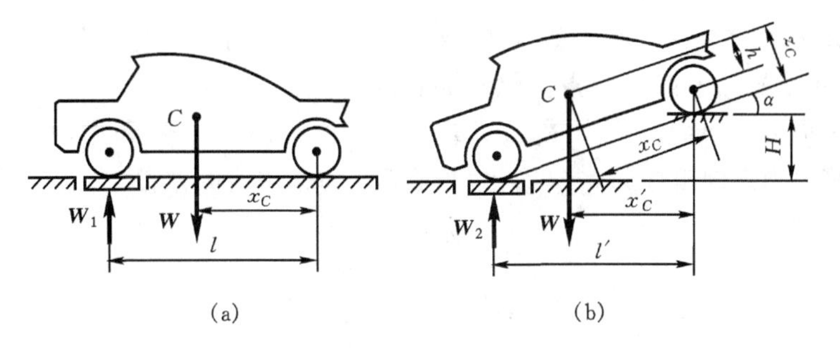

图 2 - 17

欲测定 z_C,需将车的后轮抬高任意高度 H(图 2 - 17(b)),这时磅秤的读数为 W_2。同时得

$$x'_C = W_2l'/W \tag{2}$$

由图中的几何关系知

$$l' = l\cos\alpha,\quad x'_C = x_C\cos\alpha + h\sin\alpha$$

$$\sin\alpha = H/l,\quad \cos\alpha = \sqrt{l^2 - H^2}/l$$

其中 h 为重心高度 z_C 与后轮半径之差，即

$$h = z_C - r$$

将上述五个关系式代入(2)式，经整理得

$$z_C = r + l(W_2 - W_1)\sqrt{l^2 - H^2}/(WH) \tag{3}$$

思考题

2-1 力系的主矢与力系的合力有什么关系？能不能说力系的主矢就是力系的合力？

2-2 设力系向某一点简化得到一个合力。若另选一适当的点为简化中心，该力系能否简化为一合力偶？为什么？

2-3 空间平行力系的简化结果有哪几种可能情形？能出现力螺旋的情形吗？

2-4 如果组合形体是由两种不同材料制成的，在求这样的物体的重心时，应注意什么问题？

习 题

2-1 已知某平面力系向 A 点简化得主矢 $F'_R = 50$ N，$\alpha = 30°$，主矩 $M_A = 20$ N·m，$\overline{AB} = 200$ mm。试求原力系向图中 B 点简化的结果。

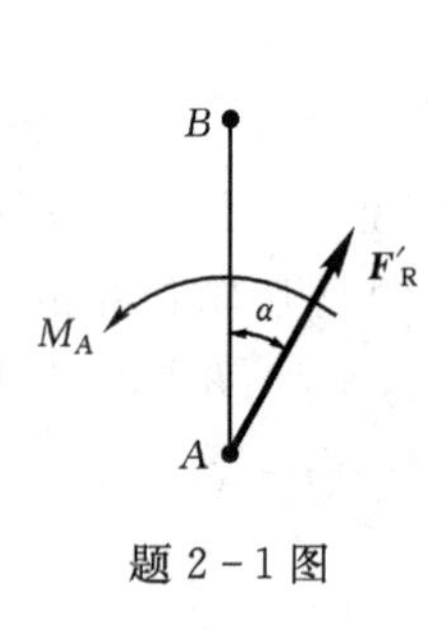

题 2-1 图

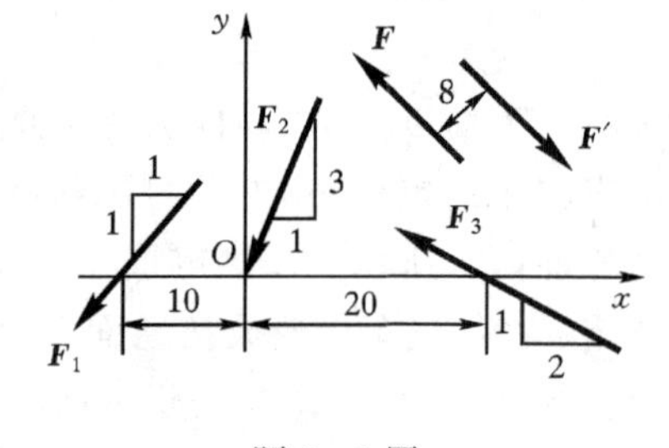

题 2-2 图

2-2 已知 $F_1 = 150$ N，$F_2 = 200$ N，$F_3 = 300$ N，力偶中的力的大小为 200 N，图中尺寸单位为 cm。试求图示平面力系向 O 点简化的结果和最终简化结果。

2-3 某平面力系中的四个力 $\boldsymbol{F}_1$、$\boldsymbol{F}_2$、$\boldsymbol{F}_3$ 和 $\boldsymbol{F}_4$ 的投影 F_x、F_y 和作用点坐标 x、y 如表 2-3所示。试将该力系向坐标原点 O 简化，并求其合力作用线的方程。

表 2-3

力和作用点	$\boldsymbol{F}_1$	$\boldsymbol{F}_2$	$\boldsymbol{F}_3$	$\boldsymbol{F}_4$
F_x/N	1	−2	3	−4
F_y/N	4	1	−3	−3
x/m	2	−2	3	−4
y/m	1	−1	−3	−6

2-4 图示正方形板上作用有四个铅垂力 $F_1 = 20$ kN，$F_2 = 6$ kN，$F_3 = 4$ kN，$F_4 = 10$ kN，

$a=2$ m。试求：

(1) 该平行力系中心的坐标。

(2) 若要使该平行力系中心位于正方形板的中心，A、B 两处应作用多大的铅垂力？

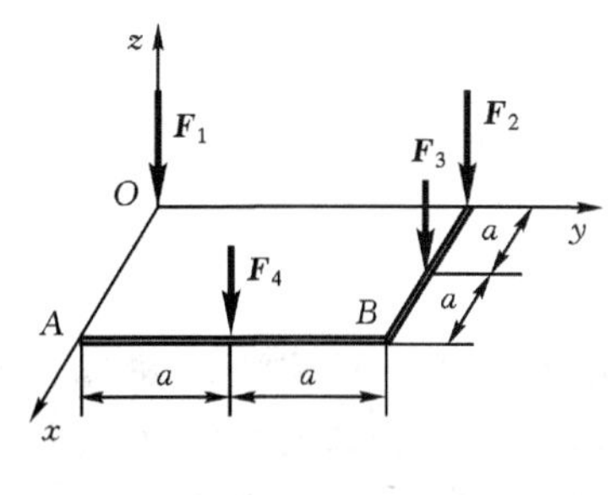

题 2-4 图

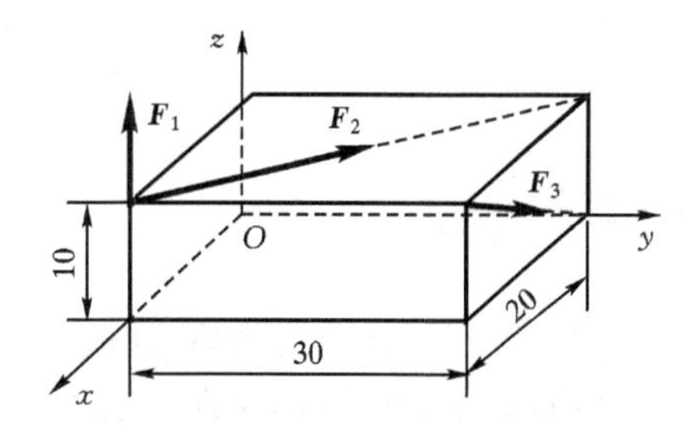

题 2-5 图

2-5　由 $\boldsymbol{F}_1$、$\boldsymbol{F}_2$、$\boldsymbol{F}_3$ 三个力构成的空间力系如图所示。已知 $F_1=100$ N，$F_2=300$ N，$F_3=200$ N，图中尺寸单位为 cm。试求该力系向原点 O 简化的结果。

2-6　等截面均质细杆被弯成图示形状，求其重心的位置。

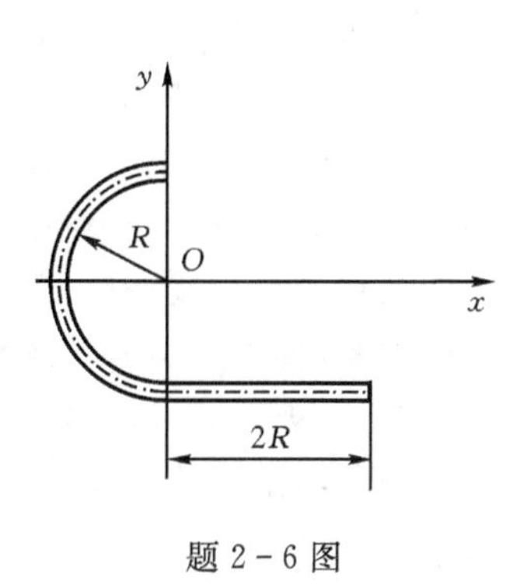

题 2-6 图

2-7　一平面力系向坐标原点 O 简化得到的主矩 $M_O=0$，向点 $A(\sqrt{3},1)$cm 简化得到的主矩 $M_A=2$ kN·cm；又知该力系的主矢在 x 轴上的投影为 500 N。试确定该力系的最终简化结果。

2-8　图示平面图形中每一方格的边长为 2 cm，求挖去圆后剩余部分面积形心的位置。

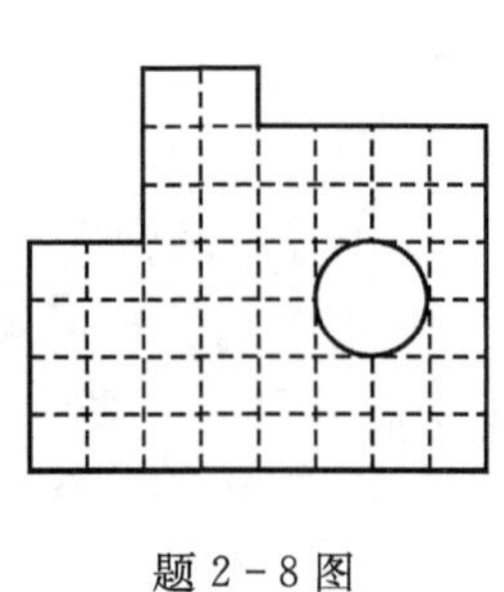
题 2-8 图

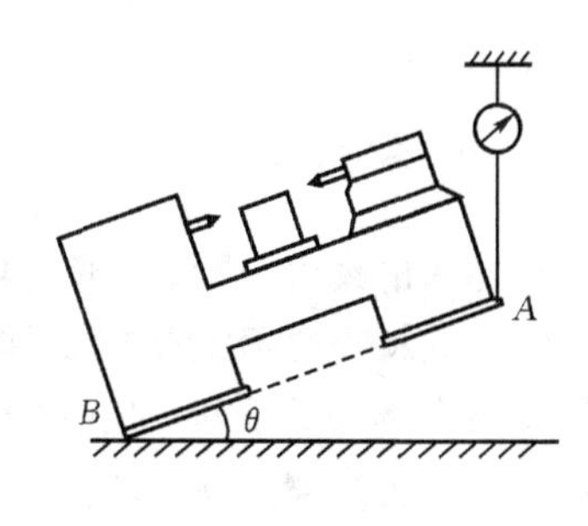

题 2-9 图

2-9　某机床重 50 kN，假设具有图示对称平面。$\overline{AB}=2.4$ m。当水平放置($\theta=0°$)时秤上读数为 35 kN，当 $\theta=20°$时秤上读数为 30 kN。该机床重心的位置在哪里？

第3章　物体的受力分析

3.1　约束和约束力

在空间中可以任意运动的物体，如航行中的飞机、人造卫星等，称为**自由体**。工程实际中大多数物体的运动或者位置都受到一定的限制，这样的物体称为**非自由体**，如在钢轨上行驶的火车、安装在轴承上的电机转子等。**对非自由体的运动起限制作用的周围物体称为约束**。如钢轨对于火车、轴承对于转子等都是约束。

物体受到约束时，物体与约束之间必相互作用着力。约束对非自由体的作用力称为**约束力**。显然，约束力的作用位置在约束与非自由体的接触处，约束力的方向总与约束所能阻碍的运动方向相反。但其大小不能预先独立确定，它与约束的性质、非自由体的运动状态和作用于其上的其它力有关，须由力学规律求出。工程力学中，把约束力以外的力，如重力、电磁力、机车牵引力等，称为**主动力**或**载荷**。主动力通常可以预先独立测定，是已知的；约束力是由主动力引起的，是被动力，通常是未知的。但是，未知、被动和已知、主动并不是约束力和主动力的本质区别。约束力是指限制物体位移和速度的力。有些力虽然是被动的、未知的，如流体阻力、动滑动摩擦力、弹性力等，但它们不限制物体的位移和速度，所以不是约束力，而是主动力。

无论在静力学还是在动力学中，对物体进行受力分析的一个重要内容是正确地表示出约束力的作用线的方位和指向，它们都与约束的性质有关。下面介绍几种常见的约束类型，分析每一类约束的特点，确定其约束力。

3.1.1　柔索约束

柔软而不可伸长的绳索，称为柔索。它是一种理想模型。工程中的钢索、链条和胶带等都可以简化为柔索。其特点是只能受拉，不能受压。所以柔索只能限制物体沿柔索伸长方向的运动。如果忽略柔索本身的重量(如不加特殊说明，本书中均假设柔索无重)，则**其约束力总是沿着柔索而背离所系的物体**，即表现为拉力，常用 $\boldsymbol{F}_{\mathrm{T}}$ 表示。当柔索绕过轮子或考虑其自重时，其约束力则沿柔索的切线方向。

如图 3－1(a)所示，通过铁环 A 用钢索吊起重物。根据柔索约束力的特点，可以确定钢索给重物的力一定是拉力($\boldsymbol{F}_B$、$\boldsymbol{F}_C$)，钢索给铁环的力也是拉力($\boldsymbol{F}'_B$、$\boldsymbol{F}'_C$、$\boldsymbol{F}_A$)，如图 3－1(b)所示。其中 $\boldsymbol{F}_B=-\boldsymbol{F}'_B$，$\boldsymbol{F}_C=-\boldsymbol{F}'_C$。在图 3－2(a)所示的胶带传动中，胶带给两个胶带轮的力如图 3－2(b)所示。

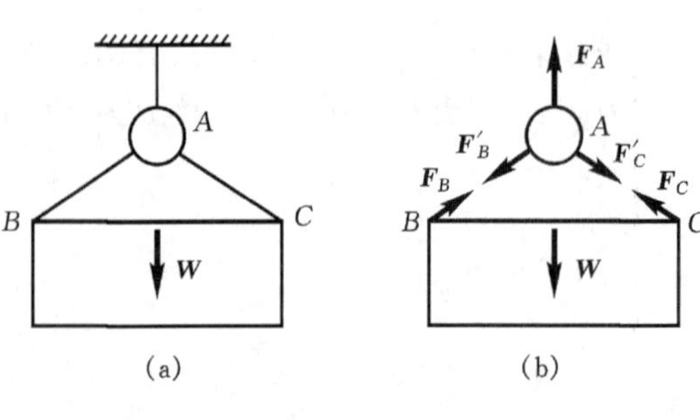

图 3－1

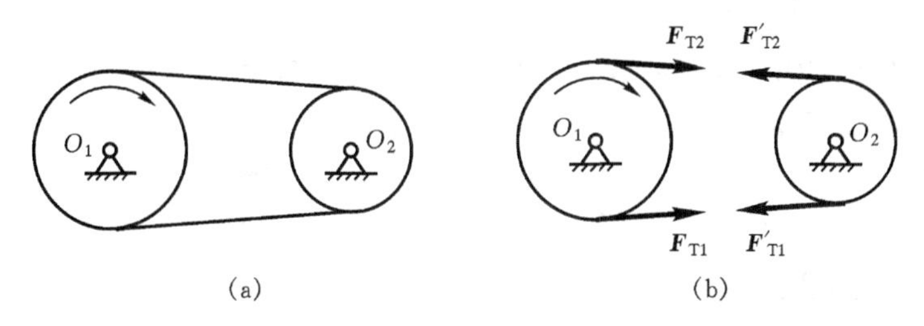

图 3－2

3.1.2　光滑接触面约束

若两物体间的接触是光滑的，则被约束物体可沿接触面运动，或沿接触面在接触点的公法线方向脱离接触，但不能沿接触面公法线方向压入接触面内。因此，**光滑接触面的约束力必通过接触点，沿接触面在该处的公法线，指向被约束物体**，即表现为压力。这种约束力称为**法向约束力**，常用 $\boldsymbol{F}_N$ 表示。

图 3－3 示出了光滑接触面对圆球的约束力。

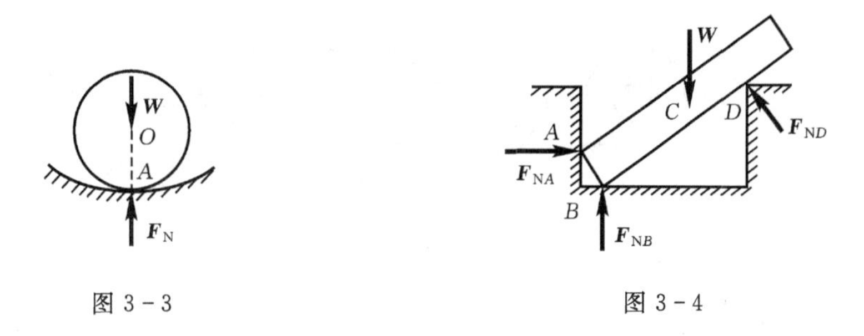

图 3－3　　图 3－4

当物体与约束形成尖点接触（图 3－4 中的 A、B、D 三处）时，可把尖点视为半径极小的圆弧，则约束力的方向仍是沿接触处的公法线而指向被约束物体。

3.1.3　光滑铰链约束

1. 光滑圆柱形铰链

工程中常用圆柱形销钉 C 将两零件 A、B 连接起来，如图 3－5(a)、(b)所示。这种约束称为**圆柱铰链约束**。

如果两零件中有一个固定于地面（或机座），则称为**固定铰链支座**。圆柱铰链连接和固定铰链支座可分别用图 3－5(c)和图 3－6(a)所示的简图表示。

圆柱形铰链只限制两零件在垂直于销钉轴线方向的移动，而不限制它们绕销钉轴线的相对转动。当忽略摩擦时，这种约束也就是光滑面约束，其约束力必通过铰链中心。但接触点的位置无法预先确定（图 3－6(b)）。由于铰链的约束力 $\boldsymbol{F}_N$ 的大小和方向（用角 α 表示）都是未知的，故在受力分析时，常把**铰链的约束力表示为作用在铰销中心的两个大**

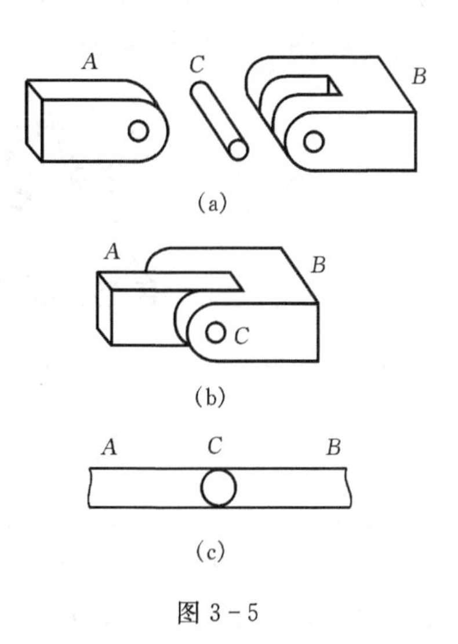

图 3－5

小未知的正交分力 $\boldsymbol{F}_{Nx}$、$\boldsymbol{F}_{Ny}$(图 3-6(c))。

应该指出,铰链结构中,也可把销钉看作是固连于两零件中的某一个零件上,这样对约束力的特征没有影响,如图 3-7 所示。

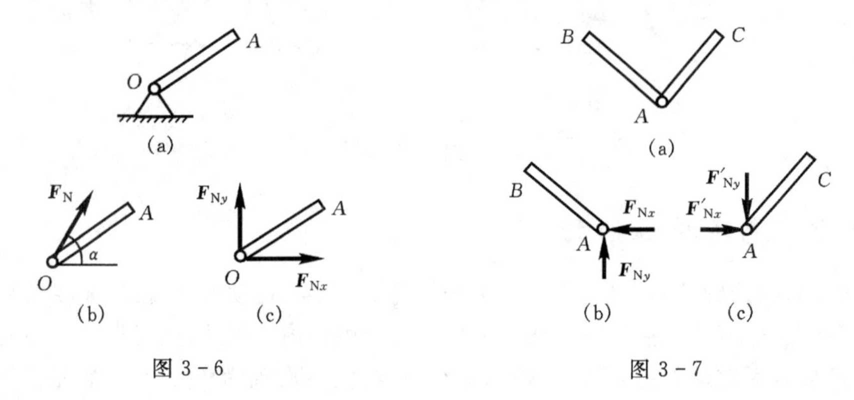

图 3-6　　图 3-7

径向轴承(图 3-8(a))是工程中常见的一种约束,简化模型如图 3-8(b)所示。其约束力与光滑圆柱铰链相同(图 3-8(c))。

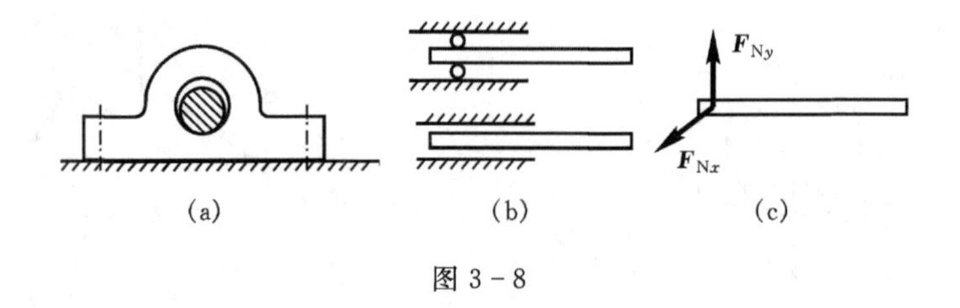

图 3-8

2. 光滑球铰链

在空间问题中会遇到球铰链(图 3-9(a)),它由在一个物体的球窝内放入一个相同半径的球构成,球窝罩具有缺口,以便球与被约束物体相连。机床照明灯的支撑杆、飞机的驾驶杆和汽车变速箱的操纵杆等就是用球铰链支承的。不计摩擦,按照光滑面约束力的特点,物体受到的约束力 $\boldsymbol{F}_N$ 必须通过球心,但它在空间的方位不能预先确定。图 3-9(b)所示为球铰链的简图,其约束力可用作用在铰链中心的三个正交分力 $\boldsymbol{F}_{Nx}$、$\boldsymbol{F}_{Ny}$、$\boldsymbol{F}_{Nz}$ 表示(图 3-9(c))。

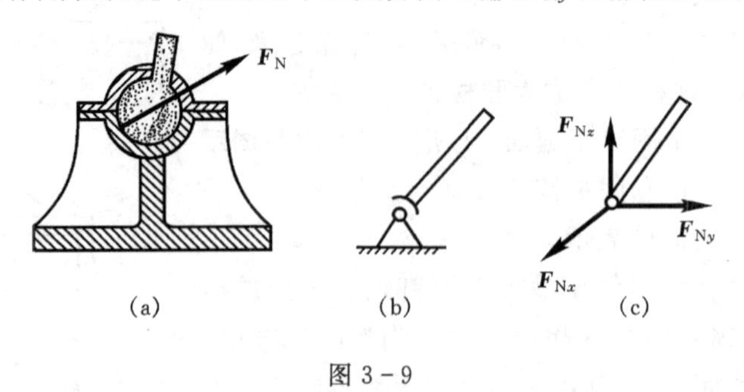

图 3-9

止推轴承也是工程中常见的一种约束,如图 3-10(a)所示。图 3-10(b)是它的示意简图。止推轴承除能起径向轴承的作用外,还限制物体沿轴向的移动,因而其约束力也可用三个正交分力表示(图 3-10(c))。

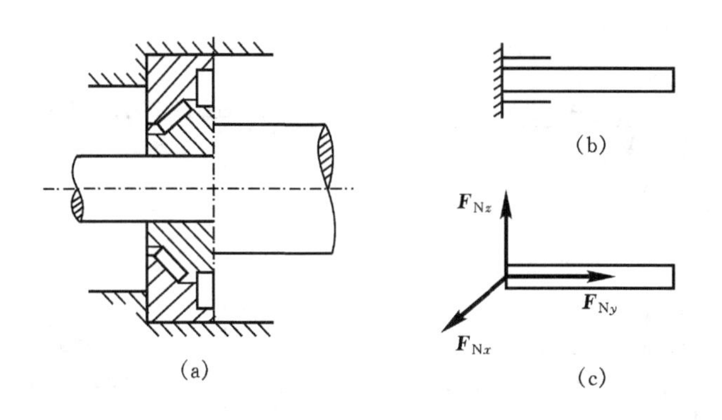

图 3-10

3. 活动铰链支座

在铰链支座和支承面之间装上一排滚轮，这样构成的一种复合约束称为**活动铰链支座**或**辊轴铰链支座**，简称为**活动支座**或**辊座**，如图 3-11(a)所示。显然，如果忽略摩擦，则这种支座的约束性质与光滑接触面相同，其**约束力垂直于支承面，且作用线过铰链中心**。图 3-11(b)、(c)、(d)所示为活动铰链支座的几种常见的表示方法。

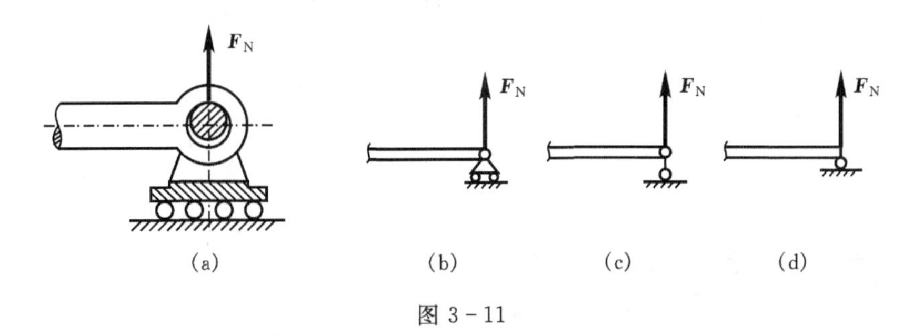

图 3-11

活动支座在桥梁、屋架等工程结构中被广泛采用，其作用是当温度变化等因素引起结构尺寸伸长或缩短时，允许支座间的距离有微小改变。

3.1.4　固定端约束

在工程中常遇到既限制物体沿任何方向移动，又限制物体沿任何方向转动的约束，例如，钉在墙上的铁钉、一端埋入地下的电线杆、连接在机身上的机翼等。这类约束称为**固定端约束**或**固定端支座**，简称为**固定端**或**插入端**。

图 3-12(a)所示的悬臂梁 AB，在主动力作用下，其插入部分受到墙的约束，约束力是一个分布复杂的空间力系(图 3-12(b))。将此力系向 A 点简化，得到一个力 $\boldsymbol{F}_A$ 和一个矩为 $\boldsymbol{M}_A$ 的力偶。由于 $\boldsymbol{F}_A$ 和 $\boldsymbol{M}_A$ 的大小和方向都不能预先确定。所以，通常用**作用于 A 点的三个正交分力 $\boldsymbol{F}_{Ax}$、$\boldsymbol{F}_{Ay}$、$\boldsymbol{F}_{Az}$ 和作用在不同平面内的三个正交力偶矩矢 $\boldsymbol{M}_{Ax}$、$\boldsymbol{M}_{Ay}$、$\boldsymbol{M}_{Az}$ 来表示固定端约束的约束力**(图3-12(c))。固定端约束还可以更简单地表示为图 3-12(d)所示的形式。

对于平面情况，其简图如图 3-13(a)所示，约束力为作用于 A 点的两个正交分力 $\boldsymbol{F}_{Ax}$、$\boldsymbol{F}_{Ay}$ 和一个作用在 Axy 平面内的矩为 M_A 的力偶，如图 3-13(b)所示。

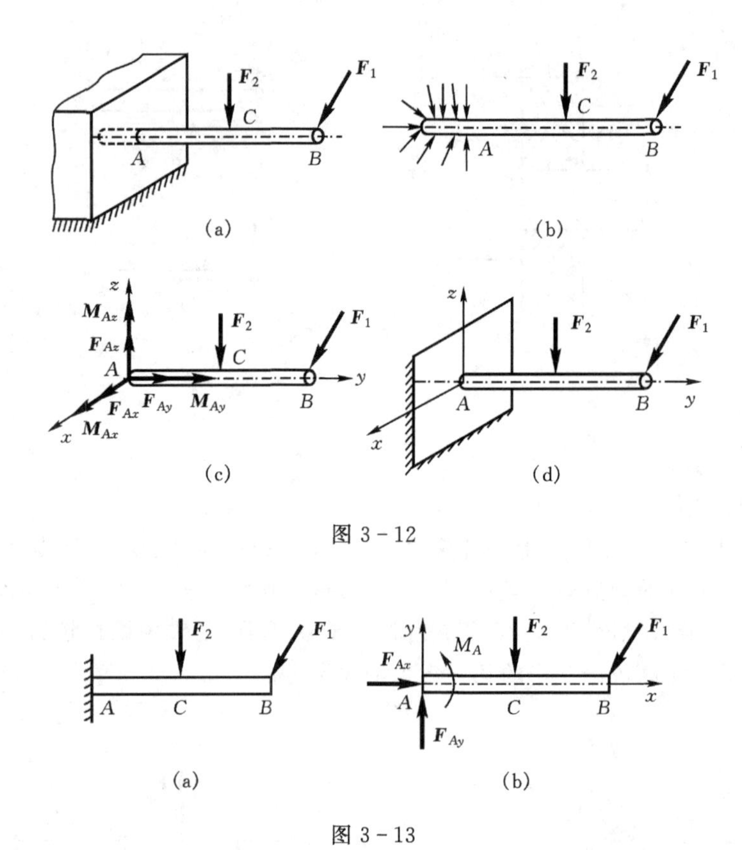

图 3-12

图 3-13

3.2　物体的受力分析和受力图

在研究力学问题时，必须首先根据已知条件和待求量，从有关物体中选取某一物体或几个物体组成的系统作为研究对象，分析其受力情况，即进行**受力分析**。受力分析的内容主要是分析研究对象受到哪些力的作用，以及每个力的作用线位置和指向。在受力分析时，可设想将所研究的物体从周围物体中分离出来。解除约束后的物体，称为**分离体**。在分离体图上画有其受到的全部外力(包括主动力和约束力)的简图，称为**受力图**。

受力图是研究力学问题的基础。画受力图是工程技术人员的基本技能，是研究静力学和动力学问题的先决条件。

画受力图的步骤如下：

(1) 根据题意选取研究对象，并画出分离体；

(2) 画出分离体所受到的全部主动力；

(3) 根据约束的性质，画出全部约束力。

物体系统内部各物体之间的相互作用力称为**内力**；外部物体对系统的作用力称为**外力**。内力和外力是相对于一定的研究对象而言的。对于某一系统，系统内各物体之间的相互作用力是内力，但对系统内的每个物体来说则是外力。由于内力总是成对出现的，并且彼此等值、反向、共线，故对系统的平衡没有影响。因此在刚体静力学中画受力图时，只需画出全部外力，不必画出内力。

例 3－1　均质细杆 AB 重为 $\boldsymbol{W}$，在图 3－14(a)所示的铅垂平面内处于平衡。试画出 AB 杆的受力图。

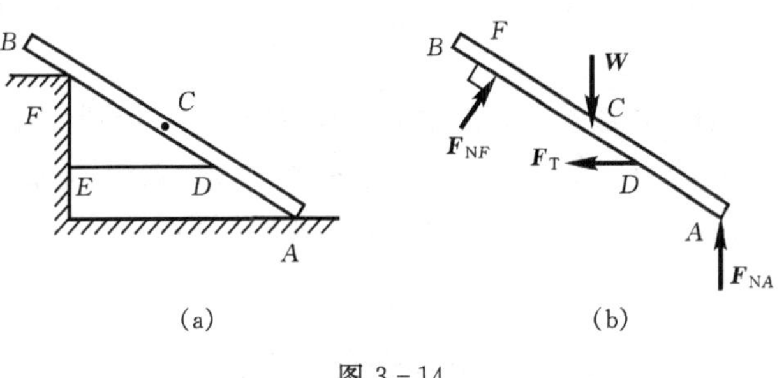

图 3－14

解　取 AB 杆为研究对象。解除约束，画出分离体。杆受到的主动力只有重力 $\boldsymbol{W}$，作用于杆的中点 C。杆在 A、F 处受到光滑接触面约束，约束力 $\boldsymbol{F}_{NA}$、$\boldsymbol{F}_{NF}$ 为压力，其作用线沿接触点的公法线。杆在 D 处受到柔索约束，约束力 $\boldsymbol{F}_T$ 为拉力，其作用线沿细绳方向。于是，均质杆 AB 的受力如图 3－14(b)所示。

例 3－2　如图 3－15(a)所示的平面结构中，各物体自重及摩擦不计，试分别画出直杆 BC 和曲杆 OBA 及整体的受力图。

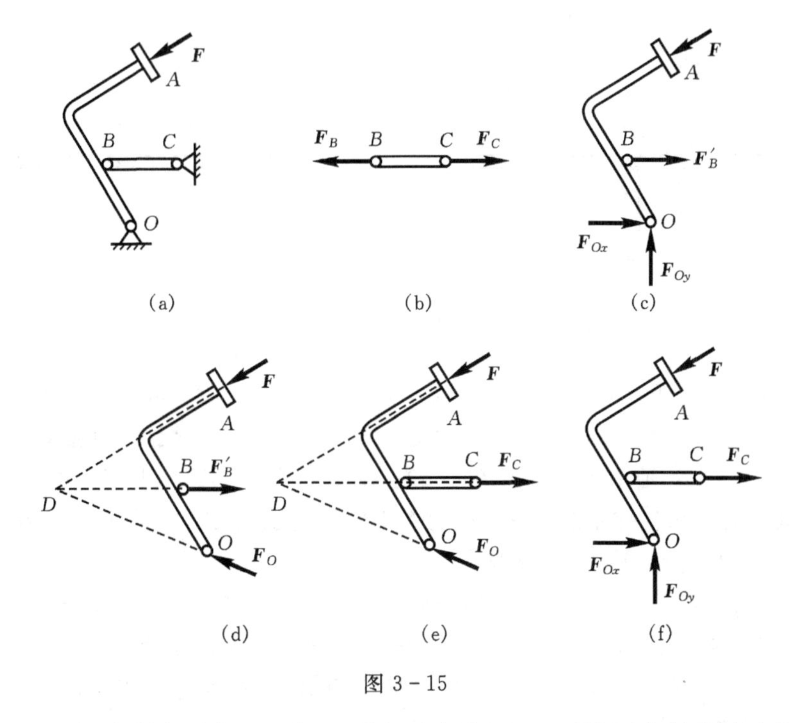

图 3－15

解　先取 BC 杆为研究对象。因杆不受主动力作用，且两端用光滑铰链连接，因此 BC 杆为二力杆，设受拉力 $\boldsymbol{F}_B$、$\boldsymbol{F}_C$，如图 3－15(b)所示。

再取曲杆 OBA 为研究对象，作用在其上的主动力为 $\boldsymbol{F}$。B 处受 BC 杆的拉力 $\boldsymbol{F}'_B$，它与 $\boldsymbol{F}_B$ 互为作用与反作用力，即 $\boldsymbol{F}'_B=-\boldsymbol{F}_B$。$O$ 处为铰链约束，其约束力可用两个正交分力 $\boldsymbol{F}_{Ox}$、$\boldsymbol{F}_{Oy}$ 表示(图 3－15(c))。

最后取整体为研究对象，作用在整体上的主动力为 $\boldsymbol{F}$，C 处的反力为 $\boldsymbol{F}_C$(与图 3－15(b)中 C 处的约束力一致)，O 处约束力为 $\boldsymbol{F}_{Ox}$、$\boldsymbol{F}_{Oy}$(与图 3－15(c)中 O 处的约束力一致)，于是整体受力如图 3－15(f)所示。

进一步分析可知，曲杆 OBA 在力 $\boldsymbol{F}$、$\boldsymbol{F}'_B$ 和 O 处的约束力 $\boldsymbol{F}_O$ 这三个力的作用下平衡，而力

$\boldsymbol{F}$ 和 $\boldsymbol{F}'_B$ 的作用线交于 D 点(图 3-15(d)),于是根据三力平衡汇交定理可知 $\boldsymbol{F}_O$ 的作用线也必然通过 D 点。至于力 $\boldsymbol{F}_O$ 的指向,以后可通过平衡条件确定。故曲杆 OBA 的受力图也可以画成图 3-15(d)所示的形式。

同理,整体的受力图也可以画成图 3-15(e)所示的形式。

例 3-3 在图 3-16(a)所示的平面结构中,重物 M 重量为 $\boldsymbol{W}$,其余各构件的自重不计。试分别画出水平梁 AB 和圆盘 C 的受力图。

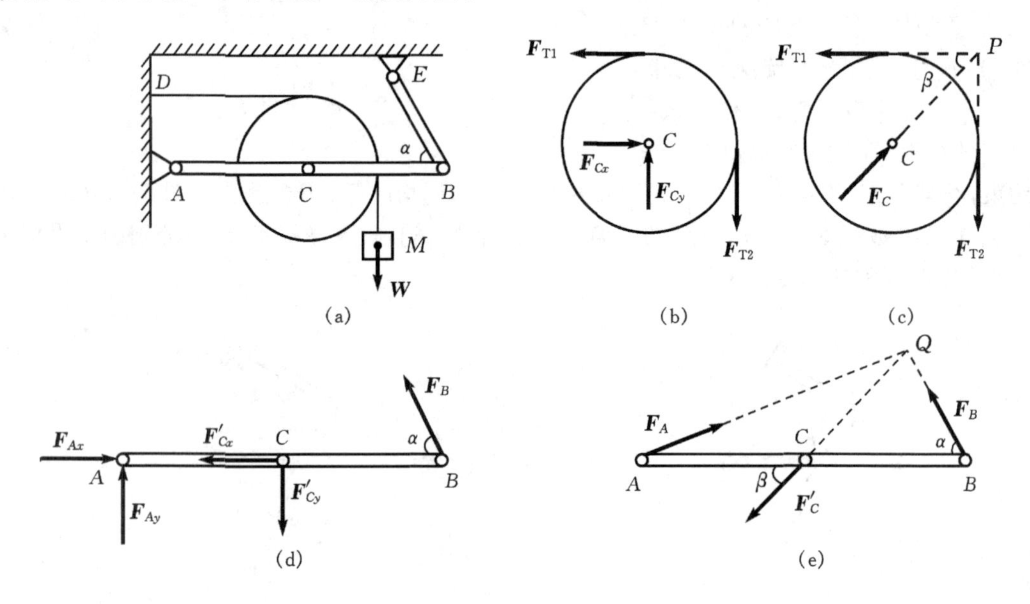

图 3-16

解 先取圆盘 C 为研究对象。受到的力分别为柔索的拉力 $\boldsymbol{F}_{T1}$ 和 $\boldsymbol{F}_{T2}$,轴承 C 处的约束力用两个正交分力 $\boldsymbol{F}_{Cx}$、$\boldsymbol{F}_{Cy}$ 表示,于是圆盘 C 的受力如图 3-16(b)所示。圆盘 C 也可以视为是在柔索的拉力 $\boldsymbol{F}_{T1}$、$\boldsymbol{F}_{T2}$ 和轴承的约束力 $\boldsymbol{F}_C$ 这样三个力的作用下处于平衡。由于 $\boldsymbol{F}_{T1}$、$\boldsymbol{F}_{T2}$ 的作用线已知,根据三力平衡汇交定理可知,$\boldsymbol{F}_C$ 的作用线也必通过 $\boldsymbol{F}_{T1}$、$\boldsymbol{F}_{T2}$ 两力作用线的交点 P,则圆盘 C 的受力图也可如图 3-16(c)所示。

再取水平梁 AB 为研究对象。梁受到的约束有连杆 BE、轴承 C 和固定铰支座 A。连杆 BE 为二力杆,其约束力 $\boldsymbol{F}_B$ 的作用线沿 BE;轴承 C 处的约束力可用两正交分力 $\boldsymbol{F}'_{Cx}$、$\boldsymbol{F}'_{Cy}$ 表示,它们是圆盘的约束力 $\boldsymbol{F}_{Cx}$、$\boldsymbol{F}_{Cy}$ 的反作用力;固定铰支座 A 处的约束力可用 $\boldsymbol{F}_{Ax}$、$\boldsymbol{F}_{Ay}$ 这两个正交分力表示。于是水平梁 AB 的受力如图 3-16(d)所示。

由于 $\boldsymbol{F}_B$ 的方向已知,根据图 3-16(c),水平梁在 C 处的约束力也可以用一个力 $\boldsymbol{F}'_C$ 表示,$\boldsymbol{F}'_C$ 是圆盘在 C 处的约束力 $\boldsymbol{F}_C$ 的反作用力。$\boldsymbol{F}_B$ 和 $\boldsymbol{F}'_C$ 的作用线相交于点 Q。根据三力平衡汇交定理,若固定铰支座 A 处的约束力用一个力 $\boldsymbol{F}_A$ 表示,则 $\boldsymbol{F}_A$ 的作用线也必通过 Q 点。于是水平梁 AB 的受力也可如图 3-16(e)所示。

思考题

3-1 凡是两端用光滑铰链连接的直杆都是二力杆,这种说法对吗?

3-2 结构如图(a)所示。根据力的可传性定理将力 $\boldsymbol{F}_1$ 的作用点 D 沿作用线移到 E 点

(图(b)),由此画出构件 AC 的受力如图(c)所示。试问此受力图是否正确,为什么?

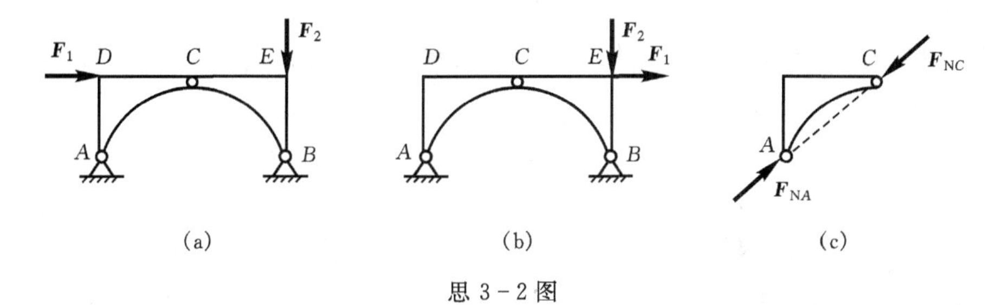

思 3-2 图

3-3　下列各图中未标重力的构件皆不计自重,试问画出的各构件受力图是否有误?若有误,如何改正?

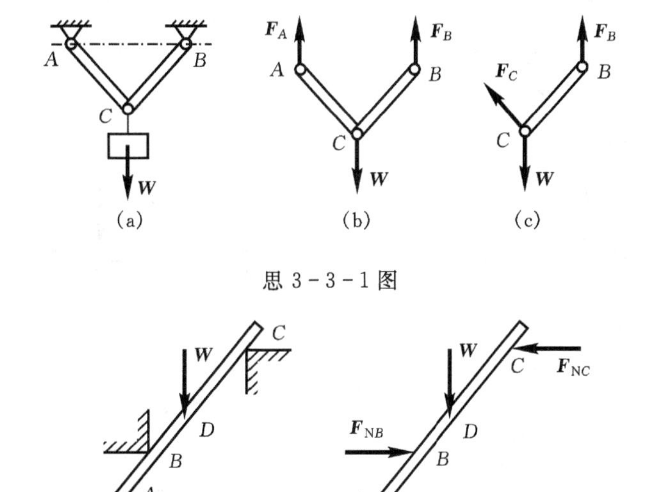

思 3-3-1 图

思 3-3-2 图

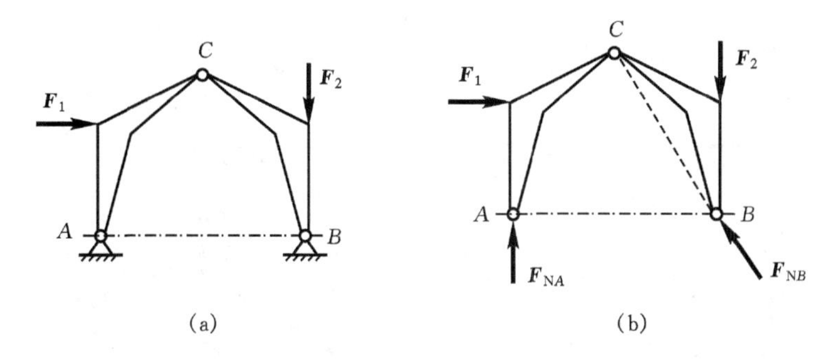

思 3-3-3 图

习　题

画出下列各图中指定物体的受力图。设所有接触面都是光滑的，物体的重力（除已标出者外）均略去不计。

3-1　杆 AB。

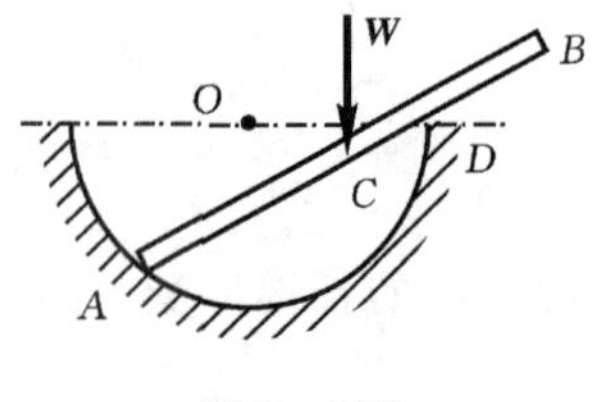

题 3-1 图

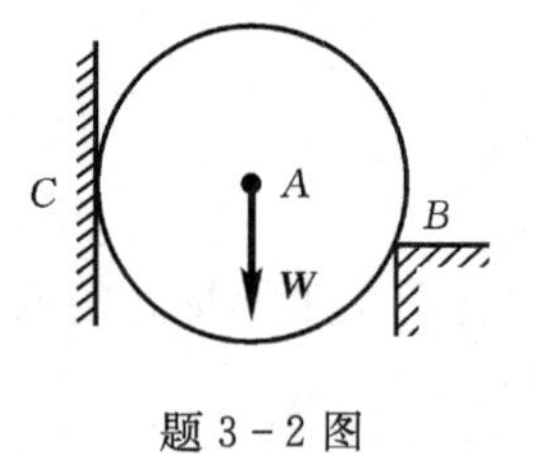

题 3-2 图

3-2　轮 A。

3-3　AB 杆、BC 杆及整体。

3-4　AC 杆及整体。

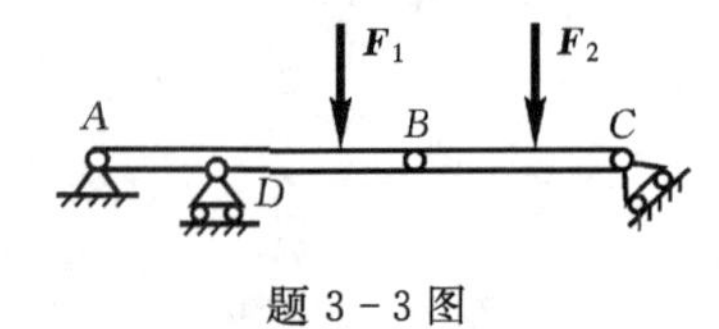

题 3-3 图

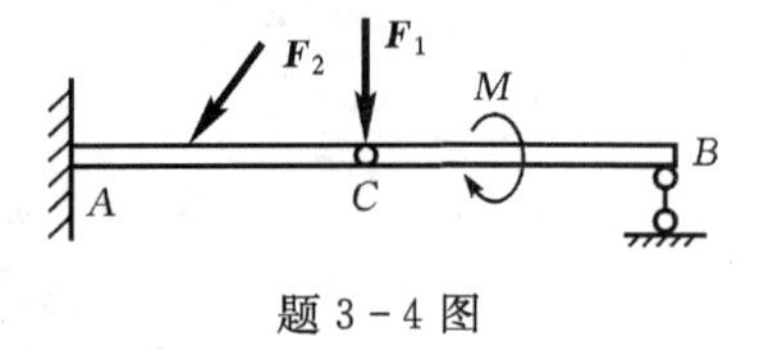

题 3-4 图

3-5　EH 杆及整体。

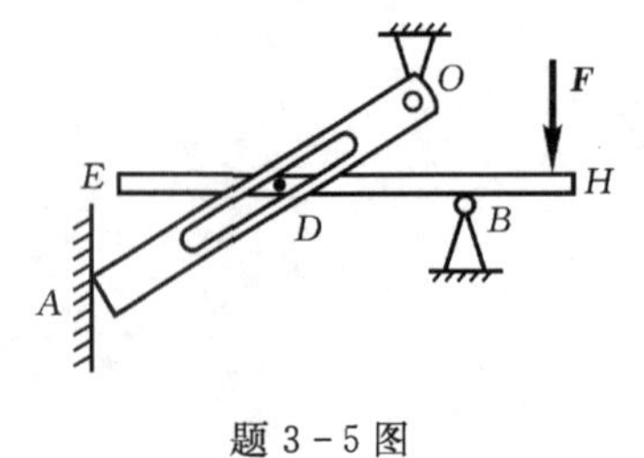

题 3-5 图

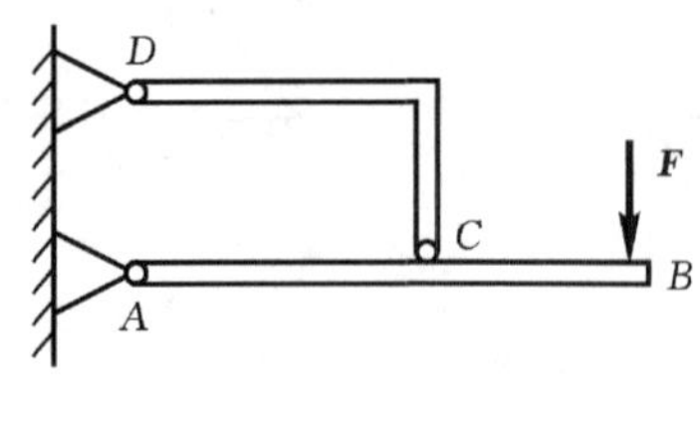

题 3-6 图

3-6　AB 杆。

3-7　AB 杆和 AC 杆。

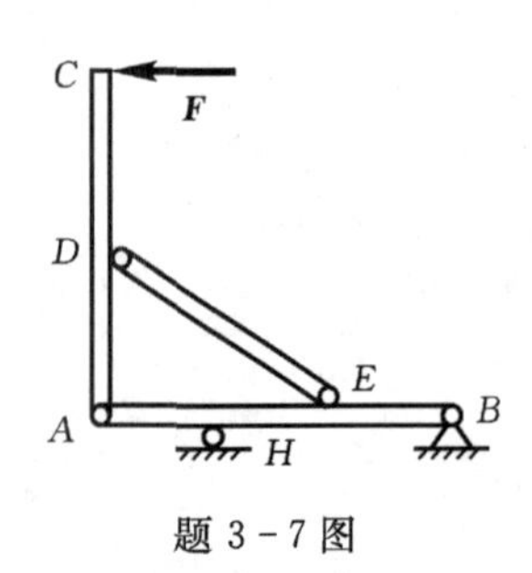

题 3-7 图

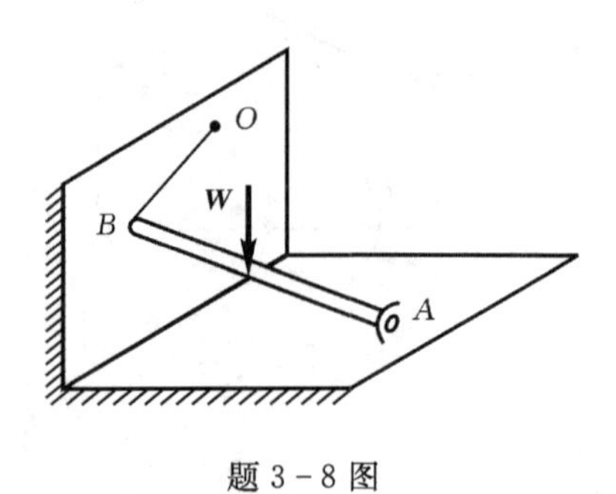

题 3-8 图

3-8　AB 杆（A 处为球铰链，OB 为细绳）。

3-9　AG 杆、CI 杆和 BH 杆。

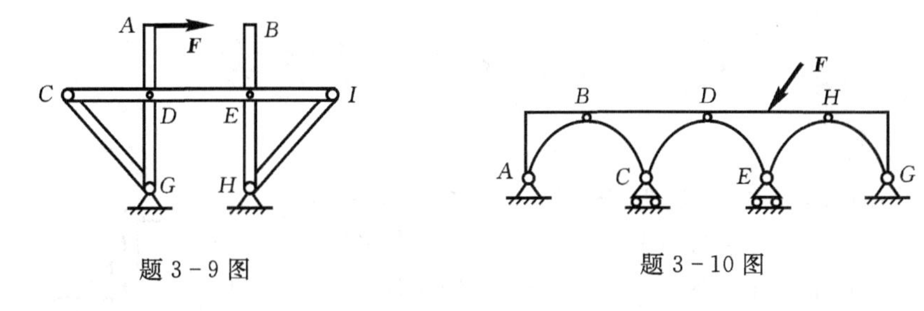

题 3-9 图　　　题 3-10 图

3-10　BCD 和 DEH。

第4章　力系的平衡

本章研究力系的平衡问题，它是刚体静力学的重点。由于平面力系是工程实际中最常见的力系，同时有许多结构及其所承受的载荷具有对称平面，作用在这些结构上的力系可以简化为在这个对称平面内的平面力系（如图4-1所示的载重汽车，它所承受的载荷、迎风阻力和路面的约束力，可以简化为在汽车对称面内的平面力系），而且空间力系还可以转化为平面力系处理。因此，我们把平面力系的平衡问题作为本章的重点。

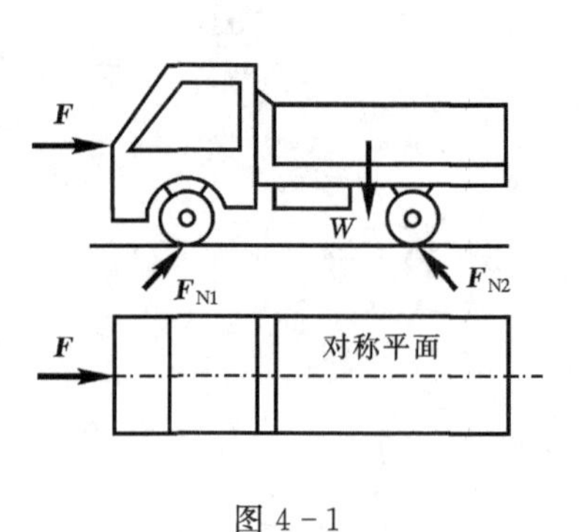

图4-1

4.1　空间力系的平衡方程

由力系的简化理论知，空间力系平衡的充分和必要条件是：**力系的主矢和对任一点的主矩分别等于零**。即

$$\boldsymbol{F}_{\mathrm{R}}' = 0, \quad \boldsymbol{M}_O = 0 \tag{4-1}$$

写成投影形式为

$$\left.\begin{array}{lll}\sum F_x = 0, & \sum F_y = 0, & \sum F_z = 0 \\ \sum M_x(\boldsymbol{F}) = 0, & \sum M_y(\boldsymbol{F}) = 0, & \sum M_z(\boldsymbol{F}) = 0\end{array}\right\} \tag{4-2}$$

上式称为**空间力系的平衡方程**。它以解析形式表明空间力系平衡的充分和必要条件是：**力系中各力在三根坐标轴上投影的代数和分别等于零，各力对该三轴之矩的代数和也分别等于零。**式(4-2)包含六个方程。当一个刚体受空间力系作用而平衡时，可利用这组方程求解六个未知量，在应用式(4-2)解题时，所选取的投影轴不一定要相互垂直，所选取的矩轴也不一定要与投影轴重合。

对于各力的作用线相互平行的**空间平行力系**（图4-2），若取z轴与各力平行，则因为$\sum F_x \equiv 0$，$\sum F_y \equiv 0$和$\sum M_z(\boldsymbol{F}) \equiv 0$，所以独立的平衡方程为

$$\left.\begin{array}{l}\sum F_z = 0 \\ \sum M_x(\boldsymbol{F}) = 0 \\ \sum M_y(\boldsymbol{F}) = 0\end{array}\right\} \tag{4-3}$$

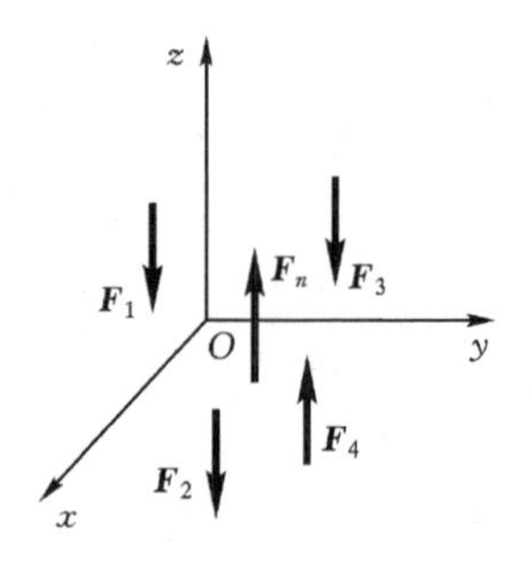

图4-2

对于各力的作用线汇交于一点的**空间汇交力系**，若取三根矩轴通过力系的汇交点，则三个力矩方程变为恒等式，所以平衡方程为

$$\sum F_x = 0, \quad \sum F_y = 0, \quad \sum F_z = 0 \tag{4-4}$$

求解力系平衡问题的步骤如下。

(1) 根据题意,选取研究对象。

(2) 对选定的研究对象进行受力分析,画出其受力图。

(3) 选取投影轴和矩轴,建立平衡方程。为了求解方便,所选取的投影轴应尽量与某些未知力垂直,所选取的矩轴应尽量与某些未知力共面。

(4) 解方程。若求得的未知力为负值,则说明该力的实际指向与受力图假设的指向相反。但把它代入另一方程求解别的未知量时,则应连同其负号一并代入。

例 4-1　图 4-3(a)所示的均质正方形薄板重为 $W=1\ 200$ N,用三根铅直细绳悬挂在水平位置。设薄板的边长为 l,求各绳的张力。

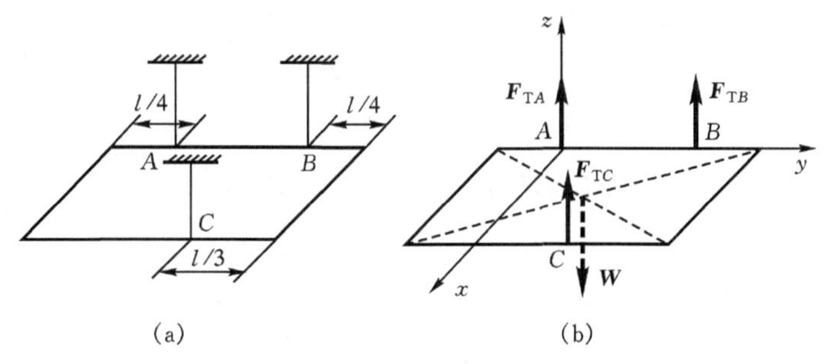

图 4-3

解　取薄板为研究对象,受力如图 4-3(b)所示。主动力 $\boldsymbol{W}$ 和约束力 $\boldsymbol{F}_{TA}$、$\boldsymbol{F}_{TB}$、$\boldsymbol{F}_{TC}$ 组成了一个空间平行力系。建立坐标系 $Axyz$,由空间平行力系的平衡方程有

$$\sum M_y(\boldsymbol{F})=0,\quad W\cdot\frac{l}{2}-F_{TC}\cdot l=0 \tag{1}$$

$$\sum M_x(\boldsymbol{F})=0,\quad F_{TB}\cdot\frac{l}{2}+F_{TC}\cdot\frac{5l}{12}-W\cdot\frac{l}{4}=0 \tag{2}$$

$$\sum F_z=0,\quad F_{TA}+F_{TB}+F_{TC}-W=0 \tag{3}$$

可解得

$$F_{TC}=\frac{1}{2}W=600\ \text{N},\quad F_{TB}=\frac{1}{2}W-\frac{5}{6}F_{TC}=100\ \text{N}$$

$$F_{TA}=W-F_{TB}-F_{TC}=500\ \text{N}$$

例 4-2　六杆通过光滑球铰链支承一水平板 $ABCD$,如图 4-4(a)所示。在板角 A 处作用一铅垂力 $\boldsymbol{F}$,尺寸 $b=50$ cm,$d=100$ cm,$h=30$ cm,不计板和各杆的重量,求各杆对板的约束力。

解　取水平板为研究对象。由于不计杆重和摩擦,所以六根杆皆为二力杆。设各杆均受拉力,于是板的受力如图 4-4(b)所示。根据空间力系的平衡方程,有

$$\sum F_{x_1}=0,\quad F_{N6}=0 \tag{1}$$

$$\sum M_{x_2}(\boldsymbol{F})=0,\quad -bF\sin\beta-bF_{N1}\sin\beta=0 \tag{2}$$

可得

$$F_{N1}=-F$$

$$\sum M_{x_3}(\boldsymbol{F})=0,\quad -bF-bF_{N1}-bF_{N4}\sin\alpha=0 \tag{3}$$

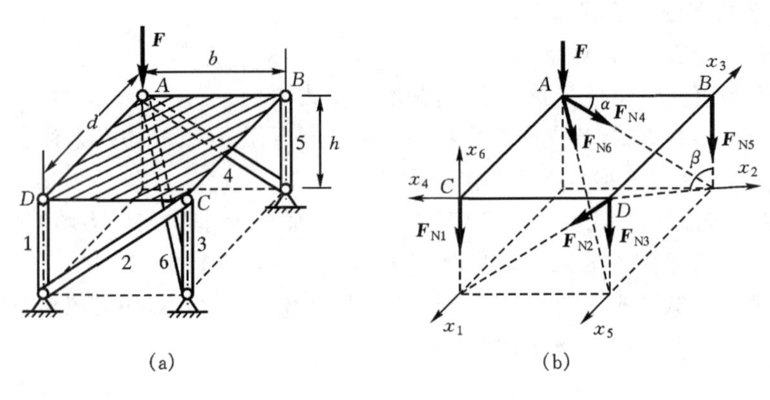

图 4-4

可得 $$F_{N4}=0$$

$$\sum M_{x_4}(\boldsymbol{F})=0,\quad dF_{N5}+dF=0 \tag{4}$$

可得 $$F_{N5}=-F$$

$$\sum M_{x_5}(\boldsymbol{F})=0,\quad bF_{N1}+bF+hF_{N2}\cos\alpha=0 \tag{5}$$

可得 $$F_{N2}=0$$

$$\sum F_{x_6}=0,\quad -F-F_{N1}-F_{N5}-F_{N3}=0 \tag{6}$$

可得 $$F_{N3}=F$$

在上述求解过程中，我们选用了两个投影方程和四个力矩方程。容易看出，也可以把投影方程(6)换成力矩方程

$$\sum M_{x_1}(\boldsymbol{F})=0,\quad -bF_{N3}-bF_{N5}=0$$

同样可求得 $$F_{N3}=-F_{N5}=F$$

由上例可见，平衡方程形式的选取是相当灵活的。为了解题方便，常用力矩方程取代投影方程，从而构成四矩式、五矩式甚至六矩式平衡方程。但绝不是说任意建立六个平衡方程都能求解六个未知量。要想求解六个未知量，所建立的六个方程必须彼此独立。判别任意写出的六个平衡方程的独立性，是一个比较复杂的问题。限于篇幅，这里不加阐述。实用中，如果建立一个方程即能求出一个未知量(如例 4-2 所作的那样)，则不仅能够保证该方程是独立的，而且可以避免解联立方程的麻烦。因此，在建立平衡方程时，应尽可能使每个方程中只含一个未知量。

4.2 平面力系的平衡方程

4.2.1 平面力系平衡方程的形式

作为空间力系的特殊情况，取平面力系$\{\boldsymbol{F}_1,\boldsymbol{F}_2,\cdots,\boldsymbol{F}_n\}$，设各力作用线所在的平面为坐标平面 Oxy(图 4-5)。根据空间力系的平衡方程，由于$\sum F_z\equiv0$，$\sum M_x(\boldsymbol{F})\equiv0$，$\sum M_y(\boldsymbol{F})\equiv0$，于是可得平面任意力系的平衡方程为

$$\sum F_x = 0,\quad \sum F_y = 0,\quad \sum M_z(\boldsymbol{F}) = 0 \qquad (4-5)$$

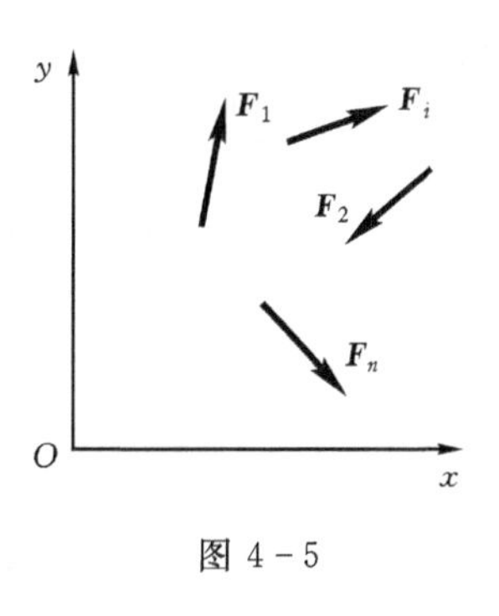

图 4－5

方程式(4－5)是平面力系平衡方程的基本形式。由于其中只有一个力矩方程，因而也称为**一矩式**。考虑到$\sum M_z(\boldsymbol{F})=\sum M_O(\boldsymbol{F})$，所以式(4－5)中的第三式通常改写为$\sum M_O(\boldsymbol{F})=0$。平面力系的平衡方程还可以表示为二矩式和三矩式。

所谓**二矩式**平衡方程，其形式为

$$\sum F_x = 0,\quad \sum M_A(\boldsymbol{F}) = 0,\quad \sum M_B(\boldsymbol{F}) = 0 \qquad (4-6)$$

但 A、B 两点的连线不能垂直于投影轴 Ox。

二矩式平衡方程也是平面力系平衡的充分和必要条件。现证明如下。

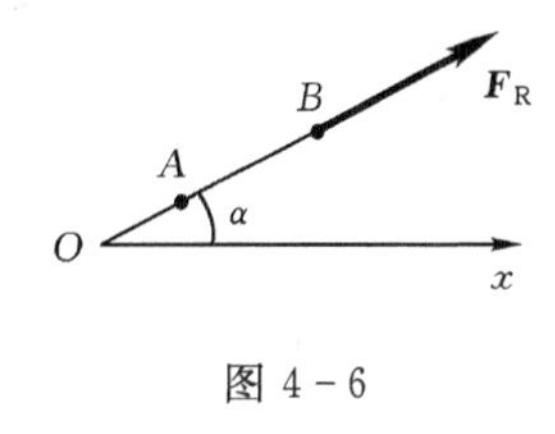

图 4－6

必要性：当力系平衡时，必有力系主矢 $\boldsymbol{F}'_R=\sum\boldsymbol{F}=0$ 和力系对任意点 O 的主矩 $M_O=\sum M_O(\boldsymbol{F})=0$。因此式(4－6)成立。

充分性：式(4－6)中，$\sum M_A(\boldsymbol{F})=0$ 和 $\sum M_B(\boldsymbol{F})=0$ 说明力系不可能简化为一个力偶，只可能简化为一个作用线过 A、B 两点的合力 $\boldsymbol{F}_R$ 或为平衡力系。但是力系又满足$\sum F_x=F_R\cos\alpha=0$，而 A、B 两点连线不垂直于 Ox 轴(图 4－6)，即 $\cos\alpha\neq0$，显然只有合力 $\boldsymbol{F}_R$ 为零。这表明只要力系满足式(4－6)及相应的限制条件，则力系必为平衡力系。

所谓**三矩式**平衡方程，其形式为

$$\sum M_A(\boldsymbol{F}) = 0,\quad \sum M_B(\boldsymbol{F}) = 0,\quad \sum M_C(\boldsymbol{F}) = 0 \qquad (4-7)$$

但 A、B、C 三点不应在同一条直线上。三矩式平衡方程的充分性请读者自行证明。

平面力系平衡方程的一矩式、二矩式和三矩式，每组中都有三个独立方程，能求解三个未知量。在具体解题时，常采用多矩式。

4.2.2　平面平行力系的平衡方程

各力的作用线在同一平面内且相互平行的力系，称为**平面平行力系**。它是平面力系的一种特殊形式。如图 4－7 所示，若选取 x 轴与力系中各力垂直，而 y 轴与各力平行，则$\sum F_x\equiv0$，于是，平面平行力系的平衡方程为

$$\sum F_y = 0,\quad \sum M_O(\boldsymbol{F}) = 0 \qquad (4-8)$$

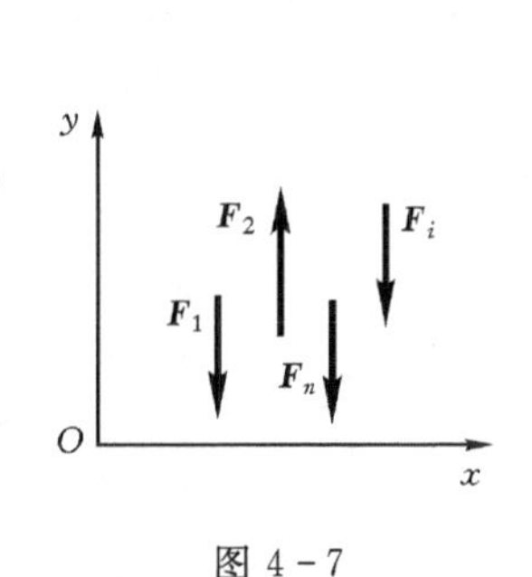

图 4－7

与平面任意力系平衡方程形式的多样性相似，也可将平面平行力系的平衡方程表示为二矩式，即

$$\sum M_A(\boldsymbol{F}) = 0,\quad \sum M_B(\boldsymbol{F}) = 0 \qquad (4-9)$$

但 A、B 连线不能与诸力平行。

4.2.3　平面力系平衡方程的应用

应用平面力系平衡方程解题的方法步骤，与空间力系的相同，现举例说明如下。

例 4－3　冲天炉的加料料斗车沿倾角 $\alpha=60°$的倾斜轨道匀速上升，如图4－8(a)所示。已

知料斗车连同所装炉料共重为 $W=10$ kN,重心在 C 点;$a=0.4$ m,$b=0.5$ m,$e=0.2$ m,$l=0.3$ m。不计摩擦,试求钢索的张力和轨道作用于料斗车小轮的约束力。

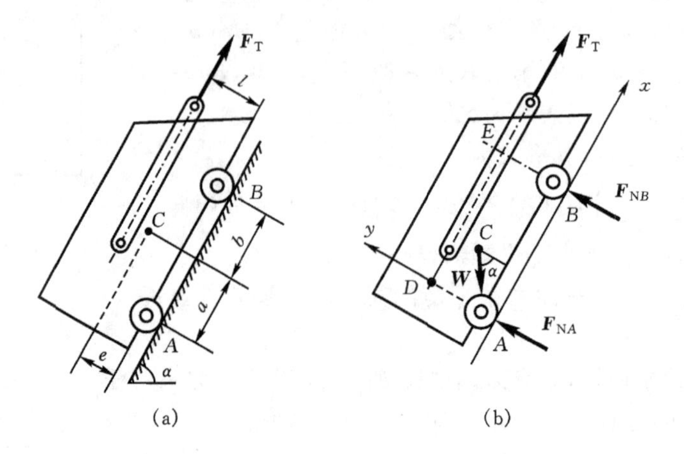

图 4-8

解 取料斗车为研究对象。作用于车上的主动力只有其重力 $\boldsymbol{W}$;约束力有钢索的张力 $\boldsymbol{F}_\mathrm{T}$ 和轨道对料斗车小轮的约束力 $\boldsymbol{F}_{\mathrm{N}A}$、$\boldsymbol{F}_{\mathrm{N}B}$。于是料斗车的受力如图 4-8(b)所示。取坐标系 Axy,根据平面力系的平衡方程,有

$$\sum F_x=0,\quad F_\mathrm{T}-W\sin\alpha=0 \tag{1}$$

$$\sum M_D(\boldsymbol{F})=0,\quad F_{\mathrm{N}B}(a+b)-W(l-e)\sin\alpha-Wa\cos\alpha=0 \tag{2}$$

$$\sum F_y=0,\quad F_{\mathrm{N}A}+F_{\mathrm{N}B}-W\cos\alpha=0 \tag{3}$$

代入已知数据,由上述三个方程即可解得

$$F_\mathrm{T}=8.66\ \mathrm{kN},\quad F_{\mathrm{N}A}=1.82\ \mathrm{kN},\quad F_{\mathrm{N}B}=3.18\ \mathrm{kN}$$

例 4-4 起重机的水平梁 AB 的 A 端以铰链固定,B 端用钢索 BC 拉住,如图 4-9(a)所示。梁重 $W_1=4$ kN,载荷重 $W_2=10$ kN,$\overline{AB}=l=6$ m,$\overline{AE}=a=5$ m。试求钢索的拉力和铰链 A 的约束力。

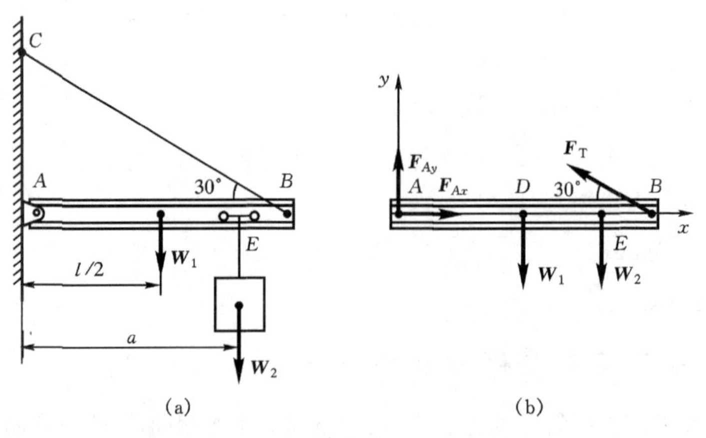

图 4-9

解　取水平梁 AB 为研究对象。作用于梁上的主动力有重力 $\boldsymbol{W}_1$、$\boldsymbol{W}_2$；约束力有钢索 BC 的拉力 $\boldsymbol{F}_\mathrm{T}$ 和固定铰支座 A 的约束力 $\boldsymbol{F}_{Ax}$、$\boldsymbol{F}_{Ay}$。于是水平梁的受力如图 4－9(b)所示。选取坐标系 Axy，根据平面力系的平衡方程，有

$$\sum M_A(\boldsymbol{F}) = 0,\quad F_\mathrm{T}\,\overline{AB}\sin30^\circ - W_1\,\overline{AD} - W_2\,\overline{AE} = 0 \tag{1}$$

$$\sum F_x = 0,\quad F_{Ax} - F_\mathrm{T}\cos30^\circ = 0 \tag{2}$$

$$\sum F_y = 0,\quad F_{Ay} - W_1 - W_2 + F_\mathrm{T}\sin30^\circ = 0 \tag{3}$$

代入已知数据，由上述三个方程即可解得

$$F_\mathrm{T} = 20.7\ \mathrm{kN},\quad F_{Ax} = 17.9\ \mathrm{kN},\quad F_{Ay} = 3.67\ \mathrm{kN}$$

从以上两个例题可以看出，选取适当的投影轴和矩心，常能使列出的平衡方程比较简单而便于求解。在平面问题中，矩心应尽量取为某些未知力的交点；投影轴应尽量与某些未知力垂直。

例 4－5　塔式起重机的翻倒问题。

图 4－10(a)所示为塔式起重机的简图。已知机身重 W，重心在 C 处，最大起吊重量为 $\boldsymbol{F}_1$，各部分的尺寸 a、b、e、d 如图。求能保证起重机不致翻倒的平衡锤重 $\boldsymbol{F}_2$ 的大小。

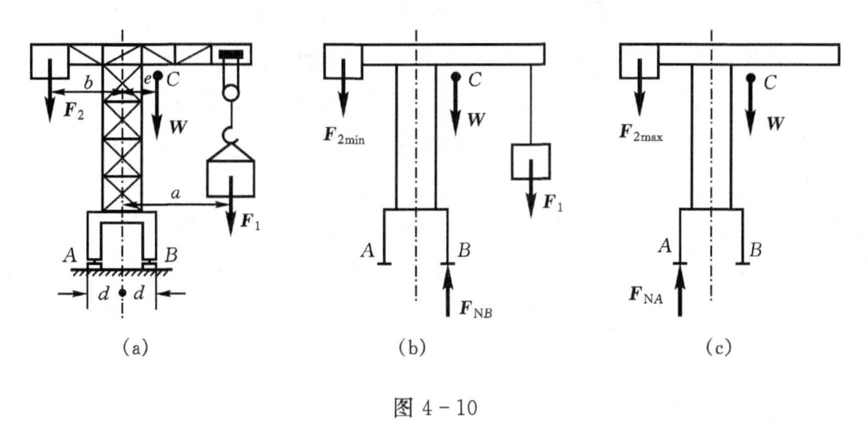

图 4－10

解　取起重机为研究对象。当满载时，要防止起重机绕 B 点向右翻倒。考虑临界情况，有 $F_{NA}=0$，这时的平衡锤重为所允许的最小值 $F_{2\min}$。于是，起重机的受力如图 4－10(b)所示。根据平面平行力系的平衡方程，有

$$\sum M_B(\boldsymbol{F}) = 0,\quad F_{2\min}(b+d) - W(e-d) - F_1(a-d) = 0$$

可解得

$$F_{2\min} = \frac{W(e-d) + F_1(a-d)}{b+d}$$

当空载时，要防止起重机绕 A 点向左翻倒。考虑临界情况，有 $F_{NB}=0$，这时平衡锤重为所允许的最大值 $F_{2\max}$。于是，起重机在空载时的受力如图 4－10(c)所示。根据平面平行力系的平衡方程，有

$$\sum M_A(\boldsymbol{F}) = 0,\quad F_{2\max}(b-d) - W(e+d) = 0$$

可解得

$$F_{2\max} = \frac{W(e+d)}{b-d}$$

综合考虑上述两种情况，可知保证起重机不致翻倒的平衡锤重 F_2 的范围是

$$\frac{W(e-d)+F_1(a-d)}{b+d}<F_2<\frac{W(e+d)}{b-d}$$

顺便指出，当确定了 W、F_1 以及 a、e、d 的值后，在确定 F_2 的值时，要考虑选择合适的平衡臂的臂长 b，应使 b 值不要过大。为了扩大 F_2 值的容许变化范围，平衡臂的臂长 b 最好是可调的。

4.3 物系平衡问题

工程机械和结构都是由许多物体通过一定的约束组成的系统，力学中统称为**物体系统**，或**力学系统**，简称为**物系**。研究物系平衡问题，不仅要求解系统所受到的约束力，而且要求解系统中各物体间的相互作用力。

根据刚化公理，当物系平衡时，组成系统的每个物体和物体分系统都是平衡的。对于每一个受平面力系作用的物体，都可以列出三个独立的平衡方程。如果物体系统由 n 个物体组成，则可以列出 $3n$ 个独立的方程。若系统中有的构件受平面汇交力系或平面平行力系作用时，系统独立的平衡方程数目则相应地减少。当系统中的未知量数目等于所能列出的独立平衡方程数目时，所有未知量都能由平衡方程求出，此类问题称为**静定问题**。刚体静力学中只研究静定问题。工程中为了提高结构和构件的刚度和可靠性，常常增加多余的约束，因而这些结构或构件中的未知量数目就多于所能列出的独立平衡方程数目，则这些未知量不能全部由刚体静力学的平衡方程求出，这样的问题称为**静不定问题**或**超静定问题**。如图 4-11 所示的三轴承齿轮轴和图 4-12 所示的水平悬臂梁都是超静定的。在图 4-13 所示的平面结构中，未知量有 10 个，而所能列出的独立平衡方程只有 9 个，因而这个结构也是超静定的。对于超静定问题必须考虑构件的变形而建立相应的补充方程，才能使独立的方程数目等于未知量数目。超静定问题将在变形固体静力学部分进行研究。求解物系平衡问题时，原则上都应首先分析问题是否静定。

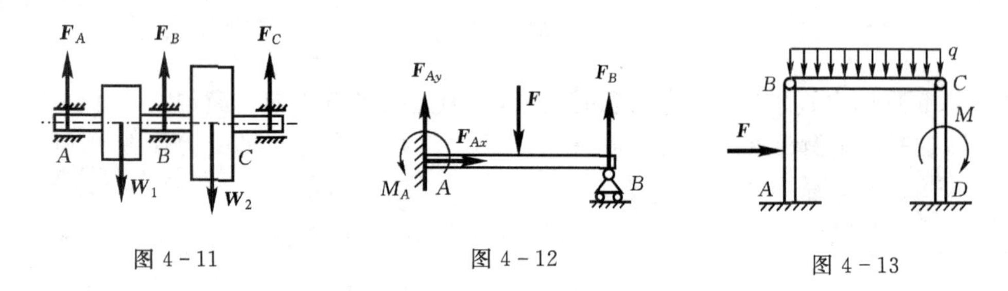

图 4-11　　图 4-12　　图 4-13

物系平衡问题的特点是，系统中包含的物体数目多，约束方式和受力情况较为复杂，所以只取一次研究对象不能求出全部待求量。因此，在求解物系平衡问题时，恰当地选取研究对象就成了问题的关键。

选取研究对象的方法是非常灵活的。通常分析时应先从能反映出待求量的物体或物系入手，然后根据求出待求量所必需的补充条件，再酌情选取与之相连的物体或物系进行分析，直至能够求出全部待求量为止。具体求解时，为了计算方便，要把顺序颠倒过来，从受已知力作用的物体或物系开始。

例 4-6　水平组合梁由 AC 和 CD 两部分组成，在 C 处用铰链相连。支承和承载情况如

图 4-14(a)所示。其中 $F=500\ \mathrm{N}$，$\alpha=60°$，$l=8\ \mathrm{m}$，$M=500\ \mathrm{N\cdot m}$，均布载荷的集度 $q=250\ \mathrm{N/m}$。若不计梁重，试求支座 A、B 和 D 处的约束力。

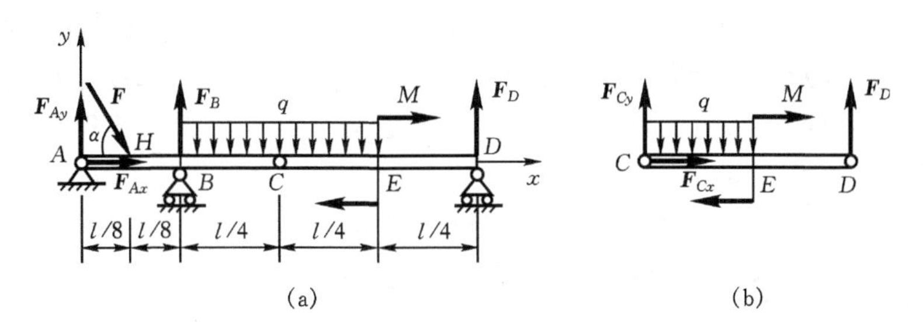

图 4-14

解 本题只需求 A、B 和 D 三个支座的约束力，故应首先考虑取包含这些待求量的系统整体为研究对象，受力如图 4-14(a)所示，共包含 $\boldsymbol{F}_{Ax}$、$\boldsymbol{F}_{Ay}$、$\boldsymbol{F}_B$、$\boldsymbol{F}_D$ 四个未知量。如果能够通过研究其它物体，求出四个待求量当中的任意一个，即可进一步求得全部解答。若取 CD 段为研究对象，受力如图 4-14(b)所示，容易看出，由 $\sum M_C(\boldsymbol{F})=0$，即可求得 F_D。于是可得本题的解题步骤，并解之如下。

首先取 CD 段为研究对象，受力如图 4-14(b)所示，有

$$\sum M_C(\boldsymbol{F})=0,\quad F_D\cdot\frac{l}{2}-M-q\cdot\frac{l}{4}\cdot\frac{l}{8}=0 \tag{1}$$

解得

$$F_D=\frac{2M}{l}+\frac{ql}{16}=250\ \mathrm{N}$$

再取整体为研究对象，受力如图 4-14(a)所示，建立坐标系 Axy，有

$$\sum F_x=0,\quad F_{Ax}+F\cos\alpha=0 \tag{2}$$

$$\sum M_A(\boldsymbol{F})=0,\quad F_B\cdot\frac{l}{4}+F_Dl-M-q\cdot\frac{l}{2}\cdot\frac{l}{2}-F\cdot\frac{l}{8}\sin\alpha=0 \tag{3}$$

$$\sum F_y=0,\quad F_{Ay}+F_B+F_D-F\sin\alpha-q\cdot\frac{l}{2}=0 \tag{4}$$

解方程(2)、(3)、(4)，并代入已知数据可得

$$F_{Ax}=-250\ \mathrm{N},\quad F_{Ay}=-284\ \mathrm{N},\quad F_B=1\ 467\ \mathrm{N}$$

例 4-7 在图 4-15(a)所示的结构中，$\overline{AB}=l$，$\overline{CD}=a$，$AB\perp BC$，$\alpha=60°$，$\boldsymbol{F}_1$、$\boldsymbol{F}_2$ 分别为已知的铅垂与水平主动力，M 为已知主动力偶矩。不计各杆自重，求固定端 D 处的约束力。

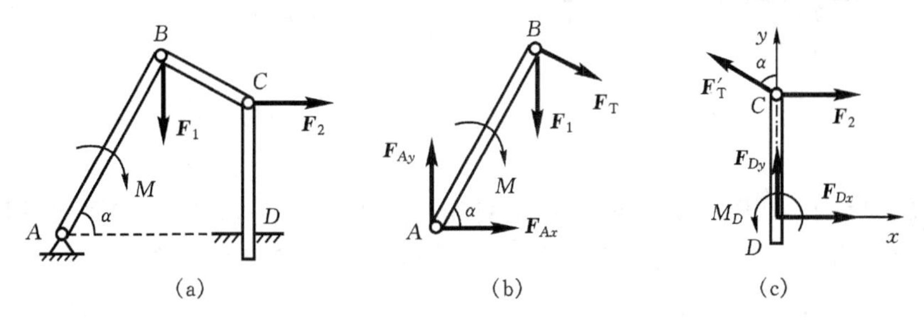

图 4-15

解 因需求固定端 D 处的约束力，故应首先考虑取包含此待求量的 CD 杆或系统整体为研究对象。但因取后者出现的未知力较多，而且不易求出，故应取 CD 杆为研究对象。CD 杆的受力如图 4-15(c)所示，共包含四个未知量：$\boldsymbol{F}_{Dx}$、$\boldsymbol{F}_{Dy}$、M_D、$\boldsymbol{F}'_T$，若能通过研究其它物体求出二力杆 BC 的约束力 $\boldsymbol{F}'_T$，便可求出全部待求量。取 AB 杆为研究对象，受力如图 4-15(b)所示，它包含有与 $\boldsymbol{F}'_T$ 等值反向的二力杆约束力 $\boldsymbol{F}_T$，由 $\sum M_A(\boldsymbol{F})=0$，即可求得 $\boldsymbol{F}_T$。于是可确定本题的解题步骤并解之如下。

首先取 AB 杆为研究对象，受力如图 4-15(b)所示，有

$$\sum M_A(\boldsymbol{F}) = 0,\quad -F_1 l\cos\alpha - M - F_T l = 0 \tag{1}$$

解得

$$F_T = -\left(\frac{M}{l} + \frac{F_1}{2}\right)$$

再取 CD 杆为研究对象，受力如图 4-15(c)所示，建立坐标系 Dxy，有

$$\sum F_x = 0,\quad -F'_T\sin\alpha + F_2 + F_{Dx} = 0 \tag{2}$$

$$\sum F_y = 0,\quad F'_T\cos\alpha + F_{Dy} = 0 \tag{3}$$

$$\sum M_D(\boldsymbol{F}) = 0,\quad M_D - F_2 a + F'_T a\sin\alpha = 0 \tag{4}$$

由方程(2)、(3)、(4)即可求得 D 处的约束力为

$$F_{Dx} = -\left(F_2 + \frac{\sqrt{3}M}{2l} + \frac{\sqrt{3}}{4}F_1\right),\quad F_{Dy} = \frac{M}{2l} + \frac{F_1}{4}$$

$$M_D = \left(F_2 + \frac{\sqrt{3}M}{2l} + \frac{\sqrt{3}}{4}F_1\right)a$$

例 4-8 在图 4-16(a)所示的结构中，已知重物 M 重 $\boldsymbol{W}$，结构尺寸如图所示，不计杆和滑轮的自重，求支座 A、B 的约束力。

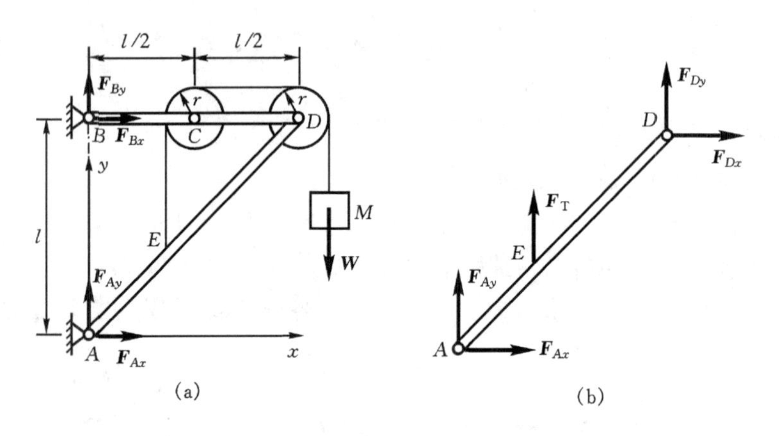

图 4-16

解 本题只需求 A、B 支座约束力，故应首先考虑取包含这些待求量的系统(即整体)为研究对象。受力如图 4-16(a)所示，其中 $\boldsymbol{F}_{Ax}$、$\boldsymbol{F}_{Ay}$、$\boldsymbol{F}_{Bx}$、$\boldsymbol{F}_{By}$ 为待求的四个未知量。整体受平面任意力系作用，有三个独立平衡方程。如果再取包含 $\boldsymbol{F}_{Ax}$、$\boldsymbol{F}_{Ay}$ 的 AD 杆为研究对象，建立一个只含 $\boldsymbol{F}_{Ax}$、$\boldsymbol{F}_{Ay}$ 两个未知量的方程，与前面三个方程联立，即可求出全部待求量。AD 杆的受力如图 4-16(b)所示，显然只要建立一个以 D 点为矩心的力矩方程就可以了。于是可确定本题

的解题步骤并求解如下。

首先取系统整体为研究对象，受力如图 4-16(a)所示。建立坐标系 Axy，则有

$$\sum M_A(\boldsymbol{F})=0,\quad -F_{Bx}l-W(l+r)=0 \tag{1}$$

$$\sum F_x=0,\quad F_{Ax}+F_{Bx}=0 \tag{2}$$

$$\sum F_y=0,\quad F_{Ay}+F_{By}-W=0 \tag{3}$$

再取 AD 杆为研究对象，受力如图 4-16(b)所示，有

$$\sum M_D(\boldsymbol{F})=0,\quad F_{Ax}l-F_{Ay}l-F_{\mathrm{T}}\left(r+\frac{l}{2}\right)=0 \tag{4}$$

由方程(1)～(4)可解得

$$F_{Bx}=-\frac{l+r}{l}W,\quad F_{Ax}=\frac{l+r}{l}W,\quad F_{Ay}=F_{By}=\frac{1}{2}W$$

例 4-9　在图 4-17(a)所示的结构中，已知$\overline{AB}=\overline{BC}=\overline{AC}=2l$，$D$、$E$ 分别为 AB 和 BC 的中点，$\boldsymbol{F}$ 为已知铅垂力，M 为已知力偶矩，不计各杆自重，求 DE 杆在 DE 两处的约束力。

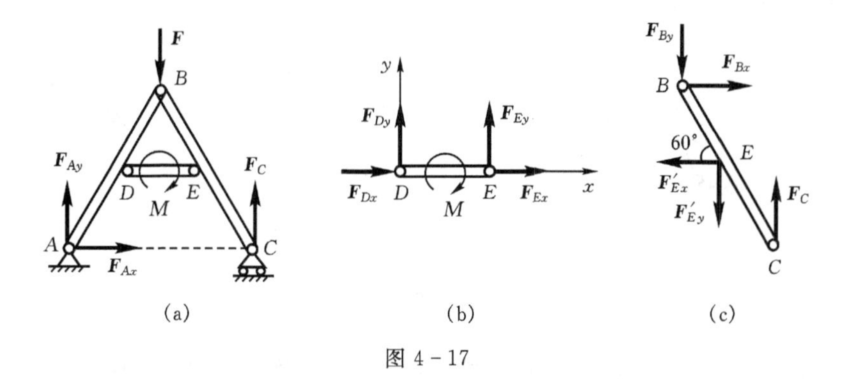

图 4-17

解　本题要求 DE 杆在 D、E 两点的约束力，故应首先对 DE 杆进行分析，其受力如图 4-17(b)所示。其中 $\boldsymbol{F}_{Dx}$、$\boldsymbol{F}_{Dy}$、$\boldsymbol{F}_{Ex}$、$\boldsymbol{F}_{Ey}$ 是四个待求量。因此欲求得全部待求量，还应选择与 D 或 E 有关的某个构件为研究对象。例如，取 BC 杆为研究对象，其受力如图 4-17(c)所示。显然，如果已知 $\boldsymbol{F}_C$，则建立以 B 点为矩心的力矩方程就是所需的补充方程。但 $\boldsymbol{F}_C$ 是未知的，为求得 $\boldsymbol{F}_C$，可以取整体为研究对象，受力如图 4-17(a)所示。容易看出，这时只要写出以 A 点为矩心的力矩方程，即可求得 $\boldsymbol{F}_C$。于是本题的解题步骤如下。

首先取系统整体为研究对象，受力如图 4-17(a)所示，有

$$\sum M_A(\boldsymbol{F})=0,\quad F_C\cdot 2l-Fl-M=0 \tag{1}$$

解得

$$F_C=\frac{F}{2}+\frac{M}{2l}$$

再取 BC 杆为研究对象，受力如图 4-17(c)所示，有

$$\sum M_B(\boldsymbol{F})=0,\quad F_Cl-F'_{Ey}\cdot\frac{l}{2}-F'_{Ex}l\sin 60^\circ=0 \tag{2}$$

最后取 DE 杆为研究对象，受力如图 4-17(b)所示，有

$$\sum M_D(\boldsymbol{F})=0,\quad F_{Ey}l-M=0 \tag{3}$$

$$\sum F_y=0,\quad F_{Dy}+F_{Ey}=0 \tag{4}$$

$$\sum F_x = 0, \quad F_{Dx} + F_{Ex} = 0 \tag{5}$$

方程(2)～(5)联立，即可解得

$$F_{Ey} = \frac{M}{l}, \quad F_{Dy} = -\frac{M}{l}, \quad F_{Ex} = F_{Dx} = \frac{\sqrt{3}}{3}F$$

4.4* 简单结构组成分析

工程中用以担负预定任务、承受载荷的构件体系都可称为**结构**。结构是由构件组成的，但结构并不是若干构件的任意组合体，而是必须满足一定的条件。

判断一个构件体系能否成为结构的工作，常称为**机构分析**或**几何构造分析**。

如图 4-18(a)所示体系，受到任意载荷作用时，若将构件视为刚体，则其几何形状和位置均能保持不变，这样的体系称为**几何不变体系**。而图 4-18(b)所示体系，即使将构件视为刚体，在很小的载荷作用下，也会发生机械运动而不能保持原有的几何形状和位置，这样的体系称为**几何可变体系**。

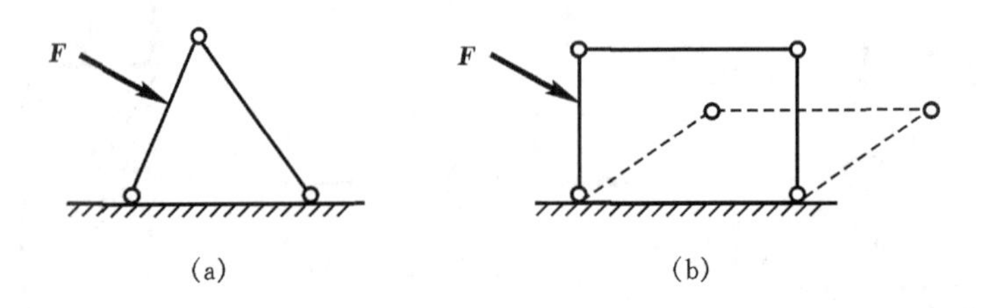

图 4-18

很显然，建筑与土木工程中的结构，如桥梁、房屋等，必须是几何不变体系。

机械与运输工程的承载构件则比较复杂，有的体系如汽车、飞机等，其整体相对于地面可以有运动，但内部受力体系如车架和机身的构造应当是几何不变的。有的体系如挖掘机的前臂(图 4-19)，其几何形状是可以变化的，但这种变化不应是由于受力造成的，而应是可以控制的。如果停止人为对几何形状的改变(如液压杆的伸缩)，体系就必须是几何不变的。

图 4-19

判断一个体系是否几何不变，可以用计算体系自由度的方法。所谓**自由度**，是指物体运动时可以独立变化的几何参数的数目，也就是确定物体位置所需的独立坐标数目。

如果体系的自由度大于零，说明有构件可以发生刚体运动。若这种运动是可以控制的，如车辆的整体运动，可将其加以约束后再分析；若这种运动是不能控制的，该体系就是几何可变体系，不能作为结构。

如果体系计算出的自由度等于零甚至小于零，体系是否一定就是几何不变呢？这还要进行分析。最常用的方法就是运用几何不变的平面体系的如下简单组成规则：

(1) 三刚片规则。三刚片用不在同一直线上的三个铰链两两铰接(图 4-20(a))，组成的体系是几何不变的。

(2) 二元体规则。如图 4-20(b))所示，不共线的两链杆 AB 和 BC 铰接成的装置 $A-B-C$，称为**二元体**。在一个体系上增加或减少一个二元体，不会改变原有体系的几何构造性质。

(3) 两刚片规则。两个刚片用三根不全平行也不全交于一点的铰接链杆相连(图 4-20(c))，组成的体系为**几何不变体系**。

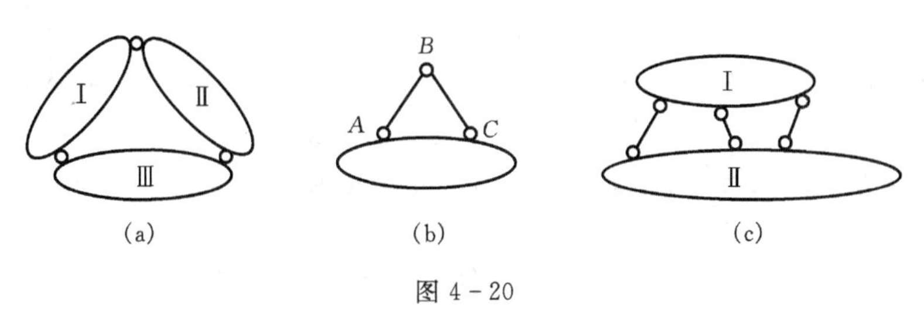

图 4-20

例 4-10　试分析图 4-21 所示两铰接链杆体系的几何构造。

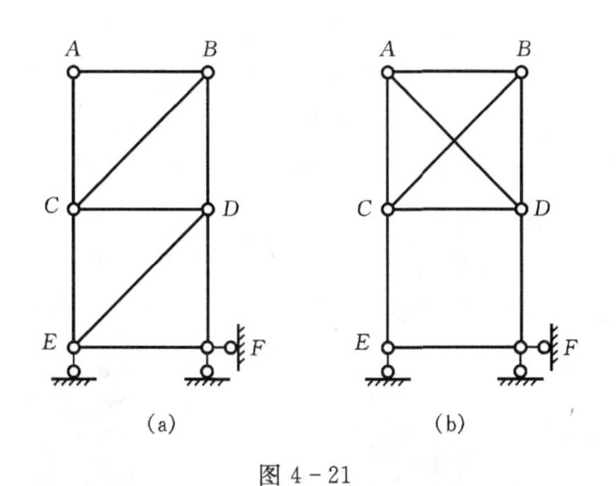

图 4-21

解　(1)计算体系的自由度。

铰接链杆体系的自由度 d 计算公式为

$$d = 2j - (b + r) \tag{4-10}$$

式中：j 为体系的结点数；b 为体系的杆件数；r 为体系的支座链杆数。

对图 4-21(a)所示的体系，$j=6$，$b=9$，$r=3$。故

$$d = 2 \times 6 - (9 + 3) = 0$$

对图 4-21(b)所示的体系，也有 $d=0$，但其却是几何可变的。

应当指出的是，用式(4－10)求出的 d 值只是所谓“计算自由度”，不是体系真实的运动自由度。它只反映了约束的数量，反映不出约束的位置。图4－21(b)所示的体系，具有刚体运动自由度，但在式(4－10)中却无法体现。此外，体系的真实运动自由度是不会为负值的。

要使体系成为结构，不仅约束的数量要足够，而且要放在适当的位置。

(2) 用结构组成规律分析。

图 4－21(a)所示的体系，AB、BC、AC 三杆由不共线的三铰链连接，构成一个几何不变体(规则一)，常称为**基本三角形**。DB、DC 两杆可认为是一个二元体，继续增加 $C-E-D$ 二元体和 $E-F-D$ 二元体，整个内部体系为几何不变(规则二)。地面看作一个刚片，与整个内部体系由不平行不交于一点的三根杆相连(规则三)，因此体系为没有多余约束的几何不变体系。

对图 4－21(b)所示的体系，同样从 ABC 基本三角形开始分析，增加二元体 $B-D-C$，AD 杆可认为是在几何不变体系 $ABDC$ 内部增加了一个约束，从自由度分析可知，杆件并无富余，这样 $CDFE$ 部分就缺少了一个约束，体系为几何可变的。

例 4－11　试分析图示体系的几何构造。

解　如图 4－22 所示的体系，AC 杆、CB 杆与地面三刚片用三铰相连，但 A、B、C 三铰共线，不是几何不变体系。

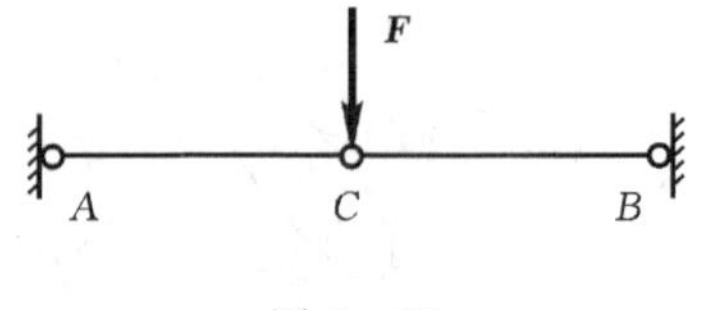

图 4－22

显然，在力 $\boldsymbol{F}$ 的作用下，C 点会有向下的位移，这样三铰就不共线了。这种原为几何可变，经微小位移后即转化为几何不变的体系，称为**瞬变体系**。

瞬变体系也不能用作结构，因为它会使构件在微小的外力下产生巨大的内力，从而导致体系的破坏。

例 4－12　工程机械中的几何构成分析问题。

解　在许多工程机械中，有的部件既要受力又要运动，如图 4－23 所示推土机的铲刀就是如此。在对这类体系进行几何构成分析时，可以先将预先设计的运动，如推土机的前后运动和液压支杆油缸的伸缩，给予固定。然后用前面的三条规则来判断。对图 4－23 所示的体系，可以把推土机看作一个刚片(视为平面情况)，把前铲看作另一个刚片，相互间用三根杆相连(规则三)。因此，铲刀可以作为构件来受力。

在工程中，实际约束往往与理想约束有一定差别，许多体系的约束并不很牢固，为了保证体系的几何不变性，经常要采取一些措施，如图 4－24 中脚手架上的斜杆。

图 4－23

图 4－24　脚手架上的斜杆

机构分析除了可以判定体系是否几何不变外，还可以说明体系是否静定。

如果体系是几何可变的，就无法在任意载荷下维持平衡。如果一个几何不变体系有多余约束，平衡方程就无法解出所有的未知力，就是超静定结构，而多余约束的数目就是超静定的次数。

因此，只有无多余约束的几何不变体系才是静定的。或者说，静定结构的几何构造特征是几何不变且无多余约束。

4.5* 摩　擦

摩擦是一种常见的物理现象，它表现为相互接触的物体间对相对运动或相对运动趋势的阻碍，根据接触物体之间相对运动的情况，这种阻碍可分为滑动摩擦和滚动摩阻两类。

4.5.1 滑动摩擦

1. 滑动摩擦定律

滑动摩擦力是指当两物体接触处有相对滑动或有相对滑动趋势时，在接触面间产生的彼此相互阻碍滑动的力，简称为**摩擦力**。

物体间仅有相对滑动趋势而仍保持静止，这时的滑动摩擦力称为静摩擦力 $\boldsymbol{F}_s$，其大小由平衡条件确定，方向与物体相对滑动趋势相反。

临界时的静摩擦力称为**最大静摩擦力**，用 $\boldsymbol{F}_{smax}$ 表示，其大小可由**库仑滑动摩擦定律**确定，即

$$F_{smax} = f_s F_N \tag{4-11}$$

式中：F_N 为接触点处的法向约束力；f_s 是无量纲的比例常数，称为**静摩擦因数**。

当物体间已产生相对滑动时的摩擦力称为**动滑动摩擦力**，方向与相对滑动的方向相反，记为 $\boldsymbol{F}$，其大小由**库伦动滑动摩擦定律**确定，即

$$F = fF_N \tag{4-12}$$

式中：f 也是无量纲的比例常数，称为**动摩擦因数**。f 通常略小于静摩擦因数 f_s。在一般计算时，若不加特别说明，就认为两者相等。

常用材料的静摩擦因数可在一般工程手册中查到。这里摘录如表 4-1 所示①。

表 4-1

材料	钢对钢	钢对铸铁	软钢对铸铁	青铜对青铜	铸铁对青铜
静摩擦因数	0.15	0.2～0.3	0.2	0.15～0.20	0.28

2. 摩擦角(摩擦锥)和自锁现象

当考虑滑动摩擦力时，物体受到的接触面的约束力包括法向约束力 $\boldsymbol{F}_N$(正压力)和切向力 $\boldsymbol{F}_s$(摩擦力)。记它们的合力为 $\boldsymbol{F}_R$。

$\boldsymbol{F}_R$ 与接触面公法线的夹角为 φ，如图 4-25(a)所示。显然，夹角 φ 随静摩擦力的变化而

① 徐灏.机械设计手册(第 1 卷)[M].北京：机械工业出版社，1991：7-13.

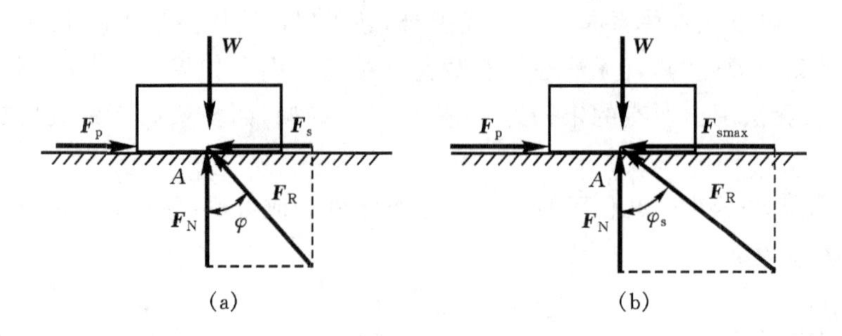

图 4-25

变化，当静摩擦力达到最大值时，夹角也达到最大值 φ_s，称为**临界摩擦角**，简称**摩擦角**，如图 4-25(b)所示。由图可知

$$\tan\varphi_s = \frac{F_{smax}}{F_N} = \frac{f_s F_N}{F_N} = f_s \tag{4-13}$$

即**摩擦角的正切等于静摩擦因数**。可见摩擦角也是表示材料和表面摩擦性质的物理量。

摩擦角也表示合力 $\boldsymbol{F}_R$ 能够偏离接触面公法线的范围。如果物体与支承面的摩擦因数在各方向都相同，则这个范围在空间就形成一个锥体，称为**摩擦锥**，如图4-26所示。

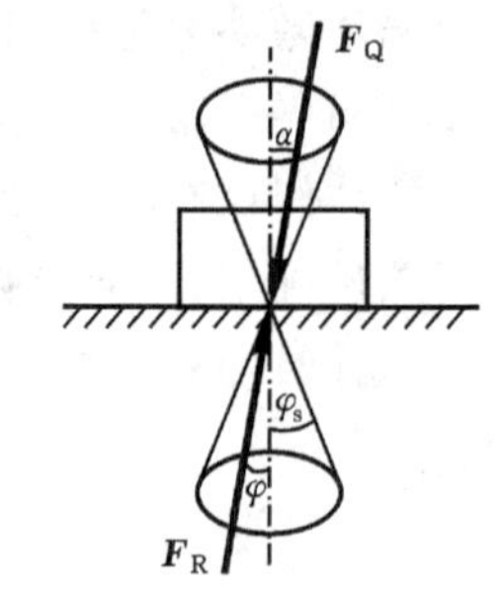

图 4-26

摩擦角和摩擦锥可从几何角度形象地说明考虑摩擦时物体的平衡状态，即物体的平衡范围可表示为

$$0 \leqslant \varphi \leqslant \varphi_s \tag{4-14}$$

就是说若主动力的合力 $\boldsymbol{F}_Q$ 的作用线在摩擦锥的范围内，则约束面必产生一个与之等值、反向且共线的力 $\boldsymbol{F}_R$ 与之平衡。无论怎样增加 $\boldsymbol{F}_Q$ 的大小，物体总能保持平衡而不移动，这种现象称为**自锁**。工程上常利用自锁原理设计一些机构和夹具，如螺旋千斤顶、螺钉等。

反之，若主动力的合力 $\boldsymbol{F}_Q$ 的作用线在摩擦锥的范围外，则无论这个合力多么小，物体也不能保持静止。堆积沙子时，沙堆坡面的倾斜角不可能超过摩擦角就是这个道理。

3. 考虑滑动摩擦时的平衡问题

在前面的讨论中，都是假定物体间的接触面是绝对光滑的。但这只是理想情况，只有当问题中的摩擦力很小，可以忽略不计时，这样的假设才是合理的。在一些问题中，摩擦力对物体的平衡或运动是重要的因素，例如，自锁式炮闩依靠摩擦锁紧炮闩；桥梁基础中的摩擦桩依靠摩擦来承载；各种车辆的起动或制动、胶带轮或摩擦轮的传动都要靠摩擦。对于这些问题，摩擦力不仅不能忽略，而且应该正确分析它对物体的作用。

考虑滑动摩擦时的平衡问题，只要将滑动摩擦力看成是接触点切线方向的约束力，其解法与不考虑摩擦时的平衡问题解法相同，但也有其特点。

(1) 要区分物体是处于一般平衡状态还是处于临界平衡状态。

在一般平衡状态时，静摩擦力的大小有一个范围，由平衡条件来求解确定。只有在临界平衡状态时，才有 $F_{sm} = f_s F_N$。

(2) 在画受力图时，首先要搞清楚物体的滑动趋势，从而把滑动摩擦力的指向画对，不能随意假设。

在画滑动摩擦力的指向时，不能像画二力杆的内力，或固定铰支座、向心轴承、固定端等的约束力那样，只需画对约束力的方位即可。而应像画柔索约束的拉力和光滑接触面约束的正压力那样，不仅要把力的方位画对，同时还必须把其指向也画对。

若随意假设滑动摩擦力的指向，则可能会改变问题的性质，导致错误的结果。

(3) 平衡的破坏既可能是滑动，也可能是翻倒。

考虑滑动摩擦时物体的平衡问题，大致分为三类：一类是已知作用于物体上的主动力，需要判断物体是否处于平衡状态或计算物体受到的摩擦力；另一类是已知物体处于临界平衡状态，求主动力的大小或物体的平衡位置；第三类是求物体的平衡范围。

例 4-13　重为 $W=980$ N 的物块置于倾角为 $\alpha=30°$的斜面上，物块与斜面间的静摩擦因数 $f_s=0.2$。若物块受到与斜面平行的推力 $F_p=588$ N 作用，如图 4-27(a)所示。问物块在斜面上是否静止？并求出物块受到的摩擦力的大小和方向。

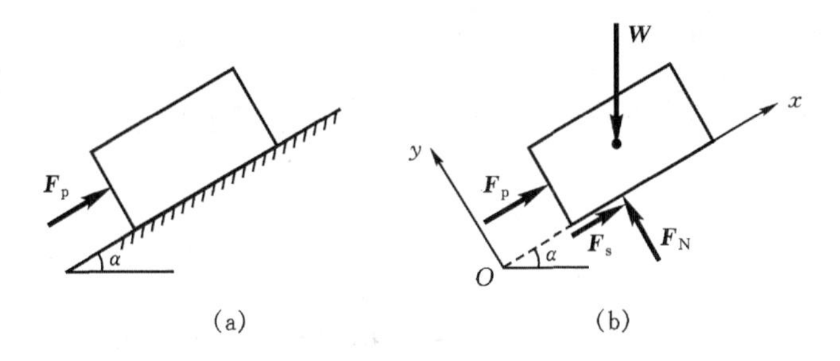

图 4-27

解　不妨假设物块有下滑的趋势，静摩擦力 F_s 与相对滑动趋势方向相反。物块的受力如图 4-27(b)所示。建立坐标系 Oxy，由平衡方程有

$$\sum F_x = 0,\quad F_p - W\sin\alpha + F_s = 0 \tag{1}$$

解得
$$F_s = W\sin\alpha - F_p = 980\sin30° - 588 = -98\ \text{N}$$

负号说明摩擦力的实际指向与图 4-27(b)所设相反。

$$\sum F_y = 0,\quad F_N - W\cos\alpha = 0 \tag{2}$$

解得
$$F_N = W\cos\alpha = 980\cos30° = 849\ \text{N}$$

可求出最大静摩擦力为

$$F_{smax} = f_s F_N = 0.2\times849 = 170\ \text{N}$$

由于 $|F_s|=98\ \text{N}<F_{smax}=170$ N，所以物块在斜面上保持静止，它所受到的摩擦力的大小为 98 N，方向沿斜面向下。

例 4-14　制动器的构造简图及主要尺寸如图 4-28(a)所示。已知制动块与圆轮表面间的摩擦因数为 f_s，重物 M 重为 $\boldsymbol{W}$，其余各构件自重不计。若忽略制动块的尺寸，求能制动圆轮逆钟向转动所需的最小主动力 F_{pmin}。

解　圆轮的制动是在主动力 $\boldsymbol{F}_p$ 作用下，靠制动块对圆轮的摩擦力 $\boldsymbol{F}_s$ 来实现的。所谓力 $\boldsymbol{F}_p$ 的最小值 F_{pmin}，就是圆轮处于逆钟向转动的临界平衡状态时的值。这是第二类问题。

先取圆轮为研究对象，受力如图 4-28(b)所示。由平衡条件和摩擦定律，有

$$\sum M_{O_1}(\boldsymbol{F}) = 0,\quad Wr - F_{smax}R = 0 \tag{1}$$

$$F_{\mathrm{smax}} = f_{\mathrm{s}} F_{\mathrm{N}} \tag{2}$$

可解得

$$F_{\mathrm{smax}} = \frac{r}{R}W, \quad F_{\mathrm{N}} = \frac{F_{\mathrm{smax}}}{f_{\mathrm{s}}} = \frac{r}{f_{\mathrm{s}}R}W$$

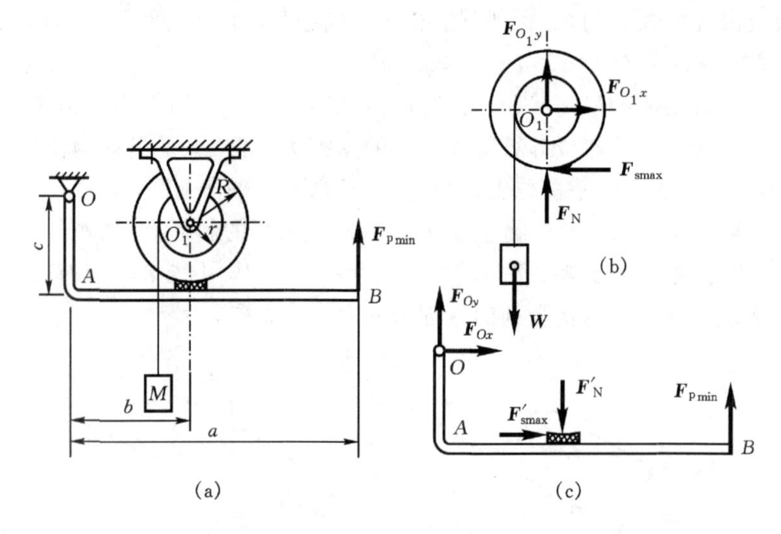

图 4-28

再取制动杆 OAB 为研究对象，受力如图 4-28(c)所示。由平衡条件，有

$$\sum M_O(\boldsymbol{F}) = 0, \quad F'_{\mathrm{smax}}c - F'_{\mathrm{N}}b + F_{\mathrm{pmin}}a = 0 \tag{3}$$

其中 $F'_{\mathrm{N}}=F_{\mathrm{N}}$，$F'_{\mathrm{smax}}=F_{\mathrm{smax}}$。于是可得

$$F_{\mathrm{pmin}} = \frac{1}{a}(F_{\mathrm{N}}b - F_{\mathrm{smax}}c) = \frac{Wr}{aR}\left(\frac{b}{f_{\mathrm{s}}} - c\right)$$

当 $F_{\mathrm{p}} > F_{\mathrm{pmin}}$ 时，圆轮仍能制动，但摩擦力未达到最大值。

例 4-15　变速机构中的滑动齿轮如图 4-29(a)所示。在力 $\boldsymbol{F}_{\mathrm{p}}$ 推动下，要求齿轮能够沿轴向顺利向左滑动。已知齿轮孔与轴间的摩擦因数为 f_{s}，齿轮孔与轴接触面的长度为 b。若不计齿轮的重量，问作用在齿轮上的力 $\boldsymbol{F}_{\mathrm{p}}$ 到轴中心的距离 a 为多大时，齿轮才不致于被卡住（即不会自锁）。

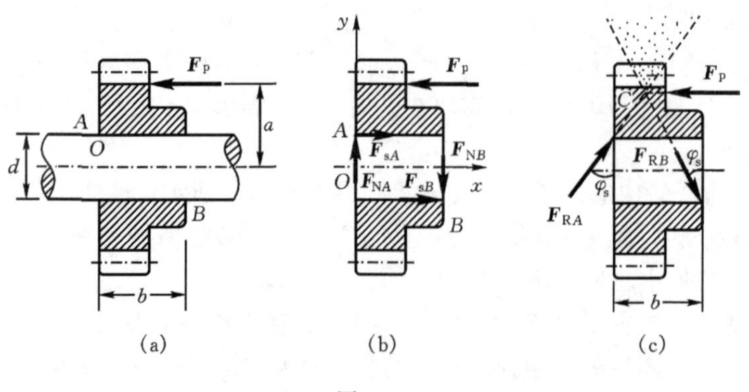

图 4-29

解　当力 $\boldsymbol{F}_p$ 的作用线到轴中心线的距离 a 较小时，齿轮可顺利地向左滑动。当 a 增大到某一数值时，齿轮将处于临界平衡状态。如果距离 a 再增大，齿轮将不会向左滑动。所以，求齿轮不被卡住的距离，只要能求出刚刚被卡住时的距离 a 即可。

以齿轮为研究对象。在力 $\boldsymbol{F}_p$ 的作用下，此时齿轮与轴间只在 A、B 两点接触。假设齿轮处于即将向左滑动的临界平衡状态。齿轮的受力如图 4－29(b)所示。取坐标系 Oxy，根据平面力系的平衡方程有

$$\sum F_x = 0,\quad F_{sA} + F_{sB} - F_p = 0 \tag{1}$$

$$\sum F_y = 0,\quad F_{NA} - F_{NB} = 0 \tag{2}$$

$$\sum M_O(\boldsymbol{F}) = 0,\quad F_p a - F_{NB} b - F_{sA}\cdot\frac{d}{2} + F_{sB}\cdot\frac{d}{2} = 0 \tag{3}$$

由于考虑的是临界平衡状态，故有

$$F_{sA} = f_s F_{NA} \tag{4}$$

$$F_{sB} = f_s F_{NB} \tag{5}$$

以上五式联立，即可解出

$$a = \frac{b}{2f_s}$$

即当力 $\boldsymbol{F}_p$ 的作用线到轴中心线的距离 $a<\dfrac{b}{2f_s}$时，齿轮不会被卡住。

本题也可应用几何法求解。当齿轮处于临界平衡状态时，A、B 处的法向约束力和摩擦力可分别合成为全约束力 $\boldsymbol{F}_{RA}$、$\boldsymbol{F}_{RB}$，它们与接触面法线的夹角均为 φ_s。齿轮受三个力作用而处于平衡，此时力 $\boldsymbol{F}_p$ 必通过 C 点(图 4－29(c))。由图可见

$$\left(a+\frac{d}{2}\right)\tan\varphi_s + \left(a-\frac{d}{2}\right)\tan\varphi_s = b$$

即可求得

$$a=\frac{b}{2\tan\varphi_s}=\frac{b}{2f_s}$$

由图可见，如三力作用线的汇交点在点 C 之上的阴影区域内时，$\boldsymbol{F}_{RA}$、$\boldsymbol{F}_{RB}$的作用线都不超出其摩擦角 φ_s，说明齿轮处于平衡(自锁)。如力 $\boldsymbol{F}_p$ 作用线通过点 C 下面的区域时，则由于$\boldsymbol{F}_{RA}$、$\boldsymbol{F}_{RB}$作用线不能超出其摩擦角，三力的作用线没有共同的汇交点，因而不能维持平衡，即齿轮不会被卡住。故距离 a 应满足不等式

$$a < \frac{b}{2f_s}$$

这与解析法所得结果完全相同。

例 4－16　图 4－30(a)所示的矩形均质物体重为 $W=4$ kN，置于粗糙的水平面上。物体的 E 点作用一水平力 $\boldsymbol{F}_p$。已知 $l=2$ m，$h=3$ m，物体与水平面间的摩擦因数为 $f_s=0.4$。求能维持物体在图示位置平衡时水平力 $\boldsymbol{F}_p$ 的最大值。

解　物体在图示位置平衡的破坏有向右滑动或顺钟向绕 B 翻倒两种可能。

取物体为研究对象，下面分两种情况进行讨论。

先假设物体处于即将滑动的临界平衡状态，令 $F_p=F_{p1}$，受力如图 4－30(b)所示。建立坐标系 Axy，由平衡条件及摩擦定律，有

$$\sum F_x = 0,\quad F_{p1} - F_{smax} = 0 \tag{1}$$

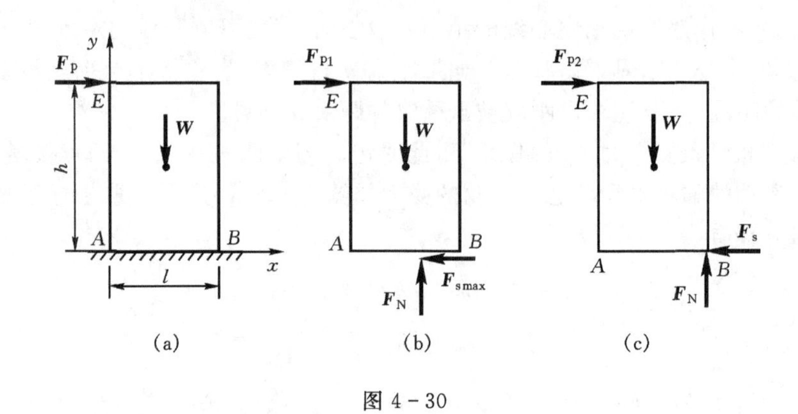

图 4-30

$$\sum F_y = 0, \quad F_N - W = 0 \tag{2}$$

$$F_{smax} = f_s F_N = f_s W \tag{3}$$

可解得 $$F_{p1} = F_{smax} = f_s W = 0.4 \times 4 = 1.6 \text{ kN}$$

再假设物体处于即将翻倒的临界平衡状态，令 $F_p = F_{p2}$，受力如图 4-30(c)所示。由平衡条件，有

$$\sum M_B(\boldsymbol{F}) = 0, \quad W \cdot \frac{l}{2} - F_{p2} h = 0 \tag{4}$$

可解得 $$F_{p2} = \frac{Wl}{2h} = \frac{4 \times 2}{2 \times 3} = 1.33 \text{ kN}$$

能维持物体平衡时水平力的最大值应为 F_{p1} 和 F_{p2} 中较小的一个，即

$$F_{pmax} = F_{p2} = 1.33 \text{ kN}$$

此时摩擦力 $F_s = F_{p2} = 1.33 \text{ kN} < F_{smax} = 1.6 \text{ kN}$。

4.5.2 滚动摩阻

滚动摩阻是指一个物体沿另一物体表面作相对滚动或具有相对滚动趋势时物体受到的阻力偶。它是由相互接触的物体产生变形所引起的。

设半径为 r 的滚轮置于粗糙水平地面上，其中心 C 处作用有铅垂载荷 $\boldsymbol{W}$ 和水平力 $\boldsymbol{F}_p$。如按前面的假设，把滚轮和地面都看成刚体，则滚轮与地面仅有一个接触点。无论水平力 $\boldsymbol{F}_p$ 多么小，滚轮在水平力 $\boldsymbol{F}_p$ 和摩擦力 $\boldsymbol{F}_s$ 的作用下都无法保持平衡(图 4-31(a))。实际上，水平力 $\boldsymbol{F}_p$ 较小时，滚轮并不滚动。这是因为滚轮和地面都不是刚体。由于受铅垂载荷作用，滚轮和地面都产生变形。当水平力 $\boldsymbol{F}_p$ 作用在滚轮上时(图 4-31(b)中只假设了地面的变形)，地面对滚轮的约束力是一个沿弧线分布的平面任意力系。这个分布力系的合力 $\boldsymbol{F}_R$ 通过轮缘上的 B 点，而不是最下方的 A 点(图 4-31(c))。将 $\boldsymbol{F}_R$ 分解为两个正交分力为$\boldsymbol{F}_N'$和$\boldsymbol{F}_s'$。由平衡条件知 $\boldsymbol{F}_N' = -\boldsymbol{W}$，$\boldsymbol{F}_s' = -\boldsymbol{F}_p$，根据力的平移定理可得到图 4-31(d)的形式，其中 $\boldsymbol{F}_N = \boldsymbol{F}_N'$，$\boldsymbol{F}_s = \boldsymbol{F}_s'$，附加力偶矩 $M = F_p r$。附加力偶矩 M 就是阻碍滚轮滚动的力偶矩，称为**滚阻力偶矩**。

逐渐增大水平力 $\boldsymbol{F}_p$，则 $\boldsymbol{F}_s$ 和 M 的值也随之增大，但它们都有极限值。当 M 达到最大值 M_{max}时，滚轮处于即将滚动的临界状态；当 $\boldsymbol{F}_s$ 达到最大值 $\boldsymbol{F}_{smax}$时，滚轮处于即将滑动的临界状态。工程实际中，往往当 M 达到最大值 M_{max}时，$\boldsymbol{F}_s$ 还远没有达到最大值 $\boldsymbol{F}_{smax}$，滚轮就已处于滚动状态了，这时的运动称为**纯滚动**。

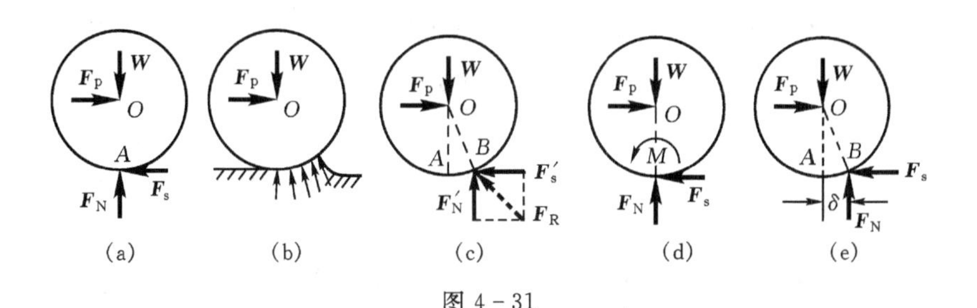

图 4 - 31

实验证明，滚阻力偶矩之最大值 M_{max} 与法向约束力 $\boldsymbol{F}_N$ 的大小成正比，即

$$M_{max} = \delta F_N \tag{4-15}$$

这里比例系数 δ 称为**滚阻系数**，它是一个具有长度单位的比例系数。其物理意义是，若应用力的平移定理之逆定理，将最大滚阻力偶和法向约束力 $\boldsymbol{F}_N$ 进行合成，则法向约束力的作用线向滚轮前方移动的距离就是滚阻系数(图 4 - 31(e))。滚阻系数与滚轮和支承面的材料硬度等因素有关。材料硬些，受力后变形就小，因此 δ 也较小。轮胎打足气可以减小滚动摩阻就是这个道理。常用材料的滚阻系数可以在工程手册中查到，这里摘录如表 4 - 2 所示①。

表 4 - 2

材料	钢对钢	钢对木	充气轮胎对优质路面	实心橡胶轮对优质路面
δ/mm	0.2～0.4	1.5～2.5	0.5～0.55	1

应当指出，式(4 - 15)也是一个近似公式。现代摩擦理论认为，滚阻系数 δ 不仅与接触材料有关，而且与滚轮半径 r 和法向约束力 $\boldsymbol{F}_N$ 的大小也有关。

例 4 - 17　半径 r=450 mm 的橡胶轮置于水平混凝土路面上(图 4 - 32(a))。设轮与路面间的静滑动摩擦因数 f_s=0.7，滚阻系数 δ=0.5 mm。试比较欲使轮由静止开始滑动与开始滚动时所需之水平力 $\boldsymbol{F}_p$ 的大小。

解　取橡胶轮为研究对象。设轮重为 $\boldsymbol{W}$，则其受力如图 4 - 32(b)所示。

当轮处于即将滑动的临界平衡状态时，令 $F_p = F_{p1}$，根据平面力系的平衡方程和静摩擦定律有

$$\sum F_x = 0, \quad F_{p1} - F_s = 0 \tag{1}$$

$$\sum F_y = 0, \quad F_N - W = 0 \tag{2}$$

$$F_s = f_s F_N \tag{3}$$

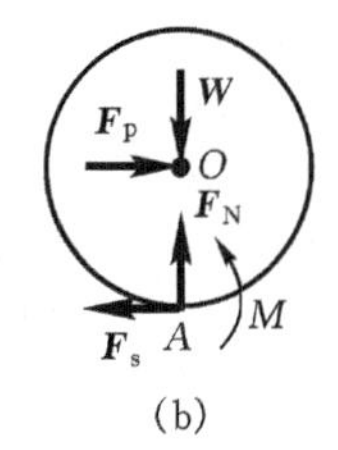

(a)　(b)

图 4 - 32

于是可解得欲使轮由静止开始滑动所需的最小水平力

$$F_{p1} = f_s W$$

当轮处于即将滚动的临界平衡状态时，令 $F_p = F_{p2}$，有

$$\sum M_A(\boldsymbol{F}) = 0, \quad M - F_{p2} r = 0 \tag{4}$$

$$M = \delta F_N \tag{5}$$

① 徐灏. 机械设计手册[M]. 北京：机械工业出版社，1991.

由方程(2)、(4)和(5)联立,即可求得欲使轮由静止开始滚动所需的最小水平力

$$F_{p2}=\frac{\delta}{r}W$$

于是可得

$$\frac{F_{p1}}{F_{p2}}=\frac{r}{\delta}f_s=\frac{450}{0.5}\times 0.7=630$$

即欲使轮由静止开始滑动所需的最小水平力远远大于开始滚动所需的最小水平力。因此,轮子受到通过轮心的水平力作用时,通常总是先滚动而不滑动。

由上例可以看出,使物体滚动一般要比滑动省力。在我国殷商时代就已经知道用有轮的车代替滑动的橇,现代工程技术中广泛使用滚珠轴承等就是根据这个道理。

思考题

4-1　平面力系的平衡方程可以是三个矩方程。能否将平面力系的平衡方程表示为三个投影方程?平面平行力系的平衡方程能否表示为两个投影方程?

4-2　平面汇交力系的平衡方程能否表示为一个矩方程和一个投影方程?能否表示为两个矩方程?若能,对矩心和投影轴的选择有什么限制?

4-3　怎样判断单个物体和物体系的静定问题?图中所示的哪些情形是静定问题,哪些情形是超静定问题?

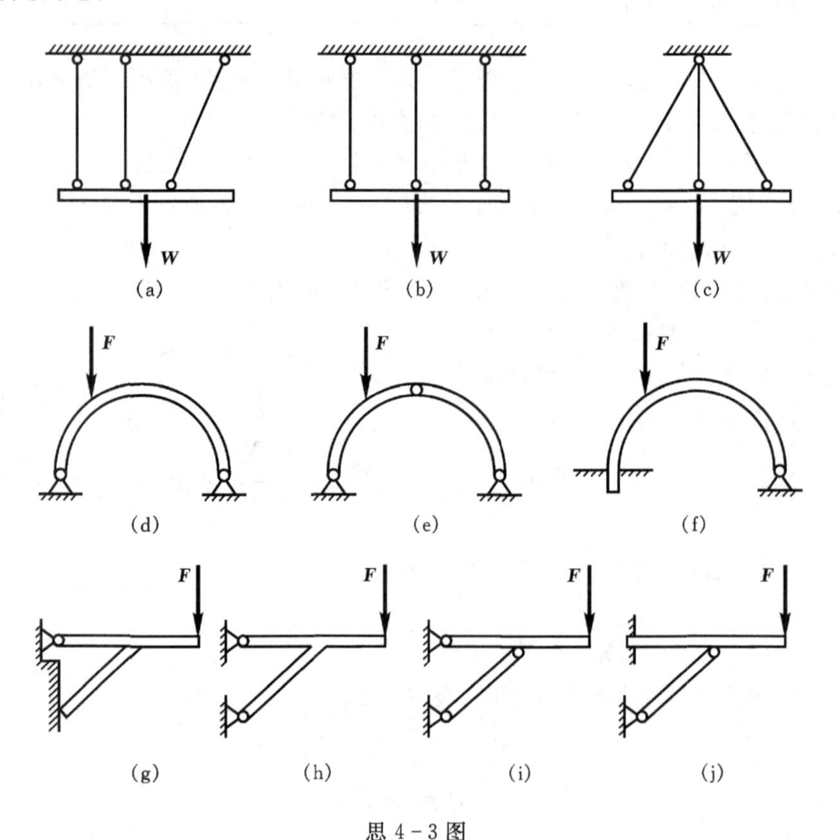

思 4-3 图

4－4　“摩擦力一定是阻力”，这种说法对不对？图示向前行驶的汽车，假设汽车是靠后轮驱动的，试分析其前、后轮上受到的摩擦力的方向。

思 4－4 图　　思 4－5 图

4－5　重为 W_1 的物体 A 置于倾角为 α 的斜面上，已知物体与斜面间的摩擦因数为 f_s，且 $\tan\alpha < f_s$，试问物体能否下滑？如果增大物体 A 的重量，或在物体 A 上另加一重为 W_2 的物体 B，能否使物体 A 下滑？

4－6　不计重量的水平板置于相互垂直的两墙之间，如图所示。已知 $\alpha=30°$，$\beta=60°$。板长为 l，板与两墙之间的摩擦角均为 $\varphi_s=30°$。试在图上画出人在板上行走时，不致使板滑动的行动范围。

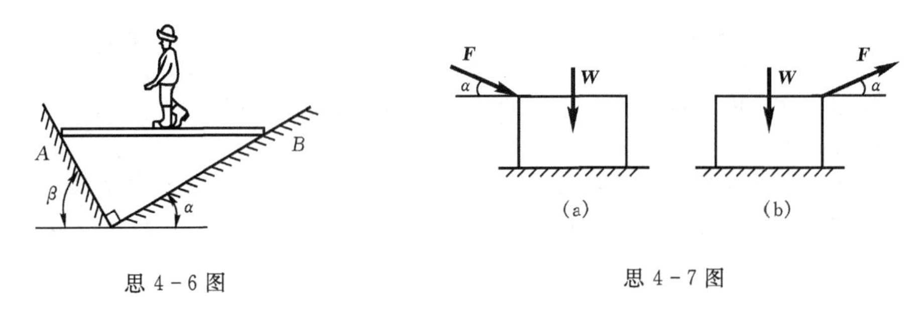

思 4－6 图　　思 4－7 图

4－7　小物块重 $\boldsymbol{W}$，与水平面间的摩擦因数为 f_s。欲使物块向右滑动，用(a)、(b)两种方法施加力 $\boldsymbol{F}$。哪种情况较为省力？若要最省力，α 角应为多大？

习　题

4－1　图示三轮车连同上面的货物共重 $W=3$ kN，重力作用线通过点 C，求车子静止时各轮对水平地面的压力。图中尺寸单位为 m。

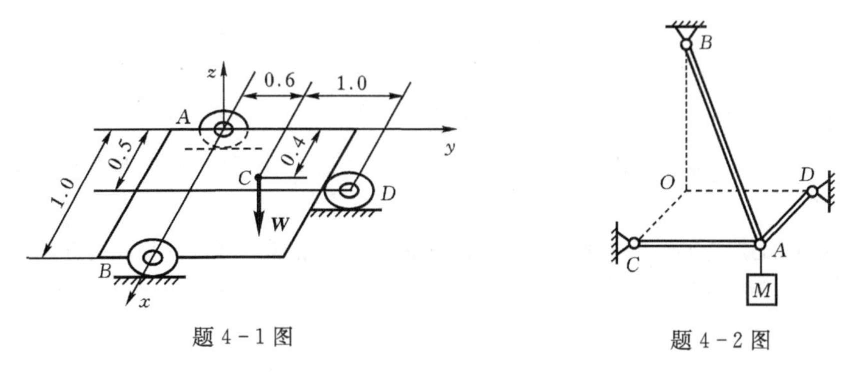

题 4－1 图　　题 4－2 图

4－2　重物 M 重为 $W=5\sqrt{2}$ kN，由三根无重杆 AB、AC 和 AD 支承。C、A、D 三点位于

同一水平面内，$OCAD$ 构成一边长为 50 cm 的正方形，$\overline{OB}=50\sqrt{2}$ cm。A、B、C、D 四点皆为光滑铰链，求各杆的内力。

4－3　图示手摇钻由支点 B、钻头 A 和一个弯曲的手柄 C 组成。当支点 B 处加压力 $\boldsymbol{F}_{1x}$、$\boldsymbol{F}_{1y}$ 和 $\boldsymbol{F}_{1z}$ 以及手柄 C 上加力 $\boldsymbol{F}_2$ 后，即可带动钻头绕 AB 轴转动而钻削材料。设支点 B 不动，若已知手压力 $F_{1z}=50$ N，$F_2=150$ N，不计手摇钻的自重，试求钻头匀速转动时受到的阻抗力偶矩 M 和工件给钻头的约束力以及手在 x 和 y 方向所施加的力 $\boldsymbol{F}_{1x}$、$\boldsymbol{F}_{1y}$。图中尺寸单位为 cm。

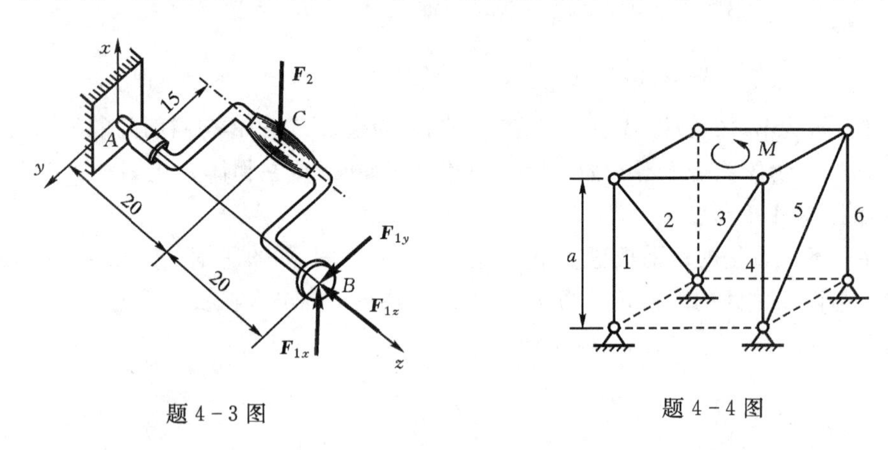

题 4－3 图　　　　题 4－4 图

4－4　图示六杆支撑一边长为 a 的正方形水平板。板上作用有一力偶矩为 M 的力偶。若不计板和各杆的自重，求各杆的内力。

4－5　均质杆 AB 重 $W=200$ N，A 端用球铰链固定于地面，B 端靠在光滑墙面上并用细绳 BC 拉住，如图所示。若 $a=0.7$ m，$b=0.3$ m，$c=0.4$ m，$\theta=30°$，求绳的拉力以及 A 和 B 处的约束力。

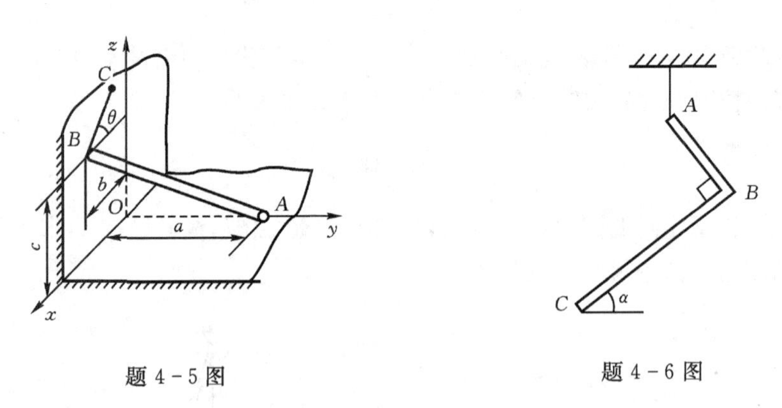

题 4－5 图　　　　题 4－6 图

4－6　均质直角尺 AB 用细绳悬挂如图。设 $\overline{BC}=2\,\overline{AB}$，求平衡时的角 α。

4－7　水平梁的支承和载荷如图所示。已知力 $\boldsymbol{F}$、力偶的力偶矩 M 和均布载荷的集度 q，求各支座的约束力。

4－8　当飞机稳定航行时，所有作用在它上面的力必须相互平衡。已知飞机重 $W=30$ kN，螺旋桨的牵引力 $F=4$ kN。若 $a=0.2$ m，$b=0.1$ m，$c=0.05$ m，$l=5$ m，求阻力 $\boldsymbol{F}_1$、机翼升力 $\boldsymbol{F}_2$ 和尾部的升力 $\boldsymbol{F}_3$。

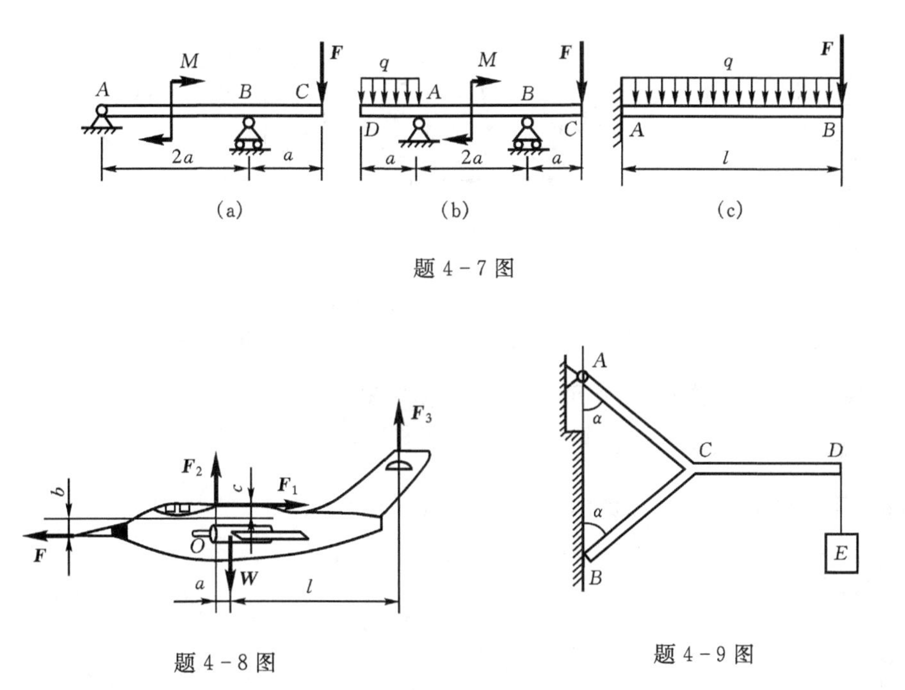

题 4－7 图

题 4－8 图

题 4－9 图

4－9　挂物架由三根重皆为 W 的相同均质杆 AC、BC 和 CD 固结而成，如图所示。已知物块 E 的重量 W_1 和角 α，求 A、B 两处的约束力。

4－10　炼钢炉的送料机由跑车 A 和移动的桥 B 组成。如图所示，跑车可沿桥上的轨道运动，两轮间的距离为2 m，跑车与操作架 D、平臂 OC 以及料斗 C 相连。料斗每次装载的物料重$W_1=15$ kN，平臂长$\overline{OC}=5$ m。设跑车 A、操作架 D 和所有附件总重为 W_2，作用在操作架的轴线上。试求 W_2 至少应为多大才能使料斗满载时跑车不致翻倒。图中尺寸单位为 m。

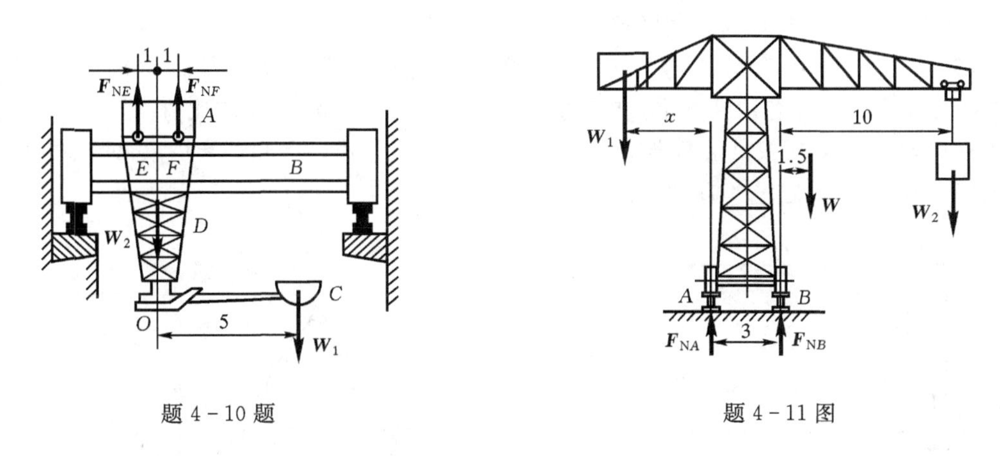

题 4－10 题

题 4－11 图

4－11　图示起重机的自重 $W=10$ kN，其重心在离右轨1.5 m处。起重机的起重重量为 $W_2=250$ kN，突臂伸出离右轨10 m，左、右两轨相距 3 m。试求平衡锤的最小重量及其到左轨的最大距离 x。图中尺寸单位为 m。

4－12　图示各水平连续梁自重不计。已知 $F=10$ kN，$M=20$ kN · m，$l=1$ m，$q=10$ kN/m，$\alpha=30°$。求支座 A、B 和 D 的约束力。

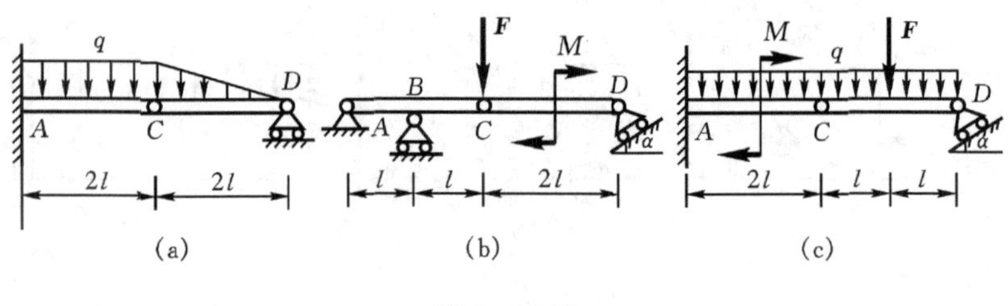

题 4－12 图

4－13　飞机起落架的尺寸如图所示，单位为 cm。设地面作用于轮子的铅垂正压力 $F=$ 30 kN，不计起落架自身的重量，求铰链 A 和 B 处的约束力。

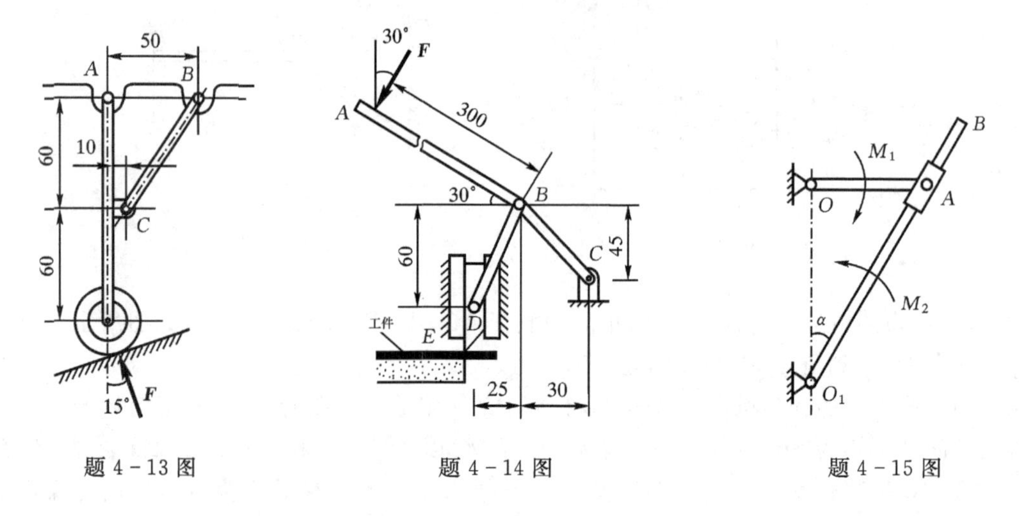

题 4－13 图　　题 4－14 图　　题 4－15 图

4－14　剪断机结构如图所示，作用在手柄上的力 $F=400$ N。若不计自重，求刀刃作用在工件上的力及支座 C 的约束力。图中尺寸单位为 mm。

4－15　图示机构中，套筒 A 与曲柄 OA 铰接，可沿摇杆 O_1B 滑动。当 $\alpha=30°$、$OA\perp OO_1$ 时，机构处于平衡。不计各构件自重，求平衡时两力偶矩 M_1 和 M_2 大小的比值。

4－16　如图所示，三铰拱由两半拱和三个铰链 A、B、C 构成。已知每半拱重 $W=300$ kN，$l=32$ m、$h=10$ m。求支座 A、B 的约束力。

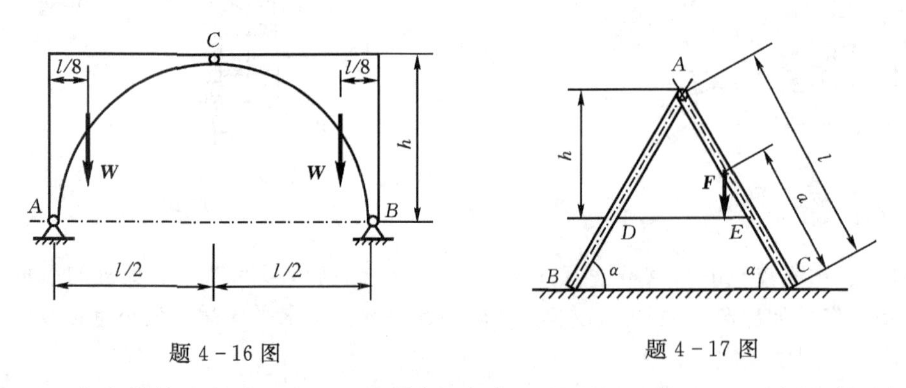

题 4－16 图　　题 4－17 图

4－17　人字梯的两部分 AB 和 AC 等长，在点 A 铰接，又在 D、E 两点用水平绳相连，如图所示。梯子放在光滑水平面上，其一边作用有一铅垂力 $\boldsymbol{F}$，各部分尺寸如图。若不计梯的自重，求绳的拉力。

4－18　图示均质杆 AB 重 16 N，A 端铰接，并靠在半径为 r 的光滑圆柱上；而圆柱放在水平面上，用细绳 AC 拉住。若杆长$\overline{AB}=3r$，绳长$\overline{AC}=2r$，求绳的张力。

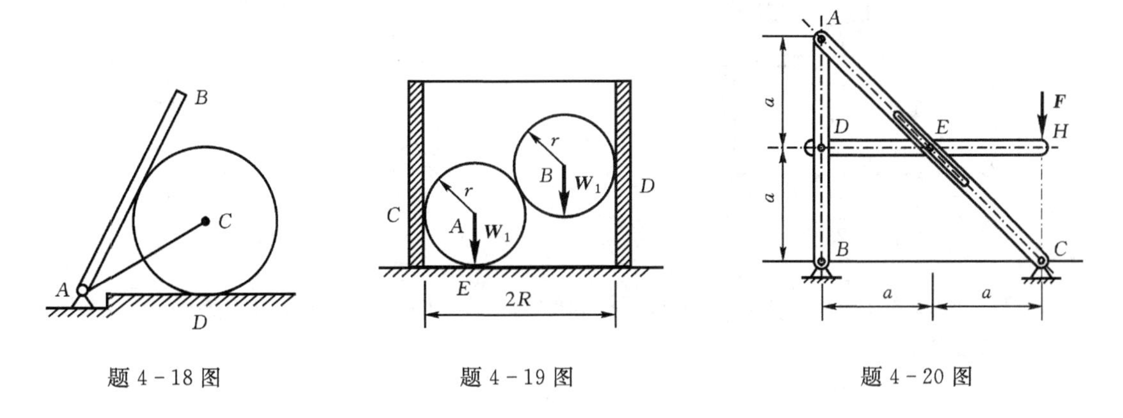

题 4－18 图　　题 4－19 图　　题 4－20 图

4－19　如图所示，无底圆柱形空筒放在光滑水平面上，筒内放两个重球。设每个球重皆为 W_1、半径皆为 r，而圆筒的半径为 R。不计圆筒的厚度，试求圆筒不致翻倒的最小重量。

4－20　图示平面结构中，杆 DH 上的销子 E 可在杆 AC 的槽内滑动。不计摩擦和各构件自重，求在水平杆 DH 的一端作用铅垂力 $\boldsymbol{F}$ 时，杆 AB 上的 A、D 和 B 三处所受的力。

4－21　图示平面结构中，三杆 AB、BC 和 CE 相互铰接，物块 M 重1 200 N。不计杆和滑轮的重量，求支承 A 和 B 处的约束力，以及杆 BC 的内力。图中尺寸单位为 m。

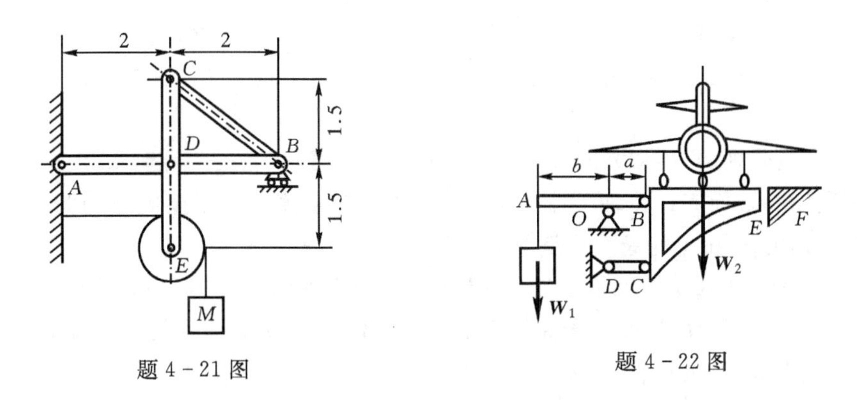

题 4－21 图　　题 4－22 图

4－22　飞机（或汽车）称重用的地秤机构如图示。其中 AOB 是杠杆，BCE 是整体台面。已知$\overline{AO}=b$，$\overline{BO}=a$，求平衡砝码的重量 W_1 和被称物体重量 W_2 之间的关系。其余构件的重量不计。

4－23　火箭发动机试车台如图所示。发动机固定在水平台面上，测力计指示出绳 EK 的拉力 F_T。已知发动机和工作台共重 W，重力的作用线通过 AB 中点。$\overline{AB}=\overline{CD}=2b$，$\overline{CK}=h$，$\overline{AC}=H$，火箭推力 $\boldsymbol{F}$ 的作用线到台面 AB 的距离为 a。若不计其余构件的重量，求该推力 $\boldsymbol{F}$ 的大小。

4－24　图示两滑轮固连在一起。大滑轮的半径为 $R=20$ cm，缠在其上的绳子水平地连于 E 点，小滑轮的半径为 $r=10$ cm，缠在其上的绳子吊一重为$W=300$ N的物体 M。若不计各构件自重，求铰链 B 处的约束力。图中尺寸单位为 cm。

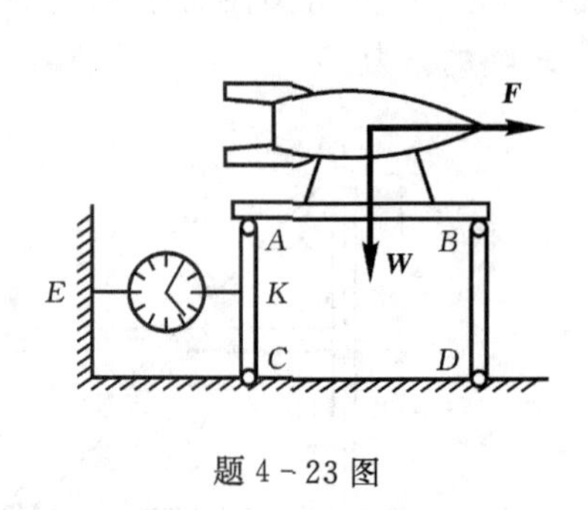

题 4－23 图

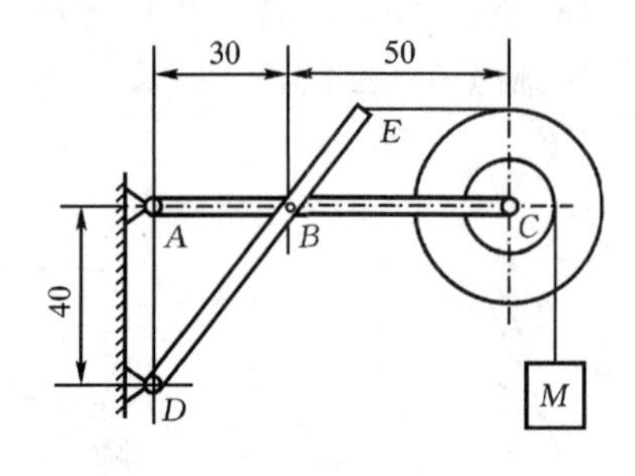

题 4－24 图

4－25　物块重 $\boldsymbol{W}$，与铅垂墙面间的摩擦因数为 f_s。已知力 $\boldsymbol{F}$ 与墙间的夹角为 α，求墙面对物块的摩擦力。

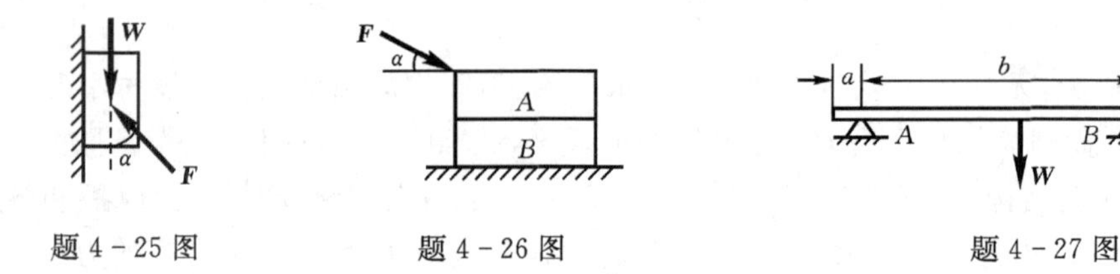

题 4－25 图　　题 4－26 图　　题 4－27 图

4－26　图示 A、B 两物块各重 $W=10$ N，A 与 B、B 与水平面间摩擦因数均为 $f_s=0.2$，$F=5$ N，$\alpha=30°$。试分析两物块能否运动？所受摩擦力各为多少？

4－27　均质板重 $W=200$ N，置于水平轨道 AB 上，其间的摩擦因数均为 $f_s=0.5$。已知 $a=60$ cm，$b=360$ cm，$c=180$ cm，若在 C 点作用一力 $\boldsymbol{F}$，$\alpha=30°$，求使平板运动所需的力 $\boldsymbol{F}$ 的最小值。

4－28　半径分别为 $R=20$ cm 和 $r=10$ cm 的两均质轮固连在一起，重为 $W_1=210$ N，置于水平地面和铅垂墙面间。轮轴上挂一重物 A，设所有接触处的摩擦因数均为 $f_s=0.25$，求能维持系统平衡的重物 A 的最大重量 $W_{2\max}$。

4－29　均质梯子重为 $\boldsymbol{W}_1$，长为 l，B 端靠在光滑铅垂墙上，A 端与地面间的摩擦因数为 f_s。试求：(1)当 α 一定时，为使梯子保持不滑，重为 $\boldsymbol{W}_2$ 的人所能达到的最高点 D 到 A 端的距离 s；(2)当 α 角多大时，人可自 A 端爬到 B 端。

4－30　均质长方体 $ABCD$ 重为 $W=4.8$ kN，$\overline{AD}=1$ m，$\overline{AB}=2$ m，与地面间的摩擦因数 $f_s=1/3$。试判断当力 F 逐渐增大时，长方体是先滑动还是先翻倒，并求此时力 $\boldsymbol{F}$ 的值。

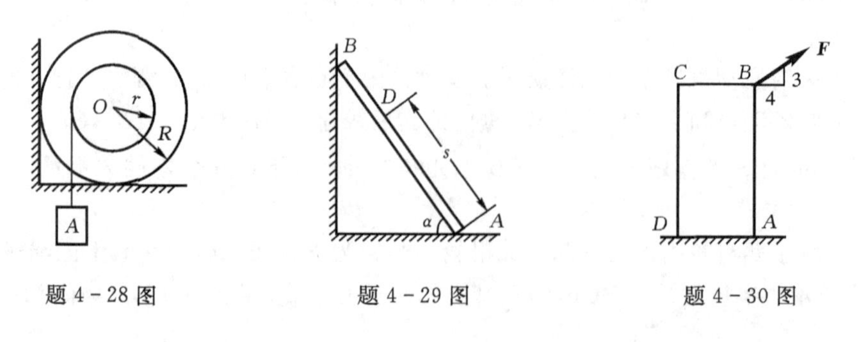

题 4－28 图　　题 4－29 图　　题 4－30 图

4－31　制动器由带有制动块的手柄 OB 和制动轮 A 组成。已知 $R=0.5\ \text{m}$，$r=0.3\ \text{m}$，制动块与轮间的摩擦因数为 $f_s=0.4$，重物 D 重为 $W=1\ \text{kN}$，手柄长 $l=3\ \text{m}$，$a=0.6\ \text{m}$，$b=0.1\ \text{m}$。不计手柄的重量，求能够实现制动所需力 $\boldsymbol{F}$ 的最小值。

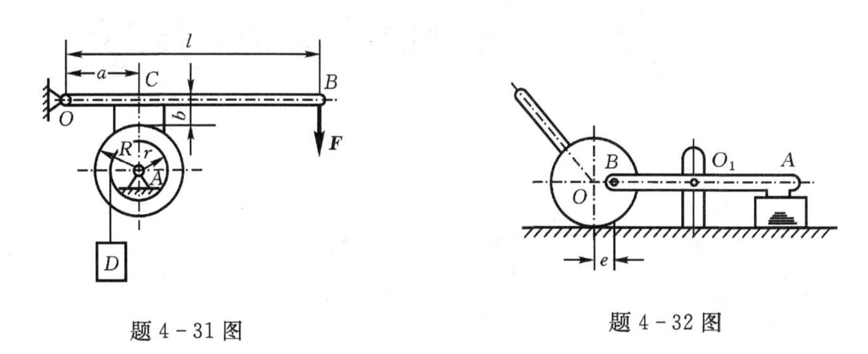

题 4－31 图　　题 4－32 图

4－32　图示为偏心夹具装置。转动偏心轮手柄，可使杠杆的端点 B 升高，从而压紧工件。已知偏心轮半径为 r，偏心轮与台面间的摩擦因数为 f_s。若不计偏心轮和杠杆的自重，要求图示位置夹紧工件后不致自动松开，偏心距 e 应为多少？

第二篇　变形固体静力学

引　　言

1. 变形固体的概念

上一篇在讨论力系的平衡时,总是把固体看成刚体。实际上任何固体在外力作用下都要产生变形。变形固体在外力作用下产生的变形,就其变形性质可分为**弹性变形**和**塑性变形**。

当外力去掉后变形固体能恢复原来形状和尺寸的性质称为**弹性**。所谓**弹性变形**是指变形体上的外力去掉后可消失的变形。如果去掉外力后,变形不能全部消失而留有残余,此残余部分称为**塑性变形**,也称作**残余变形**。

去掉外力后能完全恢复原状态的物体称为**理想弹性体**。由实验知,常用的工程材料如金属、木材、石料等,当外力不超过某一限度时(称为**弹性阶段**),可将它们视为理想弹性体;如果外力超过了这一限度,就要产生明显的塑性变形(称为**塑性阶段**)。

本篇所讨论的问题,将限于材料的弹性阶段,把物体都看成为理想弹性体。

工程中的大多数构件在载荷的作用下,其几何尺寸的改变量与其本身的尺寸相比,常常是非常小的,我们称这类变形为"小变形"。我们研究的问题将仅限于小变形的范围内。由于变形微小,在计算中变形的高次方项可忽略不计,而且在研究构件的平衡、运动等问题时,可根据构件变形前的原始尺寸进行计算。

2. 变形固体静力学的任务

变形固体静力学的研究对象是组成结构物和机械的构件或零件。

要使结构物或机械正常地工作,就必须保证每个构件在载荷作用下能安全、正常地工作。因此工程中对所设计的构件,在力学上有一定的要求。这些要求如下。

(1) 强度要求。所谓**强度**,是指**材料或构件抵抗破坏(断裂或产生显著塑性变形)的能力**。强度有高低之分。在一定载荷的作用下,说某种材料的强度高,是指这种材料比较坚固,不易破坏。例如,钢材与木材相比,钢材的强度高于木材。

(2) 刚度要求。工程中的某些构件只满足强度要求是不够的,如果变形过大,也会影响其正常使用。例如,厂房内的吊车大梁如果变形过大,将会影响吊车的平衡运动;机床的传动轴变形过大,将影响机床的加工精度。因此在工程中,根据不同的用途,对某些构件的变形给予一定的限制,使构件在载荷作用下产生的变形不会超过一定的范围。这就要求构件具有一定的刚度。

所谓**刚度**,是指**构件抵抗变形的能力**。刚度有大小之分。说某个构件的刚度大,是指这个构件在载荷作用下产生的变形较小，即抵抗变形的能力强。例如，材料、长度均相同而粗细不同的两根杆，在相同载荷作用下，细杆的变形较大，表明细杆比粗杆的刚度小。

(3) 稳定性要求。所谓**稳定性**，是指**构件保持其原有平衡状态的能力**。有些构件在载荷较小时，能够在原有形状下保持平衡，但当载荷较大时，就丧失了这种在原有形状下保持平衡的能力，如图 5-1 所示受压的细长杆，当压力 F① 不太大时，可以保持原来直线形状的平衡；当压力增加到一定限度时，就不能继续保持直线形状，而突然从原来的直线形状变成弯曲形状，这种现象称为丧失稳定或简称**失稳**。

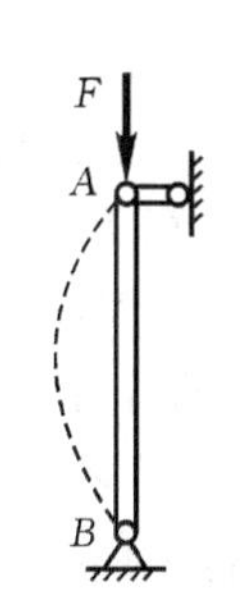

图 5-1

由于构件失稳后将丧失继续承受原设计载荷的能力，其后果往往是很严重的。例如，房屋中承重的柱子，如果过细、过高就可能由于柱子的失稳而导致整个房屋的倒塌。因此设计细长受压杆件时，必须保证其有足够的稳定性。

任何构件，只有满足了强度、刚度、稳定性三方面的要求，才能保证其安全、正常地工作。构件的强度、刚度和稳定性是变形固体静力学研究的主要内容。

构件的强度、刚度和稳定性都与所用的材料有关。例如，尺寸、载荷均相同的木杆与钢杆相比，木杆就比钢杆容易变形，也容易破坏。因此，变形固体静力学还要研究各种材料在载荷作用下所表现的力学性质。

材料的力学性质，需要通过力学试验来测定。工程中还有一些单靠理论分析解决不了的问题，也需借助于实验来解决。因而在变形固体静力学中，实验研究与理论分析同等重要，都是研究变形固体静力学问题所必须的手段。

对工程技术人员来说，设计构件时，既要使构件能安全正常地工作，还应使设计的构件能够很好地发挥材料的潜力，以减少材料的消耗。因此工程技术人员必须掌握一定的变形固体静力学知识。

3. 变形固体静力学的基本假设

变形固体静力学中对变形固体作如下的基本假设。

(1) 连续、均匀假设。**连续**是指材料内部没有空隙，**均匀**是指材料的力学性质各处都一样。连续、均匀假设认为：**物体在其整个体积内无空隙地充满了物质、且物体的力学性质各处都一样。**

由于采用了连续、均匀假设，我们就可以从物体中截取任意微小部分进行研究，并将其结果推广到整个物体；同时也可以将那些用大尺寸试件在实验中获得的材料性质，用到任何微小部分上去。

(2) 各向同性假设。该假设认为：**材料沿不同方向具有相同的力学性质。**常用的工程材料如钢、塑料、玻璃以及浇铸得很好的混凝土等，都可以认为是各向同性材料。如果材料沿不同方向具有不同的力学性质，则称为各向异性材料。我们主要研究各向同性材料。

由于采用了上述假设，大大便利了理论的研究和计算方法的推导。尽管变形固体静力学所得出的计算方法只具有近似的准确性，但它的精度可以满足工程问题一般要求。

4. 构件变形的基本形式

工程中的构件有杆、板、壳、块等各种形体。变形固体静力学的研究对象主要是杆件。所

---

① 为了方便，本篇中除了在介绍应力的概念时外，表示矢量的字母一律采用白斜体，而不采用黑斜体。

谓**杆件**，是指几何形体的某一个方向的尺寸远大于另外两个方向的尺寸的构件。一般来说，建筑工程中的梁、柱子以及机械中的传动轴等均属于杆件。杆件又简称为**杆**。

杆件就其外形来分，可分为**直杆**、**曲杆**和**折杆**。杆件的轴线为直线时称为**直杆**，如图 5-2(a)、(c)所示，轴线为曲线与折线时分别称为**曲杆**与**折杆**，如图5-2(b)、(d)所示。就横截面(垂直于轴线的截面)来分，杆件又可分为**等截面杆**和**变截面杆**。所谓**等截面杆**，是指各横截面的形状和大小均相同的杆(图 5-2(a)、(b)、(d))；所谓**变截面杆**，是指各截面的形状或大小不同的杆(图 5-2(c)、(e))。本篇着重讨论等截面直杆(简称**等直杆**)。

在不同形式外力作用下，杆件产生的变形形式也各不相同，但通常可归结为以下比较简单的四种基本变形形式。

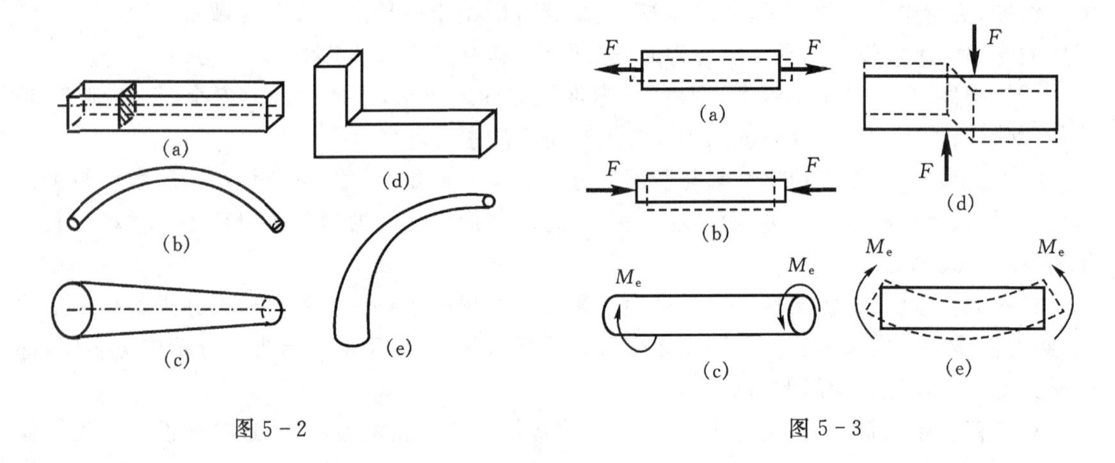

图 5-2　　图 5-3

(1) 轴向拉伸或轴向压缩(图 5-3(a)、(b))①。

在一对大小相等、方向相反、作用线与轴线重合的外力作用下，杆件发生长度的改变(伸长或缩短)。

(2) 剪切(图 5-3(d))。

在一对大小相等、方向相反、作用线距离很近但不重合的横向外力作用下，杆件在两作用力之间的横截面沿外力方向发生相互错动。

(3) 扭转(图 5-3(c))。

在一对大小相等、旋转方向相反、位于垂直于杆轴线的两平面内的力偶作用下，杆件在两力偶间的横截面发生绕轴线的相对转动。

(4) 弯曲(图 5-3(e))。

在一对大小相等、旋转方向相反、且位于杆件的某一纵向平面内的力偶作用下，杆件发生弯曲变形。

工程实际中的杆件，或因其结构特点，或因其受力形式的不同，变形情况可能比较复杂，但不论怎样复杂，都可以看成为以上几种基本变形的组合(称为**组合变形**)。

本篇以后各章将就上述各种基本变形，以及同时存在两种以上基本变形的组合变形情况，分别加以讨论。

---

① 为了方便，本篇中对等值、反向的两个力或力偶均采用同一符号表示，而不再加一撇区别。

第 5 章　杆件的内力

构件内部各质点间的相互作用力，称为构件的**内力**。变形固体静力学中主要研究由外力引起的内力。对于杆件来说，最有意义的是横截面上的内力。为了显示和计算内力，可用一假想截面将构件分为两部分，任取其中一部分为研究对象，将另一部分对它的作用以力的形式表示，这些力就是该截面上的内力。按照连续性假设，内力在截面上是连续分布的。根据力系的简化和平衡理论，可以确定截面上内力系的主矢和主矩，或二者的分量，并可以建立内力和外力之间的平衡微分方程。上述用假想截面把构件分成两部分，以显示并确定内力的方法称为**截面法**。

一般来说，杆件在各截面处的内力是不同的。描述内力沿杆件轴线变化规律的解析表达式和曲线称为**内力方程**和**内力图**。

5.1　杆件在轴向拉伸或压缩时横截面上的内力

当杆件仅受轴向力作用时，将产生轴向拉伸或压缩变形。如图 5-4(a)所示杆件，在轴向外力 F_1、F_2、F_3、F_4 共同作用下处于平衡状态，欲求杆件在 m—m 截面上的内力，可以假想地用 m—m 横截面将杆件截为两段。由于杆件仅受轴向外力的作用，所以右半段对左半段作用的内力必为一轴向力，用 F_N 来表示。同样地，左半段对右半段作用的内力，也为一轴向力，它与左半段受到的轴向力为一对作用与反作用力。于是左、右两段的受力分别如图 5-4(b)、(c)所示。

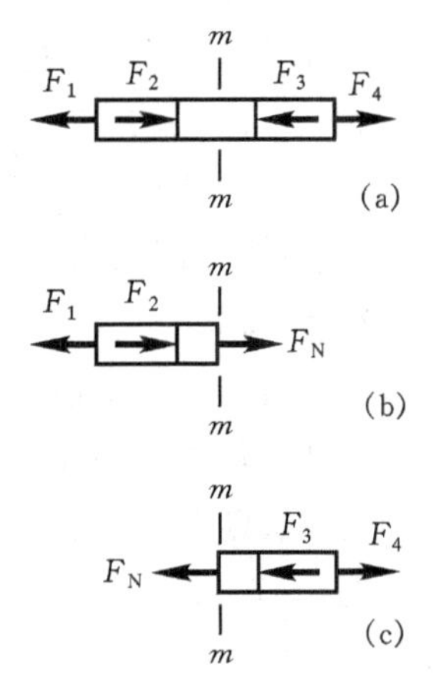

图 5-4

内力 F_N 的大小可通过平衡条件求得。

杆件在轴向拉伸、压缩时的内力，习惯上称为**轴力**。用截面法求轴力时，无论轴向外力的方向如何，截面上的轴力总是假设为拉力。**工程中规定：轴力为拉力时用正值来表示，反之用负值来表示。**

例 5-1　求图 5-5(a)所示受轴向力作用的杆件在 1—1、2—2、3—3 截面上的轴力，并画出杆的轴力图。已知：$F_1=4\ \text{kN}$，$F_2=6\ \text{kN}$，$F_3=5\ \text{kN}$，$F_4=3\ \text{kN}$。

解　先假想用 1—1 截面将杆截为两段，取左半段为研究对象，受力如图 5-5(b)所示。根据平衡条件，有

$$\sum F_x = 0,\quad F_{N1} - F_1 = 0 \tag{1}$$

$$F_{N1} = F_1 = 4\ \text{kN}$$

再假想用 2—2 截面将杆截为两段，取左半段为研究对象，受力如图 5-5(c)所示。根据平衡条件，有

$$\sum F_x = 0,\quad F_{N2} - F_1 + F_2 = 0 \tag{2}$$

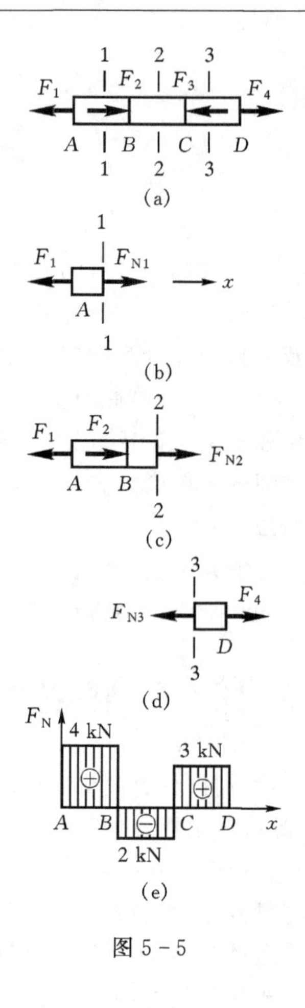

图 5-5

$$F_{N2}=F_1-F_2=4-6=-2\ \text{kN}$$

F_{N2}为负值，表示 2—2 截面上的轴力为压力。

最后假想用 3—3 截面将杆截为两段，因右半段受力较简单，故取其为研究对象。受力如图 5-5(d)所示。根据平衡条件，有

$$\sum F_x=0,\quad -F_{N3}+F_4=0 \tag{3}$$

$$F_{N3}=F_4=3\ \text{kN}$$

显见，若以杆的左端为坐标原点，则杆的轴力方程为

当 $0\leqslant x\leqslant\overline{AB}$时，$F_N=4$ kN；

当$\overline{AB}\leqslant x\leqslant\overline{AC}$时，$F_N=-2$ kN；

当$\overline{AC}\leqslant x\leqslant\overline{AD}$时，$F_N=3$ kN。

于是可得杆的轴力图如图 5-5(e)所示。

5.2 杆件在扭转时横截面上的内力

当杆件受到一组环绕其轴线旋转的外力偶作用时，将发生扭转变形。工程上把以扭转变形为主的杆件称为**轴**。

图 5-6(a)所示杆件，在一组环绕其轴线旋转的外力偶作用下处于平衡，欲求其在 n—n 截面上的内力。用 n—n 截面假想地将杆截为两段。由于杆仅受环绕轴线旋转的外力偶矩的作用，故截面上的内力也只能是环绕轴线旋转的力偶矩，用 T 表示。左、右两段的受力分别如图 5-6(b)、(c)所示。

T 的值可通过平衡条件求得。

杆件受环绕其轴线旋转的力偶作用而发生扭转变形时的内力称为**扭矩**。**工程中扭矩的正负按右手法则确定，即扭矩绕截面的外法线逆钟向旋转时为正值，反之为负值。**

例 5-2 图 5-7(a)所示圆轴在一组环绕轴线旋转的外力偶作用下处于平衡状态，已知：$M_{e1}=4$ kN·m，$M_{e2}=6$ kN·m，$M_{e3}=5$ kN·m，$M_{e4}=3$ kN·m。试求 1—1、2—2、3—3 截面上的扭矩，并画出圆轴的扭矩图。

解 先用 1—1 截面假想地将轴截为两段，取左段为研究对象，设截面上的扭矩为 T_1，则受力如图 5-7(b)所示。根据平衡条件，有

$$\sum M_x=0,\quad T_1-M_{e1}=0 \tag{1}$$

$$T_1=M_{e1}=4\ \text{kN}\cdot\text{m}$$

再用 2—2 截面假想地将轴截为两段，取左段为研究对象，设截面上的扭矩为 T_2，则受力如图 5-7(c)所示，根据平衡条件，有

$$\sum M_x=0,\quad T_2-M_{e1}+M_{e2}=0 \tag{2}$$

$$T_2=M_{e1}-M_{e2}=4-6=-2\ \text{kN}\cdot\text{m}$$

T_2 为负，表示该截面上扭矩转向与图设相反。

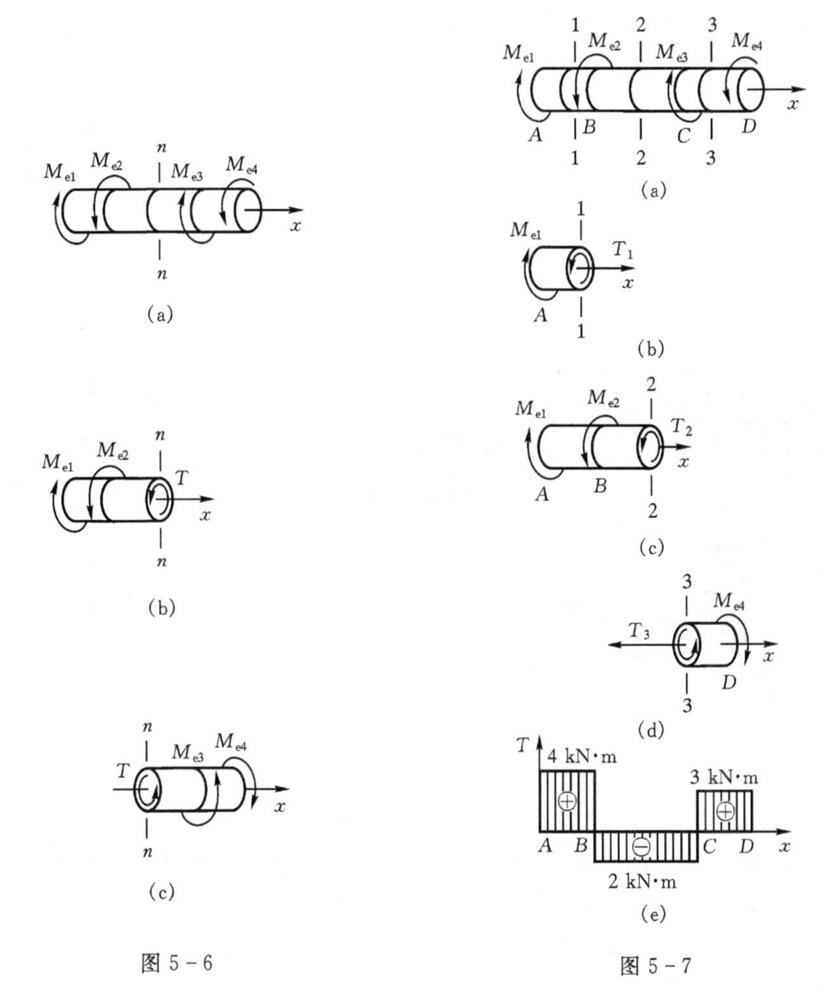

图 5-6　　图 5-7

最后用 3—3 截面假想地将轴截为两段，取右段为研究对象，设截面上的扭矩为 T_3，则受力图 5-7(d)所示，根据平衡条件，有

$$\sum M_x = 0, \qquad -T_3 + M_{e4} = 0 \tag{3}$$

$$T_3 = M_{e4} = 3\ \text{kN}\cdot\text{m}$$

显见，若以圆轴的左端为坐标原点，则其扭矩方程为

当 $0 \leqslant x \leqslant \overline{AB}$时，$T=4\ \text{kN}\cdot\text{m}$；

当$\overline{AB} \leqslant x \leqslant \overline{AC}$时，$T=-2\ \text{kN}\cdot\text{m}$；

当$\overline{AC} \leqslant x \leqslant \overline{AD}$时，$T=3\ \text{kN}\cdot\text{m}$。

于是圆轴的扭矩图如图 5-7(e)所示。

5.3　杆件在弯曲时横截面上的内力

杆件在轴线平面内的力偶或垂直于轴线的横向力作用下将发生弯曲变形。工程上把以弯曲变形为主的杆件称为**梁**。工程中的梁，其横截面一般至少具有一个纵向对称轴，例如，矩形、工字形、T 字形、圆形截面等，全梁则至少具有一个纵向对称面，且承受的载荷全部作用在梁的纵向对称面内。这样梁发生弯曲变形后,其轴线将弯曲成一条平面曲线。这种弯曲变形称为**平面弯曲**,如图 5-8 所示。

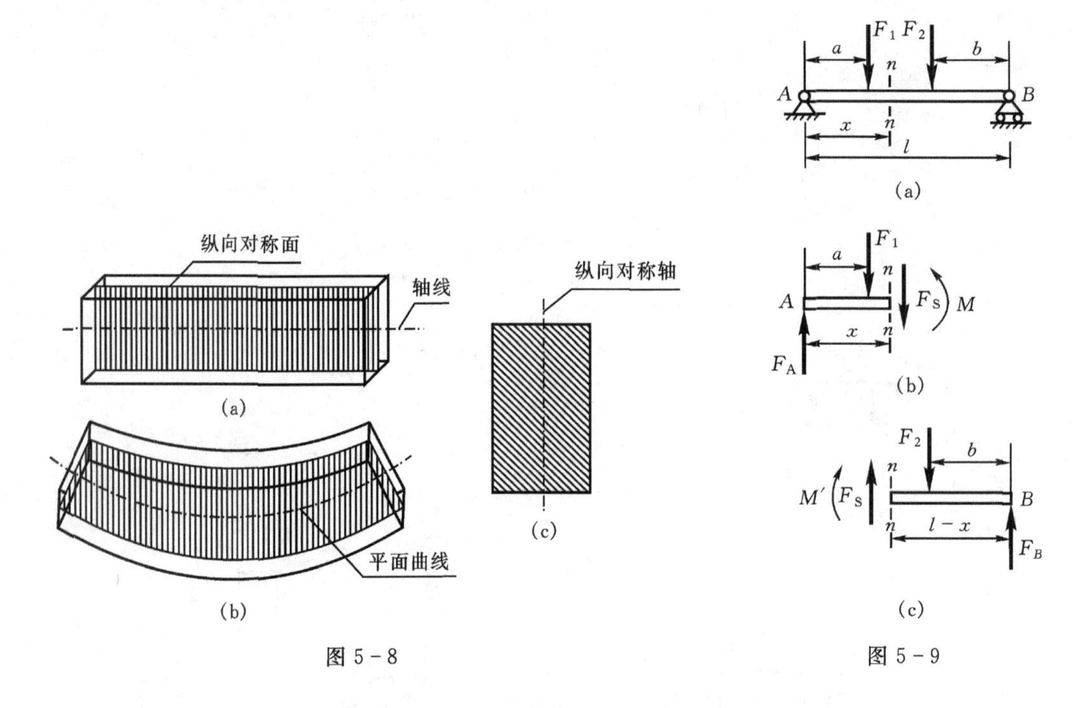

图 5-8　　图 5-9

梁发生平面弯曲时,所受的载荷一般为作用于梁的纵向对称面内的力或力偶。如图 5-9(a)所示杆件,在其纵向对称面内受横向力 F_1、F_2 的作用而发生弯曲变形,欲求其 $n—n$ 截面上的内力,可以用 $n—n$ 截面假想地将梁截为两段。左半段受到的外力 F_A 和 F_1 向$n—n$截面形心简化,可得到一个力和一个力偶,这个力用 F_S 表示,这个力偶的力偶矩用 M 表示。于是左半段的受力如图 5-9(b)所示。

同理,右半段受力如图 5-9(c)所示。

F_S 和 M 可根据平衡条件求得。

由于 F_S 沿截面的切向作用,会使相邻截面产生剪切变形,故称这种内力为**剪力**。而 M 的作用主要是引起杆件产生弯曲变形,故称为**弯矩**。

梁在弯曲变形时,其剪切变形和弯曲变形各有图 5-10 所示的两种类型。**剪力和弯矩的符号规定如下:截面左段相对右段向上错动,即杆件截开部分产生顺钟向转动者,截面上的剪力为正,反之为负;作用在左侧截面上使截开部分逆钟向转动,或者作用在右侧截面上使截开部分顺钟向转动的弯矩为正,反之为负。**

例 5-3　简支梁受均布载荷作用,如图 5-11(a)所示。试建立其内力方程,并画出内力图。

解　简支梁的支座约束力为 $F_A=F_B=ql/2$。

设轴线 x 的方向向右,坐标原点在左端 A 处。求任意截面 x 上的内力,取 x 截面以左部分为研究对象,由截面法得

剪力方程:$F_S=F_A-qx=ql/2-qx\quad(0<x<l)$

弯矩方程:$M=F_Ax-qx^2/2=(ql/2)x-qx^2/2\quad(0\leqslant x\leqslant l)$

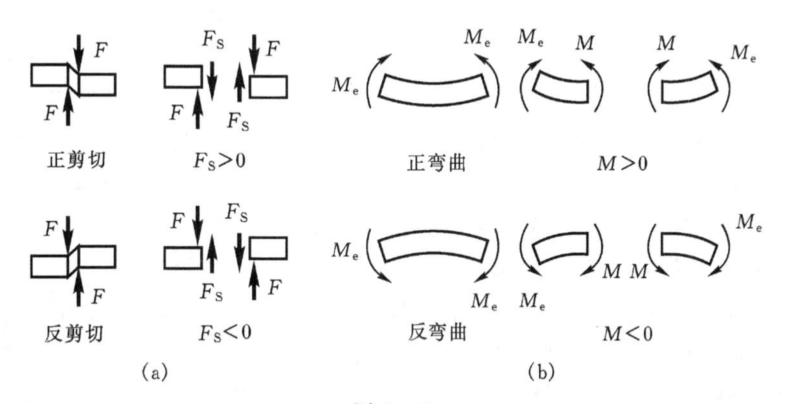

图 5-10

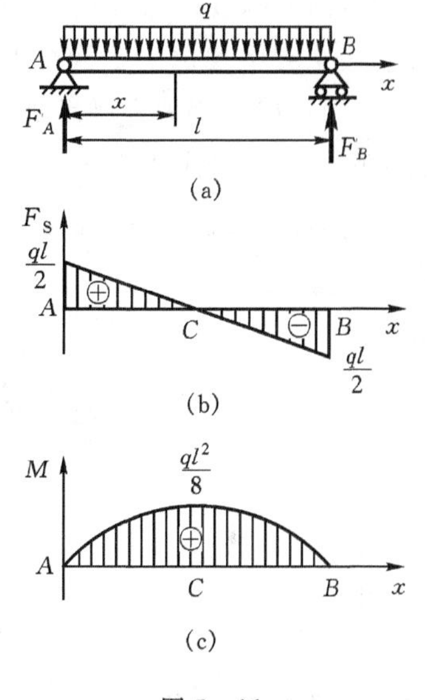

图 5-11

剪力方程表明，剪力为 x 的一次函数，所以剪力图为一条斜线，如图 5-11(b)所示。

弯矩方程表明，弯矩是截面位置坐标 x 的二次函数，所以弯矩图为二次抛物线。

A 点：$x=0, M=0$；

B 点：$x=l, M=0$。

对于曲线图形，应考虑到极值点的存在与否，若极值点存在于区间内，则第三点的选择，原则上应当优先选择极值点。极值点的位置，可以通过 $\mathrm{d}M/\mathrm{d}x=0$ 的条件来确定，即

$$\mathrm{d}M/\mathrm{d}x = ql/2 - qx$$

令

$$ql/2 - qx = 0$$

解得

$$x = l/2$$

所以，极值点位于梁跨的中点，即 C 点：

$x=l/2$，　$M=ql^2/8$　（极大值）

所画弯矩图如图 5-11(c)所示。就本例而言，由载荷图的对称性可知，弯矩图的极大值点必在梁跨的中点。

例 5-4　简支梁受一集中力 F 作用，如图5-12(a)所示。试建立内力方程，并画出内力图。

解　梁的支座约束力为 $F_A=bF/l, F_B=aF/l$。

设轴线 x 方向向右，坐标原点在左端。集中力 F 将梁分为 AC、CB 两段，需分段求解。

AC 段：取 x_1 截面以左部分为研究对象，由截面法得

剪力方程：$F_S=F_A=bF/l$；

弯矩方程：$M=F_Ax_1=bFx_1/l$。

剪力方程表明，剪力 $F_S=bF/l$ 为一常数，所以剪力图为一条与轴线平行的直线，如图 5-12(b)所示。

弯矩方程表明，弯矩是截面位置坐标 x 的一次函数，所以弯矩图为一斜直线，如图 5-12(c)所示。

CB 段：取 x_2 截面以右部分为研究对象，由截面法得

剪力方程：$F_S=-F_B=-aF/l$

弯矩方程：$M=F_B\times(l-x_2)=\frac{a}{l}F(l-x_2)$

剪力方程表明，剪力 $F_S=-aF/l$ 为一常数，剪力图为一条与轴线平行的直线，如图 5-12(b)所示。

弯矩方程表明，弯矩是截面位置坐标 x 的一次函数，所以弯矩图为一斜直线，如图 5-12(c)所示。

在例 5-3 中，若将弯矩 M 对坐标 x 求导数，可得剪力 F_S；若再将 F_S 对 x 求导数，则可得分布载荷的集度 q。一般情形下，分布载荷的集度 q、剪力 F_S、弯矩 M 都是 x 的函数，它们之间存在着一定的函数关系。

下面考察如图 5-13(a)所示梁 AB，分布载荷的集度为 $q(x)$。工程中规定向上的分布载荷为正。在 x 处截取一微段(图 5-13(b))，微段左侧截面上的弯矩和剪力分别为 M 和 F_S，右侧截面上的分别为 $M+\mathrm{d}M$ 和 $F_S+\mathrm{d}F_S$。根据平衡条件，有

$$\sum M_C=0,\quad (M+\mathrm{d}M)-M-F_S\mathrm{d}x-q(\mathrm{d}x)^2/2=0$$

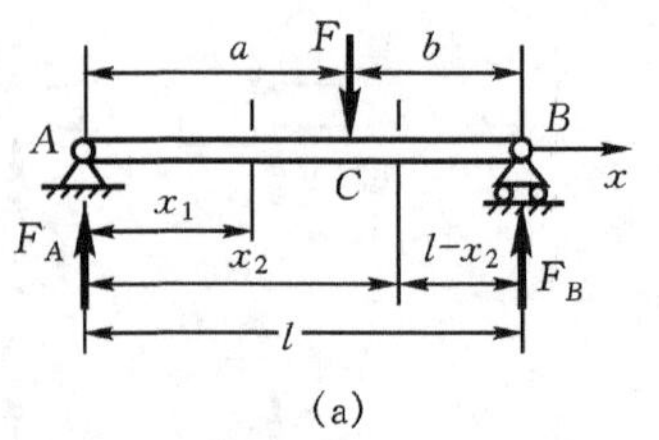

(a)

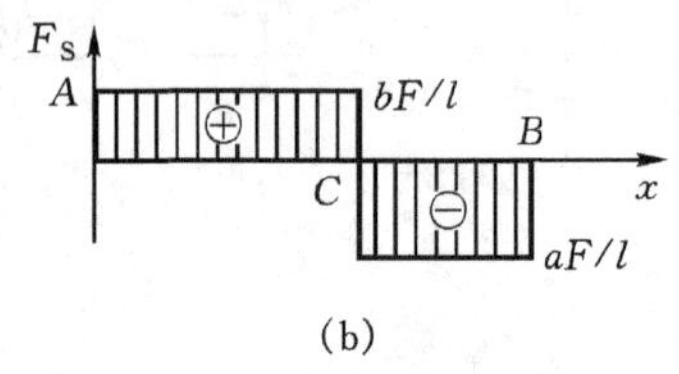

(b)

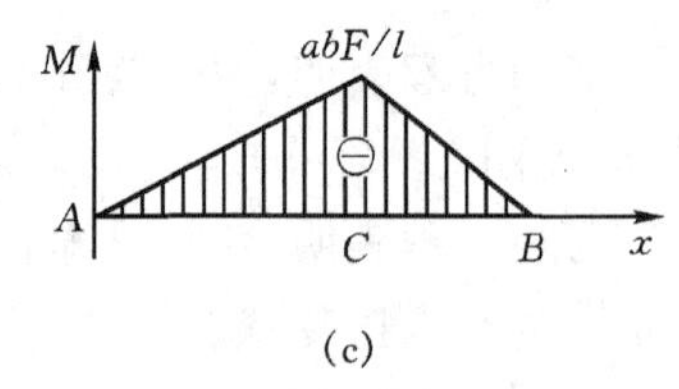

(c)

图 5-12

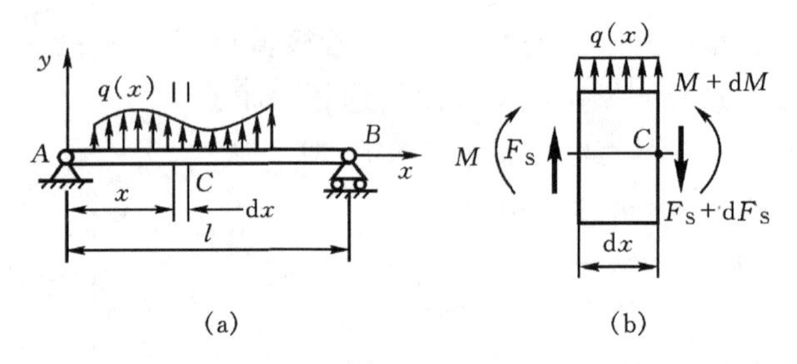

(a) (b)

图 5-13

略去二阶微量，可得

$$\frac{\mathrm{d}M}{\mathrm{d}x}=F_S \tag{5-1}$$

$$\sum F_y=0,\quad F_S+q\mathrm{d}x-(F_S+\mathrm{d}F_S)=0$$

可得

$$\frac{\mathrm{d}F_S}{\mathrm{d}x}=q \tag{5-2}$$

比较式(5-1)和式(5-2)，又可得到

$$\frac{\mathrm{d}^2M}{\mathrm{d}x^2}=q \tag{5-3}$$

上述三式就是弯矩、剪力和分布载荷集度间的微分关系。由这些关系(结合例5-3和例 5-4)可以看出：

(1) 在无分布载荷作用的梁段，剪力为常量，弯矩是 x 的一次函数，则剪力图为平行于 x 轴的直线段，弯矩图为斜直线段；

(2) 在有均布载荷的梁段，剪力图为斜直线段，弯矩图为抛物线；

(3) 在集中力作用的截面处，剪力图发生突变(变化值等于集中力的大小)；

(4) 在集中力偶作用的截面处，弯矩图发生突变（变化值等于集中力偶矩的大小）；

(5) 若在梁的某一截面上剪力 $F_S=0$，则弯矩为极值，但此值不一定是梁的最大弯矩。梁的最大弯矩也可发生在有集中力或集中力偶作用的截面上。

例 5-5　试根据微分关系画图5-14(a)所示简支梁的剪力图和弯矩图。

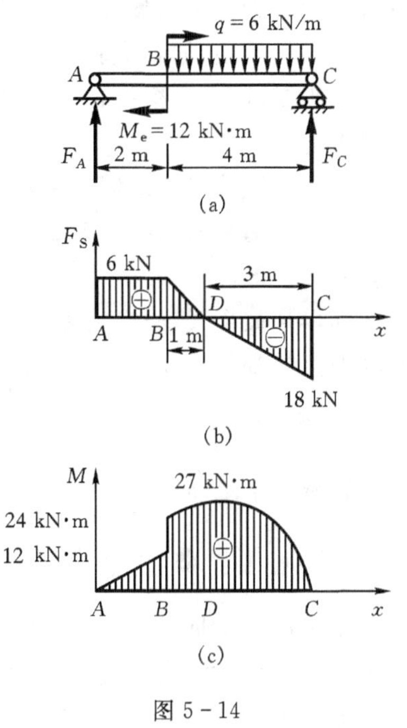

图 5-14

解　由平衡方程可求得支座约束力

$$F_A = 6 \text{ kN}, \quad F_C = 18 \text{ kN}$$

下面分别作梁的剪力图和弯矩图。

在 A、B 之间的梁段上无载荷作用，因此剪力图应为水平线。截面 A 处作用有向上的集中力，剪力图应向上突跳，突跳值为$F_A=6$ kN。在 B、C 之间的梁段上作用有向下的均布载荷，因此剪力图为向下倾斜的直线。由此作出的剪力图如图 5-14(b)所示。

在 A、B 之间的梁段上无分布载荷作用，故此段弯矩图为斜直线，斜率为 $F_S=6$ kN。再考虑到截面 A 处为铰支点，其截面弯矩 $M_A=0$，即可作出该段的弯矩图。在 B、C 之间的梁段上作用有向下的均布载荷，因此该段弯矩图为凹面向下的二次曲线。此外，截面 B 处作用一集中力偶，截面右侧的弯矩值为 $12+12=24$ kN·m；截面 C 处为铰支点，其截面弯矩 $M_C=0$；剪力 $F_S=0$ 的截面 D 处弯矩图上有极值，由剪力图确定 D 点的位置后，可求得 $M_D=27$ kN·m。由此可作出 B、C 段的弯矩图。梁的弯矩图如图 5-14(c)所示。

5.4　平面桁架的内力计算

由若干杆件在两端互相铰接，受力后几何形状保持不变的结构，称为**桁架**。例如，高压输电塔、桥梁、井架、电视塔，以及飞机、舰艇、厂房等。各杆件的连接点称为**节点**。所有杆件都处在同一平面内的桁架，称为**平面桁架**。

桁架结构的基本特征和优点是各杆件主要承受拉力或压力，可以节省材料，减轻重量，因而在工程结构中被广泛采用。

桁架中各杆件的内力只有轴力。实际桁架的构造和受力情况一般是比较复杂的。例如，节点的构造通常是用铆接或焊接，也可采用榫接（木材）、铰接或螺栓连接，有些甚至是用混凝土浇注的。在分析杆件的内力时，为了简化计算，工程中一般作如下三点假设：

(1) 杆件都是直杆，并用光滑铰链连接；

(2) 桁架的外力都作用在节点上，且各力的作用线都在桁架平面内；

(3) 如桁架承受的载荷比它本身的重量大得多时，桁架各杆件本身的重量可忽略不计。若必须考虑杆件的重量时，则把重量视为外载荷平均分配在杆件两端的节点上。因此，桁架中的每一杆件都是二力杆。

满足上述假设的桁架，称为**理想桁架**（图 5-15）。应当指出，上述三点假设不仅能简化对桁架内力的计算，而且误差不大，同时还偏于安全。

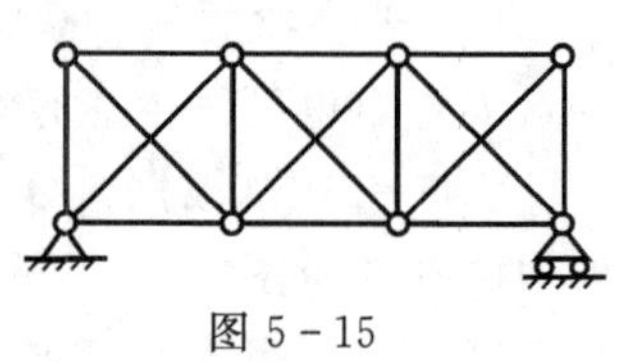

图 5 - 15

工程中，对桁架的基本要求是要能保持结构的形状不变。如果从桁架中任意抽出一根杆件，就不能使其几何形状保持不变，则这种桁架称为**简单桁架**或**静定桁架**。图 5 - 16(a)所示的桁架就是这种桁架。反之，如果从其中抽出一根或几根杆件仍能保持其几何形状不变，则这种桁架称为**超静定桁架**。图 5 - 15 所示的桁架就是超静定桁架。

以一个铰接三角形框架为基础，每增加一个节点，同时增加两根不在同一直线上的杆件，可以构成**简单平面桁架**。图 5 - 16(a)所示的桁架就是这样构成的。这个铰接三角形框架称为**基本三角形**。

简单平面桁架(静定桁架)的杆数 m 和节点数 n 之间有一定关系。由于基本三角形的杆数和节点数都等于 3，此后所增加的杆数$(m-3)$和节点数$(n-3)$的比例为 2 : 1，于是可得

$$m-3=2(n-3)$$

即

$$m=2n-3 \tag{5-4}$$

计算简单平面桁架各杆件的内力，常用下述两种方法。

5.4.1 节点法

由于桁架中每一根杆件都是二力杆，所以，每个节点都受到平面汇交力系作用。为求各杆的内力，可逐个选取各节点为研究对象，这就是**节点法**。因为平面汇交力系只能列出两个独立的平衡方程，所以，应用节点法时应从只包含两个未知量的节点开始计算。

在画节点的受力图时，为了方便，通常假设杆件都受拉。如计算结果为负值，则表示该杆件受压。

例 5 - 6 在图 5 - 16(a)所示的平面桁架中，已知：$l=2$ m，$h=3$ m，主动力 $F=10$ kN。求各杆的内力。

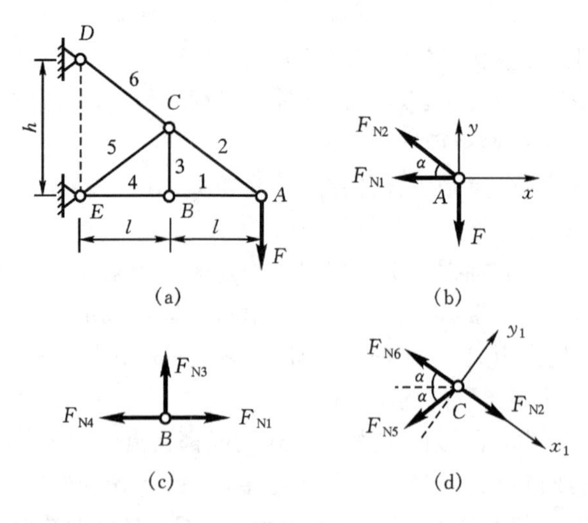

图 5 - 16

解 先取节点 A 作为研究对象，其受力如图 5 - 16(b)所示。其中 $\sin\alpha=\overline{DE}/\overline{AD}=3/5$。

根据平面汇交力系的平衡方程，有

$$\sum F_y = 0,\quad F_{N2}\sin\alpha - F = 0 \tag{1}$$

$$\sum F_x = 0,\quad -F_{N1} - F_{N2}\cos\alpha = 0 \tag{2}$$

可解得

$$F_{N2} = \frac{F}{\sin\alpha} = \frac{10}{3/5} = 16.7\ \text{kN}$$

$$F_{N1} = -F_{N2}\cos\alpha = -16.7 \times 4/5 = -13.3\ \text{kN}$$

再取节点 B 为研究对象，受力如图 5-16(c)所示。于是有

$$\sum F_y = 0,\quad F_{N3} = 0 \tag{3}$$

$$\sum F_x = 0,\quad F_{N1} - F_{N4} = 0 \tag{4}$$

解得

$$F_{N4} = F_{N1} = -13.3\ \text{kN}$$

最后取节点 C 为研究对象，受力如图 5-16(d)所示。有

$$\sum F_{y1} = 0,\quad -F_{N5}\sin 2\alpha = 0 \tag{5}$$

$$\sum F_{x1} = 0,\quad F_{N2} - F_{N6} - F_{N5}\cos 2\alpha = 0 \tag{6}$$

可解得

$$F_{N5} = 0,\quad F_{N6} = F_{N2} = 16.7\ \text{kN}$$

5.4.2　截面法

当桁架中的杆件比较多，而且只需要计算其中某一部分杆件的内力时，用节点法往往显得比较麻烦，截面法则比较简便。

所谓**截面法**，即假想把桁架沿某一截面截开，然后取出其中某一部分来进行研究，根据平面力系的平衡方程求出被截断杆件的内力。为了避免解联立方程，在选取截面时，被截断杆件(其内力待求)的数目一般不应多于三根。在建立平衡方程时，选择适当的力矩方程，常能较方便地求得某些指定杆件的内力。

例5-7　在图 5-17(a)所示的桁架中，已知 F 和 l，求杆 2、3、4 的内力。

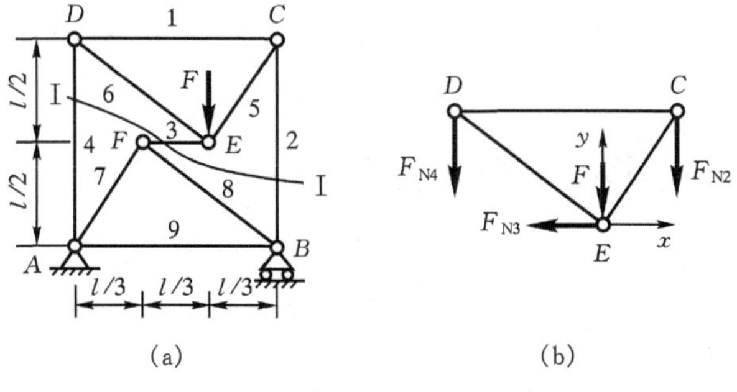

图 5-17

解　如图 5-17(a)所示，用截面Ⅰ—Ⅰ将桁架截开，取其上半部为研究对象，受力如图 5-17(b)所示，根据平面力系的平衡方程，有

$$\sum F_x = 0,\quad F_{N3} = 0 \tag{1}$$

$$\sum M_D = 0,\quad -F \cdot \frac{2}{3}l - F_{N2} l = 0 \tag{2}$$

$$\sum F_y = 0, \quad -F - F_{N2} - F_{N4} = 0 \tag{3}$$

由方程(2)和(3)即可求得杆 2、4 的内力

$$F_{N2} = -\frac{2}{3}F, \quad F_{N4} = -\frac{1}{3}F$$

应当指出，对于较为复杂的问题，往往需要综合应用节点法和截面法联合求解。在工程实际中，为了便于使用计算机求解，通常都采用节点法。

思考题

5-1 为什么要研究杆件的内力？杆件的内力主要有哪几种？它们与杆件的四种基本变形之间有什么关系？

5-2 用截面法求杆件的轴力时应如何分段？

5-3 如何计算扭矩？如何作扭矩图？

5-4 如何快速求出梁指定截面上的剪力和弯矩？如何快速写出梁的剪力方程和弯矩方程？

5-5 在建立 $M(x)$、$F_S(x)$、$q(x)$之间的微分关系时，(1)若 $q(x)$取向下为正，其余不变；(2)若坐标 x 的正方向改为向左，其余不变，试问所得到的 $M(x)$、$F_S(x)$、$q(x)$之间的微分关系式是否相同，为什么？

5-6 如何根据 $M(x)$、$F_S(x)$、$q(x)$之间的微分关系快速作梁的剪力图和弯矩图？

5-7 如何写折杆和曲杆的剪力方程和弯矩方程？如何作折杆和曲杆的剪力图和弯矩图？

5-8 桁架中内力等于零的杆称为零力杆。试就图示三种情况说明如何判断零力杆。

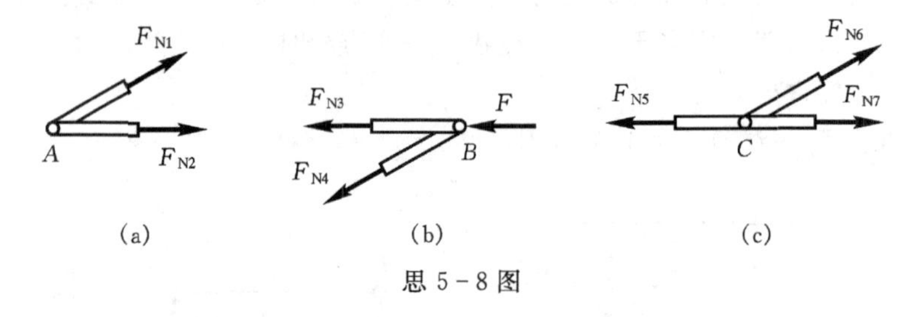

思 5-8 图

5-9 不经计算，判断图示三个桁架中的零力杆。

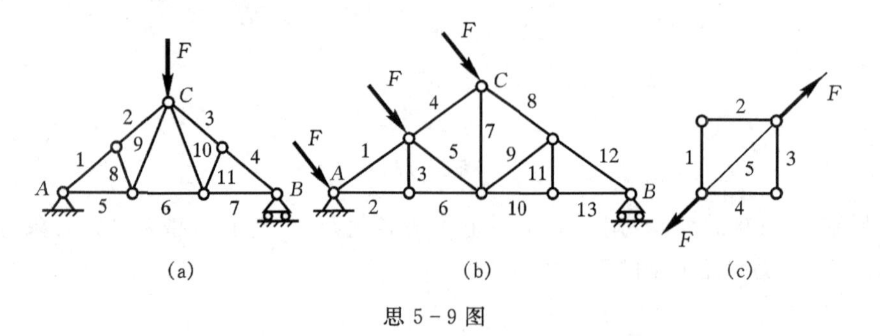

思 5-9 图

习　题

5－1　用截面法求下列杆件在 n—n 截面上的内力。

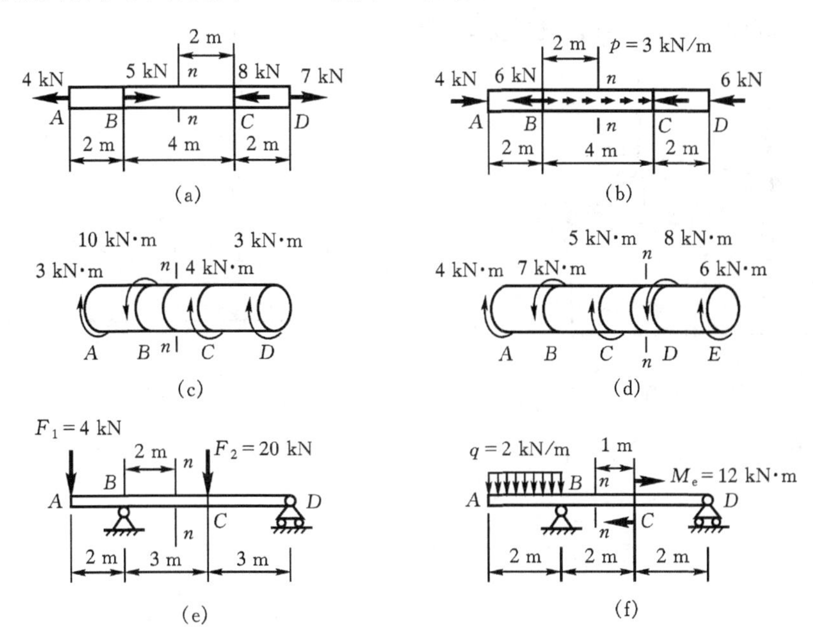

题 5－1 图

5－2　求下列各杆件指定截面上的内力。各图中 1—1、2—2 截面无限接近 C 截面。

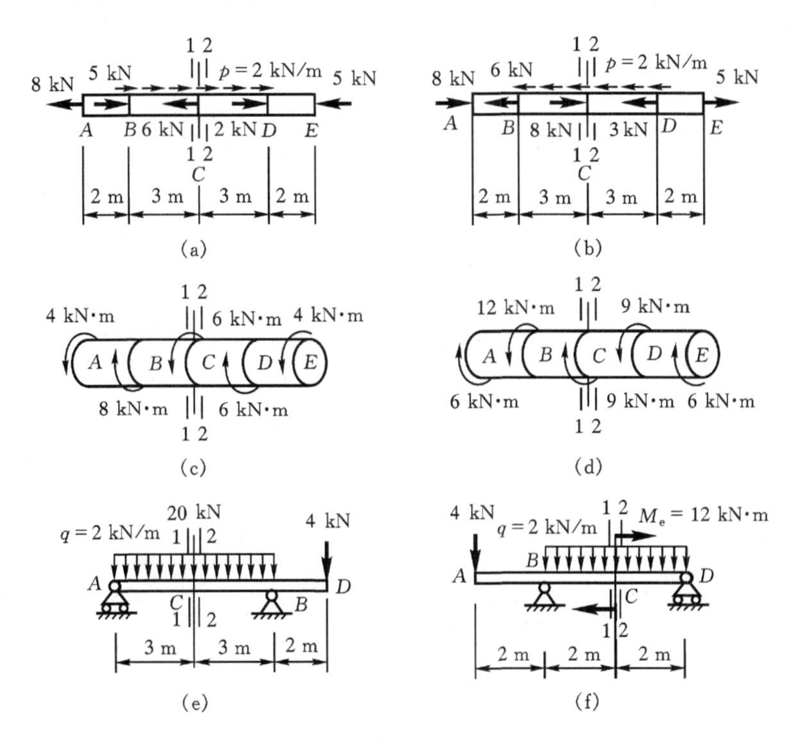

题 5－2 图

5-3 作题 5-2 图(a)、(b)所示杆件的轴力图。

5-4 作题 5-2 图(c)、(d)所示杆件的扭矩图。

5-5 作题 5-1 图(e)、(f)和题 5-2 图(e)、(f)所示杆件的剪力图和弯矩图。

5-6 计算图示桁架各杆件的轴力,并用图示出其计算结果。

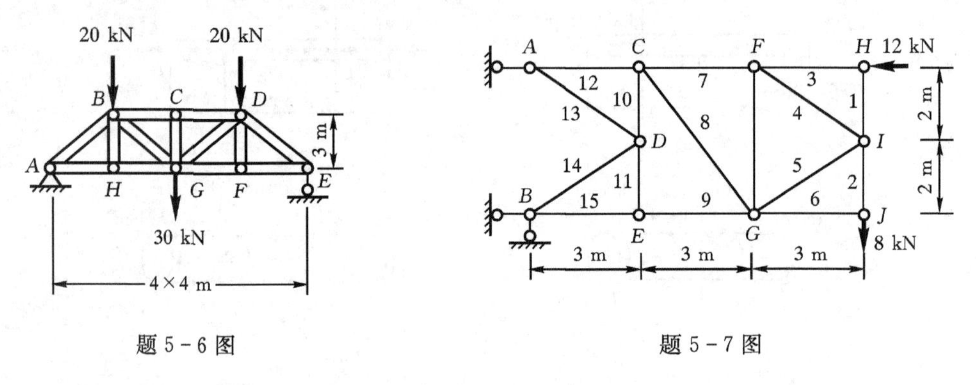

题 5-6 图　　　　题 5-7 图

5-7 用截面法计算图示桁架中 7、8、9、10 号杆件的轴力。

第 6 章　拉(压)杆的强度和变形

拉(压)杆的强度和变形,与应力和应变的概念密切相关。本章在研究拉(压)杆的应力和应变的计算方法、介绍材料在拉伸和压缩时的力学性能的基础上,介绍拉(压)杆件强度计算方法,同时对结构和机械中的联接件进行强度分析。

6.1　横截面和斜截面上的应力

6.1.1　应力的概念

由截面法求得的受力构件中某一截面上的内力,仅反映该截面上的内力总量,并不说明内力在截面上的分布情况及在各点处的强弱程度。因此,要判断受力构件是否发生强度破坏,仅知道某个截面上内力的大小是不够的,有必要引入应力的概念。**应力是截面上某点处内力的集度。**

为考虑受力构件中任一截面 n—n 上某一点 C 处的应力,可以在截面上围绕 C 点处取一微小面积 ΔA,在微面积 ΔA 上的分布内力的合力为 $\Delta \boldsymbol{F}$(图 6 - 1(a)),合力 $\Delta \boldsymbol{F}$ 与微面积 ΔA 的比值是该截面上 C 点处 ΔA 面积上的**平均应力**,表示为

$$\boldsymbol{p}_{\mathrm{m}} = \frac{\Delta \boldsymbol{F}}{\Delta A}$$

令 ΔA 无限缩小而趋于零,$\Delta \boldsymbol{F}/\Delta A$ 将趋于某一极限,则得该截面上 C 点处的应力为

$$\boldsymbol{p} = \lim_{\Delta A \to 0} \frac{\Delta \boldsymbol{F}}{\Delta A} \tag{6-1}$$

应力 $\boldsymbol{p}$ 的方向取 $\Delta \boldsymbol{F}$ 的极限方向。一般来说,同一截面上不同点处的应力是不同的,且同一点处不同方位截面上的应力也不相同。

为了计算方便,通常将应力 $\boldsymbol{p}$ 正交分解为一个沿截面法向的分量 $\boldsymbol{\sigma}$ 和一个沿截面切向的分量 $\boldsymbol{\tau}$(图 6 - 1(b))。法向分量 σ 称为**正应力**,切向分量 τ 称为**切应力**。

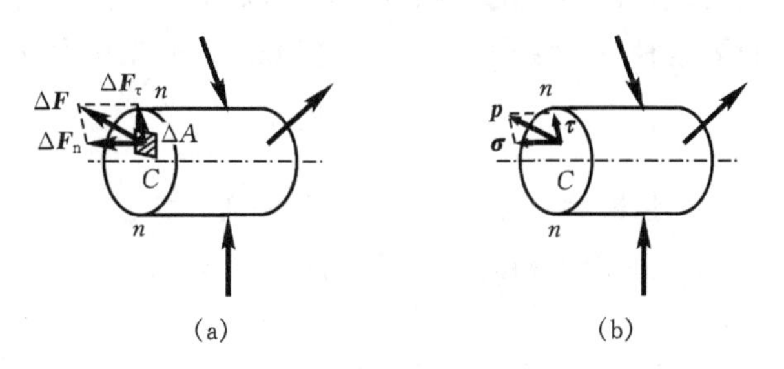

图 6 - 1

在国际单位制中,应力的单位是帕斯卡,简称为 Pa(帕),1 Pa 等于每平方米面积上作用 1 N的力(1 Pa=1 N/m^2)。在实际应用中,Pa 的单位较小,故通常也采用千帕、兆帕或吉帕,分

别以 kPa、MPa 与 GPa 表示，1 kPa=10^3 Pa，1 MPa=10^6 Pa，1 GPa=10^9 Pa。

6.1.2 横截面上的应力

拉(压)杆的横截面上的内力是轴力 F_N，轴力 F_N 是横截面上所有各点处的正应力 σ 的合力。由于内力和应力均不能直接观察到，故不能直接得到横截面上的应力分布规律。但是，拉(压)杆在外力作用下，除引起内力外，同时还产生变形，这种同时出现的内力和变形之间遵循一定的物理关系。因此，为了得到正应力 σ 在横截面上的分布规律，应该从研究杆件的变形入手，这可以由杆件的拉压实验来实现。

图 6-2(a)表示横截面为任意形状的两端承受拉力 F 的等直杆。为了便于实验观察杆件轴向受拉时的变形情况，在未加外力之前，在杆的表面上画上一些表示杆横截面的周边线 ab、cd，以及平行于杆轴线的纵向直线 ac、bd。当杆在受外力 F 而变形时，可以观察到如下现象。

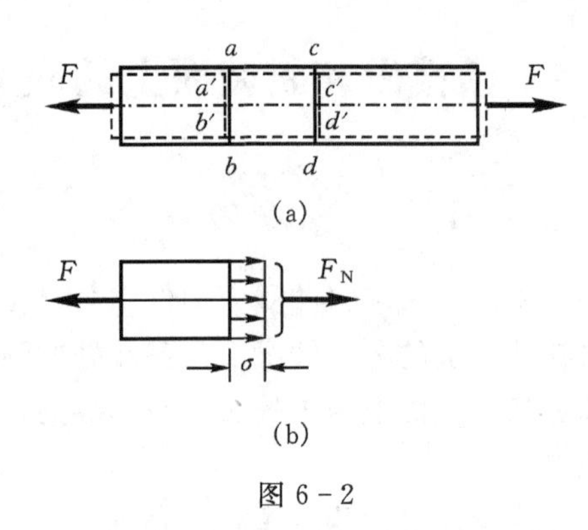

图 6-2

(1) 周边线 ab、cd 分别移到 $a'b'$、$c'd'$ 位置，但仍保持为直线，且仍互相平行并垂直于杆轴线。

(2) 纵向线 ac、bd 分别移到 $a'c'$、$b'd'$ 位置，但仍保持与杆轴线平行。

根据实验中的这一现象，可以作出如下**平截面假设**，简称**平面假设：直杆中变形以前的横截面，变形后仍保持为平面且与杆轴线垂直。**

根据平面假设可以推断，拉杆中所有纵向线段的伸长是相同的。考虑到材料是均匀的，所有纵向线段的力学性能是相同的，故可以认为各纵向线段的受力相同，即截面上的正应力是均匀分布的(图 6-2(b))。由于截面上的轴力 F_N 是分布内力的合力，即 $F_N=\int_A \sigma \mathrm{d}A=\sigma A$，故可得到受拉杆件横截面上正应力的计算公式

$$\sigma=\frac{F_N}{A} \tag{6-2}$$

式中：A 为横截面面积。

轴力沿轴线变化时，可先作出轴力图，再由式(6-2)求出不同截面上的正应力。当截面的尺寸也沿轴线变化时，只要这种变化缓慢，则杆任一横截面上的正应力为

$$\sigma(x)=\frac{F_N(x)}{A(x)} \tag{6-3}$$

式中：$\sigma(x)$、$F_N(x)$和 $A(x)$都是横截面位置(坐标 x)的函数。

式(6-2)和式(6-3)同样适用于轴向压缩的杆件，类似于轴力 F_N 的正负规定仍为拉应力为正，压应力为负。

例 6-1 图 6-3(a)表示一悬臂吊车的简图，斜杆 AB 为直径 $d=20$ mm 的钢杆，载荷 $F=15$ kN。当 F 移到 A 点时，求斜杆 AB 横截面上的应力。

解 当载荷 F 移到 A 点时，斜杆 AB 受到的拉力最大，设为 $F_{N\max}$(图 6-3(b))。以横梁 AC(图 6-3(c))为研究对象。

$$\sum M_C = 0,\quad F_{\mathrm{N\,max}}\overline{AC}\sin\alpha - F\overline{AC} = 0$$

$$F_{\mathrm{N\,max}} = \frac{F}{\sin\alpha} = F\,\frac{\sqrt{1.9^2+0.8^2}}{0.8} = 38.7\ \mathrm{kN}$$

斜杆 AB 的轴力为

$$F_{\mathrm{N}} = F_{\mathrm{N\,max}} = 38.7\ \mathrm{kN}$$

则 AB 杆横截面上的正应力为

$$\sigma = \frac{F_{\mathrm{N}}}{A} = \frac{38.7\times10^3}{(\pi/4)\times(20\times10^{-3})^2} = 123\ \mathrm{MPa}$$

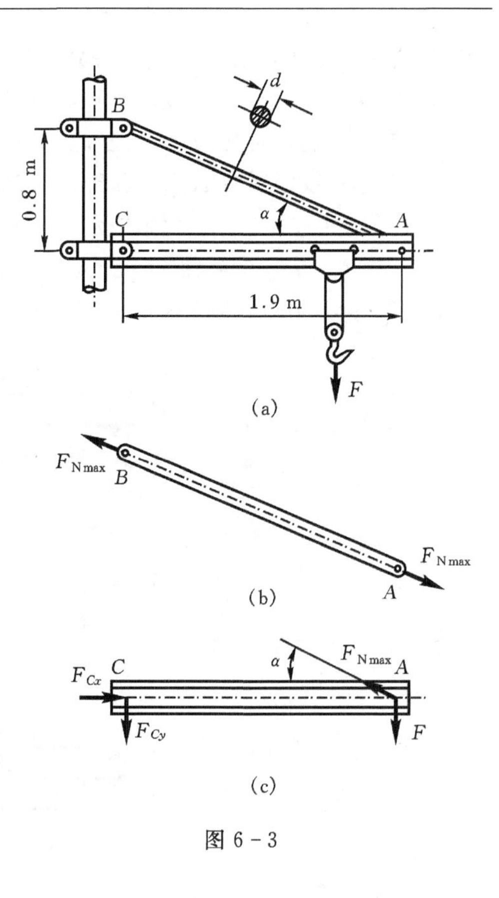

图 6-3

6.1.3 斜截面上的应力

拉(压)杆横截面上的正应力是强度计算的主要依据。但对不同材料的实验表明,拉(压)杆件的破坏并不总是沿横截面发生的。因此,有必要研究任一斜截面上的应力。

图 6-4(a)表示一两端分别受有大小为 F 的轴向拉力的直杆。应用截面法假想地用一个与横截面成 α 角度的斜面 k—k 将其截为两部分,取截面左边半段为研究对象(图 6-4(b)),以 F_α 表示斜截面上的内力。由平衡方程 $\sum F_x=0$ 可求得

$$F_\alpha = F$$

仿照上面证明横截面上正应力均匀分布的方法,可知斜截面上的应力也是均匀分布的。于是有

$$F_\alpha = \int p_\alpha \mathrm{d}A_\alpha = p_\alpha A_\alpha$$

则斜截面上的应力为

$$p_\alpha = F/A_\alpha$$

由几何关系可知,$A_\alpha = A/\cos\alpha$,则

$$p_\alpha = \frac{F}{A}\cos\alpha = \sigma\cos\alpha$$

式中:$\sigma = F/A$ 表示横截面上的正应力。

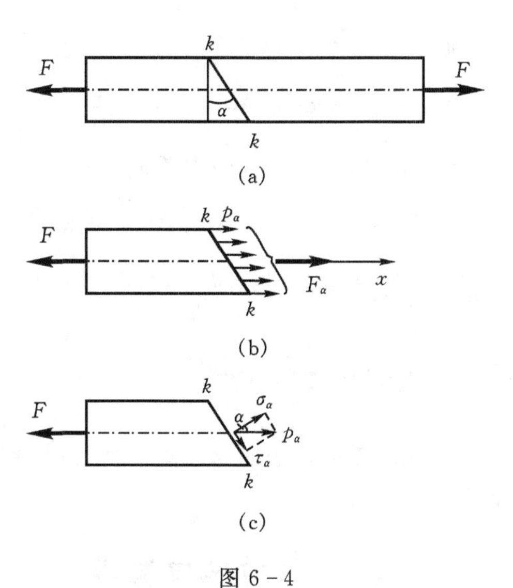

图 6-4

$\boldsymbol{p}_\alpha$ 表示斜截面上任一点处的总应力,可分解为两个分量,即一个是沿斜截面法向的正应力 σ_α,另一个是沿斜截面切向的切应力 τ_α。

$$\sigma_\alpha = p_\alpha\cos\alpha = \sigma\cos^2\alpha \tag{6-4}$$

$$\tau_\alpha = p_\alpha\sin\alpha = \sigma\cos\alpha\sin\alpha = \frac{\sigma}{2}\sin2\alpha \tag{6-5}$$

式(6-4)和式(6-5)表示 σ_α 和 τ_α 均为 α 的函数,随着斜截面的方位不同,其应力也不同。当 $\alpha=0$ 时,斜截面 k—k 成为横截面,其上 $\tau_\alpha=0$,σ_α 达最大值,且 $\sigma_{\alpha\,\max}=\sigma$;当 $\alpha=45^\circ$时,τ_α 达最大值,且 $\tau_{\max}=\sigma/2$;当 $\alpha=90^\circ$时,σ_α 与 τ_α 均为零。

关于角度 α 和应力 σ_α、τ_α 的正负，分别规定如下 。

α 角以自横截面外法线起，到所求斜截面的外法线为止，逆钟向为正，顺钟向为负。

正应力 σ_α 仍以拉应力为正，压应力为负。

切应力 τ_α 以它对分离体有顺钟向转动趋势时为正，反之为负。

上述分析结果也适用于轴向受压杆件。

例 6－2　有一受轴向拉力 $F=100$ kN 的拉杆(图 6－5(a))，其横截面面积 $A=1\ 000\ \text{mm}^2$。试分别计算 $\alpha=0°$ 及 $\alpha=45°$ 时各截面上的 σ_α 和 τ_α 的数值。

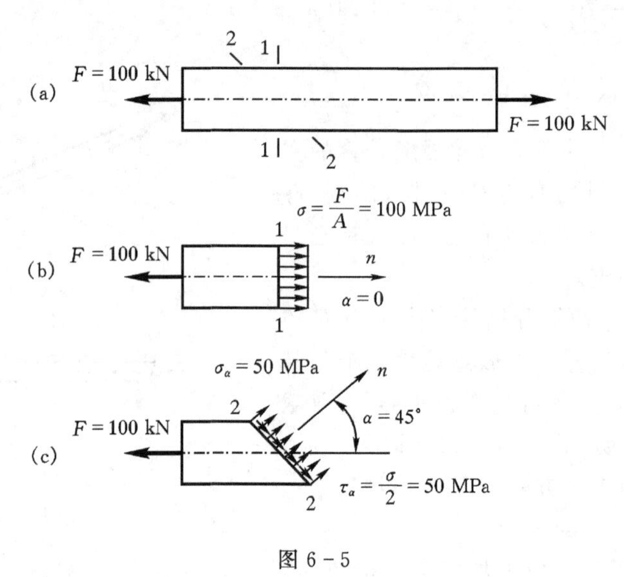

图 6－5

解　$\alpha=0°$ 的截面(图 6－5(a)中截面 1—1)。由式(6－4)和式(6－5)可得

$$\sigma_\alpha=\sigma\cos^2 0°=\frac{F}{A}=\frac{100\times10^3}{1\ 000\times10^{-6}}=100\ \text{MPa},\quad \tau_\alpha=\frac{1}{2}\sigma\sin(2\times0°)=0$$

$\alpha=45°$ 的截面(图 6－5(a)中截面 2—2)

$$\sigma_\alpha=\sigma\cos^2 45°=50\ \text{MPa},\quad \tau_\alpha=\frac{1}{2}\sigma\sin(2\times45°)=50\ \text{MPa}$$

上面的计算结果分别如图 6－5(b)、(c)所示。

6.2　拉(压)杆的变形

拉(压)杆件的变形是在纵向伸长(缩短)的同时，横向尺寸缩小(增大)。今以拉杆的变形来说明。

6.2.1　杆的纵向变形

如图 6－6 所示，设拉杆原长为 l，受拉力 F 作用，变形后的长度为 l_1，则杆的**纵向伸长**为

$$\Delta l=l_1-l \tag{1}$$

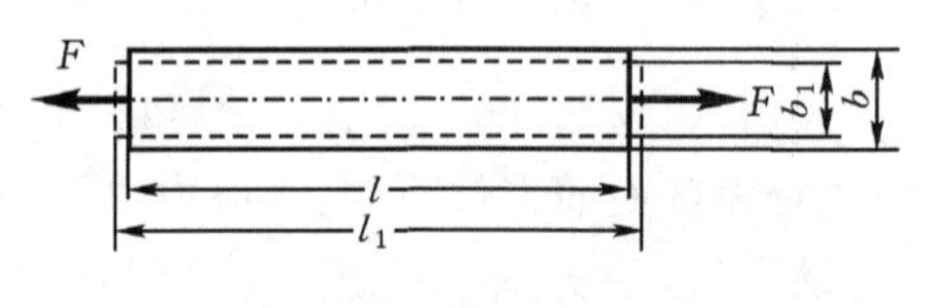

图 6－6

Δl 只反映杆的总变形量，而无法说明杆的变形程

度。由于杆各段的变形都是均匀的，故可以用单位长度上杆的纵向伸长来反映杆的变形程度，用**纵向线应变** ε 来表示为

$$\varepsilon = \frac{\Delta l}{l} \tag{6-6}$$

由(1)式可知，拉杆的 Δl 为正值，故 ε 亦为正值。

对于工程上常用的材料，如低碳钢、合金钢等所制成的拉杆，由实验研究可以证明：当杆上的外力不超过某一限度时，杆件的伸长与其所受的轴力和杆件原长成正比，而与横截面面积成反比，即

$$\Delta l \propto \frac{F_N l}{A} \tag{2}$$

引进比例常数 E，则有

$$\Delta l = \frac{F_N l}{EA} \tag{6-7}$$

式(6-7)称为**胡克定律**。式中的比例常数 E 称为**弹性模量**，它表示**材料在拉伸(压缩)变形时抵抗变形的能力**，单位与应力单位相同。E 的数值随材料而异，是通过实验来测定的。由式(6-7)可知，对于长度 l 相等，轴力 F_N 相同的杆件，EA 越大则变形 Δl 越小，所以 EA 称为杆件的抗拉(压)刚度。

式(6-7)可改写为

$$\frac{\Delta l}{l} = \frac{1}{E}\frac{F_N}{A} \tag{3}$$

将拉(压)杆的正应力计算公式和式(6-6)代入(3)式，可得到胡克定律的另一种形式为

$$\varepsilon = \frac{\sigma}{E} \tag{6-8a}$$

或

$$\sigma = E\varepsilon \tag{6-8b}$$

上两式表示，当杆内应力不超过某一极限值时，杆的正应力 σ 与线应变 ε 成正比。

若杆件横截面沿轴线缓慢变化(图 6-7(a))，轴力也沿轴线变化且作用线仍与轴线重合时，可用相邻的两个横截面从杆件中取出长为 dx 的微段(图 6-7(b))，距杆左端为 x 的横截面面积为 $A(x)$，承受轴力为 $F_N(x)$，由于微段 dx 很小，可近似认为整个 dx 上 $F_N(x)$、$A(x)$ 为常量，则微段 dx 的伸长为

$$d(\Delta l) = \frac{F_N(x)dx}{EA(x)} \tag{4}$$

积分(4)式，可得杆件的总伸长为

$$\Delta l = \int_l \frac{F_N(x)dx}{EA(x)} \tag{6-9}$$

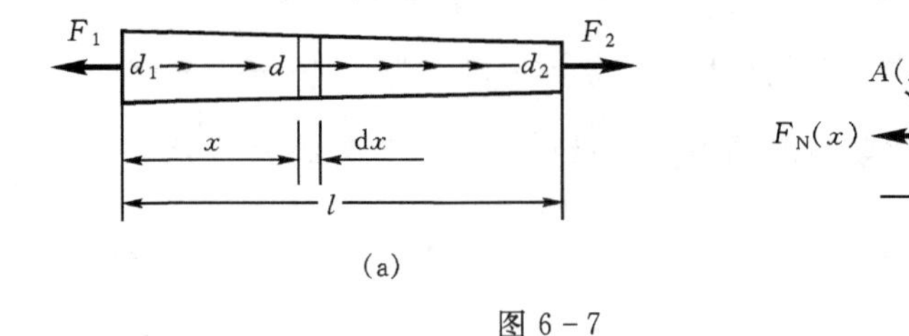

图 6-7

6.2.2 杆的横向变形

设杆件变形前的横向尺寸为 b,变形后变为 b_1(图 6-6),则杆件的横向变形为 $\Delta b=b_1-b$,在均匀变形的情况下,**横向线应变**为

$$\varepsilon'=\frac{\Delta b}{b}=\frac{b_1-b}{b} \tag{5}$$

实验证明,当应力不超过某一极限值时,横向线应变与纵向线应变之比的绝对值为一常数,此常数称为**横向变形因数**或**泊松比**,通常以 ν 来表示,即

$$\nu=|\varepsilon'/\varepsilon| \tag{6}$$

ν 是一个无量纲的量,其值随材料而异,需通过实验来测定。

考虑到横向线应变和纵向线应变的符号相反,故有

$$\varepsilon'=-\nu\varepsilon \tag{6-10}$$

弹性模量 E 和泊松比 ν 都是材料的弹性常数,表 6-1 给出了一些材料的 E 和 ν 的约值。

表 6-1 弹性模量和泊松比的约值

材料名称	弹性模量 E/GPa	泊松比 ν
碳钢	200～220	0.25～0.33
16 锰钢	200～220	0.25～0.33
合金钢	190～220	0.24～0.33
灰口、白口铸铁	115～160	0.23～0.25
可锻铸铁	155	
铜及其合金	74～130	0.31～0.42
铝及硬铝合金	71	0.33
铅	17	0.42
花岗石	49	
石灰石	42	
混凝土	14.6～36	0.16～0.18
木材(顺纹)	10～12	
橡胶	0.008	0.47

应当指出,工程实际中大多数材料的泊松比 ν 确实为正值(表 6-1)。但由热力学原理可知,各向同性材料的泊松比取值范围为 $-1\leqslant\nu\leqslant\frac{1}{2}$。对于传统材料有 $0<\nu<\frac{1}{2}$。特别地,当 $\nu=\frac{1}{2}$ 时,材料在变形过程中体积保持不变,这样的材料称为**不可压缩材料**;当 $\nu=0$ 时,材料在变形过程中横向尺寸将保持不变;当 $-1<\nu<0$ 时,由式(6-10)可知,杠杆伸长时横向尺寸增大(或轴向缩短时横向尺寸缩小)的奇特现象,这种材料称为**负泊松比材料**或**拉胀材料**。黄铁

矿、α^-方英石等天然材料即具有负泊松比效应。现在人们已经可以制造出具有负泊松比效应的材料。

例 6-3　有一横截面为正方形的阶梯形砖柱,由上下Ⅰ、Ⅱ两段组成。其各段的长度、横截面尺寸和受力情况如图 6-8 所示。已知材料的弹性模量 $E=3$ GPa,外力 $F=50$ kN,试求砖柱顶面的位移。

解　设砖柱顶面 A 下降的位移等于全柱的缩短量 Δl。Δl 由上、下两段的缩短量 Δl_1、Δl_2 组成,由式(6-7)可分别求出 Δl_1、Δl_2。于是

$$\begin{aligned}\Delta l &= \Delta l_1+\Delta l_2=\frac{F_{N1}l_1}{EA_1}+\frac{F_{N2}l_2}{EA_2}\\ &=\frac{(-50\times10^3)\times3}{(3\times10^9)\times0.25^2}+\frac{(-150\times10^3)\times4}{(3\times10^9)\times0.37^2}\\ &=-2.26\text{ mm}\end{aligned}$$

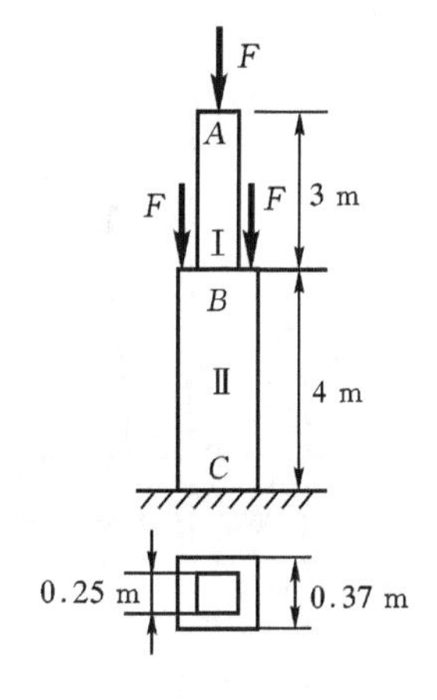

图 6-8

6.3　材料在拉伸和压缩时的力学性能

构件的强度和刚度与材料的**力学性能**有关。力学性能是指材料在外力作用下所呈现的承受载荷和抵抗变形的能力,通常由各种试验方法来测定,其中,常温、静载条件下的拉伸试验是最主要最基本的一种。所谓常温,就是室温;所谓静载,就是加载的速度要平稳缓慢。国家标准《金属拉力试验法》(GB228—76)对试样尺寸、加工精度、加载速度等作了详细的规定。为了便于不同材料的试验结果进行比较,应将材料制成标准试件。如图 6-9 所示,在试件等直部分的中段划取一段 l 作为试验段,称为**标距**或**工作长度**。对于金属材料来说,通常采用圆柱形试件,标距 l 与直径的比值分为 $l=5d$ 和 $l=10d$ 两种。

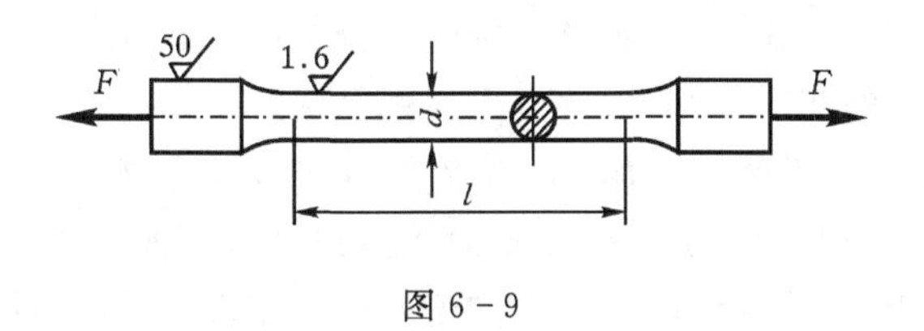

图 6-9

6.3.1　材料在拉伸时的力学性能

1. 低碳钢拉伸时的力学性能

低碳钢在工程中的应用极为广泛,它在拉伸试验中的力学性质也非常典型。

把试件在试验机上缓慢拉伸,可以看到随着拉力 F 的逐渐增加,标距 l 的伸长 Δl 也有规律地变化。图 6-10 给出了 F 和 Δl 的关系曲线,这条曲线称为低碳钢的**拉伸图**或 **F-Δl 曲线**。这个图只能反映试件受力过程中的现象,而不能直接反映材料的力学性质,原因是这一曲线受到试件几何尺寸的影响。比如,试件做得粗一些,产生相同的伸长所需的拉力要大一些,试件的标距长一些,则在同样大小的拉力作用下,Δl 也会大一些。为了消除试件尺寸的影响,使试验结果能反映材料的力学性质,将拉力 F 除以试件的原横截面面积 A,得正应力 $\sigma=$

F/A；将标距 l 的绝对伸长 Δl 除以标距原长 l，得应变 $\varepsilon=\Delta l/l$，这样得到的如图 6 - 11 所示的拉伸图给出了应力 σ 与应变 ε 的关系，称为**应力-应变曲线**或 **$\sigma-\varepsilon$ 曲线**，其形状与 $F-\Delta l$ 曲线相似。

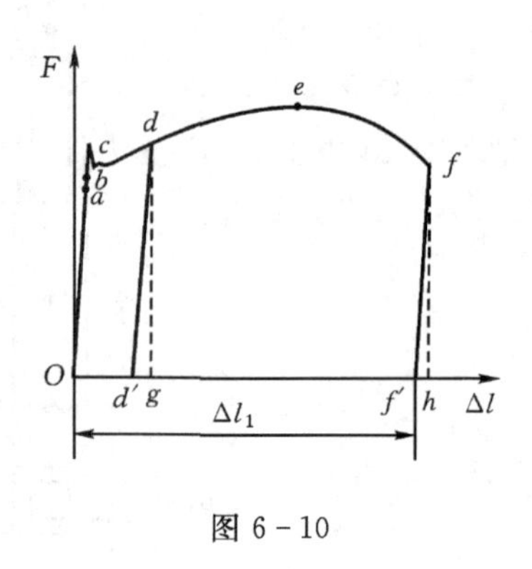

图 6 - 10

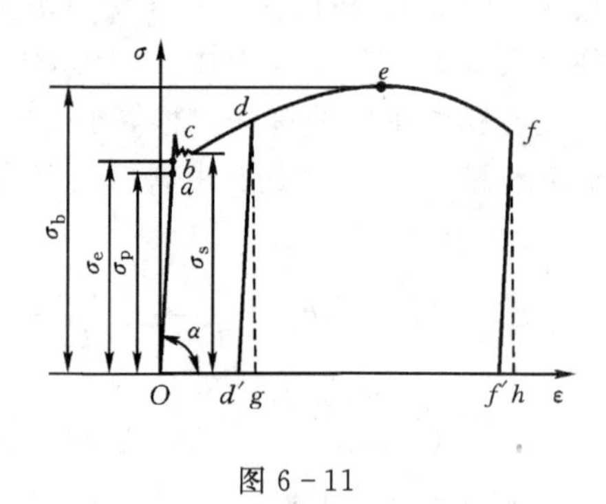

图 6 - 11

由图 6 - 11 可以看出，试件在整个拉伸过程中，$\sigma-\varepsilon$ 曲线可大致分为以下四个阶段。

(1) **弹性阶段**。在初始阶段，σ 与 ε 的关系呈直线 Oa，两者成正比，这同胡克定律是吻合的，即

$$\sigma = E\varepsilon$$

弹性模量 E 等于直线 Oa 的斜率。利用这个关系，可由拉伸试验来测定材料的弹性模量。应力与应变成正比的最高应力值，即 a 点所对应的应力称为**比例极限**，记为 σ_p。

超过比例极限以后，从 a 点到 b 点，σ 与 ε 的关系不再是直线，但如果在到达 b 点前卸除拉力，则变形基本上可以完全消失，这种变形即为弹性变形，Ob 阶段称为弹性变形阶段，与 b 点所对应的应力称为**弹性极限**，记作 σ_e。σ_p 和 σ_e 两者的值非常接近，实测中很难区分，在工程中通常不予区分。

在应力超过弹性极限后，若卸载，则试件中的一部分变形消失，而另一部分永久地保留下来，这种卸载后不能消失的变形，即为塑性变形或残余变形。

(2) **屈服阶段**。当应力超过 b 点后，应力仅在小范围内有微小的波动，而应变却急剧增加，材料暂时失去了抵抗变形的能力，在 $\sigma-\varepsilon$ 曲线上出现接近水平的小锯齿形线段。这时应力几乎不变，应变却不断增加，从而产生明显的塑性变形的现象，称为**屈服**或**流动**，这个阶段为屈服阶段。

在屈服阶段的最高应力和最低应力分别称为**上屈服极限**和**下屈服极限**。由于上屈服极限受试验时的一些因素的影响较大而不如下屈服极限稳定，故通常将下屈服极限称为**屈服极限**，记作 σ_s。

当材料屈服时，在经过抛光的试件表面会出现与轴线大约成 45°的条纹(图 6 - 12)，这些条纹称为**滑移线**，这是由于材料内部晶格相对滑移而形成的。一般认为晶格滑移是产生塑性变形的根本原因。由前面的研究已知，单向拉伸时，与杆轴线成 45°的斜截面上的切应力最大，可见屈服现象与最大切应力有关。

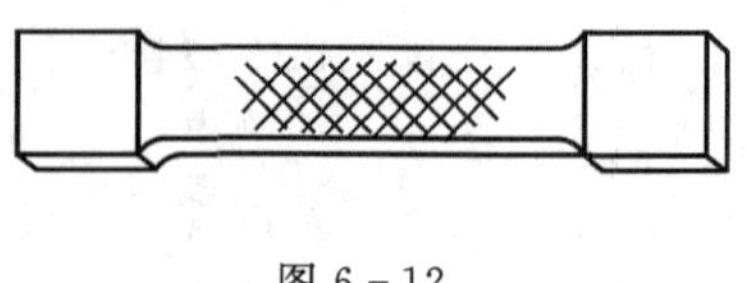

图 6 - 12

(3) **强化阶段**。经过屈服阶段以后，随着应力的增大，曲线逐渐上升，材料又恢复了抵抗

变形的能力，要使它继续变形，必须增加应力，这种现象称为材料的**强化**。从屈服以后到 $\sigma-\varepsilon$ 曲线的最高点 e 为强化阶段。e 处所对应的应力，称为**强度极限**也称**抗拉强度**，它是材料所能承受的最大应力值，记作 σ_b。

在强化阶段内的任一点 d 处若慢慢卸去外力，则应力-应变的关系将沿着与 Oa 近似平行的直线 dd' 变化，若外力全部卸去，则回到 d' 点，Od' 即为残余变形。这个过程说明，卸载时应力应变按直线规律变化，即卸载是弹性的。

如果卸载过程中或卸载后，重新加载，则应力和应变大致上沿卸载时的斜直线 dd' 变化，直到 d 点后，再遵循原来的 $\sigma-\varepsilon$ 曲线变化。由此可见，若材料曾一度受力到达强化阶段，然后卸载，再重新加载时，其比例极限 σ_p 将提高，但塑性性能将下降。这种使材料比例极限提高而塑性降低的现象称为**冷作硬化**或**加工硬化**。冷作硬化现象经退火后可以消除。

冷作硬化提高了材料在弹性阶段的承载能力，可以用冷拉的方法来提高钢筋、钢缆等的强度；另外，也可对某些零件进行喷丸处理，使其表面产生塑性变形而形成冷硬层，以提高零件表面层的强度。但是，冷作硬化使材料变硬变脆，给进一步的加工造成困难，例如，在冷轧钢板或冷拔钢丝时，由于冷作硬化，降低了材料的塑性，使继续轧制和拉拔困难，为了恢复其塑性，要进行退火处理。

(4) **局部变形阶段**。应力超过 e 点后，在试件的某一局部范围内，横向尺寸急剧缩小出现**颈缩**现象(图 6－13)。由于在颈缩部分横截面面积迅速减小，使试件继续伸长所需要的拉力也开始逐渐减小，在 $\sigma-\varepsilon$ 曲线中，以 F 除以原横截面面积所得到的名义应力 σ 也随之下降，当 $\sigma-\varepsilon$ 曲线到达 f 点时，试件被拉断。

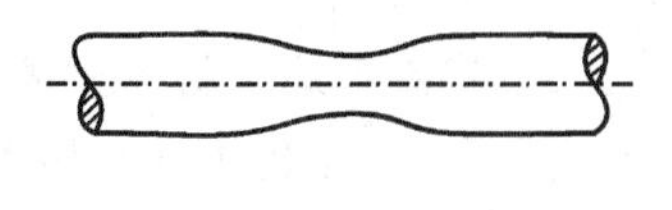

图 6－13

由上述实验现象可知，当应力达到 σ_s 时，材料会产生显著的塑性变形；当应力达到 σ_b 时，材料会由于局部变形而导致断裂。因此，**屈服极限 σ_s 和强度极限 σ_b 是反映材料强度的两个重要指标**，也是拉伸试验中需要测定的重要数据。

图 6－11 中，Of' 表示试件拉断后的最大塑性应变，反映了材料塑性变形的程度，称为材料的**伸长率**或**延伸率**。以 δ 表示，即

$$\delta=\frac{l_1-l}{l}\times 100\% \tag{6-11}$$

式中：l_1 为试件断裂后标距的长度。

工程实际中也常用**截面收缩率** ψ 来衡量材料塑性变形的程度，即

$$\psi=\frac{A-A_1}{A}\times 100\% \tag{6-12}$$

式中：A 和 A_1 分别表示试件原横截面面积和断口截面面积。

伸长率 δ 和截面收缩率 ψ 是代表材料塑性的两个重要指标。这两个数值愈高，说明材料的塑性性能愈好。低碳钢的 δ 为 12%～30%，ψ 为 60%～70%。工程上通常把 $\delta\geqslant 5\%$ 的材料称为**塑性材料**，如低碳钢、黄铜、铝合金等；而把 $\delta<5\%$ 的材料称为**脆性材料**，如铸铁、玻璃、混凝土等。

2. 其它塑性材料拉伸时的力学性能

图 6－14 给出了几种塑性材料的 $\sigma-\varepsilon$ 曲线。由图可见，有些材料，如 16 Mn 钢和低碳钢一样，有明显的四个阶段；有些材料，如黄铜 H62、高碳钢 T10A，没有明显的屈服阶段。对于

没有明显的屈服极限的塑性材料，国家标准规定，以产生0.2%塑性应变时的应力作为材料的屈服强度，用$\sigma_{0.2}$来表示（图6－15）。

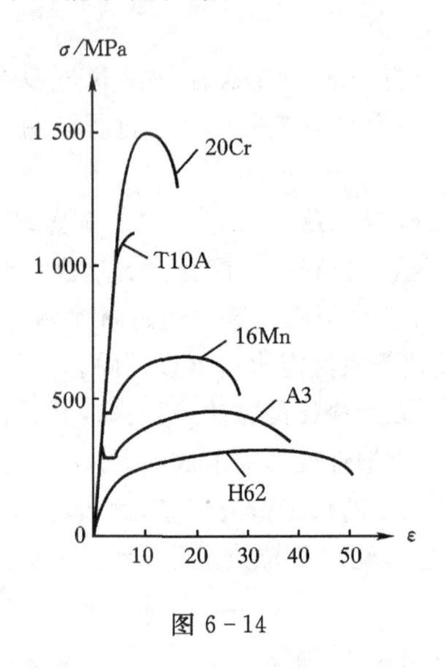

图6－14

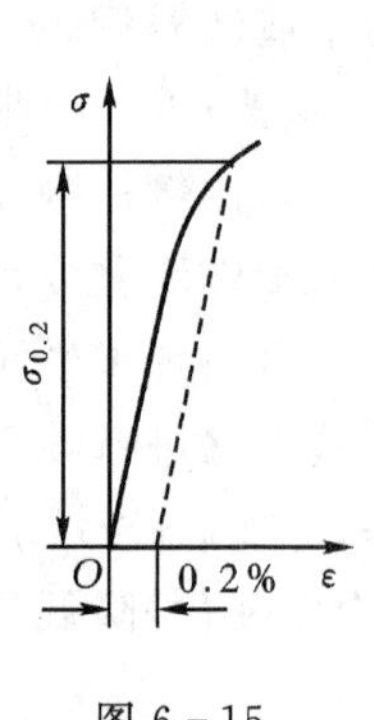

图6－15

3. 铸铁等脆性材料拉伸时的力学性能

图6－16给出了灰口铸铁和玻璃钢的$\sigma-\varepsilon$曲线。这些材料的共同特点是，直到拉断，试件的变形都很小，断口处的横截面面积几乎没有变化。这些脆性材料的断裂称为**脆性断裂**。这些材料的另一个特点是，没有屈服阶段，也就不存在屈服极限。所以脆性材料的强度极限σ_b是衡量其强度的唯一指标。由图可见，灰口铸铁的拉伸曲线没有明显的直线部分。对于应力应变不成直线关系的脆性材料，由于其断裂后的变形很小，可近似认为，在工程实际中所使用的应力范围内，应力-应变曲线仍满足胡克定律，如图6－16所示，用一条割线（虚线）来代替曲线。

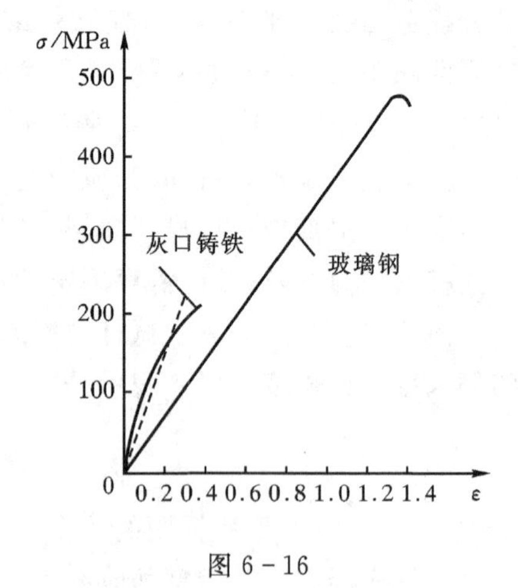

图6－16

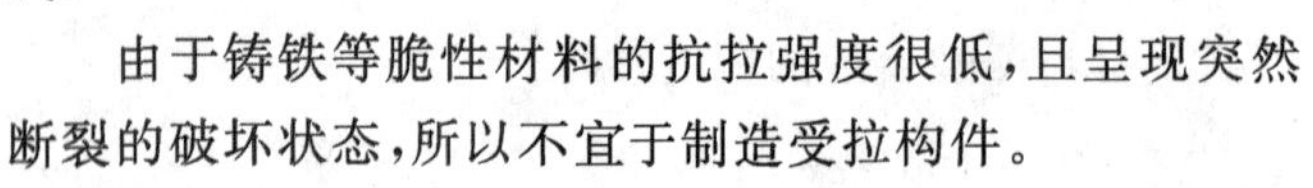

由于铸铁等脆性材料的抗拉强度很低，且呈现突然断裂的破坏状态，所以不宜于制造受拉构件。

6.3.2 材料在压缩时的力学性质

由于材料在受压时的力学性质与受拉时不完全相同，故有必要做压缩试验。为了避免试件被压弯，金属材料的压缩试件一般为短圆柱形，高度为直径的1.5～3.0倍；混凝土、石料等则做成立方体试块。

低碳钢压缩时的$\sigma-\varepsilon$曲线如图6－17所示，图中虚线表示其拉伸时的$\sigma-\varepsilon$曲线。由图可见，这两条直线的主要部分基本重合，两种状况下的弹性模量E和屈服极限σ_s都基本相同。不同的是，在压缩时，屈服阶段以后，试件出现显著的塑性变形，愈压愈扁而成鼓形，横截面积不断增大，抗压能力也不断增加。由于不能压坏，故测不出压缩时的强度极限。大多数塑性材料与低碳钢一样,压缩时的弹性模量、比例极限和屈服极限与拉伸时相同,所以一般不必再作压缩试验。但有一些塑性材料(如铬钼硅合金钢),压缩与拉伸时有不同的屈服极限,故需分别测定。

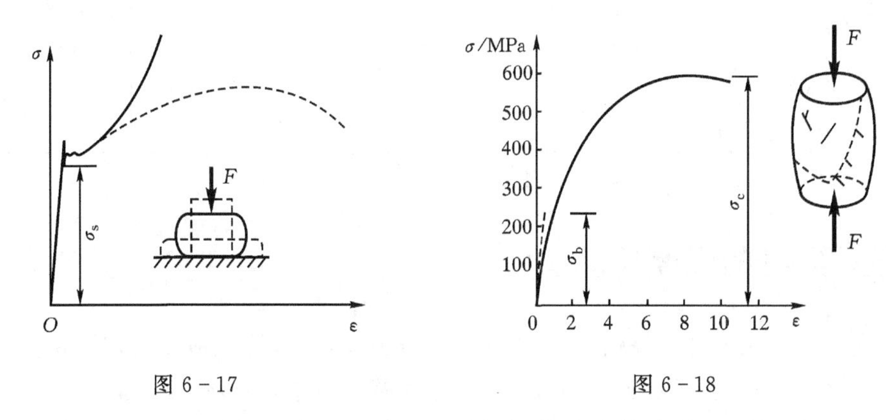

图 6 - 17　　　　图 6 - 18

与塑性材料不同,脆性材料压缩时的力学性质与拉伸时有较大的区别。图 6 - 18 给出了铸铁压缩时的 $\sigma-\varepsilon$ 曲线和拉伸时的 $\sigma-\varepsilon$ 曲线(图中虚线),可见其抗压强度 σ_c 远比抗拉强度 σ_b 高,约为抗拉强度的 2～5 倍。铸铁压缩时的破坏形式为大约沿 45°的斜面断裂。其它脆性材料,如混凝土、石料等,抗压强度也远高于抗拉强度。

脆性材料抗拉强度低,塑性性能差,但抗压能力强,且价格便宜,宜用作受压构件(如建筑物的基础,机器的基座、外壳)的材料。

表 6 - 2 给出了几种常用材料在常温、静载条件下的主要力学性能。

表 6 - 2　几种常用材料的主要力学性能

材料名称	牌号	σ_s/MPa	σ_b/MPa	δ_5%
普通碳素钢 (GB700—88)	Q215	165～215	335～410	26～31
	Q235	185～235	375～460	21～26
	Q275	225～275	490～610	16～20
优质碳素结构钢 (GB699—88)	15	225	375	27
	40	335	570	19
	45	355	600	16
普通低合金结构钢 (GB1591—88)	12 Mn	235～295	390～590	20～22
	16 Mn	275～345	470～660	20～22
	15 MnV	335～410	490～700	18～19
合金结构钢 (GB3077—88)	20 Cr	540	835	10
	40 Cr	785	980	9
	50 Mn2	785	930	9
碳素铸钢 (GB11352—89)	ZG200—400	200	400	25
	ZG270—500	270	500	18
可锻铸铁 (GB9440—88)	KTZ450—06	270	450	6
	KTZ700—02	530	700	2

续表 6-2

材料名称	牌号	σ_s/MPa	σ_b/MPa	δ_5%
球墨铸铁 (GB1348—88)	QT400—18 QT450—10 QT600—3	250 310 370	400 450 600	18 10 3
灰铸铁 (GB9439—88)	HT1 500 HT3 000		拉 120～175 拉 230～290	

注:表中 δ_5 是指 $l=5d$ 的标准试件的延伸率。

6.4 拉(压)杆的强度计算

由拉伸和压缩试验知,当材料的应力达到抗拉强度 σ_b(或抗压强度 σ_c)时,就会发生断裂;当塑性材料的应力达到屈服极限 σ_s后,就会产生显著的塑性变形,构件不能保持原有的形状和尺寸,不能正常工作。这两种情况在工程实际中都是不允许的,都属于强度不足而造成的失效现象。

6.4.1 许用应力与安全因数

为了使构件能正常工作,对于低碳钢等塑性材料,要求其工作应力不得超过屈服极限 σ_s(或 $\sigma_{0.2}$);对于铸铁等脆性材料,要求其工作应力不得超过强度极限 σ_b(或 σ_c)。这些使材料丧失正常工作能力的应力统称为**极限应力** σ_{jx}。

但是仅将构件的工作应力限制在极限应力的范围内还是不够的,还要考虑其它因素对强度的影响,如:

(1)实际结构与计算简图的差异。对构件进行受力分析和计算时,都要经过一定的简化,与实际情况不完全相符,所求得的应力值是近似的。

(2)载荷值的差异。设计载荷不可能估计得很精确,而且构件在工作时还可能受到没有估计到的偶然因素的影响,如意外的超载,百年难遇的风、雪载荷等。

(3)材料不均匀的差异。材料不可能很均匀,而且实际构件所用的材料与测定力学性质的试件所用的材料也不完全一样。

(4)横截面尺寸的差异。个别构件的实际横截面尺寸有可能比设计尺寸小。

由此可见,构件的实际工作情况与设计计算所设想的条件不完全一致,很可能偏于不安全方向。为了保证构件能完全工作,必须要有足够的强度储备,将其工作应力限制在比极限应力 σ_{jx}更低的范围内。这可以用一个大于 1 的数 n 来除 σ_{jx},所得的工作应力最大允许值称为材料的**许用应力**,记作[σ],这个大于 1 的数 n 称为**完全因数**,[σ]与 n 之间关系为

$$[\sigma]=\frac{\sigma_{jx}}{n} \tag{6-13}$$

对于塑性材料,σ_{jx}为 σ_s或 $\sigma_{0.2}$,则

$$[\sigma]=\frac{\sigma_s}{n_s}\quad\left(\text{或}\frac{\sigma_{0.2}}{n_s}\right) \tag{6-14}$$

对于脆性材料,σ_{jx}为 σ_b或 σ_c,则

$$[\sigma]=\frac{\sigma_b}{n_b}\quad\left(\text{或}\frac{\sigma_c}{n_c}\right)\tag{6-15}$$

安全因数的选取，关系到构件的安全和经济。如果选得过大，虽强度得到了保证，但会浪费材料，结构亦过于笨重；如果选得过小，虽然用材料较少，但安全得不到可靠保证。

6.4.2　强度条件

为了保证构件安全可靠地工作，必须使构件的工作应力不超过材料的许用应力。对于受轴向拉(压)的杆件，其**强度条件**为

$$\sigma_{max}=\frac{F_{N\,max}}{A}\leqslant[\sigma]\tag{6-16}$$

根据这个强度条件，可以进行强度校核、截面设计和确定许用载荷等，在进行截面设计和确定许用载荷时，分别采用式(6-16)如下的变换形式

$$A\geqslant\frac{F_{N\,max}}{[\sigma]}\tag{6-17}$$

$$F_{N\,max}\leqslant[\sigma]\cdot A\tag{6-18}$$

例 6-4　如图 6-19 所示，管状铸铁短柱的外径 $D=250$ mm，内径 $d=200$ mm，材料的许用应力为$[\sigma]=120$ MPa，轴向压力 $F=2\times10^3$ kN，试校核其强度。

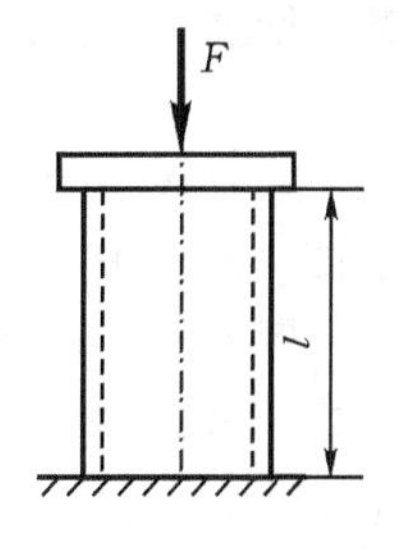

图 6-19

解　由截面法可知，短柱横截面上的轴力 F_N 的大小等于 F。短柱的横截面面积为

$$A=(\pi/4)(D^2-d^2)$$

短柱横截面上的应力为

$$\sigma=\frac{F_N}{A}=\frac{F}{A}=\frac{4F}{\pi(D^2-d^2)}$$

$$=\frac{4\times2\times10^6}{\pi(0.25^2-0.20^2)}=113\text{ MPa}<[\sigma]=120\text{ MPa}$$

所以短柱的强度足够。

例 6-5　悬臂式起重机如图 6-20(a)所示。撑杆 AB 是外径为 105 mm、内径为 95 mm 的空心钢管。钢索 1 和 2 互相平行且可按直径 $d=25$ mm 的圆杆计算。材料的许用应力均为$[\sigma]=60$ MPa，试确定起重机的许可吊重。

解　作滑轮 A 的受力图(图 6-20(b))，撑杆 AB 受压，轴力为 F_N，钢索 1 和 2 的拉力分别为 F_{T1} 和 F_{T2}，若不计摩擦，有

$$F_{T2}=F\tag{1}$$

选取坐标轴 x 和 y 如图所示。列平衡方程

$$\sum F_x=0,\ F_{T1}+F_{T2}+F\cos60^\circ-F_N\cos15^\circ=0\tag{2}$$

$$\sum F_y=0,\ F_N\sin15^\circ-F\cos30^\circ=0\tag{3}$$

式(1)、(2)、(3)联立，解得

$$F_N=3.35F,\quad F_{T1}=1.74F$$

由式(6-18)，对于撑杆 AB，$F_N\leqslant A[\sigma]$，即相应的吊重为

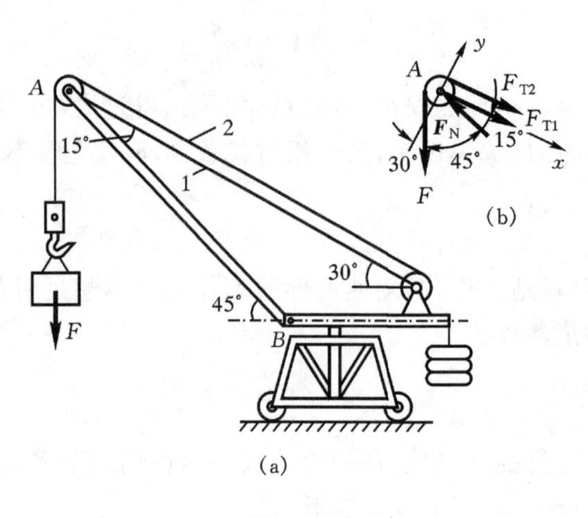

图 6-20

$$F \leqslant \frac{A[\sigma]}{3.35} = \frac{\pi/4 \times (105^2 - 95^2) \times 10^{-6} \times 60 \times 10^6}{3.35} = 28.1\ \text{kN}$$

对于钢索 1，相应的吊重为

$$F \leqslant \frac{A_1[\sigma]}{1.74} = \frac{\pi/4 \times 25^2 \times 10^{-6} \times 60 \times 10^6}{1.74} = 16.9\ \text{kN}$$

比较以上结果，可知起重机的许可吊重为 16.9 kN。

例 6-6 一悬臂吊车，其结构和尺寸如图 6-21(a)所示。已知电葫芦自重 $W_1 = 5$ kN，起吊重量 $W_2 = 15$ kN，拉杆 BC 采用 Q235 圆钢，其许用应力$[\sigma] = 140$ MPa，横梁自重不计，试选择拉杆的直径 d。

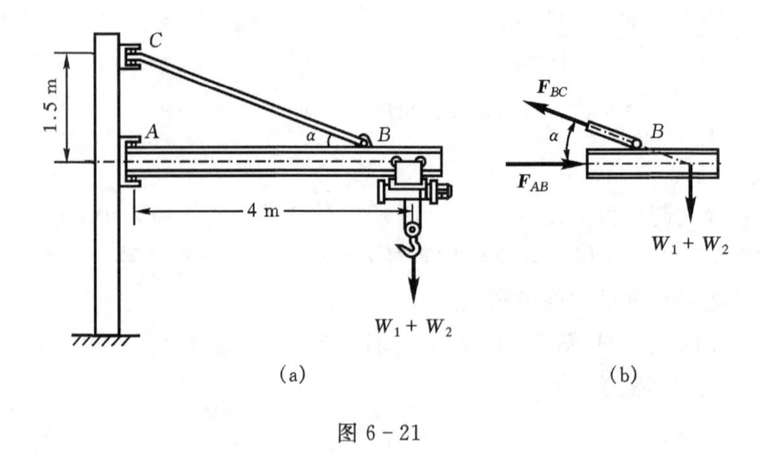

图 6-21

解 (1)计算拉杆轴力。A、B、C 三处为铰链连接，当电葫芦运行到 B 处时，杆 BC 所受拉力最大，此时横梁 AB 为二力杆。

以节点 B 为研究对象，两杆轴力分别为 F_{AB} 和 F_{BC}(图 6-21(b))。由平衡方程

$$\sum F_y = 0, \quad F_{BC} \cdot \sin\alpha - (W_1 + W_2) = 0$$

得
$$F_{BC} = (W_1 + W_2)/\sin\alpha$$

由几何关系知
$$\sin\alpha = \overline{AC}/\overline{BC} = 1.5/\sqrt{1.5^2 + 4^4}$$

则
$$F_{BC}=\frac{(5+15)\times\sqrt{1.5^2+4^2}}{1.5}=56.96\ \text{kN}$$

(2)选取截面尺寸。由式(6-17)可得,拉杆横截面面积为

$$A=\frac{\pi d^2}{4}\geqslant\frac{F_{BC}}{[\sigma]}$$

所以
$$d\geqslant\sqrt{\frac{4F_{BC}}{\pi[\sigma]}}=\sqrt{\frac{4\times56.96\times10^3}{\pi\times140\times10^6}}=0.0228\ \text{m}=22.8\ \text{mm}$$

最后可选取 $d=25$ mm 的圆钢。

6.5 应力集中的概念

等截面直杆在轴向拉伸和压缩时,横截面上的应力是均匀分布的。但工程实际中,由于结构或工艺上的需要,有些构件往往有切口、沟槽、开孔、螺纹等,使得构件的几何形状在这些部件处发生急剧的变化。实验和理论分析都表明,构件上这些截面尺寸急剧变化处的应力不再是均匀分布的,在孔槽等附近,应力急剧增加;距孔槽相当距离后,应力又趋于均匀。如图 6-22 所示的带有圆孔或切口的板条,受拉时在圆孔或切口附近的局部区域内,应力将剧烈增加,但在离开圆孔或切口稍远处,应力将迅速降低而趋于均匀。这种因外形突变局部区域应力急剧增大的现象,称为**应力集中**。

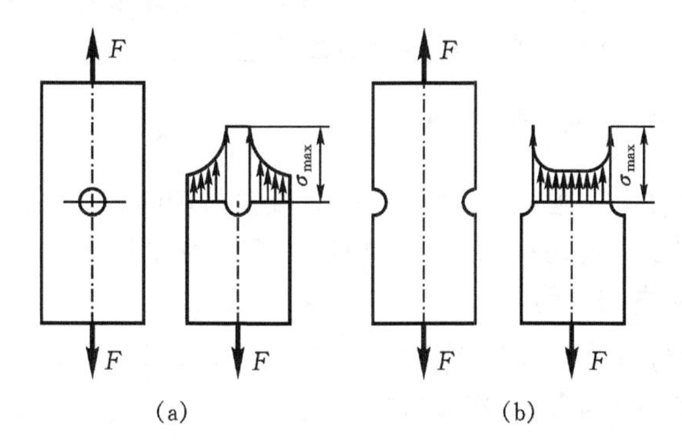

图 6-22

设发生应力集中的截面上的最大应力为 σ_{max},这个截面上的平均应力为 σ_m,则 σ_{max} 与 σ_m 的比值称为**应力集中因数**,以 α_σ 表示,即

$$\alpha_\sigma=\frac{\sigma_{max}}{\sigma_m} \tag{6-19}$$

可见 α_σ 反映了应力集中的程度,截面变化愈剧烈,α_σ 值愈大。为了降低应力集中现象,在零件上应尽可能避免带尖角的孔和槽,在阶梯轴的轴肩处要用圆弧过度,且圆弧的半径尽可能大一些。

对于有应力集中的构件,往往可以用降低许用应力的方法来进行强度计算。但由于不同材料对应力集中的敏感程度不同,在某些情况下可以不考虑应力集中的影响。在静载荷作用下,对于塑性材料,当应力集中处的最大应力达到屈服极限 σ_s后,局部会产生塑性变形,该处材料的变形可以继续增加,但应力却维持在 σ_s。当外力继续增加时,增加的力由截面上尚未屈服

的材料来承担，而使截面上塑性区逐渐扩展。如图 6-23 所示，截面上的应力渐趋平缓，降低了应力不均匀的程度，应力的最大值亦维持在 σ_s。因此，对静载作用下由塑性材料制成的零件，可以不考虑应力集中的影响。对于脆性材料，由于其没有屈服阶段，当局部的最大应力达到强度极限 σ_b 时，该处会产生裂纹，同时在裂纹根部又产生更严重的应力集中，使裂纹迅速扩展而导致构件断裂。因此，对由脆性材料制成的零件，应力集中的危害性显得严重。这样，即使在静载下，也应考虑应力集中现象。对于铸铁，由于其内部组织极不均匀，缺陷很多，在内部已存在许多引起严重应力集中的因素，且这些因素的影响在测定强度极限时已反映出来，故由于构件外形变化而引起的应力集中已成为次要因素，因此就不必再考虑应力集中现象。

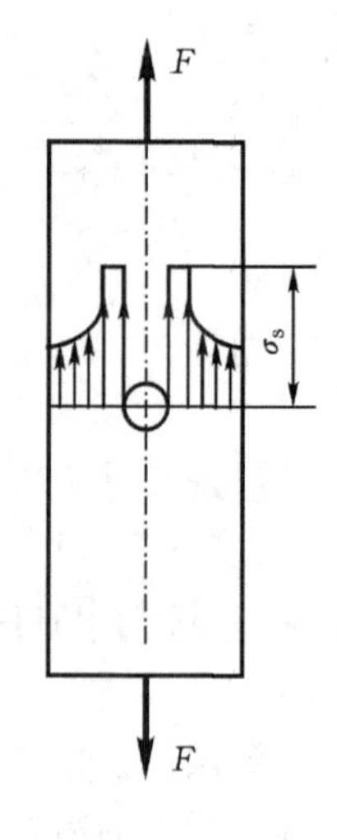

图 6-23

当零件受有周期性变化的载荷或冲击载荷时，无论是塑性材料还是脆性材料，应力集中对零件的强度都有严重影响，且往往是零件破坏的主要因素。

6.6 联接件的强度

工程实际中的构件需相互联接，起联接作用的构件称为**联接件**。联接件的尺寸较小，但受力和变形却比较复杂，工程中通常采用**实用计算**的方法。

6.6.1 剪切及其实用计算

工程实际中常遇到剪切问题，如工程结构中联接轴与轮的键(图 6-24(a))和联接钢板的螺栓(图 6-25(a))等都是受剪切构件。这类构件的受力特点是：作用在构件两侧面上的外力的合力大小相等，方向相反，且作用线相距很近(图 6-24(b))、图 6-25(b))。在这样的外力作用下，构件的变形特点是：位于两力间的横截面发生相对错动(图 6-24(c))。这种变形称为**剪切变形**，发生相对错动的横截面称为**剪切面**。

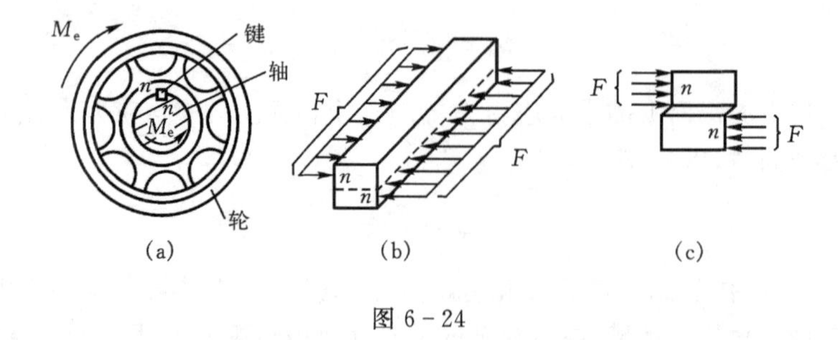

图 6-24

对受剪切构件，进行精确的强度分析是比较困难的，因为应力的实际分布情况比较复杂。今以螺栓联接件为例进行剪切实用计算。

螺栓的受力如图 6-25(b)所示。用截面法沿剪切面 $n—n$ 将螺栓截为两部分，取其中任一部分作为研究对象。图 6-25(c)为其下半部分的受力图，截面$n—n$上的内力为与截面相切

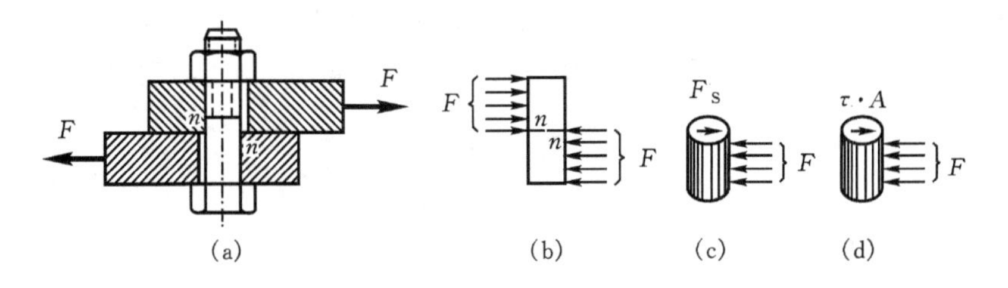

图 6-25

的剪力 F_S。由水平方向的平衡方程可求得

$$F_S = F$$

F_S是剪切面上分布切应力的合力，而切应力的分布情况比较复杂。为了计算方便，在实用计算中假设切应力 τ 在剪切面上是均匀分布的(图 6-25(d))。由此假设计算出的平均切应力称为**名义切应力**，其值为

$$\tau = \frac{F_S}{A} \tag{6-20}$$

式中：A 为剪切面的面积。

为了保证螺栓安全可靠工作，要求其剪切面上的名义工作切应力不得超过其材料的**许用切应力**$[\tau]$。由此可得剪切强度条件为

$$\tau = \frac{F_S}{A} \leqslant [\tau] \tag{6-21}$$

上式也适用于其它受剪联接件。式中的许用切应力$[\tau]$由实验确定。实验时采用与构件的实际受力情况相似的条件，取得试件失效时的极限载荷，按切应力均匀分布的假设计算出名义切应力，除以适当的安全因数得到许用切应力。一般情况下，材料的许用切应力$[\tau]$与许用拉应力$[\sigma]^+$之间有以下的关系：

对于塑性材料　$[\tau]=(0.6\sim0.8)\ [\sigma]^+$

对于脆性材料　$[\tau]=(0.8\sim1.0)\ [\sigma]^+$

利用这一关系，可根据许用拉应力来估计许用切应力之值。

实践证明，采用剪切实用计算进行强度计算的结果能保证构件的强度要求，基本上符合工程实际情况，在工程中得到了广泛的应用。

6.6.2　挤压及其实用计算

在外力作用下，联接件(图 6-26(b))除受剪切以外，在联接件与被联接件相互的接触面上还会互相压紧，可能会发生挤压破坏。挤压破坏的特点是：构件互相接触的表面上，因承受了较大的压力作用，使接触处的局部区域发生显著的塑性变形或被压碎。这种作用在接触面上的压力称为**挤压力**，接触处产生的变形称为**挤压变形**，由挤压所产生的破坏形式称为**挤压破坏**。如图6-26(b)所示，螺栓孔局部受压一侧出现压溃，材料向两侧隆起，螺栓孔也不再是圆形。挤压破坏会导致联接松动，影响联接件的正常工作，因此要对联接件进行挤压强度计算，仍采用实用计算的方法。

两个构件之间的接触面为挤压面，挤压面之间传递的力为挤压力 F_{jy}，由挤压力所引起的

正应力为**挤压应力**,记作 σ_{jy}。在挤压面上,应力分布情况也比较复杂,因此在实用计算中假设挤压应力均匀地分布在**名义挤压面**上,名义挤压面的面积为 A_{jy}。挤压应力则按下式计算

$$\sigma_{jy}=\frac{F_{jy}}{A_{jy}} \tag{6-22}$$

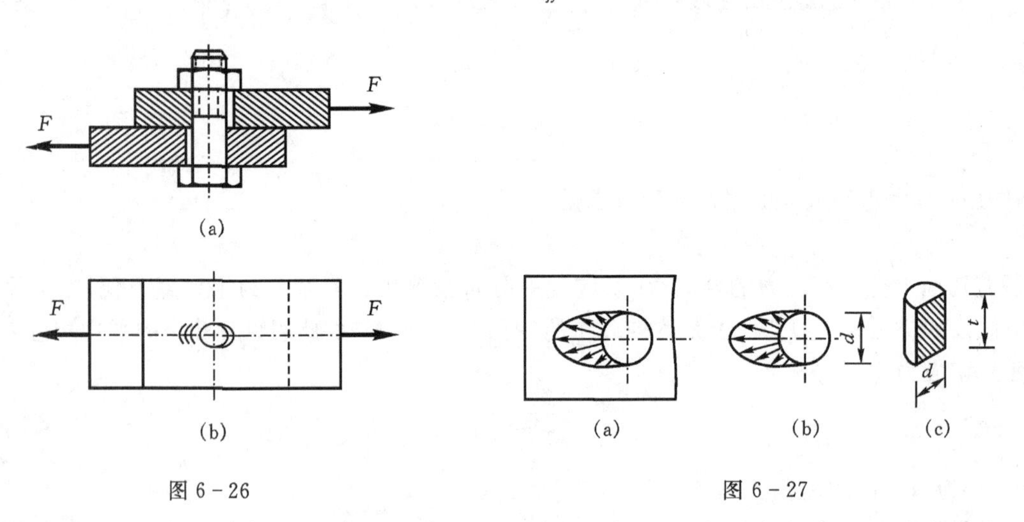

图 6-26　　图 6-27

当联接件与被联接件之间的接触面为平面时,如图 6-24 中的键联接,则 A_{jy} 就是实际接触面的面积。当接触面为圆柱面时,由理论分析知,在半圆柱的挤压面上挤压应力的分布情况如图 6-27(a)、(b)所示,最大挤压应力在半圆弧的中点处。如果把挤压面正投影(图 6-27(c))作为名义挤压面,则 $A_{jy}=td$。由 F_{jy} 除以 A_{jy} 所得的计算应力与按理论分析所求得的最大挤压应力值接近。因此,在实用计算中一般都采用这种计算方法。

为了保证联接构件正常工作,要求构件工作时所引起的挤压应力不超过某一许用值,则挤压强度条件为

$$\sigma_{jy}=\frac{F_{jy}}{A_{jy}}\leqslant[\sigma_{jy}] \tag{6-23}$$

式中:$[\sigma_{jy}]$为材料的**许用挤压应力**,其值可由有关设计规范中查得。

根据实验,许用挤压应力$[\sigma_{jy}]$与许用拉应力$[\sigma]^+$有如下的关系:

对于塑性材料　$[\sigma_{jy}]=(1.5\sim2.5)[\sigma]^+$

对于脆性材料　$[\sigma_{jy}]=(0.9\sim1.5)[\sigma]^+$

例 6-7　拖车挂钩用销钉联接(图 6-28(a))。已知挂钩部分的钢板厚度 $t=8$ mm,销钉材料的许用切应力 $[\tau]=20$ MPa,许用挤压应力 $[\sigma_{jy}]=70$ MPa。牵引力 $F=15$ kN。试选择销钉的直径 d。

解　(1)剪切强度。根据销钉的受力情况(图 6-28(b)),销钉有两个受剪面 $m—m$ 和 $n—n$。以销钉中段为研究对象,由平衡方

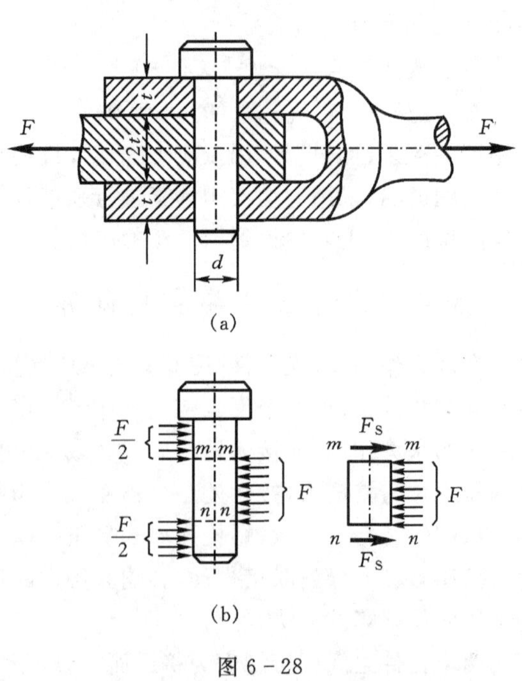

图 6-28

程易于求出力

$$F_S = F/2$$

由剪切强度条件式(6-21)有

$$\tau = \frac{F_S}{A} = \frac{F/2}{(\pi/4)d^2} \leqslant [\tau]$$

所以
$$d \geqslant \sqrt{\frac{2F}{\pi[\tau]}} = \sqrt{\frac{2\times 15\times 10^3}{\pi\times 20\times 10^6}} = 0.021\ 9\ \text{m} = 21.9\ \text{mm}$$

(2)挤压强度。销钉的上、下两段受来自左方的挤压力 F_{jy}，中段受来自右方的挤压力 F 作用，故可任取一段来考虑，A_{jy} 均等于 $2td$。由挤压强度条件式(6-23)有

$$\sigma_{jy} = \frac{F_{jy}}{A_{jy}} = \frac{F}{2td} \leqslant [\sigma_{jy}]$$

可得
$$d \geqslant \frac{F}{2t[\sigma_{jy}]} = \frac{15\times 10^3}{2\times 8\times 10^{-3}\times 70\times 10^6} = 0.013\ 4\ \text{m} = 13.4\ \text{mm}$$

比较两种结果，需同时满足剪切和挤压强度条件，故取 $d=22$ mm。

例 6-8　图 6-29(a)所示结构中，矩形截面键将轮 A 固定在轴 B 上以便传递力偶矩。已知轴的直径 $d=50$ mm，键长 $l=30$ mm，宽 $b=10$ mm，高 $h=8$ mm，键的许用切应力 $[\tau]=80$ MPa，$[\sigma_{jy}]=200$ MPa。求所能传递的力偶矩 M_e。

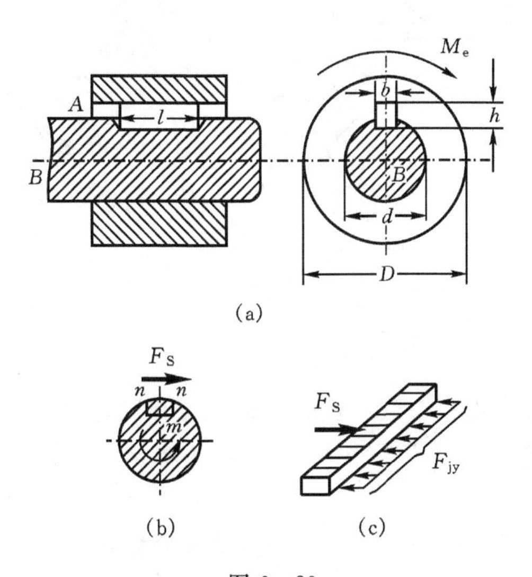

图 6-29

解　(1)剪切强度。将平键沿剪切面 n—n 截面分开，并把 n—n 以下部分和轴作为一个整体来考虑(图 6-29(b))，由对轴心的力矩平衡方程可得

$$F_S \cdot d/2 = M_e$$

即 $F_S=2M_e/d$。由剪切强度条件有

$$\tau = \frac{F_S}{A} = \frac{2M_e/d}{bl} \leqslant [\tau]$$

可得

$$M_e \leqslant \frac{dbl[\tau]}{2} = \frac{50\times 10^{-3}\times 10\times 10^{-3}\times 30\times 10^{-3}\times 80\times 10^6}{2} = 600\ \text{N·m}$$

(2)挤压强度。考虑键 n—n 截面以下部分的平衡(图 6-29(c)),则右侧面上的挤压力为

$$F_{jy} = F_S = 2M_e/d$$

根据挤压强度条件

$$\sigma_{jy} = \frac{F_{jy}}{A_{jy}} = \frac{2M_e/d}{(h/2)l} \leqslant [\sigma_{jy}]$$

有

$$M_e \leqslant \frac{dhl[\sigma_{jy}]}{4} = \frac{50\times10^{-3}\times8\times10^{-3}\times30\times10^{-3}\times200\times10^{6}}{4} = 600\ \text{N·m}$$

所以许用力偶矩$[M_e]$=600 N·m。

例 6-9 某桁架的一个节点如图 6-30(a)所示。斜杆 A 由两个 63×6 mm 的等边角钢组成,受力 F=140 kN 的作用。该斜杆用螺栓连接在厚度 t=10 mm 的节点板上,螺栓直径 d=16 mm。已知角钢、节点板和螺栓的材料均为 Q235 钢,许用应力为$[\sigma]$=170 MPa,$[\tau]$=130 MPa,$[\sigma_{jy}]$=300 MPa。试选择螺栓个数,并校核斜杆 A 的拉伸强度。

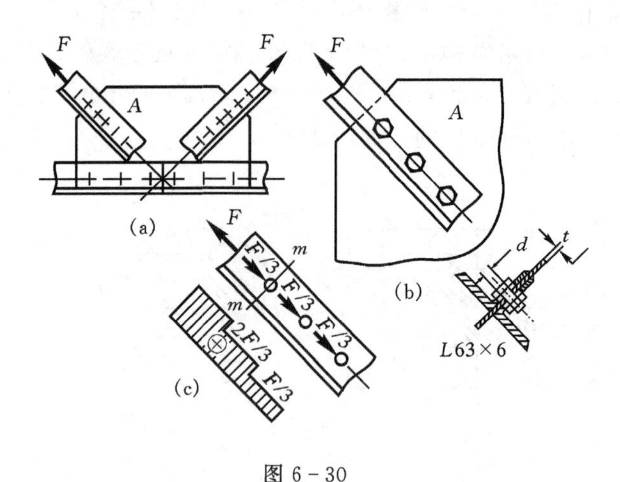

图 6-30

解 (1)从剪切强度来选螺栓个数。当各螺栓直径相同,且外力作用线通过该组螺栓的截面形心时,可以假定每个螺栓受到相等的力。所以,若螺栓的个数为 n,则每个螺栓所受力为 F/n。

由图 6-30(b)可知,每个螺栓有两个受剪面,故每个受剪面上的剪力为

$$F_S = \frac{F/n}{2} = \frac{F}{2n}$$

根据剪切强度条件

$$\tau = \frac{F}{A} = \frac{F/(2n)}{(\pi/4)d^2} \leqslant [\tau]$$

有

$$n \geqslant \frac{2F}{\pi d^2[\tau]} = \frac{2\times140\times10^3}{\pi\times16^2\times10^{-6}\times130\times10^6} = 2.68$$

取 n=3。

(2)校核挤压强度。由于节点板的厚度小于两个角钢厚度之和,所以应该校核螺栓与节点板之间的挤压强度。由于每个螺栓所受的挤压力为 F/n,所以螺栓与节点板之间的挤压力亦为 F/n。根据挤压强度条件

$$\sigma_{jy}=\frac{F_{jy}}{A_{jy}}=\frac{F/n}{td}=\frac{F}{3td}=\frac{140\times10^3}{3\times10\times10^{-3}\times16\times10^{-3}}$$
$$=292\times10^6\ \text{Pa}=292\ \text{MPa}<[\sigma_{jy}]=300\ \text{MPa}$$

可见，采用3个螺栓是能满足挤压强度的。

(3)校核角钢的拉伸强度。取两根角钢一起作为研究对象，其受力图及轴力图如图6-30(c)所示。由于角钢在m—m截面上轴力最大，而其横截面又因螺栓孔而削弱，故该截面为危险截面。该截面上轴力为

$$F_{N\max}=F=140\ \text{kN}$$

由型钢规格表可查得每个63×6 mm角钢的横截面面积为7.29 cm^2，故危险截面的面积为

$$A=2(729-6\times16)=1\ 266\ \text{mm}^2$$

由拉伸强度条件

$$\sigma_{\max}=\frac{F_{N\max}}{A}=\frac{140\times10^3}{1\ 266\times10^{-6}}=111\times10^6\ \text{Pa}=111\ \text{MPa}<[\sigma]=170\ \text{MPa}$$

可见，斜杆的拉伸强度也是满足的。

思考题

6-1　指出下列概念的区别：(1)内力与应力；(2)变形与应变；(3)弹性变形与塑性变形；(4)极限应力与许用应力。

6-2　轴力和截面面积相等而截面形状和材料不同的拉杆，它们的应力是否相等？

6-3　钢的弹性模量$E=200$ GPa，铝的弹性模量$E=71$ GPa。试比较在同一应力作用下，哪种材料的应变大？在产生同一应变的情况下，哪种材料的应力大？

6-4　已知某种低碳钢的弹性极限$\sigma_e=200$ MPa，弹性模量$E=200$ GPa，现有该种钢的一个试件，其应变已被拉到$\varepsilon=0.002$，是否由此可知其应力为

$$\sigma=E\varepsilon=200\times10^9\times0.002=400\times10^6\ \text{Pa}=400\ \text{MPa}$$

6-5　在低碳钢的应力-应变曲线上，试件断裂时的应力反而比颈缩时的应力低，为什么？

6-6　图示的铅垂杆在自重作用下各处的变形是不同的。这时如在距下端y处取一微段Δy，设其伸长为$\Delta y'$，试问在y处的应变ε应如何定义？

6-7　切应力τ与正应力σ有何区别？

6-8　挤压面与计算挤压面是否相同？试举例说明。

6-9　指出图中构件的剪切面和挤压面。

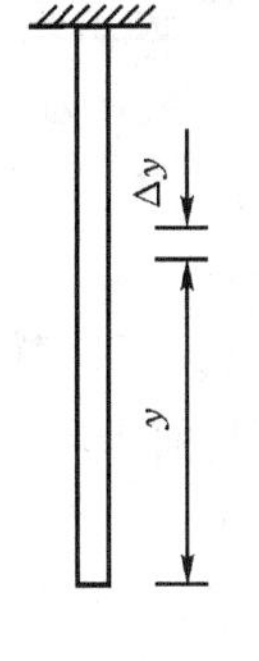

思6-6图

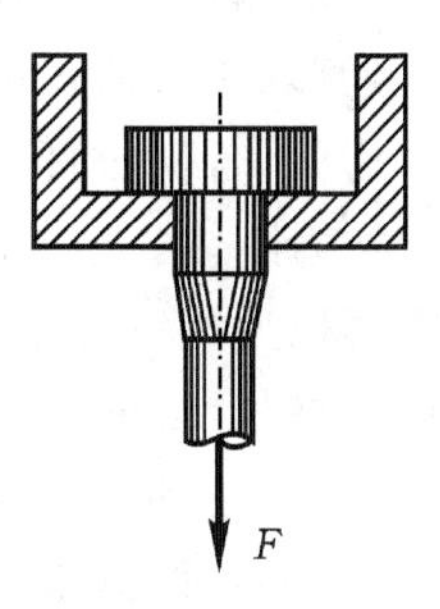

思6-9图

习 题

6-1 求图示阶梯状直杆各横截面上的应力。已知横截面积 $A_1=200\ \text{mm}^2$，$A_2=300\ \text{mm}^2$，$A_3=400\ \text{mm}^2$。

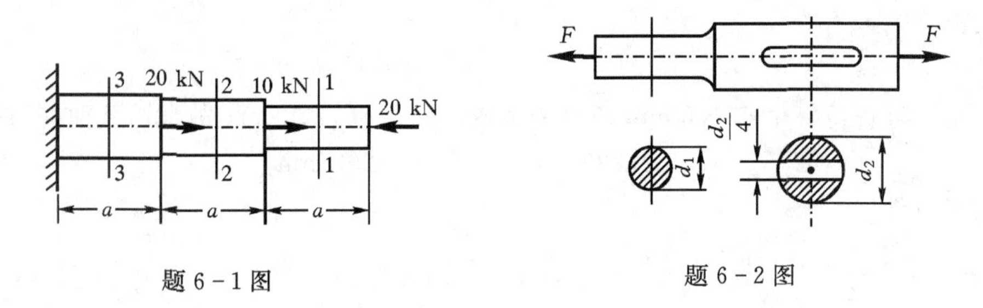

题 6-1 图　　　　题 6-2 图

6-2 一个带有径向长通孔的阶梯杆如图所示。若 $F=100\ \text{kN}$，$d_1=45\ \text{mm}$，$d_2=50\ \text{mm}$，试求杆中的最大正应力。

6-3 一单位长度重量为 4 kN/m，横截面积为 $6\times10^{-4}\ \text{m}^2$ 的圆柱，被嵌入一套筒中，如图所示。设圆柱与套筒之间的摩擦阻力为常数，且 $f=10\ \text{kN/m}$。当在图示位置作用一拉力 F 将圆柱拉出时，试求圆柱的 $\sigma(y)$ 随坐标 y 变化的规律，y 由圆柱的顶部向下量起。

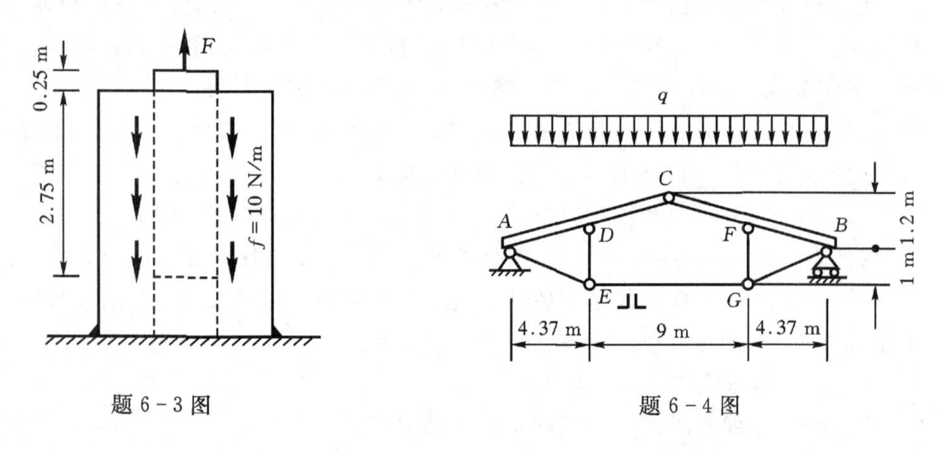

题 6-3 图　　　　题 6-4 图

6-4 图示为一混合屋架结构的计算简图。屋架的上弦用钢筋混凝土制成，下面的拉杆和中间的竖向撑杆用角钢制成，其截面均为两个 75×8 mm 的等边角钢。已知屋面承受集度为 $q=20\ \text{kN/m}$的竖直均布载荷。试求拉杆 AE 和 EG 横截面上的应力。

6-5 图示结构中，若钢拉杆 BC 的横截面直径为 10 cm，试求拉杆的应力。设由 BC 联接的 1 和 2 两部分均为刚体。

6-6 横截面面积为 $A=100\ \text{mm}^2$ 的等截面拉杆承受轴向力 $F=10\ \text{kN}$ 作用。如以 α 表示斜截面与横截面的夹角，试求 $\alpha=0°$、$30°$、$45°$、$60°$、$90°$时各斜截面上的正应力和切应力。

6-7 木柱受力如图所示，其横截面为边长 $a=220\ \text{mm}$ 的正方形，材料的弹性模量 $E=10\times10^3\ \text{MPa}$，如不计柱自重，试求(1)轴力图；(2)柱各段横截面积上的应力；(3)柱各段的纵向线应变；(4)柱的总变形。

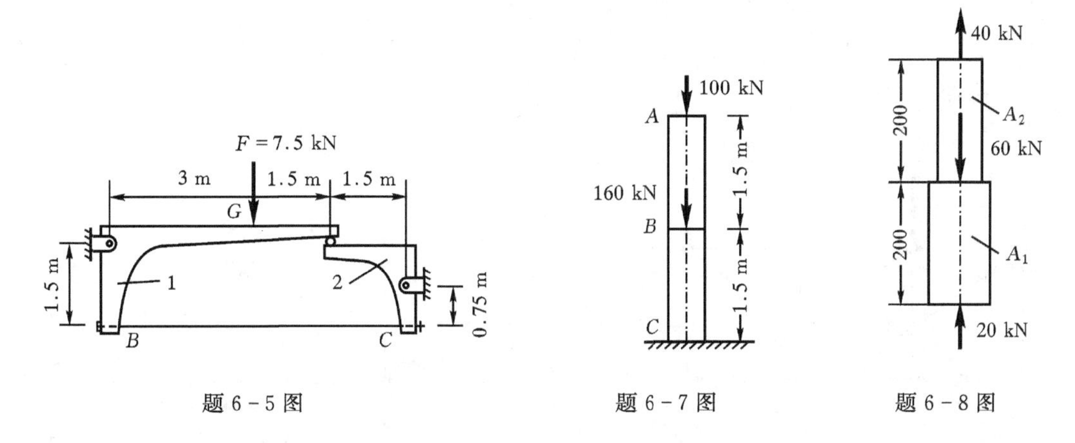

题 6 - 5 图　　　　题 6 - 7 图　　　　题 6 - 8 图

6 - 8　变截面杆如图所示。已知 $A_1=8\ \text{cm}^2$，$A_2=4\ \text{cm}^2$，$E=200$ GPa。求杆的总伸长 Δl。

6 - 9　设 CF 为刚体，杆 BC 和 DF 长分别为 l_1 和 l_2，截面面积分别为 A_1 和 A_2，弹性模量分别为 E_1 和 E_2。若要求 CF 始终保持水平，试求 x。

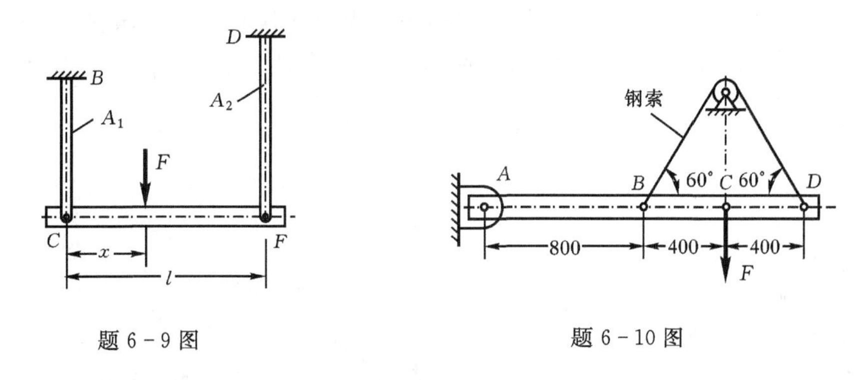

题 6 - 9 图　　　　题 6 - 10 图

6 - 10　图示结构中横梁 AD 为刚体，钢索的横截面积为 76.36 cm^2。设 $F=20$ kN，求钢索的应力和 C 点的垂直位移。已知钢索的弹性模量 $E=177$ GPa。

6 - 11　横截面为正方形的混凝土柱，比重为 $\gamma=22\ \text{kN/m}^3$，$E=20$ GPa。试求该柱由于自重引起的 A 点的位移。

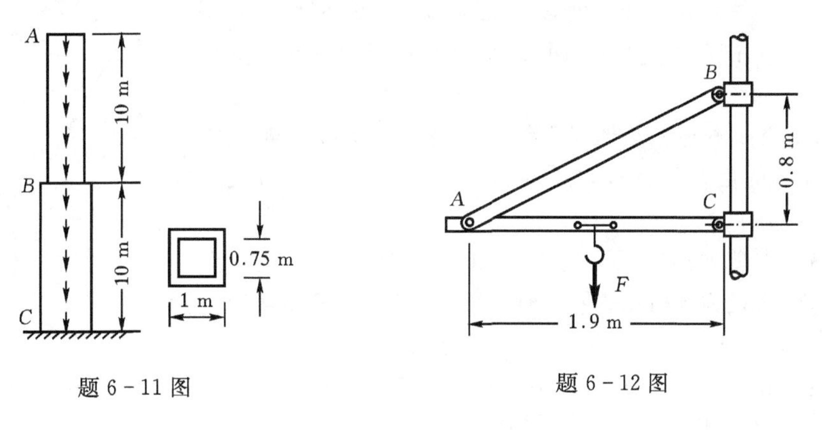

题 6 - 11 图　　　　题 6 - 12 图

6 - 12　图示结构，小车可在梁 AC 上移动。若载荷 F 通过小车对梁 AC 的作用可简化为一集中力，试设计圆钢杆 AB 的横截面直径 d。设 $F=15$ kN，钢的$[\sigma]=170$ MPa。

6-13　图示桁架中的各杆都由两等边角钢组成，其许用应力$[\sigma]=17$ MPa，试为杆 AC 和 CD 选择所需角钢型号。

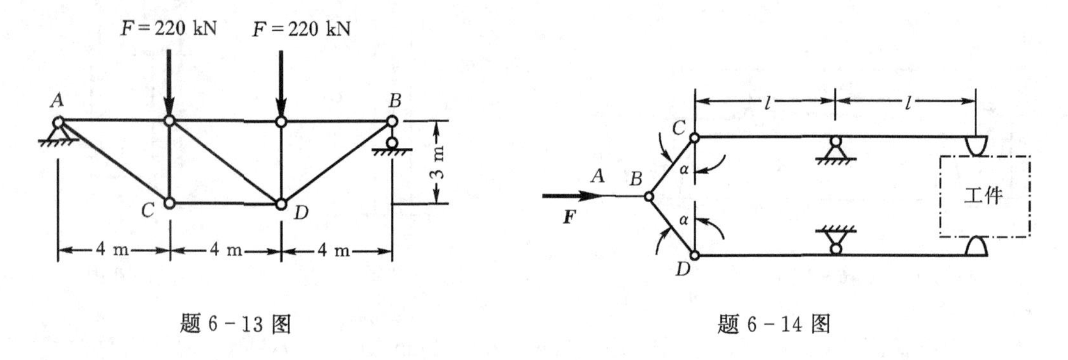

题 6-13 图　　　　题 6-14 图

6-14　图示双杠杆夹紧机构，需产生一对 20 kN 的夹紧力，试求水平杆 AB 及二斜杆 BC 和 BD 的直径。已知 $\alpha=30°$，三杆材料相同，$[\sigma]=100$ MPa。

6-15　简易吊车如图所示，BC 为钢杆，横截面面积为 6 cm^2，许用应力$[\sigma_1]=160$ MPa；AB 为木杆，横截面面积为 100 cm^2，许用应力$[\sigma_2]=7$ MPa。若 $\alpha=30°$，求允许起吊的最大重量 F。

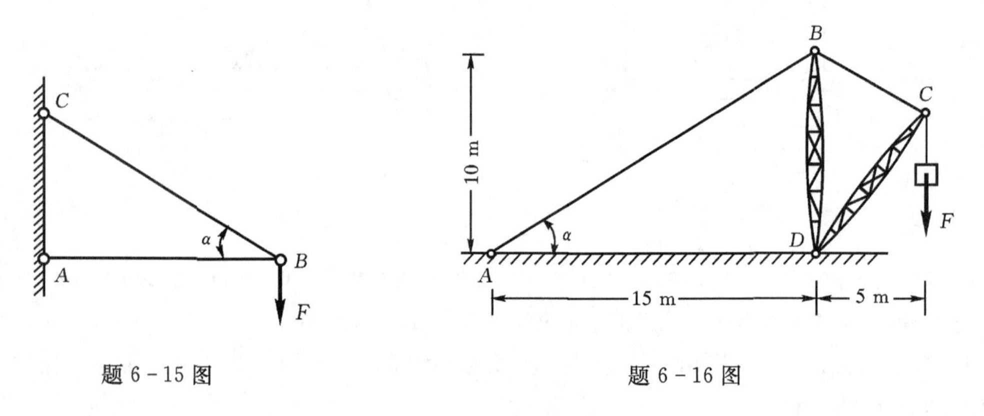

题 6-15 图　　　　题 6-16 图

6-16　起重机尺寸如图所示。钢丝绳 AB 的横截面面积为 500 mm^2，许用应力$[\sigma]=40$ MPa，试求起重机允许起吊的最大重量 F。

6-17　图示等边三角形杆系结构中，杆 AB 和 AC 都是直径 $d=20$ mm 的圆截面钢杆，$[\sigma]=170$ MPa，试确定许可载荷 F。

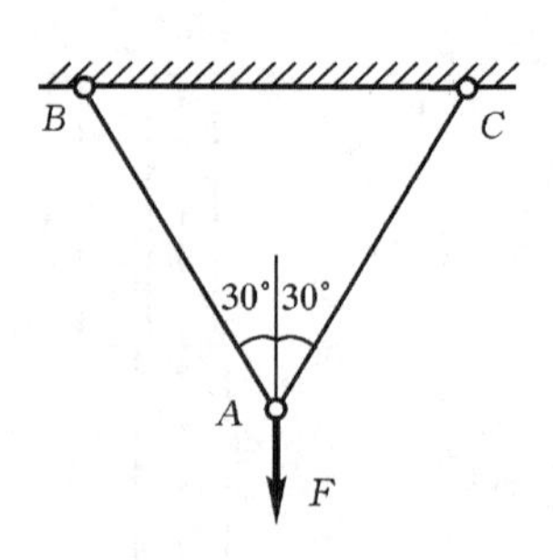

题 6-17 图

6-18　夹剪如图所示。销子 C 的直径 $d=5$ mm，力 $F=0.2$ kN，剪切直径为 5 mm 的铜丝时，试求铜丝与销子横截面上的平均切应力。已知 $a=30$ mm，$b=150$ mm。

6-19　试校核图示拉杆头部的剪切强度和挤压强度。已知 $D=32$ mm，$d=20$ mm，$h=12$ mm，$[\tau]=100$ MPa，$[\tau_{jy}]=240$ MPa。

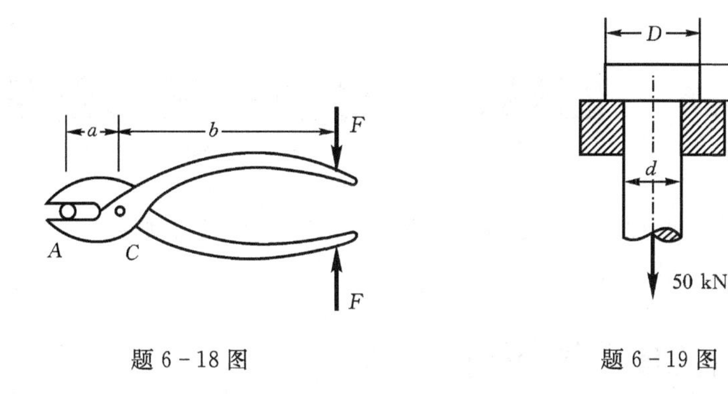

题 6-18 图　　　　题 6-19 图

6-20　图示螺栓接头,已知 $F=40$ kN,螺栓的许用切应力$[\tau]=130$ MPa,许用挤压应力$[\sigma_{jy}]=300$ MPa,试求螺栓所需的直径。图中尺寸单位为 mm。

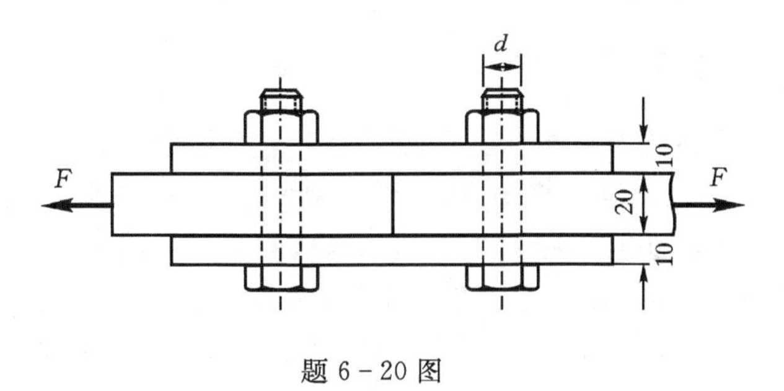

题 6-20 图

6-21　正方形截面的混凝土柱,横截面边长为 200 mm,其基底为边长 $a=1$ m 的正方形混凝土板。柱受轴向压力 $F=100$ kN 作用,如图所示。假设地基对混凝土板的支座约束力为均匀分布,混凝土的许用切应力$[\tau]=1.5$ MPa。试求使柱不致穿过混凝土板所需的最小厚度 t。

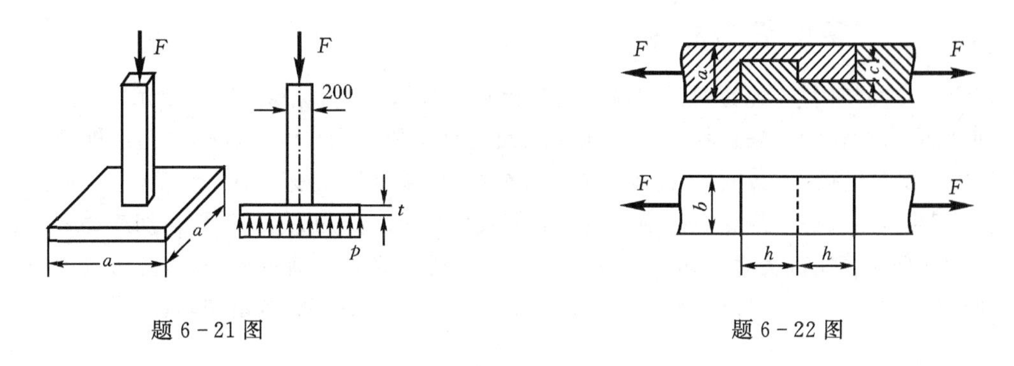

题 6-21 图　　　　题 6-22 图

6-22　木榫接头如图所示,$a=b=12$ cm,$h=35$ cm,$c=4.5$ cm,$F=40$ kN,试求切应力和挤压应力。

第 7 章　圆轴扭转时的强度和刚度

工程中常用轴来传动，轴承受的是扭转变形。本章着重研究圆轴扭转时的应力和变形，并建立圆轴的强度条件和刚度条件。

7.1　切应力互等定理和剪切胡克定律

由杆件的内力介绍可知，圆轴在扭转时横截面上的内力是扭矩。扭矩是横截面上分布切应力对轴心的合力偶矩。下面首先分析圆轴的切应力及变形。

7.1.1　切应力互等定理

图 7-1(a)所示微元体的两对相互垂直的平面上只有切应力作用而无正应力，这种情况称为**纯剪切**。由微元体在 y 方向的平衡方程可知，微元体的左、右侧面上存在大小相等、方向相反的切应力 τ，两个面上的合力大小均为 $\tau \mathrm{d}y\mathrm{d}z$，这两个力构成了一个顺钟向（从 z 轴正向看）的力偶，力偶矩为 $\tau \mathrm{d}x\mathrm{d}y\mathrm{d}z$，使单元体有顺钟向转动的趋势。由于微元体处于平衡状态，所以在微元体上、下两个侧面上，必定有切应力 τ'，并且组成另一个逆钟向的力偶，其力偶矩为 τ' $\mathrm{d}x\mathrm{d}y\mathrm{d}z$。由 $\sum M_z=0$，可得

$$\tau' \mathrm{d}x\mathrm{d}y\mathrm{d}z - \tau \mathrm{d}x\mathrm{d}y\mathrm{d}z = 0$$

所以

$$\tau = \tau' \tag{7-1}$$

上式表明，**在相互垂直的两个平面上，切应力必然成对存在，其数值相等，两者都垂直于两个平面的交线，方向则共同指向或共同背离这一交线。**这就是**切应力互等定理**，也称为**切应力双生定理**。

7.2.1　剪切胡克定律

在切应力的作用下，纯剪切微元体的两个相对的侧面要产生相对错动，微元体的边长均不改变，但切应力所在的原来互相垂直的侧面之间的夹角要改变（图 7-1(b)）。这种变形前后的角度的改变量，称为**剪应变** γ，这是一个无量纲量，用弧度(rad)来表示。

实验表明，正如拉压胡克定律中正应力 σ 与线应变 ε 之间的关系相似，在切应力 τ 与剪应变 γ 之间也存在着比例关系。即当切应力不超过材料的剪切比例极限(τ_p)时，切应力与剪应变之间有如图 7-2 中直线部分所表示的正比关系。这就是**剪切胡克定律**，表示为

$$\tau = G\gamma \tag{7-2}$$

式中：G 为**剪切弹性模量**，单位与弹性模量 E 相同，其数值由实验确定，钢材的 G 值约为 80 GPa。表 7-1 列举了几种材料的剪切弹性模量的数值，其它材料的 G 值可查阅有关手册。

各向同性材料的弹性模量 E、剪切弹性模量 G 和泊松比 ν 之间有如下关系：

$$G = \frac{E}{2(1+\nu)} \tag{7-3}$$

这说明三个常数只有两个是独立的。

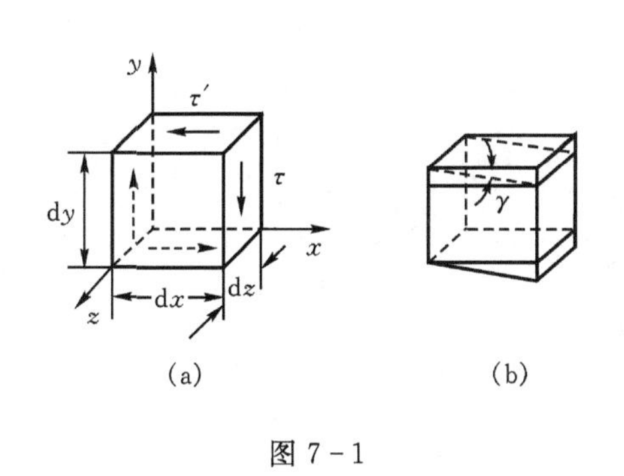

图 7-1

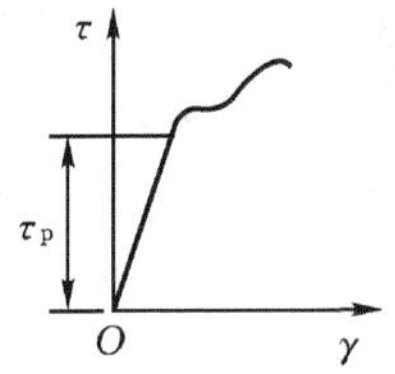

图 7-2

表 7-1　几种材料的剪切弹性模量 G

材料名称	G/GPa
钢	80～81
铸　铁	45
铜	40～46
铝	26～27
木材	0.55

7.2　圆轴扭转时的应力和强度条件

7.2.1　圆轴扭转时的应力

分析圆轴扭转时横截面上的应力，需要从几何关系、物理关系和静力关系三方面考虑。

1. 几何关系

为了确定圆轴横截面上存在什么应力及其分布规律，首先由实验观察圆轴扭转时的变形。

为了便于观察圆轴的变形，先在变形前的圆轴表面上作相邻的圆周线和纵向平行线（图 7-3(a)），然后在轴的两端施加大小相等、转向相反的力偶 M_e，使圆轴产生扭转变形（图 7-3(b)）。在小变形前提下，可观察到以下现象（图 7-4(a)）：

(1) 各圆周线的形状和大小不变，只是绕轴线相对转动了一个角度，且圆周线之间的距离不变；

(2) 各纵向平行线仍近似地看成直线且仍然平行，只是倾斜了一个角度，由变形前的纵向线和圆周线所组成的矩形，变形后错动成菱形。

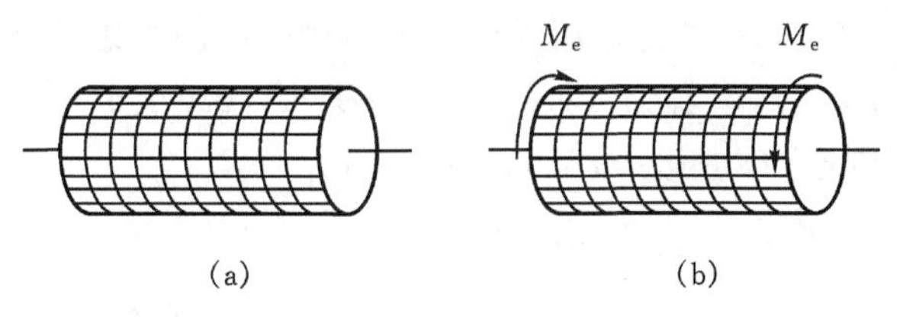

图 7-3

根据观察到的现象，可以由表及里地推测圆轴内部的变形情况，作出关于圆轴扭转的**平面假设**：圆轴扭转变形前原为平面的横截面，变形后仍保持为平面，形状和大小不变，半径仍为直线；相邻两截面间的距离不变，横截面像刚性平面一样，仅绕轴线转过了一个角度。

由平面假设可以推断，圆轴扭转时其横截面上不存在正应力 σ，只有垂直于半径方向的切应力 τ。

为了找出圆轴内剪应变的变化规律，对于如图 7-4(a)所示的圆轴，用相邻的两个横截面

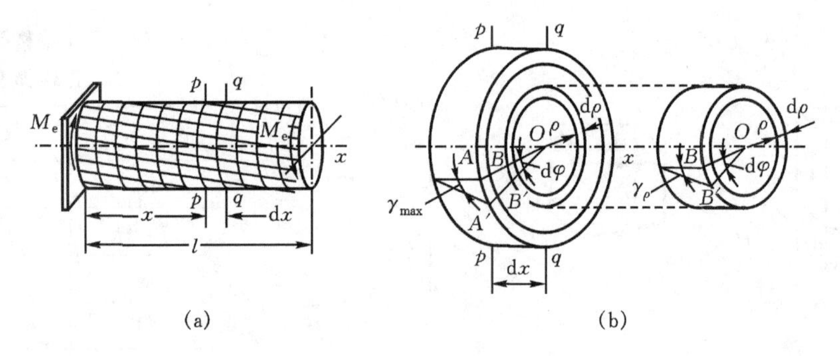

(a)　　(b)

图 7-4

p—p 和 q—q 从圆轴中截取长为 $\mathrm{d}x$ 的微段(图 7-4(b)),由平面假设,q—q 面相对于 p—p 面转过了 $\mathrm{d}\varphi$ 角度。$\mathrm{d}\varphi$ 称为**相对扭转角**。由图 7-4(b)看出,q—q 面上距离圆心为 ρ 处的 B 点的剪应变 γ_ρ 为

$$\gamma_\rho = \frac{\rho\mathrm{d}\varphi}{\mathrm{d}x} \tag{1}$$

由式(1)可见,剪应变 γ_ρ 与该处到轴线的距离 ρ 成正比,轴线处剪应变为零,圆轴外表面处剪应变最大,$\gamma_{\max}=R\mathrm{d}\varphi/\mathrm{d}x$,$R$ 为圆轴的半径。

2. 物理关系

根据剪切胡克定律,当切应力不超过材料的剪切比例极限时,切应力与剪应变成正比,则离轴线为 ρ 处的切应力为

$$\tau_\rho = G\gamma_\rho = \frac{G\rho\mathrm{d}\varphi}{\mathrm{d}x} \tag{2}$$

这就是圆轴扭转时横截面上切应力的分布规律。它说明横截面上任一点处切应力的大小与该点到圆心的距离 ρ 成正比,在横截面的圆心处切应力为零,在周边上切应力最大。切应力的分布如图 7-5 所示,且方向均垂直于半径。

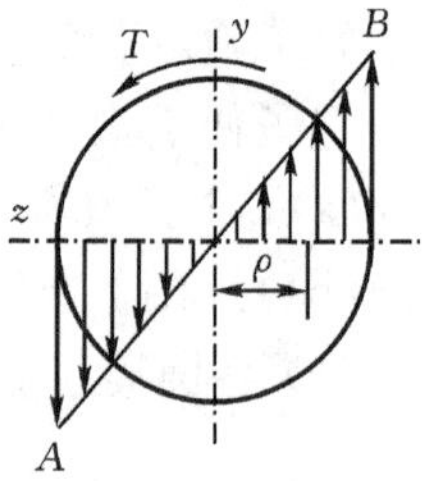

图 7-5

3. 静力关系

圆轴扭转时,截面上的扭矩 T 是截面无数微剪力对圆心的力矩的合力矩。如图 7-6 所示,在离圆心为 ρ 处取一微面积 $\mathrm{d}A$,$\mathrm{d}A$ 上的微剪力为 $\tau_\rho\mathrm{d}A$,微剪力对圆心的力矩为 $\rho\tau_\rho\mathrm{d}A$,则有

$$T = \int_A \rho\tau_\rho\mathrm{d}A \tag{3}$$

式中:A 为横截面面积。

将(2)式代入(3)式,注意到给定截面上 $\mathrm{d}\varphi/\mathrm{d}x$ 为常量,于是有

$$T = G\frac{\mathrm{d}\varphi}{\mathrm{d}x}\int_A \rho^2\mathrm{d}A \tag{4}$$

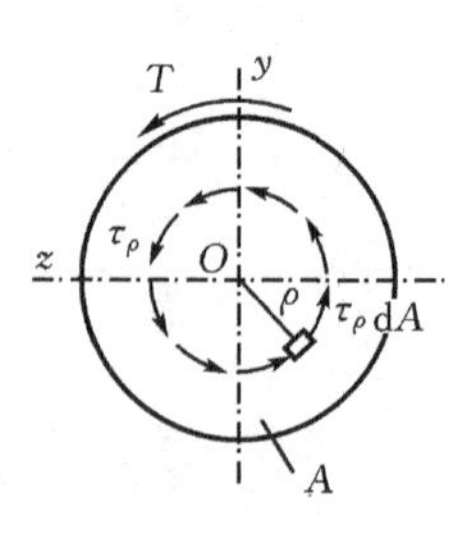

图 7-6

式中:积分 $\int_A \rho^2\mathrm{d}A$ 是一个只取决于横截面形状和大小的几何量,以 I_p 表示,称为横截面对形心的**极惯性矩**,表示为

$$I_{p}=\int_{A}\rho^{2}\mathrm{d}A \tag{5}$$

(5)式代入(4)式,可得

$$T=G\frac{\mathrm{d}\varphi}{\mathrm{d}x}I_{p} \tag{7-4}$$

从式(7－4)和(2)式中消去 $\mathrm{d}\varphi/\mathrm{d}x$,可得

$$\tau_{\rho}=\frac{T\rho}{I_{p}} \tag{7-5}$$

这就是圆轴扭转时横截面上任一点的切应力的计算公式。

在圆轴外表面处,$\rho=R$,切应力最大

$$\tau_{\max}=\frac{TR}{I_{p}} \tag{7-6}$$

引入符号

$$W_{t}=\frac{I_{p}}{R} \tag{6}$$

式(7－6)变为

$$\tau_{\max}=\frac{T}{W_{t}} \tag{7-7}$$

式中:W_t 称为**扭转截面系数**。

上述公式是以平面假设为基础导出的,试验结果表明,只有等截面的圆轴,平面假设才是正确的。因此,这些公式只适用于等直圆轴,当然也适用于等直空心圆轴。对于横截面沿轴线缓慢变化的锥形轴,可近似地用这些公式计算。

7.2.2 极惯性矩 I_p 的计算

由以上讨论可知,要计算圆轴扭转时横截面上的应力,首先应计算出极惯性矩 I_p 的大小。根据其定义式

$$I_{p}=\int_{A}\rho^{2}\mathrm{d}A$$

对于直径为 D 的圆截面(图 7－7(a)),采用极坐标计算,$\mathrm{d}A=\rho\mathrm{d}\theta\mathrm{d}\rho$,则

$$I_{p}=\int_{A}\rho^{2}\mathrm{d}A=\int_{0}^{2\pi}\int_{0}^{R}\rho^{3}\mathrm{d}\rho\mathrm{d}\theta=\frac{\pi R^{4}}{2}=\frac{\pi D^{4}}{32} \tag{7-8}$$

则扭转截面系数 W_t 为

$$W_{t}=\frac{I_{p}}{R}=\frac{\pi}{16}D^{3} \tag{7-9}$$

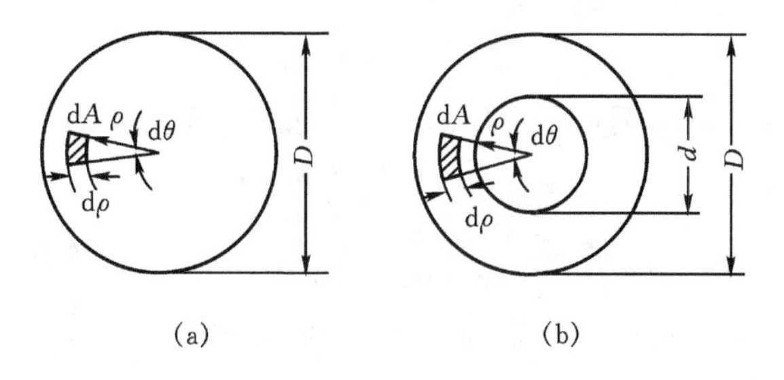

图 7－7

对于内径为 d,外径为 D 的空心圆截面(图 7-7(b)),可得

$$I_p = \int_A \rho^2 dA = \int_0^{2\pi}\int_{d/2}^{D/2} \rho^3 d\rho d\theta = \frac{\pi}{32}(D^4 - d^4) \tag{7-10a}$$

若取 $\alpha = d/D$,则

$$I_p = \frac{\pi}{32}D^4(1-\alpha^4) \tag{7-10b}$$

扭转截面系数为

$$W_t = \frac{I_p}{D/2} = \frac{\pi}{16D}(D^4 - d^4) \tag{7-11a}$$

或

$$W_t = \frac{\pi D^3}{16}(1-\alpha^4) \tag{7-11b}$$

$d/D \geqslant 0.9$ 的空心圆轴为薄壁圆管,这时,I_p 可变换为

$$I_p = \pi D^3 t/4 \tag{7}$$

式中:D 为平均直径,t 为壁厚。薄壁圆管的切应力可看作均匀分布的,切应力为

$$\tau = \frac{2T}{\pi D^2 t} \tag{7-12}$$

例 7-1　图 7-8(a)所示的圆轴处于平衡状态,求其最大切应力。

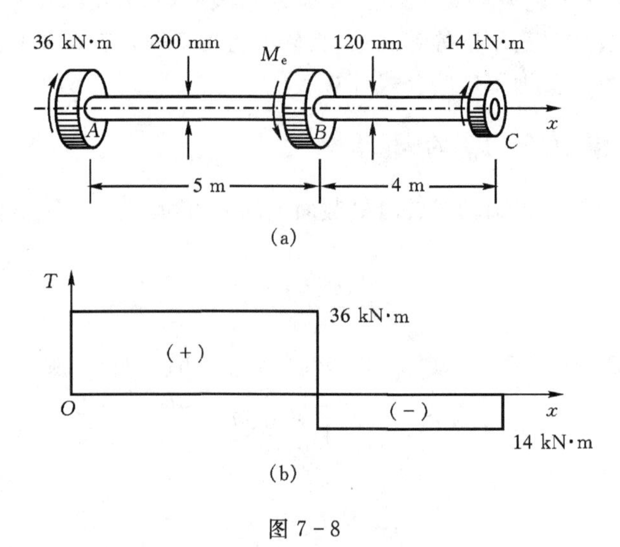

图 7-8

解　由 $\sum M_x = 0$,　$36 + 14 - M_e = 0$,可得

$$M_e = 50 \text{ kN} \cdot \text{m}$$

圆轴的扭矩图如图 7-8(b),由图可知 AB 轴上的 T 最大,为

$$T_{max} = T_{AB} = 36 \text{ kN} \cdot \text{m}$$

$$\tau_{max1} = \frac{T_{max}}{W_{tAB}} = \frac{36 \times 10^3}{(\pi/16) \times (0.2)^3} = 22.9 \text{ MPa}$$

由于 BC 段直径较小,虽然 $T_{BC} < T_{AB}$,但亦应计算 BC 段的 τ_{max2}

$$\tau_{max2} = \frac{T_{BC}}{W_{tBC}} = \frac{14 \times 10^3}{(\pi/16) \times (0.12)^3} = 41.3 \text{ MPa}$$

两者比较,则最大切应力 $\tau_{max} = 41.3$ MPa。

例 7-2　轴 AB 传递的功率为 $P=7.5$ kW，转速 $n=360$ r/min。轴的 AC 段为实心圆截面，CB 段为空心圆截面(图 7-9)。已知 $D=3$ cm，$d=2$ cm。试计算 AC 段横截面边缘上的切应力以及 CB 段横截面上外边缘和内边缘处的切应力。

解　(1)计算扭矩。轴的外力偶矩为

$$M_e = 9\,550\ P/n = 9\,550 \times 7.5/360$$
$$= 199\ \text{N·m}$$

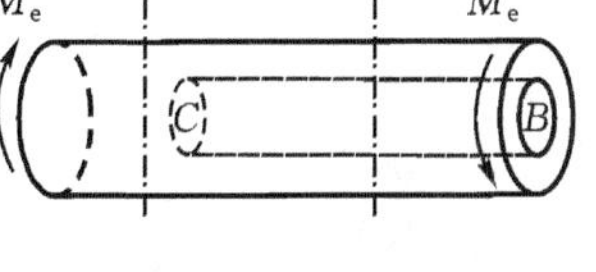

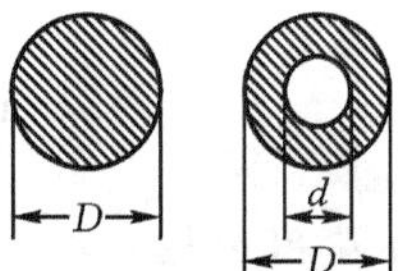

图 7-9

由截面法可知，每个截面上的扭矩皆为

$$T = 199\ \text{N·m}$$

(2) 计算极惯性矩。由式(7-8)和式(7-10)可得，AC 段和 CB 段的极惯性矩分别为

$$I_{p1} = \frac{\pi D^4}{32} = \frac{\pi \times 3^4}{32} = 7.95\ \text{cm}^4$$

$$I_{p2} = \frac{\pi}{32}(D^4 - d^4) = \frac{\pi}{32}(3^4 - 2^4) = 6.38\ \text{cm}^4$$

(3) 计算应力。由式(7-5)，AC 段轴横截面边缘处切应力为

$$\tau_{外}^{AC} = \frac{T}{I_{p1}} \cdot \frac{D}{2} = \frac{199}{7.95 \times 10^{-8}} \times 0.015 = 37.5\ \text{MPa}$$

CB 段轴横截面内、外边缘处的切应力分别为

$$\tau_{内}^{CB} = \frac{T}{I_{p2}} \cdot \frac{d}{2} = \frac{199}{6.38 \times 10^{-8}} \times 0.01 = 31.2\ \text{MPa}$$

$$\tau_{外}^{CB} = \frac{T}{I_{p2}} \cdot \frac{D}{2} = \frac{199}{6.38 \times 10^{-8}} \times 0.015 = 46.8\ \text{MPa}$$

7.2.3　强度条件及提高强度的措施

为了保证轴安全地工作，要求轴内的最大切应力必须小于材料的**许用扭转切应力**$[\tau]$，即

$$\tau_{max} = \frac{T_{max}}{W_t} \leqslant [\tau] \tag{7-13}$$

这就是等直圆轴扭转时的强度条件，式中 T_{max} 是指 $|T|_{max}$。

在阶梯轴的情况下，由于各段的扭转截面系数不同，故全轴的 τ_{max} 不一定发生在 $|T|_{max}$ 所在的截面上，在确定全轴的 τ_{max} 时要综合考虑 T 与 W_t。

许用扭转切应力$[\tau]$的值可由扭转试验，并考虑适当的安全因数来确定。在静载情况下，它与许用拉应力$[\sigma]^+$之间有如下的近似关系：

对于塑性材料，$[\tau]=(0.5\sim0.6)[\sigma]^+$；

对于脆性材料，$[\tau]=(0.8\sim1.0)[\sigma]^+$。

顺便指出，如果分析圆轴扭转时斜截面上的应力，则可以得出结论：受扭圆轴横截面上的切应力是其所有斜截面上切应力的最大值。

例 7-3　汽车传动轴 AB(图 7-10)的外径 $D=90$ mm，壁厚 $t=2.5$ mm，材料为 45 钢。工作时的最大扭矩 $T_{max}=1.5$ kN·m，若材料的$[\tau]=60$ MPa。试校核 AB 轴的强度。

解　(1) 计算扭转截面系数。

$$D = 90\ \text{mm},\quad d = D - 2t = 85\ \text{mm};\quad \alpha = d/D = 0.944$$

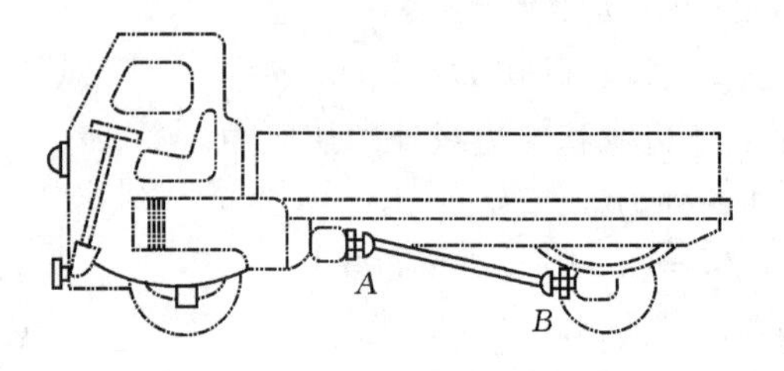

图 7-10

$$W_t = \frac{\pi D^3}{16}(1-\alpha^4) = \frac{\pi \times 90^3}{16}(1-0.944^4) = 292.55 \text{ mm}^3$$

(2) 强度校核。由式(7-13)可得

$$\tau_{max} = \frac{T_{max}}{W_t} = \frac{1\ 500}{292.55 \times 10^{-9}} = 51 \text{ MPa} < [\tau] = 60 \text{ MPa}$$

所以 AB 轴满足强度条件。

上例中,如果传动轴不用钢管而采用实心圆轴,并使其与钢管有相同的强度,即实心轴的最大切应力 τ_{max} 也等于 51 MPa,则有

$$\tau_{max} = \frac{T_{max}}{W_t} = \frac{M_{max}}{(\pi/16)D_1^3} = 51 \times 10^6 \text{ Pa}$$

$$D_1 = \sqrt[3]{\frac{16 \times 1500}{\pi \times 51 \times 10^6}} = 0.053\ 1 \text{ m}$$

实心轴的横截面面积为

$$A_1 = \pi D_1^2/4 = \pi \times 0.053\ 1^2/4 = 22.2 \times 10^{-4} \text{ m}^2$$

而空心轴的横截面面积为

$$A_2 = \frac{\pi}{4}(D^2 - d^2) = \frac{\pi}{4} \times (0.09^2 - 0.085^2) = 6.87 \times 10^{-4} \text{ m}^2$$

在两轴长度相等,材料相同的情况下,两轴的重量之比等于横截面面积之比

$$A_2/A_1 = 6.87/22.2 = 0.31$$

可见,在载荷相同的情况下,若采用无缝钢管时,其重量只有实心轴的 31%,耗费的材料要少得多。

为什么扭转构件采用空心圆截面时能节约材料呢?从圆轴扭转时横截面上的应力分布不难说明这个问题。圆轴扭转时横截面上的应力沿半径方向按线性规律分布(图 7-11(a))。如果采用实心轴,由于圆心附近应力很小,材料没有充分利用。如果把这部分材料移到离圆心较远的地方,使其成为空心轴(图 7-11(b)),就会使 I_p 和 W_t 增大,这样可以充分发挥材料的作用,从而提高轴的抗扭强度和承载能力。因此,在工程实际中,只要可能的话最好以钢管代替实心轴。当然,在具体选择合适的截面时,既要从强度、刚度、稳定性等多方面进行考虑,同时也要考虑到加工工艺等因素。

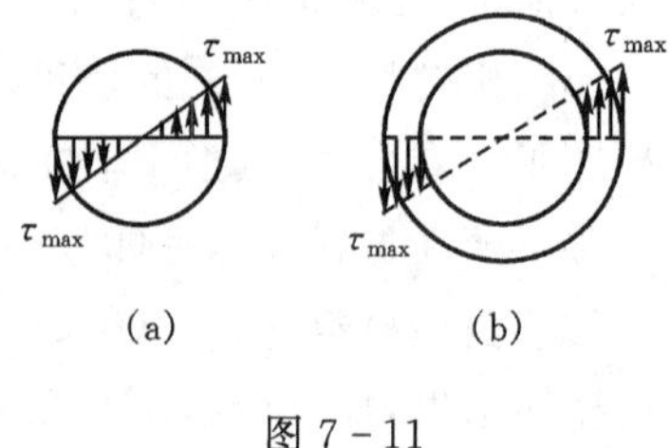

图 7-11

7.3　圆轴扭转时的变形和刚度条件

7.3.1　圆轴扭转时的变形

圆轴扭转时，两横截面间将有绕轴线的相对角位移，这种角位移称为**扭转角** φ，它是圆轴扭转变形的度量，单位用 rad(弧度)来表示。

如图 7-4(b)所示，长为 dx 的微段圆轴上 $q—q$ 面相对于 $p—p$ 面的扭转角 $d\varphi$ 由式(7-4)给出

$$d\varphi = \frac{T}{GI_p}dx$$

因此长为 l 的一段圆轴两端截面之间的扭转角为

$$\varphi = \int_0^l \frac{T}{GI_p}dx \tag{7-14}$$

若圆轴的两端截面间的 T 保持不变，且轴为等直圆轴，则圆轴两端截面间的扭转角 φ 为

$$\varphi = \frac{Tl}{GI_p} \tag{7-15}$$

式中：GI_p 为圆轴的抗扭刚度。式(7-15)表明，扭转角与扭矩和圆轴的长度成正比，与圆轴的抗扭刚度 GI_p 成反比。

在通常情况下，如果圆轴由几段阶梯轴组成，且每段上的 G、I_p、T 各为常量，则整个轴两端截面扭转角为各段的扭转角的代数和为

$$\varphi = \sum_{i=1}^{n} \frac{T_i l_i}{G_i I_{pi}} \tag{7-16}$$

例 7-4　已知 $G=80$ GPa，计算例 7-1 中圆轴 A、C 截面间的扭转角。

解　由例 7-1 可知

$$T_{AB} = 36\ \text{kN} \cdot \text{m}, \quad T_{BC} = -14\ \text{kN} \cdot \text{m}$$

由式(7-16)，A、C 截面间的扭转角为

$$\begin{aligned}\varphi_{AC} &= \sum_{i=1}^{2} \frac{T_i l_i}{G_i I_{pi}} = \frac{1}{G}\sum_{i=1}^{2} \frac{T_i I_i}{I_{pi}} \\ &= \frac{1}{80 \times 10^9} \times \frac{1}{\pi/32}\left(\frac{36 \times 10^3 \times 5}{0.2^4} - \frac{14 \times 10^3 \times 4}{0.12^4}\right) \\ &= -0.02\ \text{rad} = -1.15^\circ\end{aligned}$$

负值表示从 x 轴正向看去，C 截面相对于 A 截面顺钟向转动了 1.15°。

7.3.2　刚度条件及提高刚度的措施

扭转构件除了需要满足强度条件外，还需要满足刚度方面的要求，要对它的扭转变形加以限制，否则就不能正常进行工作。例如，机床中的轴如果扭转变形过大，可能引起轴的扭转振动，影响工件的加工精度。

式(7-15)表示的扭转角 φ 的大小与轴的长度 l 有关，还不能完全反映出轴的扭转变形程度。为了准确反映轴的扭转变形，工程中通常采用单位长度内的扭转角来度量变形的程度，即

$$\theta=\frac{\mathrm{d}\varphi}{\mathrm{d}x}=\frac{T}{GI_{\mathrm{p}}}$$

要求 θ 不能超过某一许用值，即

$$\theta=\frac{T}{GI_{\mathrm{p}}}\leqslant[\theta] \tag{7-17}$$

这就是圆轴扭转的刚度条件，$[\theta]$为**单位长度的许用扭转角**，θ 和$[\theta]$的单位均为 rad/m(弧度/米)。工程中$[\theta]$的单位常采用°/m(度/米)，如果 θ 的单位也采用°/m，则刚度条件可变换为

$$\theta=\frac{T}{GI_{\mathrm{p}}}\times\frac{180}{\pi}\leqslant[\theta] \tag{7-18}$$

单位长度的许用扭转角$[\theta]$，需根据载荷性质和工作条件等因素确定。在精密、稳定的传动中，$[\theta]=0.25\sim0.5$ °/m；在一般的传动中，$[\theta]=0.5\sim1.0$ °/m；在精度要求不高的传动中，$[\theta]=2\sim4$ °/m。具体数值可查阅有关资料和手册。

类似于强度条件，可利用刚度条件式(7-17)或式(7-18)来校核刚度、设计轴径或计算许用载荷。综合考虑强度条件和刚度条件，关于圆轴的计算包括以下三类问题。

(1) **校核强度、刚度**。已知圆轴的材料、尺寸及所传递的扭矩(即已知$[\tau]$、$[\theta]$、I_{p} 及 T 等)，采用式(7-13)和式(7-18)分别校核强度和刚度。

(2) **设计圆轴的直径**。已知圆轴的材料和所传递的扭矩(即已知$[\tau]$、$[\theta]$及 T 等)，可分别采用式(7-13)和式(7-18)算得

$$D\geqslant\sqrt[3]{\frac{16T}{\pi[\tau]}},\quad D\geqslant\sqrt[4]{\frac{32T\times180}{G\pi^{2}[\theta]}}$$

从中选出 D 较大者作为圆轴的直径。

(3) **计算圆轴的许用载荷**。已知材料和尺寸(即已知$[\tau]$、$[\theta]$、I_{p} 及 T 等)，可分别采用式(7-13)和式(7-18)式算得

$$T\leqslant W_{\mathrm{t}}[\tau],\quad T\leqslant\frac{GI_{\mathrm{p}}\pi[\theta]}{180}$$

从中选取较小的 T 作为圆轴可传递的最大扭矩。

例 7-5　已知一钢质实心圆轴，$D=80$ mm，$G=80$ GPa，转速 $n=900$ r/min，传递的功率 $P=400$ kW，单位长度许用扭转角$[\theta]=1.5$ °/m。(1)校核其刚度；(2)设计合理的直径。

解　(1)计算扭矩。

$$M_{\mathrm{e}}=9\,550\,P/n=9\,550\times400/900=4\,244\ \mathrm{N\cdot m}$$

(2) 计算 I_{p}。

$$I_{\mathrm{p}}=\frac{\pi}{32}D^{4}=\frac{\pi}{32}\times0.08^{4}=4.02\times10^{-6}\ \mathrm{m}^{4}$$

(3) 校核刚度。由式(7-18)可得

$$\theta=\frac{T}{GI_{\mathrm{p}}}\times\frac{180}{\pi}=\frac{4\,244\times180}{80\times10^{9}\times4.02\times10^{-6}\times\pi}$$

$$=0.76\ °/\mathrm{m}<[\theta]=1.5\ °/\mathrm{m}$$

满足刚度要求。

(4) 选取合理直径。由式(7-18)可得

$$\theta=\frac{T}{GI_{\mathrm{p}}}\times\frac{180}{\pi}\leqslant[\theta]$$

则　$D_1 \geqslant \sqrt[4]{\dfrac{32T\times 180}{G\pi^2[\theta]}}=\sqrt[4]{\dfrac{32\times 4\ 244\times 180}{80\times 10^9\times \pi^2\times 1.5}}=0.067\ 4\ \text{m}=67.4\ \text{mm}$

考虑到实际应用，可选 $D_1=70$ mm

例 7－6　图 7－12(a)所示的阶梯状圆轴，已知 AC 段的直径为 $d_1=40$ mm，CB 段的直径为 $d_2=70$ mm，在 B 轮的输入功率 $P_3=35$ kW，在 A 轮的输出功率 $P_1=15$ kW，轴作匀速转动，转速 $n=200$ r/min。轴材料的 $G=80$ GPa，$[\tau]=60$ MPa，轴的$[\theta]=2\ °/\text{m}$。试校核轴的强度和刚度。

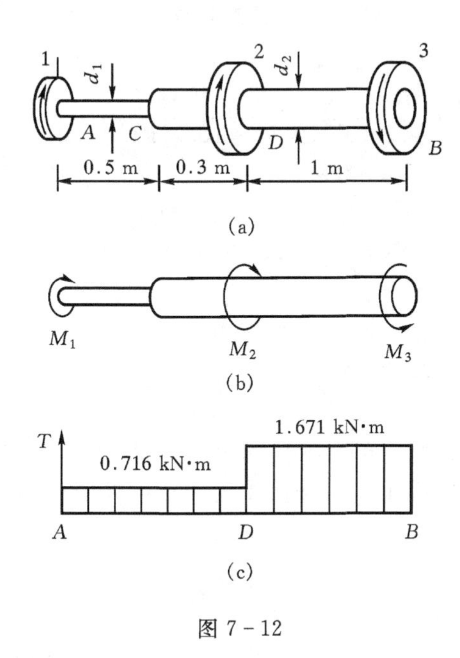

图 7－12

解　(1)计算外力偶矩。由式 $M_e=9\ 550\ P/n$ 可得

$$M_3=9\ 550\times 35/200=1\ 671\ \text{N·m}=1.671\ \text{kN·m}$$

$$M_1=9\ 550\times 15/200=716\ \text{N·m}=0.716\ \text{kN·m}$$

由平衡条件得　　$M_2=M_3-M_1=0.955\ \text{kN·m}$

(2) 作扭矩图。用截面法可求得各段上的扭矩分别为

AD 段　$T_1=M_1=0.716\ \text{kN·m}$，　DB 段　$T_2=M_3=1.671\ \text{kN·m}$

作扭矩图如图 7－12(c)所示。

(3) 计算极惯性矩 I_p 和扭转截面系数 W_t。由式(7－8)和式(7－9)可算得

AC 段　$I_{p1}=\dfrac{\pi d_1^4}{32}=\dfrac{\pi\times 40^4}{32}=2.51\times 10^5\ \text{mm}^4$

$$W_{t1}=\frac{I_{p1}}{d_1/2}=\frac{2.51\times 10^5}{20}=1.256\times 10^4\ \text{mm}^3$$

CB 段　$I_{p2}=\dfrac{\pi d_2^4}{32}=\dfrac{\pi\times 70^4}{32}=23.57\times 10^5\ \text{mm}^4$

$$W_{t2}=\frac{I_{p2}}{d_2/2}=\frac{23.57\times 70^5}{35}=6.734\times 10^4\ \text{mm}^3$$

(4) 校核强度。由扭矩图知，最大扭矩发生在 DB 段，但该段的直径较大；AC 段的扭矩较

小，但该段的直径也较小。因此，AC 段和 DB 段都可能成为危险截面，应分别校核。由式(7－13)可得

$$AC\text{ 段}\quad \tau_{\max 1}=\frac{T_1}{W_{t1}}=\frac{0.716\times10^3}{1.256\times10^4\times10^{-9}}=57\ \text{MPa}<[\tau]=60\ \text{MPa}$$

$$DB\text{ 段}\quad \tau_{\max 2}=\frac{T_2}{W_{t2}}=\frac{1.671\times10^3}{6.734\times10^4\times10^{-9}}=24.8\ \text{MPa}<[\tau]=60\ \text{MPa}$$

所以该轴满足强度要求。

(5) 校核刚度。由式(7－18)，轴的单位长度扭转角与扭矩 T 和极惯性矩 I_p 都有关系，故须分别对 AC 段和 DB 段进行刚度校核。

$$AC\text{ 段}\quad \theta_1=\frac{T_1}{GI_{p1}}\times\frac{180}{\pi}=\frac{0.716\times10^3\times180}{80\times10^9\times2.51\times10^5\times10^{-12}\times\pi}=2.04\ {}^\circ/\text{m}>[\theta]=2\ {}^\circ/\text{m}$$

$$DB\text{ 段}\quad \theta_2=\frac{T_2}{GI_{p2}}\times\frac{180}{\pi}=\frac{1.671\times10^3\times180}{80\times10^9\times23.57\times10^5\times10^{-12}\times\pi}=0.51\ {}^\circ/\text{m}<[\theta]=2\ {}^\circ/\text{m}$$

全轴中最大的单位长度扭转角发生在 AC 段，已超过了$[\theta]$，但

$$\frac{\theta_1-[\theta]}{[\theta]}\times100\%=\frac{2.04-2.0}{2.0}=2\%<5\%$$

工程上一般认为，在进行强度和刚度校核时，如果工作应力、单位扭转角等不超过许用值的5％时仍可使用，原因是在确定许用值时考虑了大于1的安全因数 n，所以该轴的刚度条件也可认为是满足的。

思考题

7－1 已知图示的微元体一个面上的切应力 τ，问其它几个面上的切应力是否可以确定？如何确定？

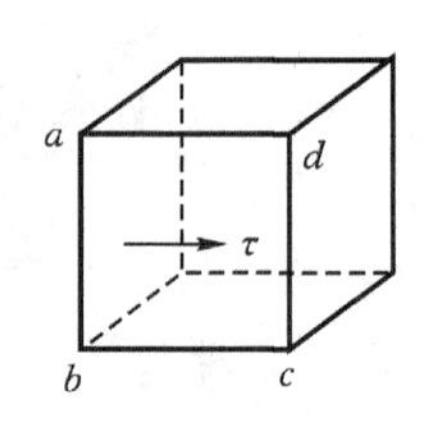

思 7－1 图

7－2 当微元体上同时存在切应力和正应力时，切应力互等定理是否仍然成立？为什么？

7－3 在切应力作用下微元体将发生怎样的变形？剪切胡克定律说明什么？它在什么条件下才成立？

7－4 图示的两个传动轴，哪一种轮的布置对提高轴的承载能力有利？

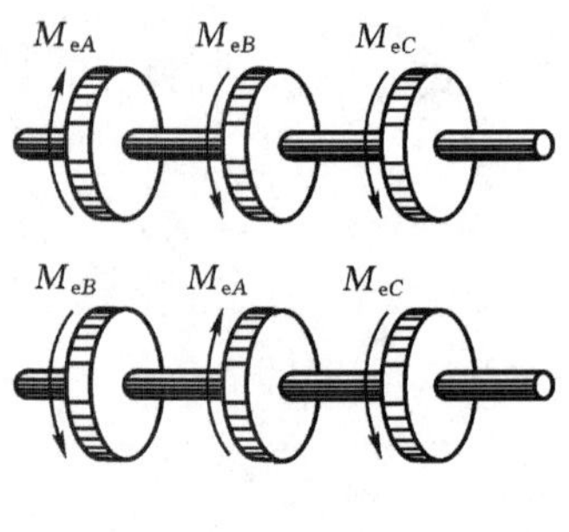

思 7－4 图

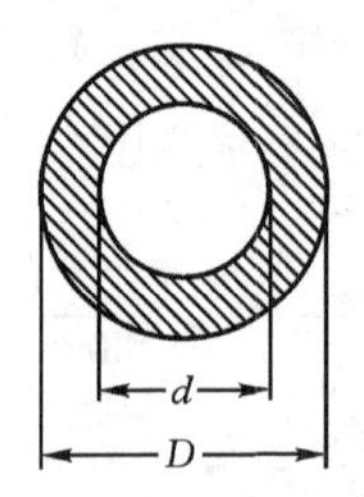

思 7－5 图

7－5 图示空心圆轴的极惯性矩 I_p 和扭转截面系数 W_t 可否按下式计算

$$I_p = I_{p外} - I_{p内} = \pi D^4/32 - \pi d^4/32,$$
$$W_t = W_外 - W_内 = \pi D^3/16 - \pi d^3/16$$

为什么？

7-6　直径 d 和长度 l 都相同，而材料不同的两根轴，在相同的扭矩作用下，它们的最大切应力 τ_{max}是否相同？扭转角 φ 是否相同？为什么？

习　题

7-1　T 为圆截面杆上的扭矩，试画出截面上与 T 对应的切应力分布图。

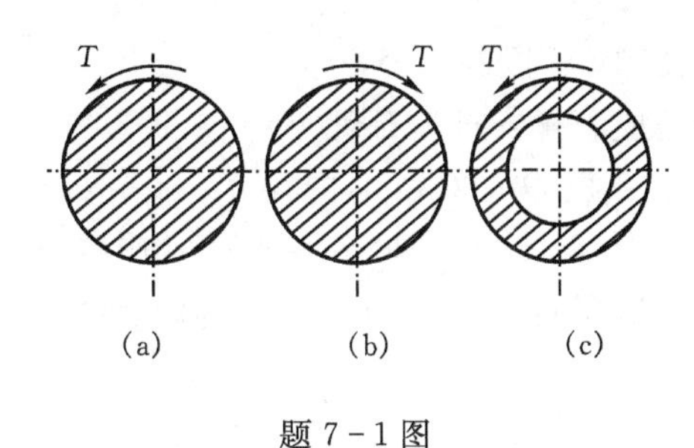

题 7-1 图

7-2　飞机在转弯时，前起落架旋转臂所受的扭矩为 T=1 377.84 N·m，旋转臂某一截面的尺寸如图所示。求截面上的最大切应力。

7-3　实心圆轴的直径 d=100 mm，长 l=1 m，两端受力偶矩 M_e=14 kN·m作用。设 $G=80\times10^9$ Pa，求：(1)最大切应力及两端截面间的相对扭转角；(2)图示 A、B、C 三点切应力的数值及方向。

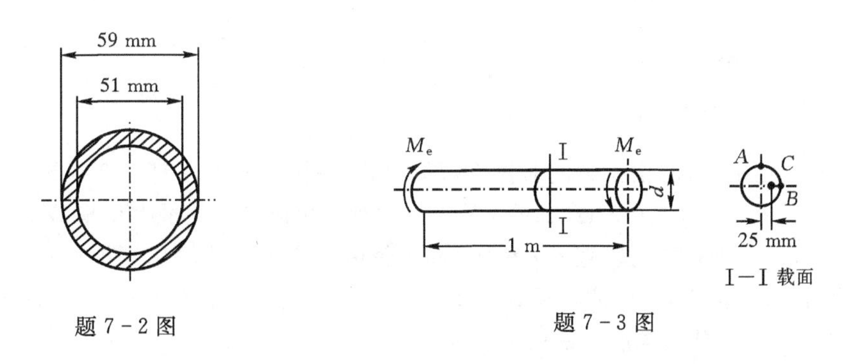

题 7-2 图　　　　题 7-3 图

7-4　一圆轴以 300 r/min 的转速传递 33 kW 的功率。若$[\tau]$=40 MPa，$[\theta]$=0.5 °/m，G=80 GPa，求轴的直径。

7-5　一根钢轴，直径为 20 mm。若$[\tau]$=100 MPa，求此轴能承受的扭矩；若转速为 100 r/min，求此轴能传递多大功率。

7-6　机器主轴由电机带动。已知电机的功率为 55 kW，主轴转速为580 r/min，直径 d=120 mm，许用切应力$[\tau]$=40 MPa。若不考虑功率损耗，试校核主轴的强度。

7-7　实心轴和空心轴通过十字联轴器连接，已知轴的转速 n=100 r/min，传递的功率 P=7.5 kW，材料的许用切应力$[\tau]$=40 MPa。试选择实心轴的直径 d_1 和内外径之比为 1/2 的空心轴的外径 D_2。

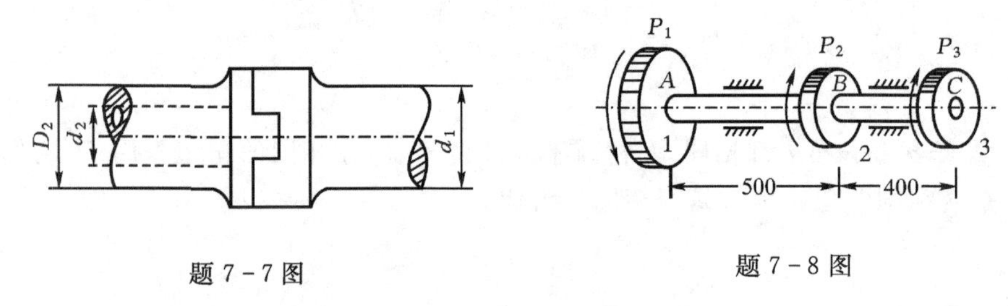

题 7-7 图　　　　题 7-8 图

7-8　传动轴的转速为 $n=500$ r/min，主动轮 1 输入功率 $P_1=367.5$ kW，从动轮 2、3 分别输出功率为 $P_2=147$ kW 和 $P_3=220.5$ kW。已知$[\tau]=70$ MPa，$[\theta]=1$ °/m，$G=80$ GPa。

(1) 试确定 AB 段的直径和 BC 段的直径；

(2) 试问主动轮和从动轮应怎样安排才合理？

7-9　已知钻探机钻杆的外径 $D=60$ mm，内径 $d=50$ mm，功率 $P=7.35$ kW，转速 $n=180$ r/min，钻杆钻入地层深度 $l=40$ m，$G=80$ GPa，$[\tau]=40$ MPa。假定地层对钻杆的阻力矩 M 沿长度均匀分布。(1)试求地层对钻杆单位长度上的阻力矩 M；(2)进行强度校核；(3)求 A、B 两截面之间相对扭转角。

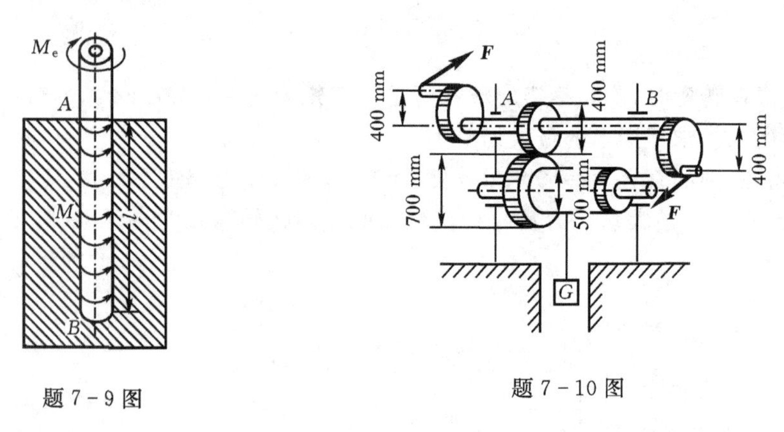

题 7-9 图　　　　题 7-10 图

7-10　图示绞车由两人同时操作，每人加在手柄上的力 F 都是 200 N。若轴的许用切应力$[\tau]=40$ MPa，试求：(1)AB 轴的直径 d；(2)绞车可能吊起的最大重量 W。

7-11　一轴系由两段直径 $d=100$ mm 带端头圆盘的圆轴用螺栓连接而成，轴扭转时最大切应力为 70 MPa，螺栓的直径 $d_1=20$ mm，并布置在 $D_0=200$ mm的圆周上。设螺栓许用切应力$[\tau]=60$ MPa，求所需螺栓数量 n。

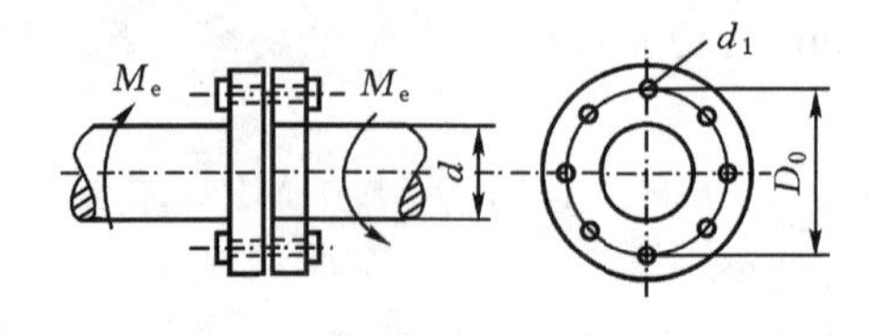

题 7-11 图

第 8 章　梁的强度和刚度

由杆件的内力介绍知，一般情况下梁的横截面上既存在剪力，也存在弯矩。由于只有切向微内力 $\tau \mathrm{d}A$ 才能构成剪力 F_S；只有法向微内力 $\sigma \mathrm{d}A$ 才能构成弯矩 M，所以在梁的横截面上将同时存在切应力 τ 和正应力 σ。因此，为了解决梁的强度问题，必须进一步研究正应力 σ 和切应力 τ 在梁的横截面上的分布规律。

8.1　梁的弯曲正应力和正应力强度条件

8.1.1　弯曲正应力

工程实际中最常见的梁往往至少具有一个纵向对称面，而外力则作用在该对称面内(图 8-1)。在这种情况下，梁的变形对称于纵向对称面，这种变形形式即为平面弯曲。它是弯曲问题中最基本、最常见的情况。本节研究梁在平面弯曲时的正应力及相应的强度条件。

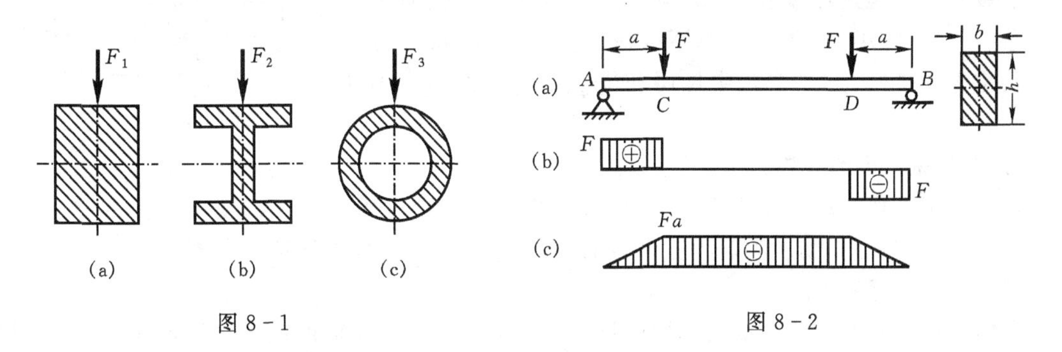

图 8-1　　　　图 8-2

图 8-2(a)所示的简支梁，两个外力 F 对称地作用于梁的纵向对称面内，其剪力图和弯矩图分别如图 8-2(b)和(c)所示。从图中看出，在 AC 和 DB 两段内，梁的各个横截面上既有剪力，又有弯矩，因而既存在切应力 τ，又存在正应力 σ，此类弯曲称为**横力弯曲**或**剪切弯曲**。在梁的 CD 段内，各个横截面上剪力等于零，而弯矩为常量，因而横截面上只有正应力而无切应力，此类弯曲称为**纯弯曲**。现首先研究纯弯曲时梁的横截面上的弯曲正应力，然后研究横力弯曲时梁的横截面上的切应力。

1. 纯弯曲试验研究和变形基本假设

纯弯曲试验在材料试验机上进行。取对称截面梁，例如，矩形截面梁，在其侧表面上画上等间距的纵线和横线(图 8-3(a))。然后在梁的纵向对称面内加大小相等、转向相反的力偶 M，使梁产生纯弯曲变形(图 8-3(b))。观察梁的变形可见：

(1) 横线仍为直线，且仍与纵线正交，只是横截面作相对转动；

(2) 纵线弯成曲线，且靠近梁顶面的纵线缩短，靠近梁底面的纵线伸长；

(3) 在纵线的伸长区，梁的宽度减小，在纵线的缩短区，宽度增大。

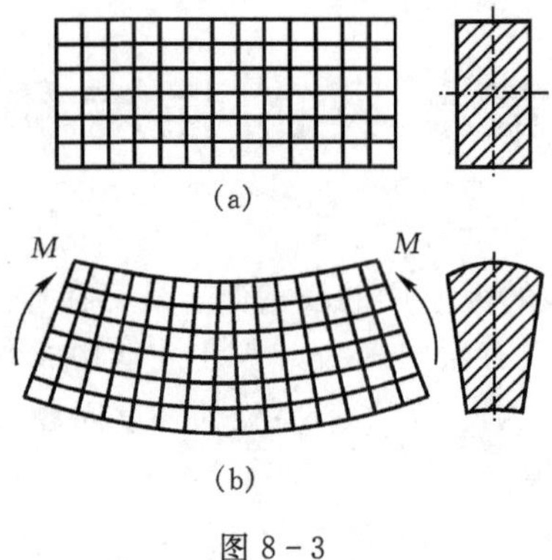

图 8-3

根据试验观察到的表面变形现象，对梁内部变形和受力作如下假设。

(1) **平面假设**。变形前原为平面的横截面，变形后仍保持为平面，且仍与梁的轴线正交，只是横截面间作相对转动。

(2) **单向受力假设**。各纵向“纤维”单向受力，各纵向“纤维”之间无挤压作用的正应力。

根据纯弯曲试验现象和纯弯曲变形的基本假设，可以设想梁是由无数层纵向“纤维”构成的。当梁弯曲时，纵向“纤维”的变形沿截面高度是连续变化的，纵向“纤维”从伸长区到缩短区之间必有一层“纤维”既不伸长也不缩短，这一长度保持不变的过渡层称为**中性层**(图 8-4)，中性层和横截面的交线称为**中性轴**。

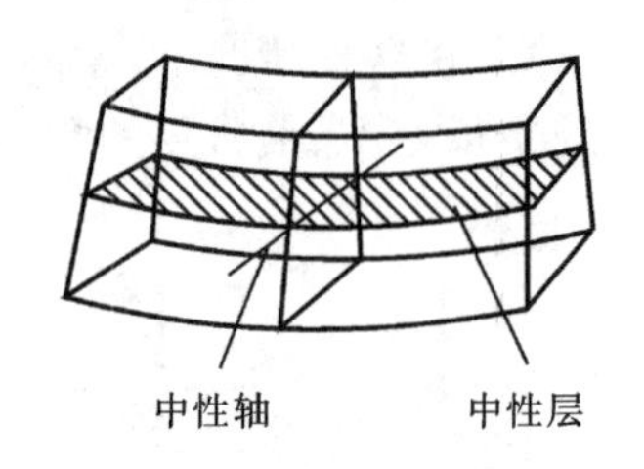

图 8-4

2. 纯弯曲时梁的正应力

和研究圆轴扭转时的切应力相似，研究梁弯曲时的正应力，也是从综合考虑几何、物理和静力三个方面的关系入手，建立弯曲正应力公式。

(1) 变形几何关系。

用横截面 1—1 和 2—2 从梁中切取长为 $\mathrm{d}x$ 的一段，并沿截面的纵向对称轴和中性轴分别建立 y 轴和 z 轴(图 8-5(a))。梁弯曲后，距中性层为 y 的纤维 ab 变为弧$\widehat{a'b'}$(图 8-5(b))。设截面 1—1 和 2—2 间的相对转角为 $\mathrm{d}\theta$，中性层 O_1O_2 的曲率半径为 ρ，则纤维$\overline{ab}$的变形为

$$\begin{aligned}\Delta l &= \widehat{a'b'} - \overline{ab} = \widehat{a'b'} - \overline{O_1O_2} = \widehat{a'b'} - \widehat{O_1'O_2'} \\ &= (\rho + y)\mathrm{d}\theta - \rho\mathrm{d}\theta = y\mathrm{d}\theta\end{aligned}$$

而其线应变为

$$\varepsilon = \frac{\Delta l}{l} = \frac{y\mathrm{d}\theta}{\mathrm{d}x} = \frac{y\mathrm{d}\theta}{\rho\mathrm{d}\theta} = \frac{y}{\rho} \tag{1}$$

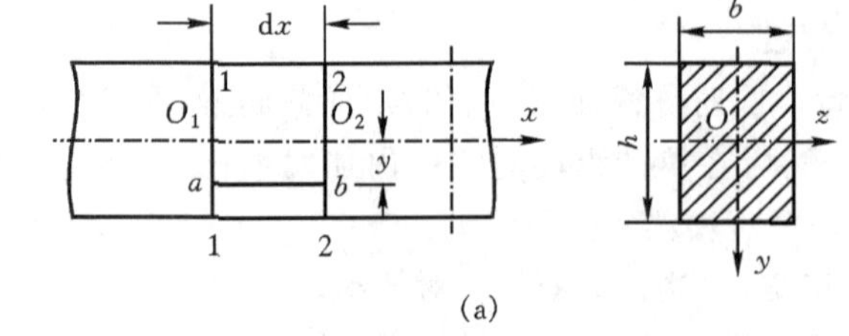

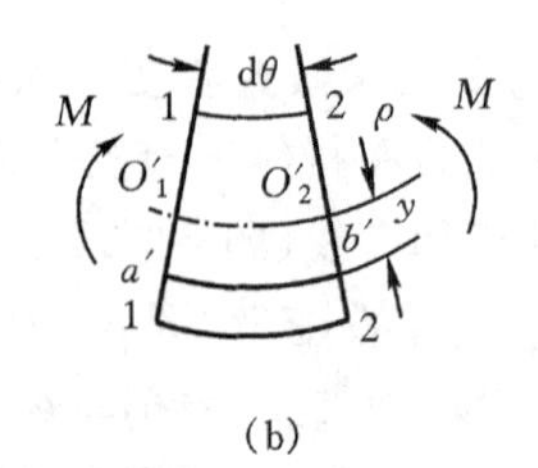

图 8-5

实际上,由于距中性层等远的各条“纤维”的变形相同。因此纵向“纤维”的线应变与它到中性层的距离成正比。

(2) 变形物理关系。

根据单向受力假设,各纵向“纤维“处于单向受力状态,在正应力不超过材料的比例极限时,对每一纵向“纤维”都可应用单向拉(压)时的胡克定律,即

$$\sigma = E\varepsilon$$

将(1)式代入上式,得

$$\sigma = Ey/\rho \tag{2}$$

上式说明:σ 与 y 成正比,即横截面上的正应力沿截面高度按直线规律变化,且中性轴上各点处的正应力均为零(图 8-6)。

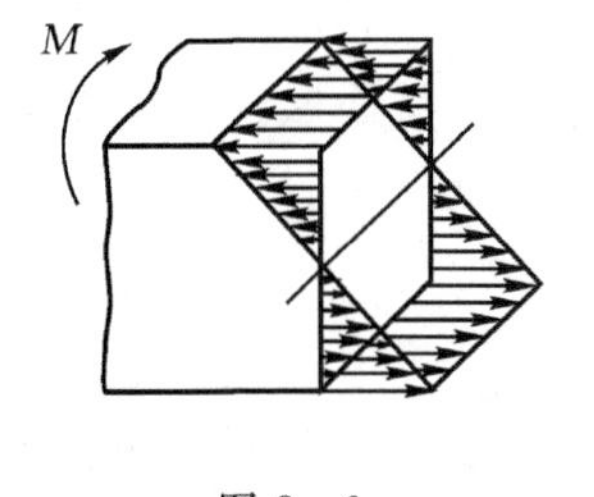

图 8-6

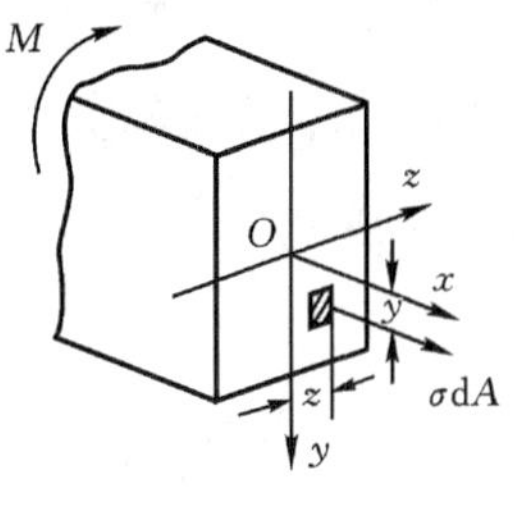

图 8-7

(3) 应力与内力间的静力关系。

如图 8-7 所示,距中性轴为 y 的微面积 $\mathrm{d}A$ 上作用着微内力 $\sigma\mathrm{d}A$,横截面上各点处的微内力组成一个垂直于横截面的空间平行力系。该平行力系的三个分量分别为

$$F_{\mathrm{N}} = \int_A \sigma \mathrm{d}A,\quad M_y = \int_A z\sigma \mathrm{d}A,\quad M_z = \int_A y\sigma \mathrm{d}A$$

式中:F_{N} 为平行于 x 轴的轴力,在纯弯曲的情况下,梁的横截面上没有轴力,只有位于 Oxy 平面内的弯矩 M,于是由截面法得

$$\int_A \sigma \mathrm{d}A = 0 \tag{3}$$

$$\int_A \sigma z \mathrm{d}A = 0 \tag{4}$$

$$\int_A \sigma y \mathrm{d}A = M \tag{5}$$

将(2)式代入(3)式,得

$$\int_A \frac{E}{\rho} y \mathrm{d}A = \frac{E}{\rho}\int_A y \mathrm{d}A = 0$$

或

$$\int_A y \mathrm{d}A = 0 \tag{6}$$

上式中积分 $\int_A y dA = S_z$,称为横截面对 z 轴的**静矩**。由形心坐标公式

$$y_C = \frac{\int_A y \mathrm{d}A}{\int_A \mathrm{d}A}$$

可知，只有当 z 轴通过截面形心，即 $y_C = 0$ 时，才可能有 $S_z = \int_A y\mathrm{d}A = 0$，故(6) 式表明，中性轴通过横截面的形心。

将(2) 式代入(4) 式，得

$$\int_A z\sigma\mathrm{d}A = \int_A \frac{E}{\rho}zy\mathrm{d}A = \frac{E}{\rho}\int_A zy\mathrm{d}A = 0 \tag{7}$$

式中：积分 $\int_A zy\mathrm{d}A = I_{zy}$，称为横截面对 y 轴和 z 轴的**惯性积**。由于 y 轴是横截面的对称轴，必然有 $I_{zy} = 0$，所以(7) 式是自然满足的。

将(2) 式代入(5) 式，得

$$M = \int_A y\sigma\mathrm{d}A = \int_A \frac{E}{\rho}y^2\mathrm{d}A = \frac{E}{\rho}\int_A y^2\mathrm{d}A \tag{8}$$

式中：积分 $\int_A y^2\mathrm{d}A = I_z$，称为横截面对 z 轴的**惯性矩**，它是与截面形状和尺寸有关的几何量。

(8)式可以改写成

$$\frac{1}{\rho} = \frac{M}{EI_z} \tag{8-1}$$

式(8-1)是用梁轴线变形后的曲率 $1/\rho$ 表示的弯曲变形公式。它表明，中性层的曲率 $1/\rho$ 与弯矩 M 成正比，与 EI_z 成反比。EI_z 越大，则曲率 $1/\rho$ 越小，反映梁的弯曲变形越小，故 EI_z 称为梁的**抗弯刚度**。

将式(8-1)中的 $1/\rho$ 代入(2)式，得

$$\sigma = \frac{My}{I_z} \tag{8-2}$$

这就是纯弯曲时梁横截面上正应力的计算公式。

弯曲变形公式(8-1)和弯曲正应力公式(8-2)经试验验证是正确的，说明在以上分析中所采用的平面假设和单向受力假设是正确的。

还应指出，以上公式虽然是在纯弯曲情况下建立的，但在一定条件下，同样适用于横力弯曲的情况，将在 8.2 节梁的切应力中讨论。

3. 最大弯曲正应力

由式(8-2)可以看出，在 $y = y_{\max}$，即横截面上离中性轴最远的各点处，弯曲正应力最大，其值为

$$\sigma_{\max} = \frac{My_{\max}}{I_z}, \quad 或 \quad \sigma_{\max} = \frac{M_{\max}}{I_z/y_{\max}}$$

式中：$I_z/y_{\max}$ 也是只与横截面的形状和尺寸有关的几何量，称为**弯曲截面系数**，用 W_z 表示，即

$$W_z = I_z/y_{\max} \tag{8-3}$$

这样，最大正应力公式可写为

$$\sigma_{\max} = M/W_z \tag{8-4}$$

可见，横截面上最大弯曲正应力与弯矩成正比，与弯曲截面系数成反比。弯曲截面系数 W_z 综合反映了横截面的形状和尺寸对弯曲强度的影响，其量纲是长度的三次方。工程实际中常见的矩形和圆形截面的弯曲截面系数分别为以下几种。

(1)高为 h、宽为 b 的矩形截面(图 8-8)。

$$W_z = \frac{I_z}{h/2} = \frac{bh^3/12}{h/2} = \frac{bh^2}{6}$$

(2)直径为 d 的圆形截面(图 8 - 9)。

$$W_z = \frac{I_z}{d/2} = \frac{\pi d^4/64}{d/2} = \frac{\pi d^3}{32}$$

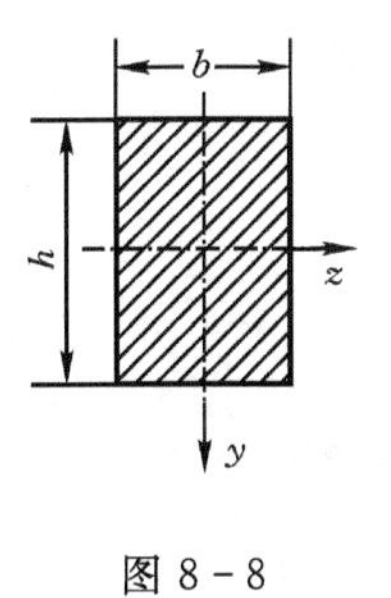

图 8 - 8

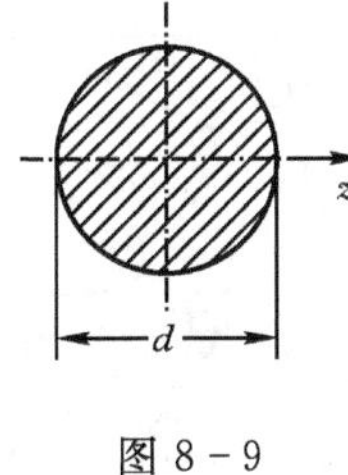

图 8 - 9

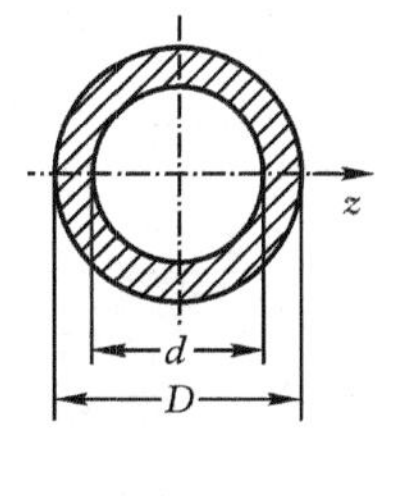

图 8 - 10

(3)内径为 d、外径为 D 的圆环形截面(图 8 - 10)。

$$W_z = \frac{I_z}{D/2} = \frac{(\pi D^4/64)(1-\alpha^4)}{D/2} = \frac{\pi D^3}{32}(1-\alpha^4)$$

式中:$\alpha = d/D$ 为内外径之比。其他各种型钢的弯曲截面系数,可在附录Ⅱ型钢表中查到。

若梁的横截面对中性轴不对称,例如,图 8 - 11 中的 T 形截面,其最大拉应力和最大压应力并不相等,这时应分别把 y_1 和 y_2 代入式(8 - 2)中计算最大拉应力和最大压应力

$$\sigma_{\max}^{+} = My_2/I_z, \quad \sigma_{\max}^{-} = My_1/I_z$$

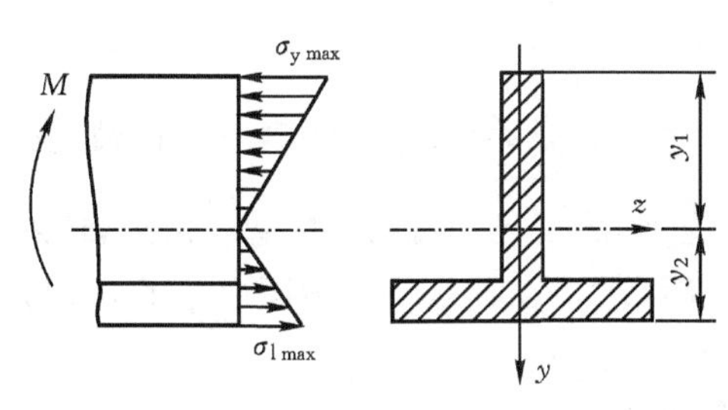

图 8 - 11

例 8 - 1　T 形截面外伸梁的受力和截面尺寸如图 8 - 12(a)所示,$I_z = 7.65\times10^6\ \text{mm}^4$,求梁内最大拉应力和最大压应力。

解　作弯矩图如图 8 - 12(b)所示,B、D 两截面弯矩转向不同(图 8 - 12(c))。

B 截面:$M_B = -4\ 400\ \text{N}\cdot\text{m}$;　D 截面:$M_D = 2\ 800\ \text{N}\cdot\text{m}$。

在 B 截面上,中性层以上受拉、中性层以下受压,且压应力的数值大于拉应力的数值。在 D 截面上则相反,最大拉应力的数值大于最大压应力的数值。

因为 B 截面上弯矩的绝对值比 D 截面的大,所以 B 截面上的最大压应力数值一定比 D 截面的大。但最大拉应力两个截面上的数值都比较大,只有实际计算才能比较其大小

$$B\ 截面:\sigma_{\max}^{-} = \frac{M_B y_2}{I_z} = \frac{-4\ 400\times10^3\times88}{7.65\times10^6} = -50.6\ \text{MPa}$$

$$\sigma_{\max}^{+} = \frac{M_B y_1}{I_z} = \frac{-4\ 400\times10^3\times(-52)}{7.65\times10^6} = 30\ \text{MPa}$$

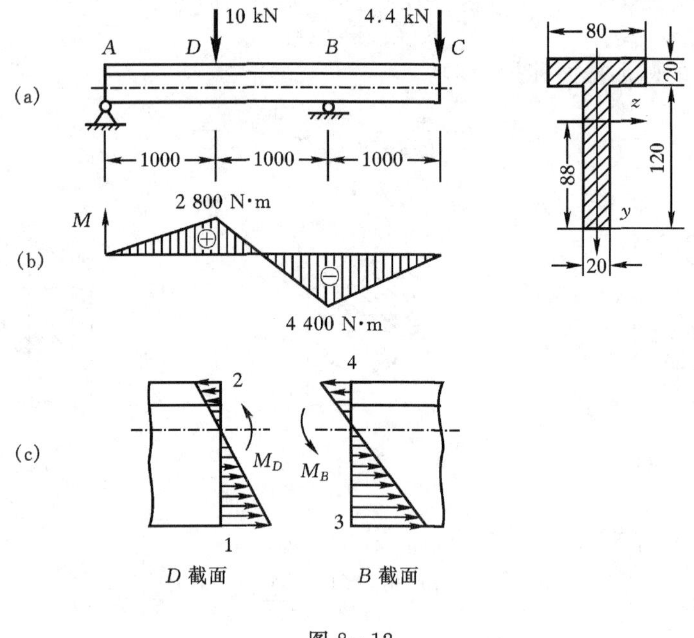

图 8 - 12

$$D\text{ 截面}:\sigma_{\max}^{+}=\frac{M_D y_2}{I_z}=\frac{2\ 800\times10^3\times88}{7.65\times10^6}=32.2\text{ MPa}$$

可见,最大拉应力发生在 D 截面的下边缘各点,其值为 32.2 MPa,最大压应力发生在 B 截面的下边缘各点,其值为−50.6 MPa。

8.1.2 平面图形的静矩和惯性矩及其平行移轴公式

用式(8 - 2)计算弯曲正应力,除了已知截面上的弯矩以外,还须知道截面上中性轴的位置和截面对中性轴的惯性矩。截面的中性轴是通过截面形心的,因此只要确定了截面形心的坐标,也就确定了中性轴的位置。

1. 平面图形的静矩和惯性矩

图 8 - 13 所示的任意平面图形,其面积为 A,y 轴和 z 轴是平面图形所在平面内的任意直角坐标轴。在平面图形内取微面积 dA。平面图形形心 C 的位置坐标为

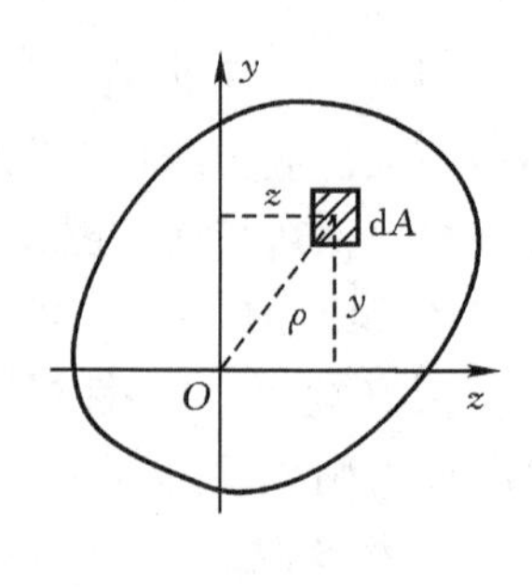

图 8 - 13

$$y_C=\frac{\int_A y\mathrm{d}A}{A},\quad z_C=\frac{\int_A z\mathrm{d}A}{A}$$

式中:$\int_A y\mathrm{d}A$ 和 $\int_A z\mathrm{d}A$ 分别称为平面图形对 z 轴和 y 轴的**静矩或一次矩**,用 S_z 和 S_y 表示,即

$$S_z=\int_A y\mathrm{d}A,\quad S_y=\int_A z\mathrm{d}A$$

于是,平面图形形心 C 的坐标可以表示为

$$y_C=S_z/A,\quad z_C=S_y/A$$

由此可见，当平面图形对 z 轴或 y 轴的静矩为零时，则该平面图形的形心 C 必位于 y 轴或 z 轴上。

根据积分的性质，当截面是由若干简单平面图形（如矩形、三角形、圆形等）组成时（图 8－14），截面图形对某一轴的静矩等于组成该截面的各平面图形对同一轴静矩的代数和，即

$$S_z = \int_A y\mathrm{d}A = \int_{A_1} y\mathrm{d}A + \int_{A_2} y\mathrm{d}A + \cdots + \int_{A_n} y\mathrm{d}A$$
$$= S_{z1} + S_{z2} + \cdots + S_{zn} = \sum S_{zi} = \sum A_i y_{Ci}$$

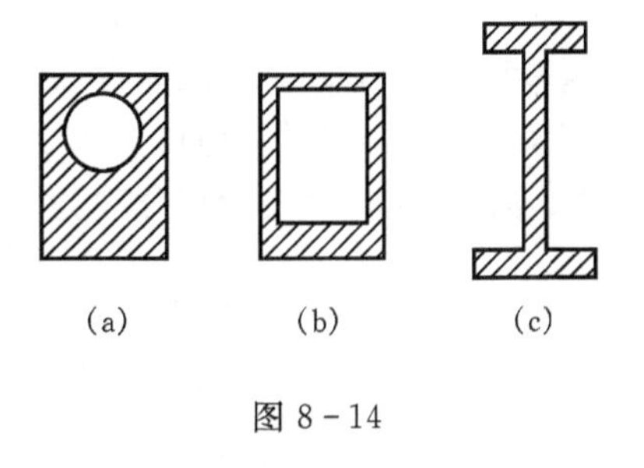

图 8－14

同理　$$S_y = \int_A z\mathrm{d}A = \sum S_{yi} = \sum A_i z_{Ci}$$

式中：A_i 和 y_{Ci}、z_{Ci} 分别表示任一组成部分的面积及形心的坐标。n 表示截面由 n 个平面图形组成，整个截面的形心 C 的坐标可表示为

$$y_C = \frac{S_z}{A} = \frac{\sum A_i y_{Ci}}{\sum A_i}, \quad z_C = \frac{S_y}{A} = \frac{\sum A_i z_{Ci}}{\sum A_i}$$

由图 8－13，乘积 $y^2\mathrm{d}A$ 和 $z^2\mathrm{d}A$ 分别称为微面积 $\mathrm{d}A$ 对 z 轴和 y 轴的**惯性矩**或**二次矩**。乘积 $yz\mathrm{d}A$ 称为微面积 $\mathrm{d}A$ 对 y 轴和 z 轴的惯性积。而遍及整个截面 A 的积分

$$I_z = \int_A y^2\mathrm{d}A, \quad I_y = \int_A z^2\mathrm{d}A; \quad I_{yz} = \int_A yz\mathrm{d}A$$

分别称为平面图形 A 对 z 轴、y 轴的惯性矩和对 y、z 轴的**惯性积**，其量纲都是长度的四次方。

由于 y^2 和 z^2 总是正值，所以惯性矩 I_z 和 I_y 恒为正；而 I_{yz} 则因其坐标轴的位置不同，可为正、亦可为负，还可为零（如当 y 或 z 轴为形心轴时，$I_{yz}=0$）。

如果把惯性矩写成平面图形的面积 A 与某一长度平方的乘积，即

$$I_y = Ai_y^2, \quad I_z = Ai_z^2$$

或　$$i_y = \sqrt{I_y/A}, \quad i_z = \sqrt{I_z/A}$$

则称 i_y 和 i_z 分别为截面对 y 轴和 z 轴的**惯性半径**，其量纲为长度的一次幂。

若以 ρ 表示微面积 $\mathrm{d}A$ 到坐标原点 O 的距离，则积分

$$\int_A \rho^2\mathrm{d}A = I_{\mathrm{p}}$$

即为截面 A 对原点的极惯性矩。由图 8－13 知 $\rho^2=y^2+z^2$，则

$$I_{\mathrm{p}} = \int_A \rho^2\mathrm{d}A = \int_A y^2\mathrm{d}A + \int_A z^2\mathrm{d}A = I_z + I_y$$

即截面对任一点的极惯性矩，等于此截面对过该点的任一对互相垂直的坐标轴的惯性矩之和。当截面由若干简单几何图形组成时，根据积分原理，组合截面对任一轴的惯性矩等于其组成部分各平面图形对同一轴惯性矩的代数和，即

$$I_z = \int_A y^2\mathrm{d}A = \int_{A_1} y^2\mathrm{d}A + \int_{A_2} y^2\mathrm{d}A + \cdots + \int_{A_n} y^2\mathrm{d}A$$
$$= I_{z1} + I_{z2} + \cdots + I_{zn} = \sum I_{zi}$$

式中：$A_1, A_2, \cdots, A_n$ 为组合截面各组成部分平面图形的面积；$I_{z1}, I_{z2}, \cdots, I_{zn}$ 为各平面图形对 z

轴的惯性矩，n 表示截面由 n 个平面图形组成。

2. 惯性矩的平行移轴公式

图 8-15 所示为任意平面图形，y_C、z_C 轴为其形心坐标轴，而 y、z 轴分别与 y_C、z_C 轴平行，在 Oyz 坐标系内，图形形心 C 的坐标为(a,b)。在任一点(y,z)处，取微面积 $\mathrm{d}A$，则平面图形 A 对 z 轴和 z_C 轴的惯性矩分别为

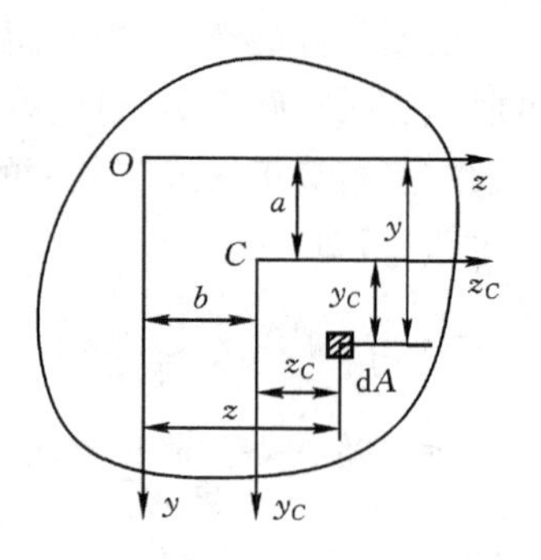

图 8-15

$$I_z = \int_A y^2 \mathrm{d}A \tag{1}$$

$$I_{z_C} = \int_A y_C^2 \mathrm{d}A \tag{2}$$

由图 8-15 可见

$$y = y_C + a \tag{3}$$

将(3)式代入(1)式，得

$$I_z = \int_A (y_C + a)^2 \mathrm{d}A = \int_A y_C^2 \mathrm{d}A + 2a\int_A y_C \mathrm{d}A + a^2\int_A \mathrm{d}A$$
$$= I_{z_C} + 2aS_{z_C} + a^2 A$$

由于 z_C 轴是形心轴，$S_{z_C}=0$。于是上式变为

$$I_z = I_{z_C} + a^2 A \tag{8-5}$$

同理可得

$$I_y = I_{y_C} + b^2 A \tag{8-6}$$

式(8-5)和式(8-6)称为**惯性矩的平行移轴公式**。利用移轴公式可由平面图形对其形心轴的惯性矩计算与形心轴平行的其它坐标轴的惯性矩。

例 8-2 求高为 h、宽为 b 的矩形截面对其形心轴的惯性矩。

解 以形心 O 为原点建立坐标系 Oyz（图8-16）。取平行于 z 轴的狭长条作为微面积 $\mathrm{d}A$，则 $\mathrm{d}A=b\mathrm{d}y$，矩形截面对 z 轴的惯性矩为

$$I_z = \int_A y^2 \mathrm{d}A = \int_{-h/2}^{h/2} by^2 \mathrm{d}y = \frac{bh^3}{12}$$

同理可得

$$I_y = hb^3/12$$

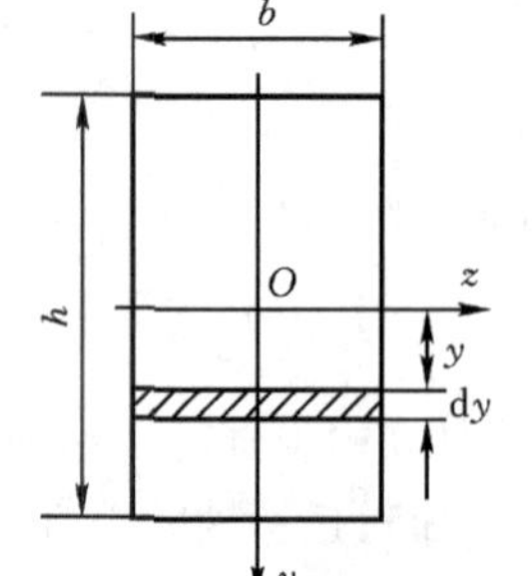

图 8-16

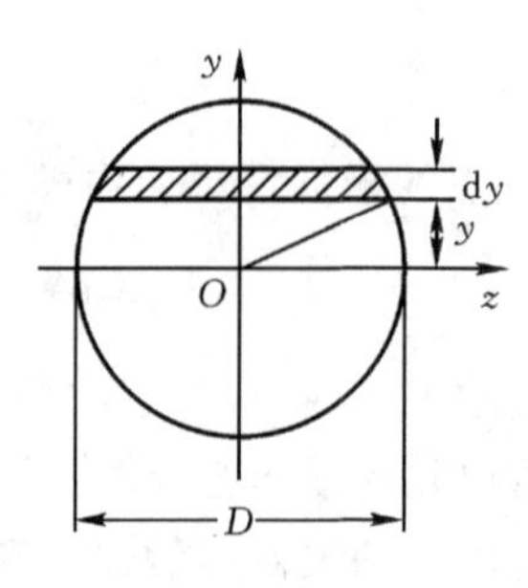

图 8-17

例 8-3 求直径为 D 的圆形截面对其形心轴的惯性矩。

解 如图 8-17 建立形心坐标轴。由 $I_p=\pi D^4/32$ 和 $I_p=I_y+I_z$ 以及对称性知，$I_y=I_z$。

所以

$$I_z = I_y = I_p/2 = \pi D^4/64$$

例 8-4　求图 8-18 所示平面图形对其形心轴 z_C 的惯性矩。

解　由图形的对称性，其形心 C 一定位于 y 轴上。

$$y_C = \frac{200\times100\times0-(\pi/4)40^2\times(-50)}{200\times100-(\pi/4)\times40^2} = 3.35\ \text{mm}$$

矩形截面对 z_C 轴的惯性矩

$$I_{z_C}^{(\text{I})} = 100\times200^3/12+100\times200\times3.35^2 = 6.69\times10^7\ \text{mm}^4$$

圆形截面对 z_C 轴的惯性矩

$$I_{z_C}^{(\text{II})} = \frac{\pi\times(40)^4}{64}+\frac{\pi}{4}\times(40)^2\times(53.35)^2 = 3.7\times10^6\ \text{mm}^4$$

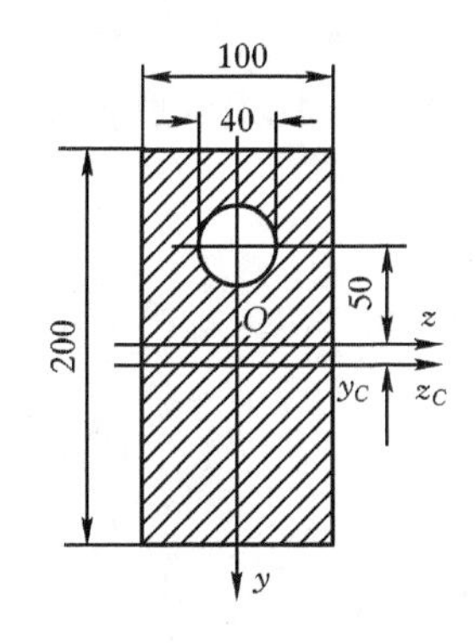

图 8-18

由组合图形惯性矩公式得图 8-18 所示平面图形对其中性轴 z_C 的惯性矩为

$$I_{z_C} = I_{z_C}^{(\text{I})}-I_{z_C}^{(\text{II})} = 6.69\times10^7-3.7\times10^6 = 6.32\times10^7\ \text{mm}^4$$

8.1.3　正应力强度条件

公式(8-2)是在纯弯曲情况下推导出的，但工程中常见的弯曲问题往往多为横力弯曲。这时梁的横截面上除有正应力外，还存在切应力。但当梁的跨度 L 与截面高度 h 之比大于 4 时，用式(8-2)计算横力弯曲正应力，误差非常小。所以，把纯弯曲时的正应力公式(8-2)用于横力弯曲正应力的计算，已有足够精度，可以满足工程上的要求。

横力弯曲时，弯矩不是常量，随截面位置而变。计算最大正应力时，一般以弯矩最大值 $M_{\max}$ 代入公式(8-2)或(8-4)，即

$$\sigma_{\max} = \frac{M_{\max}y_{\max}}{I_z} \tag{8-7}$$

或

$$\sigma_{\max} = M_{\max}/W_z \tag{8-8}$$

通常，$\sigma_{\max}$ 发生于弯矩最大的横截面上离中性轴最远处。但公式(8-2)或(8-4)表明，正应力不只是与弯矩有关，而且还与截面的形状和尺寸有关，因而，$\sigma_{\max}$ 有时发生于弯矩最大的截面上，有时可能发生于 W_z 最小的截面上。

在下节的研究中可以发现，在最大弯曲正应力作用处，弯曲切应力一般为零或很小，因而可将该处材料看作是承受轴向拉伸的情况，相应的强度条件为

$$\sigma_{\max} = (M/W_z)_{\max} \leqslant [\sigma] \tag{8-9}$$

即要求梁内的最大弯曲正应力 $\sigma_{\max}$ 不超过材料在单向受力时的许用应力 $[\sigma]$。式(8-9)称为**弯曲正应力强度条件**。

对抗拉和抗压强度相等的材料(如碳钢等塑性材料)，只要使梁内绝对值最大的正应力不超过许用应力即可。但对抗拉和抗压强度不相等的材料(如铸铁等脆性材料)，则要求最大拉应力不超过材料的许用拉应力，最大压应力不超过材料的许用压应力。

例 8-5　空气泵操纵杆，受力如图 8-19 所示。若已知右端受力为 8.5 kN；Ⅰ—Ⅰ矩形截面的高度与宽度比为 $h/b=3$；材料的许用应力 $[\sigma]=50$ MPa。求Ⅰ—Ⅰ截面的高度 h 与宽度 b 各为多少？

解　Ⅰ—Ⅰ截面上的弯矩为

$$M = 8.5 \times 10^3 \times (720 - 160/2) \times 10^{-3} = 5.44 \times 10^3 \text{N·m}$$

该截面的弯曲截面系数为

$$W_z = bh^2/6 = h^3/18$$

由弯曲正应力强度条件,得

$$\frac{5.44 \times 10^3}{h^3/18} \leqslant 50 \times 10^6$$

由此解出 $h \geqslant \sqrt[3]{18 \times 5.44 \times 10^3/(50 \times 10^6)} = 125 \text{ mm}$, $b = h/3 = 42 \text{ mm}$

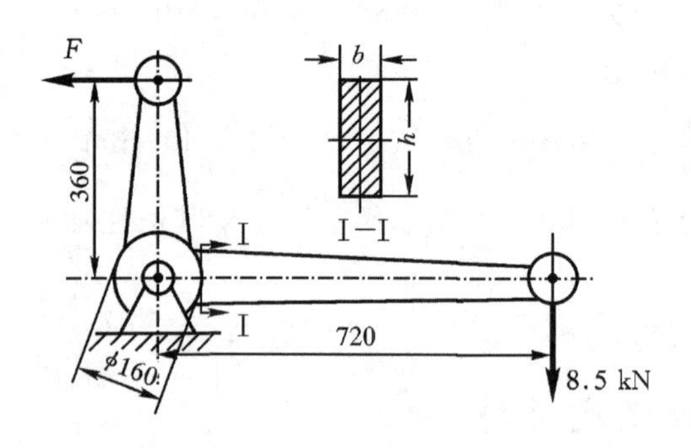

图 8-19

例 8-6 T字形截面外伸梁,用铸铁制成,受集度为 $q=25$ N/mm 的均布载荷作用(图 8-20(a)),$y_1=45$ mm,$y_2=95$ mm,$I_z=8.84\times10^6$ mm^4,$[\sigma]^+=35$ MPa,$[\sigma]^-=140$ MPa,C 为截面形心。试校核梁的强度。

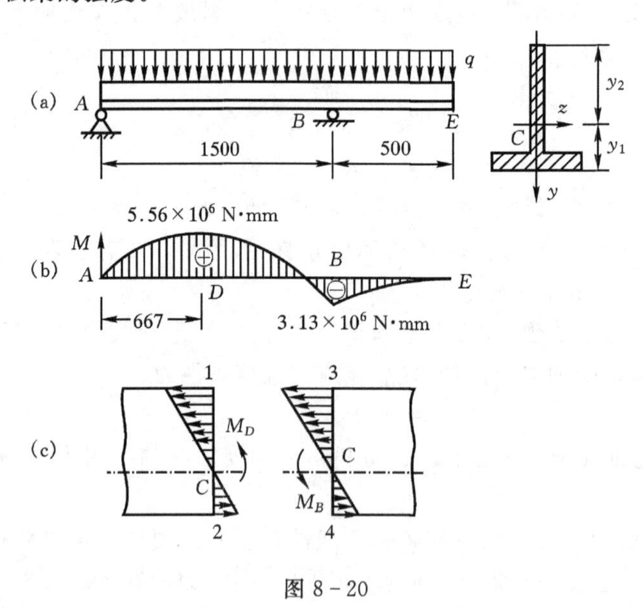

图 8-20

解 梁的弯矩图如图 8-20(b)所示。可以看出,D、B 截面是危险截面,弯矩值分别为

$$M_D = 5.56 \times 10^3 \text{ N·m}, \quad M_B = -3.13 \times 10^3 \text{ N·m}$$

危险截面上的应力分布如图 8-20(c)所示。1 点和 4 点是截面 D 和 B 的最大压应力点,2 点和 3 点是截面 D 和 B 的最大拉应力点,由于 $|M_D|>|M_B|$,且 $|y_2|>|y_1|$,故 $|\sigma_1|>|\sigma_4|$,即最

大弯曲压应力 σ_{max}^{-}发生在截面 D 的 1 点处；至于最大弯曲拉应力 σ_{max}^{+}则需经过计算以后才能确定。

$$D\text{ 截面：}\sigma_{max}^{-}=\frac{M_D y_2}{I_z}=\frac{5.56\times10^6\times(-95)}{8.84\times10^6}=-59.8\text{ MPa}$$

$$\sigma_{max}^{+}=\frac{M_D y_1}{I_z}=\frac{5.56\times10^6\times45}{8.84\times10^6}=28.3\text{ MPa}$$

$$B\text{ 截面：}\sigma_{max}^{+}=\frac{M_B y_2}{I_z}=\frac{-3.13\times10^6\times(-95)}{8.84\times10^6}=33.6\text{ MPa}$$

由此可见 $\sigma_{max}^{+}=33.6\text{ MPa}<[\sigma]^{+}$，$\sigma_{max}^{-}=59.8\text{ MPa}<[\sigma]^{-}$，故该 T 字形梁符合强度要求。

8.2　梁的切应力和切应力强度条件

横力弯曲时，通常梁的横截面上既有弯矩又有剪力，因而截面上既存在正应力又存在切应力。在弯曲问题中，一般情况下正应力是强度计算的主要因素，但有时(例如跨度短而截面高的梁、腹板较簿的工字梁、支座附近的梁截面等)也需要考虑弯曲切应力。现在按梁截面的形状，分别对横截面上切应力的分布进行讨论。

8.2.1　弯曲切应力

1. 矩形截面梁

图 8-21(a)所示矩形截面梁，在纵向对称面内受横向力作用。设梁的横截面高为 h，宽为 b，z 轴为其中性轴，y 轴是其对称轴，剪力 F_S 与截面对称轴 y 重合(图 8-21(b))。切应力在横截面上的分布规律易作如下假设：①横截面上各点切应力的方向都平行于剪力 F_S(或截面的侧边)；②切应力沿截面宽度均匀分布，即离中性轴等距离的各点切应力相等。精确分析表明，当截面高度 h 大于其宽度 b 时，由上述假设建立的弯曲切应力公式是足够准确的。

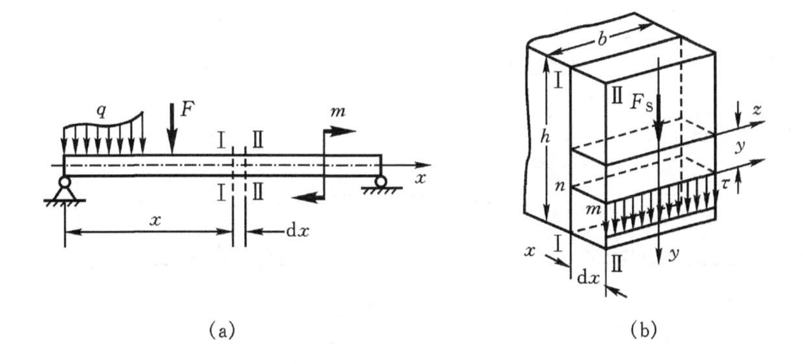

图 8-21

用相距 dx 的两个横截面Ⅰ—Ⅰ和Ⅱ—Ⅱ从梁中切取微段 dx(图 8-22(a))，该微段的截面上内力和应力分布如图 8-22(a)所示。在横截面上纵坐标为 y 处，再用一纵向截面 m—n 将该微段的下部切出(图 8-22(b))。设横截面上 y 处的切应力为 $\tau(y)$，由切应力互等定理可知，微体纵截面 m—n 上的切应力 τ' 与 $\tau(y)$ 大小相等，并沿截面宽度 b 均匀分布。

由于横截面上存在剪力 F_S，在截面Ⅰ—Ⅰ和Ⅱ—Ⅱ上的弯矩将不同，设截面Ⅰ—Ⅰ上的

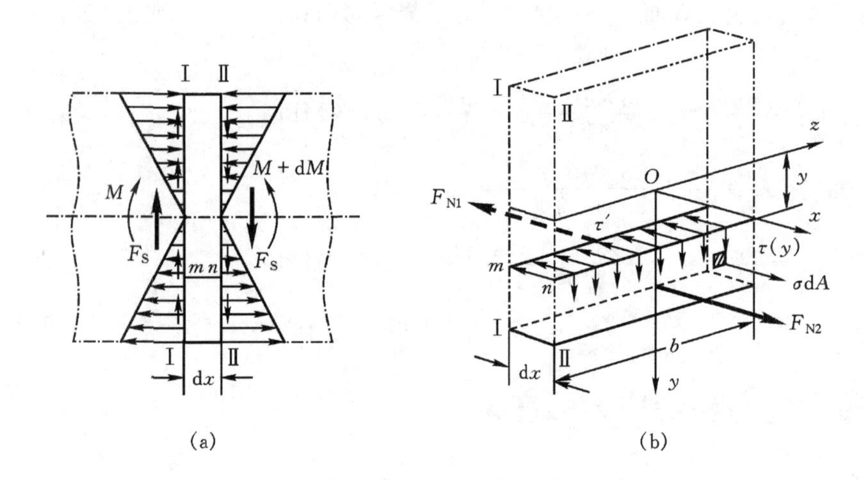

图 8-22

弯矩为 M,则截面Ⅱ—Ⅱ上的弯矩为 $M+\mathrm{d}M$ 或 $M+F_S\mathrm{d}x$,对应两截面的弯曲正应力也不相同,下部微体上两截面由弯曲正应力所构成的轴向合力也不同。由微体下部的轴向平衡方程 $\sum F_x=0$ 可知

$$F_{N2}-F_{N1}-\tau' b\,\mathrm{d}x=0$$

即

$$\tau'=\tau(y)=\frac{F_{N2}-F_{N1}}{b\,\mathrm{d}x} \tag{1}$$

设微体下部的横截面面积为 w,则有

$$F_{N1}=\int_w \sigma\mathrm{d}A=\int_w \frac{My}{I_z}\mathrm{d}A=\frac{M}{I_z}\int_w y\mathrm{d}A=\frac{MS_z^{(w)}}{I_z} \tag{2}$$

同理

$$F_{N2}=\int_w \sigma\mathrm{d}A=\int_w \frac{(M+F_S\mathrm{d}x)y}{I_z}\mathrm{d}A=\frac{(M+F_S\mathrm{d}x)}{I_z}\int_w y\mathrm{d}A$$

$$=\frac{(M+F_S\mathrm{d}x)S_z^{(w)}}{I_z} \tag{3}$$

将(2)、(3)式代入(1)式,得

$$\tau(y)=\frac{F_S S_z^{(w)}}{I_z b} \tag{8-10}$$

式中:I_z 是整个横截面对中性轴 z 的惯性矩,而 $S_z^{(w)}$ 则代表 y 处横线一侧横截面 w 对中性轴的静矩。

对于矩形横截面(图 8-23(a)),有

$$S_z^{(w)}=\int_w y_1\mathrm{d}A=b\left(\frac{h}{2}-y\right)\times\frac{1}{2}\left(\frac{h}{2}+y\right)=\frac{b}{2}\left(\frac{h^2}{4}-y^2\right),\quad I_z=\frac{bh^3}{12}$$

于是得到矩形截面梁横截面上的弯曲切应力为

$$\tau(y)=\frac{3F_S}{2bh}\left(1-\frac{4y^2}{h^2}\right) \tag{8-11}$$

可见,矩形截面梁弯曲切应力沿截面高度按抛物线规律变化(图 8-23(b)),在截面的上、下边缘($y=\pm h/2$)处,$\tau=0$;在中性轴处($y=0$),切应力最大,其值为

$$\tau_{\max}=\frac{3F_{S}}{2bh}=\frac{3}{2}\frac{F_{S}}{A} \tag{8-12}$$

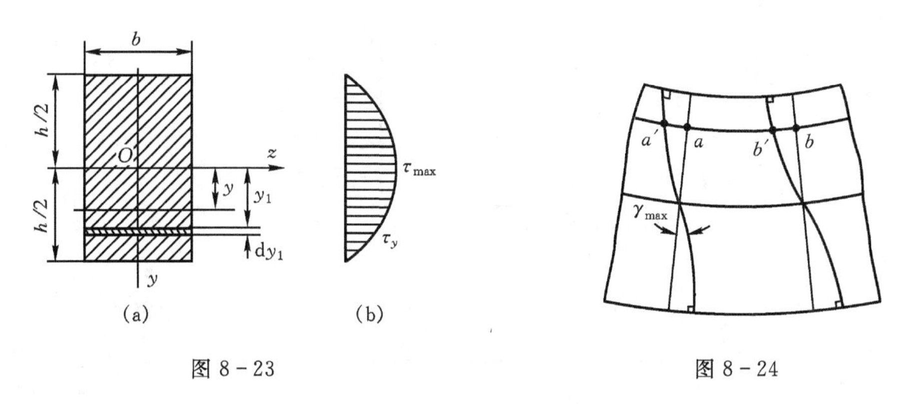

图 8-23　　图 8-24

根据剪切胡克定律 $\tau=G\gamma$，由公式(8-11)可得切应变为

$$\gamma=\frac{3F_{S}}{2Gbh}\left(1-\frac{4y^{2}}{h^{2}}\right) \tag{8-13}$$

可见，切应变沿截面高度也按抛物线规律变化。在中性层处，γ 最大，在上、下边缘处，$\gamma=0$(图 8-24)，所以存在切应力的情况下，横截面将发生翘曲。但是，如果相邻横截面的剪力相同时，它们的翘曲程度也相同，由弯曲所引起的“纤维”的纵向变形将不受剪力的影响，如$\widehat{a'b'}=\widehat{ab}$。因此，根据平面假设所建立的弯曲正应力公式仍然成立。梁上有分布载荷作用时，梁在不同截面上的剪力不相同，各截面的翘曲程度也不一样。但精确分析表明，因相邻横截面纵向“纤维”的长度变化相当小，故对弯曲正应力的影响仍可忽略不计。

2. 工字形截面梁

工程上常用的工字形截面梁，可看成是由狭长的矩形腹板和两个扁矩形的上、下翼缘组成(图 8-25(a))，腹板上的切应力仍可用式(8-10)计算，即

$$\tau(y)=\frac{F_{S}S_{z}^{(w)}}{I_{z}b}=\frac{F_{S}}{I_{z}b}\left[\frac{B}{8}(H^{2}-h^{2})+\frac{b}{2}\left(\frac{h^{2}}{4}-y^{2}\right)\right] \tag{8-14}$$

可见，切应力沿腹板的高度也是按抛物线规律变化的(图 8-25(b))。以 $y=0$ 和 $y=h/2$ 分别代入式(8-14)，得

$$\tau_{\max}=\frac{F_{S}}{I_{z}b}\left[\frac{BH^{2}}{8}-\frac{h^{2}}{8}(B-b)\right] \tag{8-15}$$

$$\tau_{\min}=\frac{F_{S}}{I_{z}b}\left[\frac{BH^{2}}{8}-\frac{Bh^{2}}{8}\right] \tag{8-16}$$

由于 $b\ll B$，所以 $\tau_{\max}$ 与 $\tau_{\min}$ 实际上相差不大，因而可以认为腹板上的切应力大致是均匀分布的。计算结果表明，腹板上的总剪力约等于(0.95～0.97)F_{S}，所以腹板内的切应力可近似认为

$$\tau=\frac{F_{S}}{hb}$$

翼缘上的切应力比较复杂，既有 y 向分量，也有 z 向分量，但都很小，在强度计算时，通常不考虑。

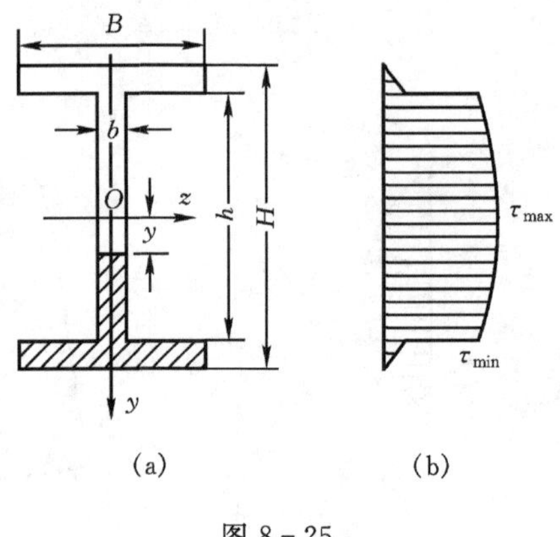

(a)　　(b)

图 8-25

3. 圆形截面梁

圆形截面梁的最大弯曲切应力仍然发生在中性轴上。切应力大小沿截面高度仍按抛物线规律分布，各点切应力方向不再平行于 F_S 方向，截面边缘上各点的切应力与圆周相切，如图 8-26所示。最大切应力为

$$\tau_{max} = \frac{4}{3}\frac{F_S}{A}$$

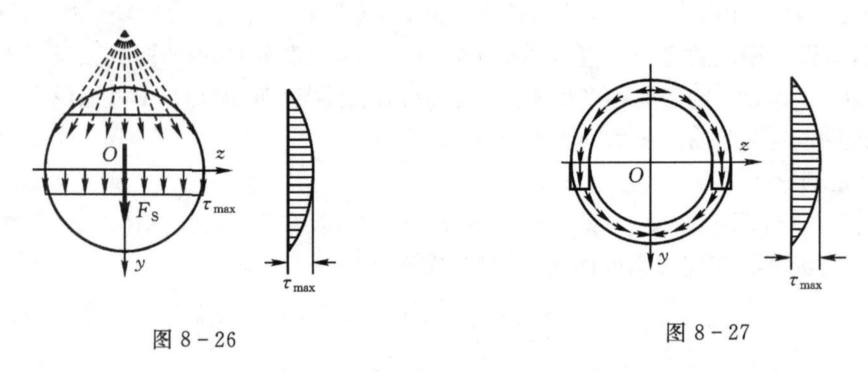

图 8-26　　图 8-27

4. 圆环形截面梁

对于薄壁圆环形截面梁，横截面切应力的方向可假设沿圆环的切向，且沿壁厚均匀分布(图 8-27)。最大切应力在中性轴处，其值为

$$\tau_{max} = 2F_S/A$$

8.2.2　切应力强度条件

如上所述，最大切应力通常发生在中性轴上各点处，而该处的弯曲正应力为零，因此最大弯曲切应力作用点处于纯切应力状态，而相应的强度条件为

$$\tau_{max} = \left(\frac{F_S S_{z\,max}}{I_z b}\right)_{max} \leqslant [\tau] \tag{8-17}$$

对于等截面直梁，其弯曲切应力强度条件为

$$\tau_{max} = \frac{F_{S\,max} S_{z\,max}}{I_z b} \leqslant [\tau] \tag{8-18}$$

即要求梁内最大弯曲切应力 τ_{max} 不超过材料在纯剪时的许用切应力$[\tau]$。式(8－17)和式(8－18)称为**弯曲切应力强度条件**。

在一般细而长的非薄壁等截面梁中，最大弯曲切应力远小于最大弯曲正应力，因此通常只需按弯曲正应力强度条件进行计算即可。但是，对薄壁截面梁和弯矩较小而剪力较大的梁，则不仅应考虑弯曲正应力强度条件，还应考虑弯曲切应力强度条件。如铆接或焊接的工字形截面梁，腹板较薄而高度却颇大；梁的跨度较短，或者在支座附近有较大的载荷，梁的弯矩较小，而剪力却可能很大；焊接、铆接或胶合而成的梁，对焊缝、铆钉或胶合面等，一般应对切应力进行校核。

例 8－7　图 8－28(a)所示外伸梁，承受载荷 F 作用。已知 $F=20$ kN，$[\sigma]=160$ MPa，$[\tau]=90$ MPa。试选择工字钢型号。

解　梁的剪力图和弯矩图分别如图 8－28(b)和(c)所示。按照弯曲正应力强度条件选择截面

$$W_z \geqslant M_{max}/[\sigma] = 20\times 10^3/160 = 125\ \text{cm}^3$$

由型钢表查得：先用 16 工字钢，其 $W_z=141\ \text{cm}^3$。

按照弯曲切应力强度条件校核剪切强度。由型钢表查得 16 工字钢 $I_z/S_z=13.8$ cm，腹板的厚度 $b=6$ mm，由公式(8－18)，得

$$\tau_{max} = \frac{F_{S\,max}S_{z\,max}}{I_z b} = \frac{20\times 10^9}{138\times 6} = 24.15\ \text{MPa} < [\tau]$$

故选用 16 工字钢符合强度要求。

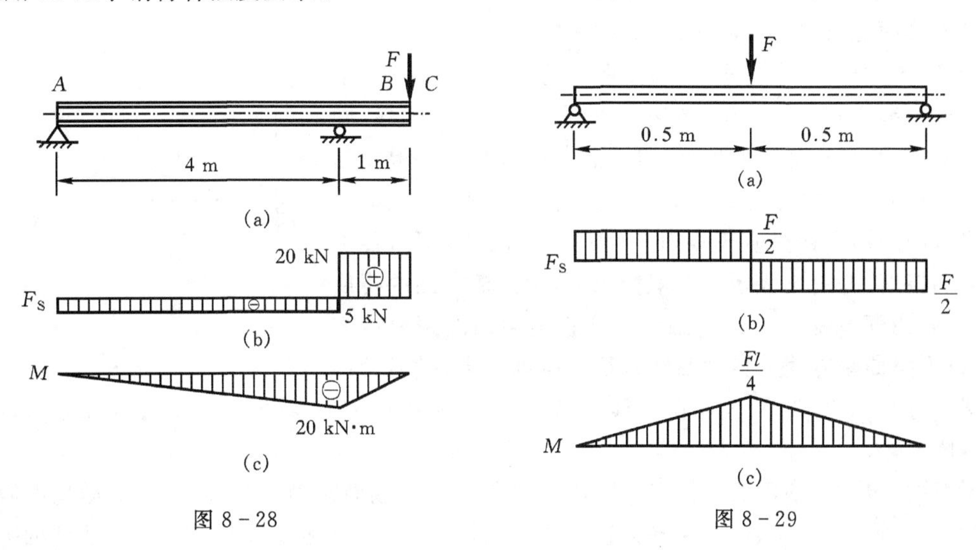

图 8－28　　图 8－29

例 8－8　木制矩形截面($b=150$ mm，$h=250$ mm)简支梁，如图 8－29(a)所示，跨长为 1 m，$[\sigma]=7$ MPa，$[\tau]=1$ MPa，在梁的中点作用集中载荷 F，试求其容许载荷$[F]$的大小。

解　梁的剪力图和弯矩图分别如图 8－29(b)和(c)所示。按照梁的弯曲正应力强度条件

$$\sigma_{max} = \frac{M_{max}}{W_z} = \frac{Fl/4}{bh^2/6} \leqslant [\sigma]$$

由此求得容许载荷为

$$F_1 \leqslant \frac{4 \times 150 \times 250^2 \times 7}{6 \times 10^3} = 43.75 \text{ kN}$$

按照矩形截面梁的弯曲切应力强度条件

$$\tau_{\max} = \frac{3}{2}\frac{F_S}{A} = \frac{3 \times F/2}{2 \times b \times h} \leqslant [\tau]$$

由此求得容许载荷为

$$F_2 \leqslant \frac{2 \times 2 \times 150 \times 250 \times 1}{3 \times 10^3} = 50 \text{ kN}$$

比较 F_1 和 F_2，简支木梁的容许载荷为

$$[F] = 43.75 \text{ kN}$$

8.3 梁的弯曲变形和刚度条件

在工程实际中，除对梁的强度有要求外，往往还要求梁的变形不能过大，即对梁的刚度有要求。研究梁的变形不仅是为了解决梁的刚度问题和求解超静定梁，同时也为分析梁的振动和压杆稳定等问题提供基础。本节主要研究梁在平面弯曲时由弯矩引起的变形，至于剪力对梁变形的影响，在一般细长梁中均可忽略不计，因而研究梁的变形一般不考虑剪力的影响。

8.3.1 弯曲变形的度量

如果外力作用在梁的纵向对称面内，梁发生平面弯曲，梁的轴线由直线变为纵向对称面内的一条连续而光滑的平面曲线，称为**挠曲线**。

图 8-30 所示的悬臂梁，若沿变形前的梁轴选取 x 轴，沿梁端截面主形心轴选取 y 轴，忽略剪力所引起的截面翘曲，则当梁在 Oxy 平面内发生弯曲变形时，梁内各横截面将保持为平面，并在 Oxy 平面内发生移动和转动。

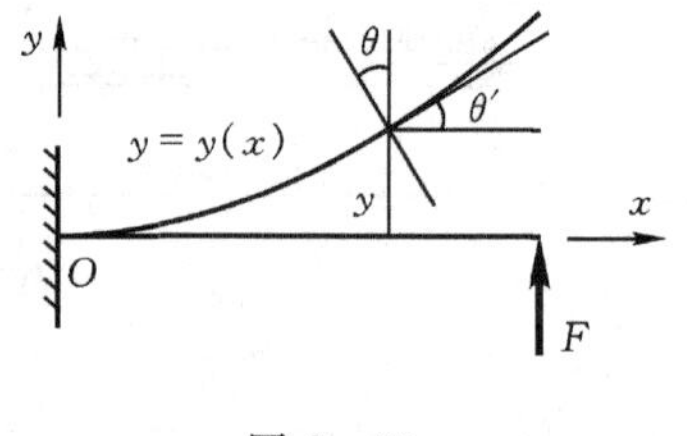

图 8-30

横截面的形心在垂直于梁轴（x 轴）方向的线位移，称为横截面的**挠度**，并用 y 表示。一般情况下，不同横截面的挠度不同，所以挠度 y 是坐标 x 的函数。这就是梁轴的**挠曲线方程**，也称为**挠曲轴方程**或**弹性曲线方程**。应该指出，横截面形心沿梁轴方向（x 轴方向）也存在位移，精确分析表明在小变形条件下，它远小于挠度 y，因而可以忽略不计。

梁弯曲变形时，横截面对原来位置转过的角度称为**截面转角**，用 θ 表示。根据平面假设，变形前与 x 轴正交的横截面，变形后仍与挠曲线正交。所以 θ 就是 y 轴与挠曲线法线的夹角。它应等于 x 轴与挠曲线切线的夹角 θ'，即

$$\theta = \theta'$$

工程实际中在小变形条件下，转角 θ 或 θ' 一般都很小，这样

$$\theta = \theta' \approx \tan\theta' = \frac{\mathrm{d}y}{\mathrm{d}x} \tag{8-19}$$

式(8-19)给出了挠度与转角之间的关系，它反映了挠曲轴上任一点的斜率等于该点处横截面的转角。可见，度量梁的变形，关键在于建立梁的弹性曲线方程 $y=y(x)$。

8.3.2　弹性曲线近似微分方程

在 8.1 中建立纯弯曲正应力公式时，曾得到利用中性层曲率表示的弯曲变形公式

$$\frac{1}{\rho}=\frac{M}{EI} \tag{8-20}$$

如果忽略剪力对变形的影响，则上式也可用于一般弯曲。式中：EI 为梁的抗弯刚度，$1/\rho$ 是中性层的曲率。

注意到梁挠曲线上任一点的曲率为

$$\frac{1}{\rho}=\pm\frac{\mathrm{d}^2y/\mathrm{d}x^2}{[1+(\mathrm{d}y/\mathrm{d}x)^2]^{3/2}}$$

将上式代入式(8-20)，得

$$\pm\frac{\mathrm{d}^2y/\mathrm{d}x^2}{[1+(\mathrm{d}y/\mathrm{d}x)^2]^{3/2}}=\frac{M(x)}{EI} \tag{8-21}$$

式(8-21)称为**弹性曲线微分方程**，它是一个二阶非线性常微分方程。

在工程实际中，梁的变形一般很小，弹性曲线通常是一条极其平坦的曲线，转角 $\theta=\mathrm{d}y/\mathrm{d}x$ 是一个很小的角度，$(\mathrm{d}y/\mathrm{d}x)^2$ 与 1 相比十分微小，完全可以忽略不计，于是式(8-21)可以简化为

$$\pm\frac{\mathrm{d}^2y}{\mathrm{d}x^2}=\frac{M(x)}{EI}$$

上式左端正负号的选择与弯矩的符号规定以及 Oxy 坐标系的选择有关。如果弯矩的正负号仍按以前的规定，而 y 轴则以向上为正，即以弯矩 M 与 $\mathrm{d}^2y/\mathrm{d}x^2$ 的正负号总是一致的(图 8-31)。这样，可以写成

$$\frac{\mathrm{d}^2y}{\mathrm{d}x^2}=\frac{M(x)}{EI} \tag{8-22}$$

这就是**梁弯曲挠曲线近似微分方程**。

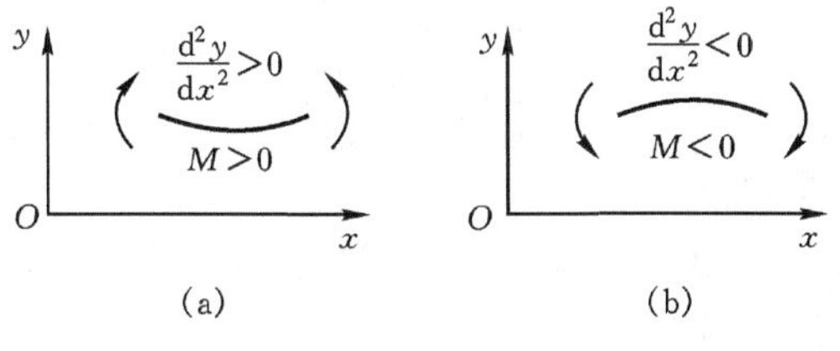

(a)　(b)

图 8-31

以下除用 y 表示任意截面的挠度外，还经常用 f 表示指定截面的挠度。

8.3.3　用直接积分法求梁的弯曲变形

对等截面梁，EI 为常量。将式(8-22)的两边乘以 EI 得

$$EI\frac{\mathrm{d}^2y}{\mathrm{d}x^2}=M(x)$$

再将等式两边同乘以 $\mathrm{d}x$，积分得转角方程为

$$EI\frac{dy}{dx}=\int M(x)dx+C$$

再用 dx 乘上式等号两边，积分得挠曲线方程为

$$EIy=\int\left[\int M(x)dx\right]dx+Cx+D$$

式中：C、D 为积分常数。

积分常数可利用梁上某些截面的已知位移和转角来确定。例如，在固定端挠度和转角均为零；在铰支座处，挠度为零；在弯曲变形的对称点上，转角等于零，这类条件统称为梁的**边界条件**。此外，弹性曲线应该是一条光滑的连续曲线，在弹性曲线的任一点上，有唯一确定的挠度和转角，这就是梁的**连续性条件**。根据梁的边界条件和连续性条件可以确定弹性曲线中的所有积分常数。

例 8-9　悬臂梁长为 L，在自由端受集中力 F 作用，EI 为已知常数，求梁的转角方程和挠度方程，并求最大转角和最大挠度。

解　选取直角坐标系 Oxy（图 8-32(a)）。可求得任意横截面上的弯矩方程为

$$M(x)=-F(L-x)\tag{1}$$

悬臂梁弹性曲线近似微分方程为

$$EI\frac{d^2y}{dx^2}=-F(L-x)\tag{2}$$

积分得

$$EI\frac{dy}{dx}=\frac{F}{2}(L-x)^2+C\tag{3}$$

$$EIy=-\frac{F}{6}(L-x)^3+Cx+D\tag{4}$$

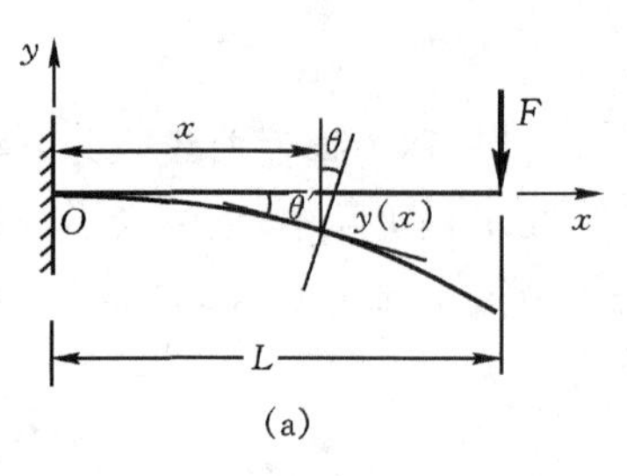

(a)

M　F_S　F　L - x

(b)

图 8-32

在固定端($x=0$)，转角 θ_0 和挠度 y_0 均等于零，即

$$\left.\frac{dy}{dx}\right|_{x=0}=0\tag{5}$$

$$y|_{x=0}=0\tag{6}$$

将(5)、(6)式代入(3)、(4)式，得

$$C=-FL^2/2,\quad D=FL^3/6$$

于是得转角方程和挠度方程分别为

$$EI\theta=EI\frac{dy}{dx}=\frac{F}{2}(L-x)^2-\frac{FL^2}{2}=\frac{Fx^2}{2}-FLx\tag{7}$$

$$EIy=-\frac{F}{6}(L-x)^3-\frac{FL^2}{2}x+\frac{FL^3}{6}=\frac{Fx^3}{6}-\frac{FLx^2}{2}\tag{8}$$

在自由端转角和挠度最大，它们分别是

$$\theta_{max}=\left.\frac{dy}{dx}\right|_{x=L}=-\frac{FL^2}{2EI},\quad f_{max}=y|_{x=L}=-\frac{FL^3}{3EI}$$

转角 θ_{max} 的符号为负，表示截面转角是顺钟向转动的；挠度 f_{max} 的符号为负，表示截面形心的位移与 y 轴正方向相反，即挠度是向下的。

例 8-10　桥式起重机大梁的自重可视为集度为 q 的均布载荷，试求梁的弹性曲线方程

和转角方程并求其最大挠度和最大转角。设梁的长度为 L,EI 为已知常数。

解　选取直角坐标系 Axy(图 8-33(a)),可求得任意截面上的弯矩为

$$M(x)=\frac{qL}{2}x-\frac{qx^2}{2} \tag{1}$$

梁的弹性曲线近似微分方程为

$$EI\,\frac{\mathrm{d}^2y}{\mathrm{d}x^2}=\frac{qL}{2}x-\frac{qx^2}{2} \tag{2}$$

积分得

$$EI\,\frac{\mathrm{d}y}{\mathrm{d}x}=\frac{qL}{4}x^2-\frac{qx^3}{6}+C \tag{3}$$

$$EIy=\frac{qL}{12}x^3-\frac{q}{24}x^4+Cx+D \tag{4}$$

(a)

(b)

图 8-33

梁在两端铰支座处的挠度均为零,得

$$y|_{x=0}=y|_{x=L}=0 \tag{5}$$

将其代入(4)式,得

$$C=-qL^3/24,\quad D=0 \tag{6}$$

于是得到梁的转角方程和挠曲线方程分别为

$$EI\theta=EI\,\frac{\mathrm{d}y}{\mathrm{d}x}=\frac{qL}{4}x^2-\frac{qx^3}{6}-\frac{qL^3}{24} \tag{7}$$

$$EIy=\frac{qL}{12}x^3-\frac{q}{24}x^4-\frac{qL^3}{24}x \tag{8}$$

由对称性知最大挠度位于梁的跨度中点,即

$$f_{\max}=y|_{x=L/2}=-\frac{5qL^4}{384EI} \tag{9}$$

在铰支座处,截面转角数值相等,符号相反,且绝对值最大,即

$$\theta_{\max}=\left.\frac{\mathrm{d}y}{\mathrm{d}x}\right|_{x=0}=-\left.\frac{\mathrm{d}y}{\mathrm{d}x}\right|_{x=L}=-\frac{qL^3}{24EI} \tag{10}$$

例 8-11　内燃机凸轮轴(或某些齿轮轴),可以简化为集中力 F 作用下的简支梁,如图 8-34 所示。讨论该梁的弯曲变形。设轴长为 L,EI 为已知常数。

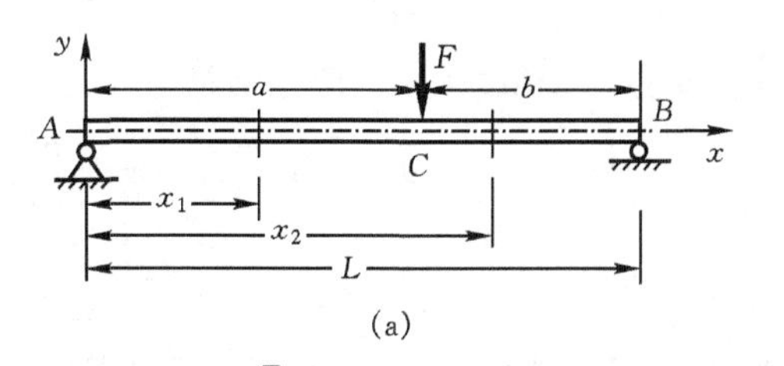

(a)

解　选取直角坐标系 Axy(图 8-34)并分段建立弯矩方程

AC 段:$M_1(x_1)=\dfrac{Fb}{L}x_1\quad(0\leqslant x_1\leqslant a)$　　(1)

CB 段:

$M_2(x_2)=\dfrac{Fa}{L}(L-x_2)\quad(a\leqslant x_2\leqslant L)$　(2)

分段建立弹性曲线微分方程并积分,得

AC 段:$EI\,\dfrac{\mathrm{d}^2y_1}{\mathrm{d}x^2}=\dfrac{Fb}{L}x_1\quad(0\leqslant x_1\leqslant a)$　　(3)

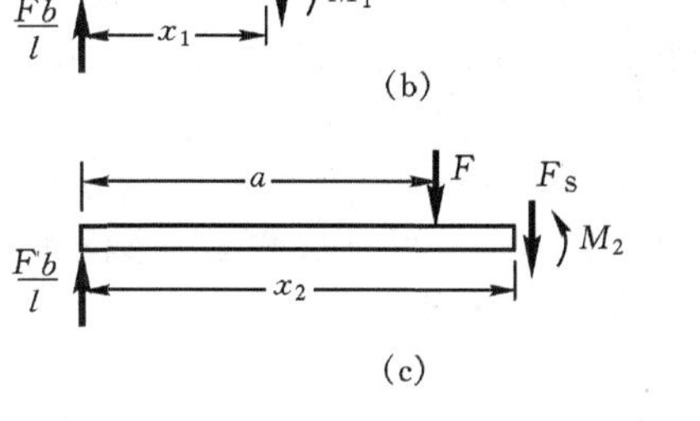

(b)

(c)

图 8-34

$$EI\frac{\mathrm{d}y_1}{\mathrm{d}x}=\frac{Fb}{2L}x_1^2+C_1 \tag{4}$$

$$EIy_1=\frac{Fb}{6L}x_1^3+C_1x_1+D_1 \tag{5}$$

CB 段：

$$EI\frac{\mathrm{d}^2y_2}{\mathrm{d}x^2}=\frac{Fa}{L}(L-x_2)\quad(a\leqslant x_2\leqslant L) \tag{6}$$

$$EI\frac{\mathrm{d}y_2}{\mathrm{d}x}=-\frac{Fa}{2L}(L-x_2)^2+C_2 \tag{7}$$

$$EIy_2=\frac{Fa}{6L}(L-x_2)^3+C_2x_2+D_2 \tag{8}$$

积分常数 C_1、D_1、C_2、D_2 由边界条件和连续性条件确定，即

当 $x_1=0$ 时，$y_1|_{x_1=0}=0$；当 $x_2=L$ 时，$y_2|_{x_2=L}=0$；

当 $x_1=a$ 时，$\theta_1|_{x_1=a}=\theta_2|_{x_2=a}$；当 $x_1=a$ 时，$y_1|_{x_1=a}=y_2|_{x_2=a}$。

由此得

$$C_1=-\frac{Fab}{6L}(a+2b),\quad C_2=\frac{Fab}{6L}(2a+b);$$

$$D_1=0,\quad D_2=-\frac{Fab}{6}(2a+b)$$

于是得到梁的转角方程和挠度方程如下

$$EI\theta_1=\frac{Fb}{2L}x_1^2-\frac{Fab}{6L}(a+2b)=-\frac{Fb}{6L}(L^2-b^2-3x_1^2) \tag{9}$$

$$EIy_1=\frac{Fb}{6L}x_1^3-\frac{Fab}{6L}(a+2b)x_1=-\frac{Fbx}{6L}(L^2-b^2-x_1^2) \tag{10}$$

$$EI\theta_2=-\frac{Fa}{2L}(L-x_1)^2+\frac{Fab}{6L}(2a+b)=\frac{Fa}{6L}[L^2-a^2-3(L-x_2)^2] \tag{11}$$

$$\begin{aligned}EIy_2&=\frac{Fa}{6L}(L-x_2)^3+\frac{Fab}{6L}(2a+b)x_2-\frac{Fab}{6}(2a+b)\\&=\frac{Fa}{6L}[(L-x_2)^3-(L^2-a^2)(L-x_2)]\end{aligned} \tag{12}$$

梁的支座处转角最大，它们分别是

$$\theta_A=\theta_1|_{x_1=0}=-\frac{Fb}{6EIL}(L^2-b^2)=-\frac{Fab}{6EIL}(L+b) \tag{13}$$

$$\theta_B=\theta_2|_{x_2=L}=\frac{Fa}{6EIL}(L^2-a^2)=\frac{Fab}{6EIL}(L+a) \tag{14}$$

由(13)、(14)式可知，当 $a>b$ 时，可以断定 θ_B 为最大转角。最大挠度位于 $\theta=0$ 的截面位置处，即当 $\theta=\mathrm{d}y/\mathrm{d}x=0$ 时，y 有极值。因此，应首先确定转角为零的截面位置。由(13)式知，截面 A 的转角 θ_A 为负。由(11)式令 $x=a$，得截面 C 的转角 θ_C 为

$$\theta_C=\frac{Fab}{3EIL}(a-b)$$

若 $a>b$ 时，θ_C 为正。可见从截面 A 到截面 C，转角由负变为正，改变了符号，由曲线的光滑连续性可知，$\theta=0$ 的截面一定位于 AC 段内，故令(9)式等于零，得

$$x_0=\sqrt{\frac{L^2-b^2}{3}}$$

x_0 即为挠度最大的截面横坐标，以 x_0 之值代入(10)式，得梁的最大挠度为

$$f_{\max} = y_1 \big|_{x_1 = x_0} = -\frac{Fb}{9\sqrt{3}EIL}\sqrt{(L^2 - b^2)^3} \tag{15}$$

如果 $a<b$，可类似地求出 $\theta_{\max}$ 和 $f_{\max}$。

积分法求弯曲变形的优点是可以求得转角和挠度的普遍方程式。但当梁上载荷较多，或只需确定某些特定截面的转角和挠度时，积分法就显得过于繁琐。为此，将梁在某些简单载荷作用下的变形列入表 8-1 中，以便直接查用；而利用这些表格使用叠加法可以比较方便地解决一些梁上作用有复杂载荷时的弯曲变形问题。

表 8-1　常用梁在简单载荷作用下的变形

支承和载荷情况	端截面转角	挠曲线方程	最大挠度
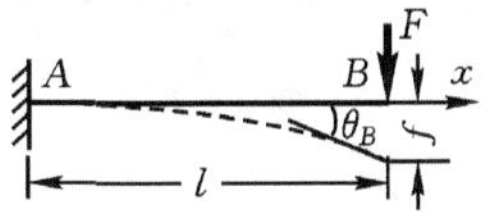	$\theta_B = -\dfrac{Fl^2}{2EI}$	$y = -\dfrac{Fx^2}{6EI}(3l - x)$	$f = -\dfrac{Fl^3}{3EI}$
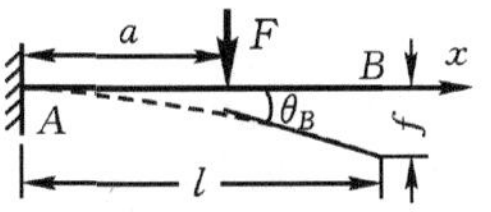	$\theta_B = -\dfrac{Fa^2}{2EI}$	当 $0 \leqslant x \leqslant a$ 时 $y = -\dfrac{Fx^2}{6EI}(3a - x)$ 当 $a \leqslant x \leqslant l$ 时 $y = -\dfrac{Fa^2}{6EI}(3x - a)$	$f = -\dfrac{Fa^2}{6EI}(3l - a)$
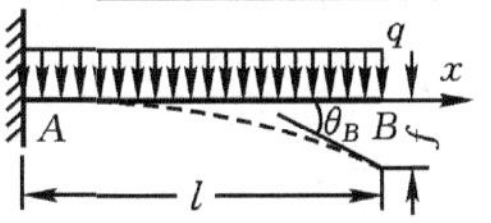	$\theta_B = -\dfrac{ql^3}{6EI}$	$y = -\dfrac{qx^2}{24EI}(x^2 + 6l^2 - 4lx)$	$f = -\dfrac{ql^4}{8EI}$
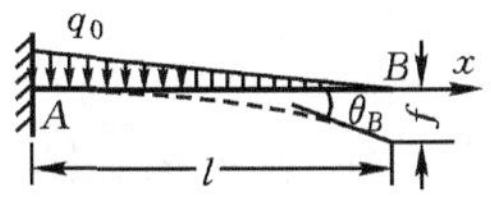	$\theta_B = -\dfrac{q_0 l^3}{24EI}$	$y = \dfrac{q_0 x^2}{120lEI}(10l^3 -$ $10l^2 x + 5lx^2 - x^3)$	$f = -\dfrac{q_0 l^4}{30EI}$
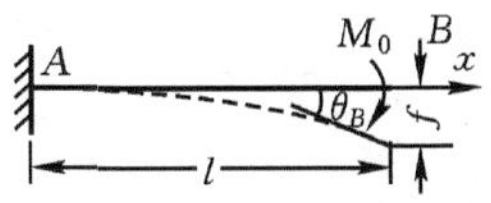	$\theta_B = -\dfrac{M_0 l}{EI}$	$y = -\dfrac{M_0 x^2}{2EI}$	$f = -\dfrac{M_0 l^2}{2EI}$
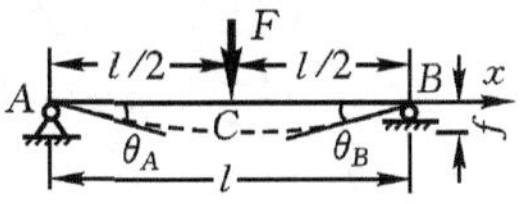	$\theta_A = -\theta_B = -\dfrac{Fl^2}{16EI}$	当 $0 \leqslant x \leqslant l/2$ 时 $y = -\dfrac{Fx}{12EI}\left(\dfrac{3l^2}{4} - x^2\right)$	$f = -\dfrac{Fl^3}{48EI}$
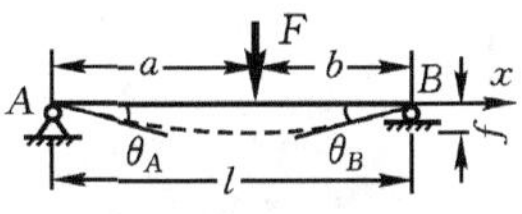	$\theta_A = -\dfrac{Fab(l+b)}{6lEI}$ $\theta_B = \dfrac{Fab(l+a)}{6lEI}$	当 $0 \leqslant x \leqslant a$ 时 $y = -\dfrac{Fbx}{6lEI}(l^2 - x^2 - b^2)$ 当 $a \leqslant x \leqslant l$ 时 $y = -\dfrac{Fa(l-x)}{6lEI}$ $(2lx - x^2 - a^2)$	在 $x = \sqrt{(l^2 - b^2)/3}$ 处 $f_{\max} = -\dfrac{\sqrt{3}Fb(l^2 - b^2)^{3/2}}{27lEI}$ $f\big|_{x=\frac{l}{2}} = -\dfrac{Fb(3l^2 - 4b^2)}{48EI}$ $(a>b)$
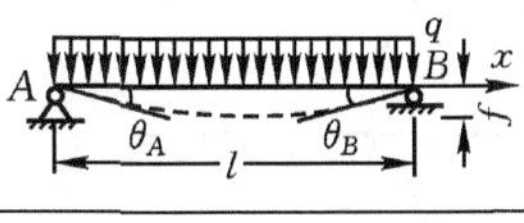	$\theta_A = -\theta_B = -\dfrac{ql^3}{24EI}$	$y = -\dfrac{qx}{24EI}(l^3 - 2lx^2 + x^3)$	$f = \dfrac{-5ql^4}{384EI}$

续表 8-1

支承和载荷情况	端截面转角	挠曲线方程	最大挠度
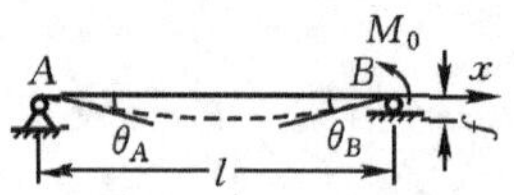	$\theta_A=-\dfrac{M_0 l}{6EI}$ $\theta_B=\dfrac{M_0 l}{3EI}$	$y=-\dfrac{M_0 x}{6lEI}(l^2-x^2)$	在 $x=l/\sqrt{3}$处 $f_{\max}=-\dfrac{M_0 l^2}{9\sqrt{3}EI}$ $f\big\|_{x=\frac{l}{2}}=-\dfrac{M_0 l^2}{16EI}$
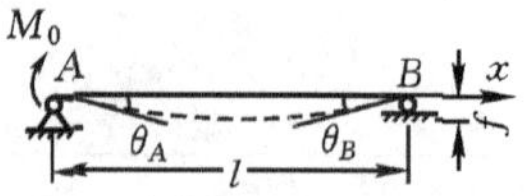	$\theta_A=-\dfrac{M_0 l}{3EI}$ $\theta_B=\dfrac{M_0 l}{6EI}$	$y=-\dfrac{M_0 x}{6lEI}(l-x)(2l-x)$	在 $x=(1-1/\sqrt{3})l$ 处 $f_{\max}=-\dfrac{M_0 l^2}{9\sqrt{3}EI}$ $f\big\|_{x=l/2}=-\dfrac{M_0 l^2}{16EI}$
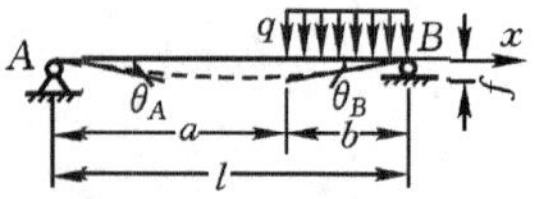	$\theta_A=-\dfrac{ql^2}{24lEI}(2l^2-b^2)$ $\theta_B=\dfrac{qb^2}{24lEI}(2l-b)^2$	当 $0\leqslant x\leqslant a$ 时 $y=-\dfrac{qb^5}{24lEI}\left[\dfrac{2x^3}{b^3}-\dfrac{x}{b}\left(\dfrac{2l^2}{b^2}-1\right)\right]$ 当 $a\leqslant x\leqslant l$ 时 $y=-\dfrac{q}{24EI}\left[\dfrac{2b^2x^3}{l}-\dfrac{b^2x}{l}\cdot(2l^2-b^2)-(x-a)^4\right]$	当 $a>b$ 时 $y\big\|_{x=l/2}=-\dfrac{qb^5}{24lEI}\cdot\left(\dfrac{3l^3}{4b^3}-\dfrac{l}{2b}\right)$ 当 $a<b$ 时 $f\big\|_{x=l/2}=-\dfrac{qb^5}{24lEI}\cdot\left[\dfrac{3l^3}{4b^3}-\dfrac{l}{2b}+\dfrac{l^5}{16b^5}\left(1-\dfrac{2a}{l}\right)^4\right]$
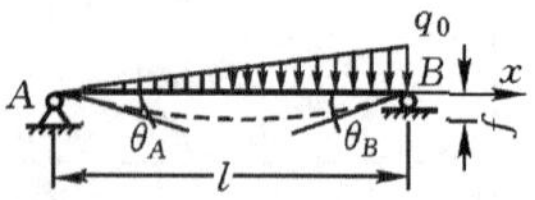	$\theta_A=-\dfrac{7ql^3}{360EI}$ $\theta_B=\dfrac{ql^3}{45EI}$	$y=-\dfrac{q_0 x}{360lEI}\cdot(7l^4-10l^2x^2+3x^4)$	$f\big\|_{x=l/2}=-\dfrac{5q_0 l^4}{768EI}$
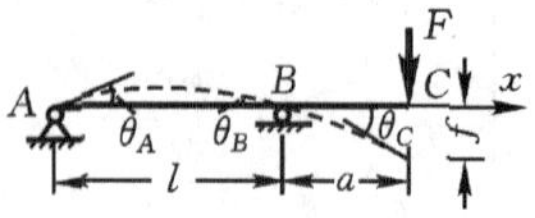	$\theta_A=-\dfrac{1}{2}\theta_B=\dfrac{Fal}{3EI}$ $\theta_C=-\dfrac{Fa}{6EI}(2l+3a)$	当 $0\leqslant x\leqslant l$ 时 $y=\dfrac{Fax(l^2-x^2)}{6lEI}$ 当 $l\leqslant x\leqslant(l+a)$时 $y=-\dfrac{F(x-l)}{6EI}\cdot[a(3x-1)-(x-l)^2]$	$f=-\dfrac{Fa^2}{3EI}(l+a)$
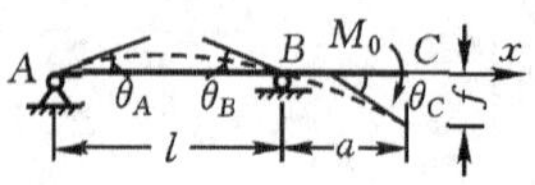	$\theta_A=-\dfrac{1}{2}\theta_B=\dfrac{M_0 l}{6EI}$ $\theta_C=-\dfrac{M_0}{3EI}(l+3a)$	当 $0\leqslant x\leqslant l$ 时 $y=\dfrac{M_0 x}{6lEI}(l_2-x_2)$ 当 $l\leqslant x\leqslant(l+a)$时 $y=-\dfrac{M_0}{6EI}(3x^2-4xl+l^2)$	$f=-\dfrac{M_0 a}{6EI}(2l+3a)$

8.3.4　用叠加法求梁的弯曲变形

一般说来，当构件或结构上同时作用几个载荷时，如果各载荷所产生的效果(约束力、内力、应力和位移等)互不影响，或影响甚小可忽略不计，则它们所产生的总效果即等于各载荷单独作用时所产生的效果之总和(或为代数和，或为矢量和，由所求物理量的性质而定)，上述原理称为**叠加原理**或**力的独立作用原理**。它是工程力学中的普遍原理。

在材料服从胡克定律且弯曲变形很小时，挠曲线微分方程式(8-22)是线性的。又因在小变形的条件下，计算弯矩时用梁变形前的位置，即弯矩与载荷的关系也是线性的。这样，对于梁上作用不同的载荷，弯矩可以叠加，方程(8-22)的解也可以叠加。这就是计算梁弯曲变形的叠加法，下面举例说明。

例 8-12　梁跨度为 L，EI 为常数的桥式起重机大梁自重可视为集度为 q 的均布载荷，作用于跨度中点的吊重可视为集中力 F(图 8-35)，试求梁的最大挠度。

解　由表 8-1 中查得，由均布载荷 q 单独作用下简支梁的最大挠度发生在梁跨度中点处，其值为

$$f_{q\max}=-\frac{5qL^4}{384EI}$$

在集中力 F 单独作用下，简支梁的最大挠度亦发生在梁跨度中点处

$$f_{F\max}=-\frac{FL^3}{48EI}$$

由叠加原理知，当载荷 q、F 同时作用时，梁跨度中点处挠度最大，数值为

$$f_{C\max}=f_{q\max}+f_{F\max}=-\frac{5qL^4}{384EI}-\frac{FL^3}{48EI}$$

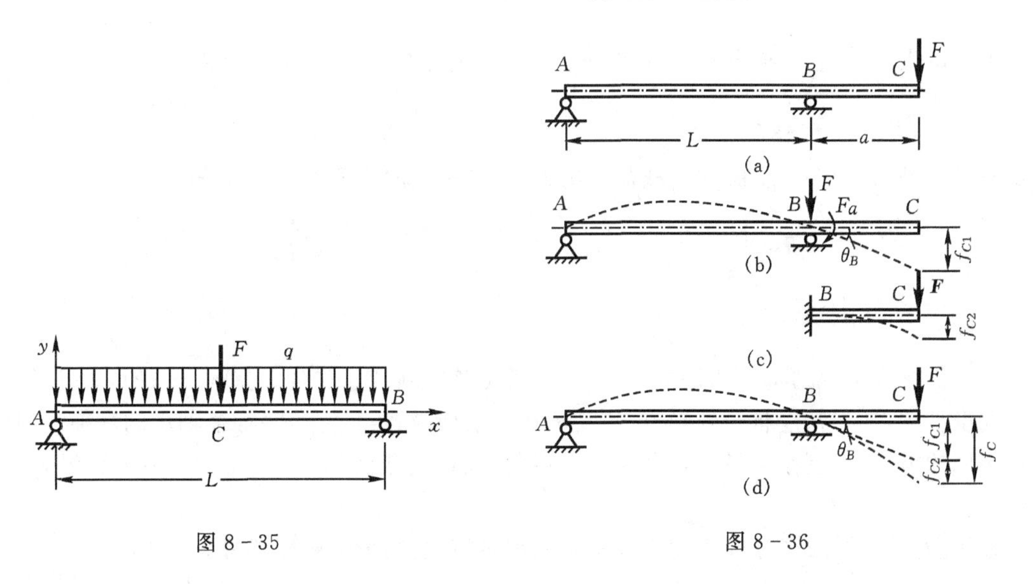

图 8-35　　　图 8-36

例 8-13　图 8-36(a)所示外伸梁 EI 为常数，自由端受集中力 F 作用，试求自由端的挠度。

解　外伸梁 AB 可以看作是由“简支梁”AB 和固定在横截面 B 的“悬臂梁”BC 组成的。

当“简支梁”AB 变形时，截面 B 转动，使截面 C 铅垂下移 f_{C1}（图8-36(b)）；当“悬臂梁”BC 变形时，也引起截面 C 铅垂下移 f_{C2}（图 8-36(c)）；则截面 C 的总位移为

$$f_C = f_{C1} + f_{C2}$$

为了计算 f_{C1}，将作用于 C 截面的载荷 F 对“简支梁”AB 的影响以作用在截面 B 的集中力 F 和力偶(其矩 Fa)代替。由表 8-1 查得截面 B 的转角为

$$\theta_B = -\frac{FaL}{3EI}$$

由此得

$$f_{C_1} = \theta_B a = -\frac{Fa^2L}{3EI}$$

由表 8-1 查得，“悬臂梁”BC 在集中力 F 的作用下，自由端的挠度为

$$f_{C_2} = -\frac{Fa^3}{3EI}$$

于是由叠加原理得截面 C 的总挠度(图 8-36(d))为

$$f_C = -\frac{Fa^2L}{3EI} - \frac{Fa^3}{3EI} = -\frac{Fa^2}{3EI}(L+a)$$

例 8-14　在简支梁 AB 的一部分梁段 BC 上作用均布载荷 q，试求跨度中点 D 的挠度。设 $b<l/2$。

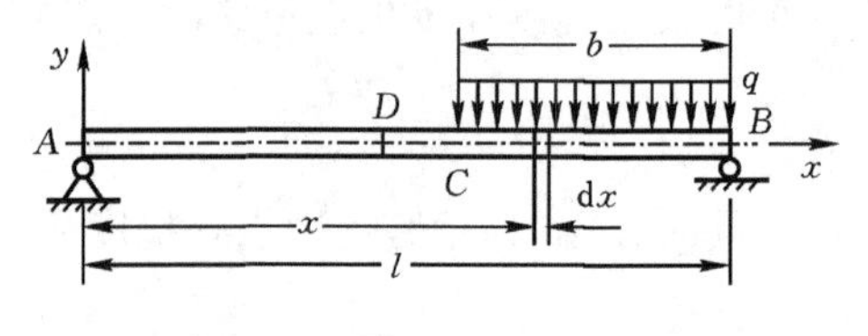

图 8-37

解　由表 8-1 查得微分载荷 $\mathrm{d}F=q\mathrm{d}x$ 在梁的跨度中点 D 引起的挠度为

$$\mathrm{d}f_D = -\frac{\mathrm{d}F(l-x)}{48EI}[3l^2-4(l-x)^2] = -\frac{q(l-x)}{48EI}[3l^2-4(l-x)^2]\mathrm{d}x$$

根据叠加原理，在图 8-37 的均布载荷作用下，跨度中点的挠度为 $\mathrm{d}f_D$ 的积分

$$f_D = -\frac{q}{48EI}\int_{l-b}^{l}[3l^2-4(l-x)^2](l-x)\mathrm{d}x = -\frac{qb^2}{48EI}\left(\frac{3}{2}l^2-b^2\right)$$

8.3.5　刚度条件

对于机械和工程结构中的许多梁来说，具备足够的刚度是非常必要的。例如，如果机床主轴的挠度过大，加工精度将受到影响；传动轴在支承处的转角过大，将加速轴承的磨损。因此，根据不同的需要，限制梁的最大挠度和最大转角(或指定截面的挠度和转角)不可超过某一规定值。

常用$[\theta]$表示梁的许可转角，$[f]$表示梁的许可挠度，则梁的刚度条件为

$$|\theta|_{\max} \leqslant [\theta], \quad |f|_{\max} \leqslant [f]$$

式中：$|\theta|_{\max}$、$|f|_{\max}$为梁的最大转角和最大挠度。

许可挠度$[f]$和许可转角$[\theta]$的数值，随梁的工作要求不同，可从有关的设计规范和手册中查到。例如，对于跨度为 L 的桥式起重机大梁其许可挠度为

$$[f]=(1/700\sim 1/1\ 000)L$$

而对于一般用途的轴，其许可挠度为

$$[f]=(3/10\ 000\sim 5/10\ 000)L$$

8.4　提高梁的强度和刚度的措施

8.1 节中指出，弯曲正应力是控制弯曲强度的主要因素，所以弯曲正应力的强度条件

$$\sigma_{\max}=\frac{M_{\max}}{W_z}\leqslant[\sigma]$$

往往是设计梁的主要依据。而梁弯曲变形的弹性曲线近似微分方程及其积分得到的转角和挠度

$$\frac{d^2y}{dx^2}=\frac{M(x)}{EI},\quad \theta=\frac{dy}{dx}=\int\frac{M(x)}{EI}dx+C$$

$$y=\int\left[\int\frac{M(x)}{EI}dx\right]dx+Cx+D$$

是控制弯曲刚度的主要因素，相应的刚度条件

$$|\theta_{\max}|\leqslant[\theta],\quad |f_{\max}|\leqslant[f]$$

也是设计梁的重要依据。从以上分析可以看出，梁的弯曲强度和弯曲刚度，都与梁所用的材料、截面的形状和尺寸以及外力在梁上引起的弯矩有关。因此为了提高梁的强度和刚度，可以从以下几个方面考虑。

8.4.1　合理安排梁上的载荷或巧妙地布置支座使 $M_{\max}$ 尽可能的小

如图 8-38(a)所示简支梁，受均布载荷 q 作用，梁的最大弯矩为

$$M_{\max}=ql^2/8$$

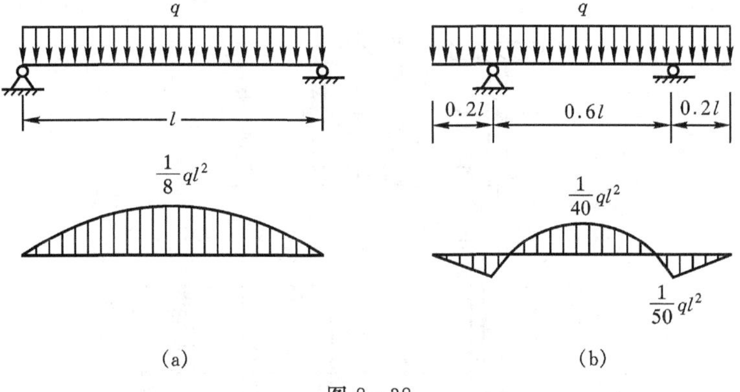

图 8-38

如果将两端铰支座向内移动少许(条件允许的话)，如各移动 $0.2l$(图 8-38(b))则最大弯矩为

$$M_{\max}=ql^2/40$$

即仅为前者的 1/5。又如图 8-39(a)所示简支梁 AB，在跨度中点受集中力 F 作用，梁的最大弯矩为

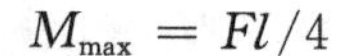

$$M_{max} = Fl/4$$

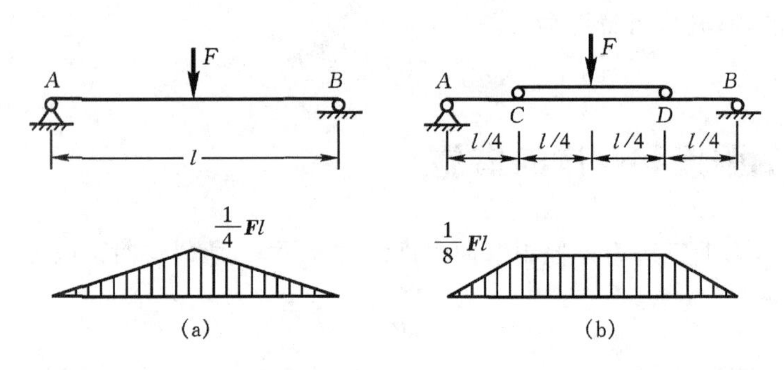

图 8-39

如果在该梁的中部安置一长为 $l/2$ 的辅助梁 CD(图 8-39(b))则梁 AB 的最大弯矩为

$$M_{max} = Fl/8$$

由此可见合理布置载荷同样可以降低 M_{max}的数值,起到提高梁强度和刚度的目的。

8.4.2　合理选择梁的截面,使 W_z/A 或 I_z/A 的比值尽可能的大

由弯曲正应力强度条件

$$\sigma_{max} = M_{max}/W_z \leqslant [\sigma]$$

看出,梁的承载能力还与梁的**弯曲截面系数** W_z 成反比。合理的截面形状应该是截面面积 A 较小而**弯曲截面系数** W_z 较大的截面形状。即当截面面积 A 一定时,宜将较多的材料配置在离中性轴较远的部位。对于抗拉强度与抗压强度相同的塑性材料,宜采用对称于中性轴的截面,如工字形、箱形截面等(图 8-40(a));而对于抗拉强度小于抗压强度的脆性材料,则采用中性轴偏于受拉一侧的截面,如 T 字形、槽形等截面(图 8-40(b)),且使

$$\frac{\sigma_{max}^{+}}{\sigma_{max}^{-}} = \frac{M_{max}y_1/I_z}{M_{max}y_2/I_z} = \frac{y_1}{y_2} = \frac{[\sigma]^{+}}{[\sigma]^{-}}$$

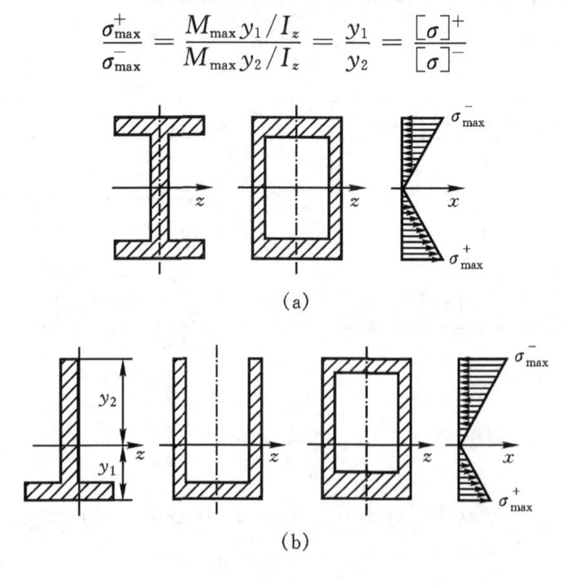

图 8-40

由梁的弯曲刚度条件

$$|f_{\max}| \leqslant [f], \quad |\theta_{\max}| \leqslant [\theta]$$

而 $f_{\max}$、$\theta_{\max}$ 均由 $\dfrac{d^2y}{dx^2}=\dfrac{M(x)}{EI_z}$ 求得，可见，影响梁的刚度的截面几何性质是梁的截面惯性矩 I_z。所以从提高梁的刚度考虑，合理的截面形状，是用较小的截面面积获得较大的惯性矩的截面。例如，工字形、箱形、槽形、T 字形截面都比同样面积的矩形截面有更大的惯性矩，所以起重机大梁一般采用工字形或箱形截面，而机器的箱体采用适当布置加强筋的办法提高箱壁的抗弯刚度，而不是采用增加壁厚的办法。一般来说，提高截面惯性矩 I 的数值，往往也同时提高了梁的强度。可是，在强度问题中，更准确地说，是提高在弯矩较大的局部范围内的弯曲截面系数，而弯曲变形则与构件全长内各部分的刚度有关，往往要考虑提高构件全长的弯曲刚度。

8.4.3　选用适宜的材料

影响梁强度的材料性能是极限应力 σ_{jx}（塑性材料为 σ_s、脆性材料为 σ_b），而影响梁刚度的材料性能是弹性模量 E。从提高梁强度考虑，应选择极限应力 σ_{jx} 较高的材料，如优质钢；从提高刚度考虑，则应选择弹性模量 E 较大的材料。但是各种钢材的弹性模量 E 大致相同，所以为提高弯曲刚度而选用优质钢是不合适的。

8.4.4　采用变截面梁或等强度梁

在一般情况下，梁不同横截面处的弯矩不同，因此按最大弯矩设计的等截面梁，除最大弯矩所在截面外，其余截面的材料强度均未得到充分利用。所以在工程实际中，特别是航空、航天结构中，为了减轻重量和节省材料，常根据弯矩随梁轴的变化情况，将梁也设计成变截面的，并使

$$\frac{M(x)}{W(x)} = [\sigma]$$

由此得

$$W(x) = \frac{M(x)}{[\sigma]}$$

这种横截面沿梁轴变化的梁称为**变截面梁**。由于各截面具有相同的强度，又称为**等强度梁**。

应该指出，等强度设计虽然是一种较为理想的设计，但考虑到加工制造的方便和结构上的需要等因素，实际构件通常均设计成近似等强度的变截面梁，例如，工程上常用的鱼腹梁（图 8-41(a)）和阶梯轴（图 8-41(b)）等。

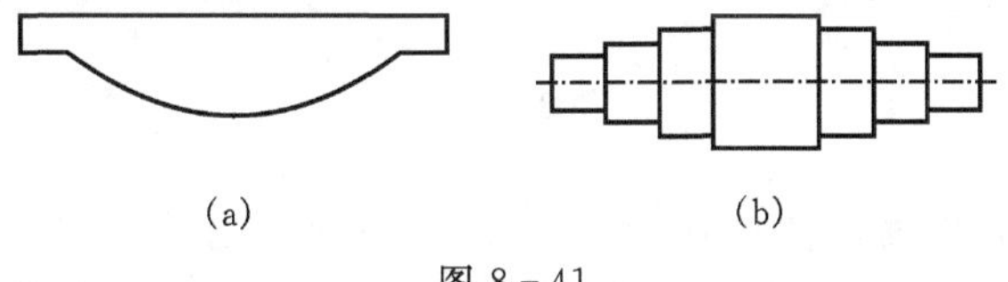

图 8-41

最后，为了提高梁的刚度，一个值得特别注意的问题是关于梁的跨度的选取问题。一般来说，在集中力作用下，梁的最大挠度与梁的跨度的三次方成正比，而最大弯曲正应力则只与跨度成正比，这表明，梁的跨度的微小改变将引起弯曲变形的显著改变，所以，如果条件允许，应尽量减小梁的跨度以提高其刚度。如不能减小梁的跨度，也可以利用增加梁的约束（如增加梁

的支座)的方法,即设计成超静定梁,这样可大大提高梁的刚度。

思考题

8-1　在推导平面弯曲正应力公式时作了哪些假设?这些假设有什么作用?平面弯曲正应力公式的适用条件是什么?

8-2　试指出下列概念的区别:中性轴与形心轴,惯性矩与极惯性矩,抗弯刚度与弯曲截面系数。

8-3　按梁的弯曲正应力条件进行强度计算时,应考虑哪些因素,主要步骤是哪些?

8-4　试比较说明公式(8-10)、(8-11)和(8-12)的适用条件分别是什么?

8-5　用积分法计算梁的挠度和转角时,如何确定积分常数?又采取什么措施可以使积分常数的确定变得较为简单?

8-6　画梁的挠曲线时为什么不能出现转折点?

8-7　用叠加法计算梁位移的前提条件是什么?

8-8　提高梁强度和刚度的措施有哪些共同和不同之处。

习　题

8-1　矩形截面悬臂梁承受载荷如图所示,求危险截面上的最大正应力以及Ⅰ—Ⅰ截面上 A、B 两点处的正应力。

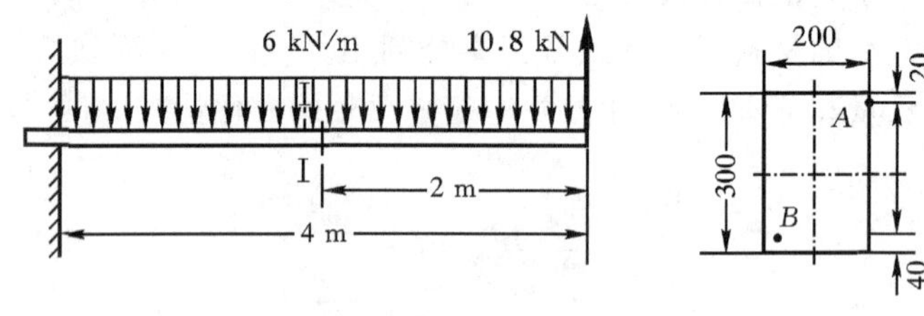

题 8-1 图

8-2　圆截面梁的外伸段为空心管状,求梁内最大弯曲正应力。

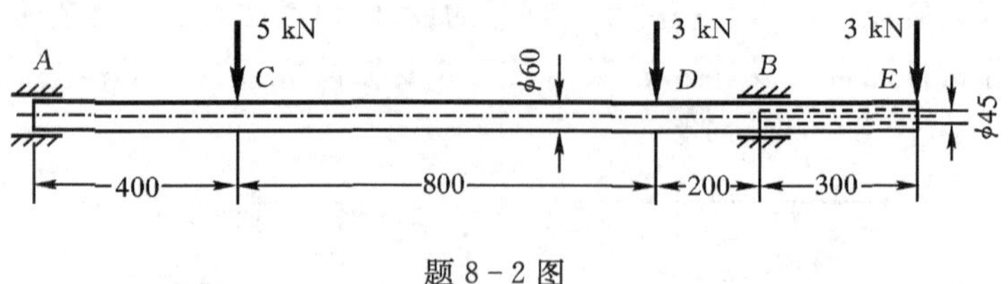

题 8-2 图

8-3　简支梁受均布载荷如图所示。若分别采用实心和空心截面,其中 $D_1=40$ mm ,$d_2/D_2=3/5$,问它们的最大正应力相等时,哪种截面节省材料,两种截面所用材料之比为多少?最大正应力为多大?

8-4　试求下面各图形对水平形心轴 z_C 的惯性矩。

8-5　试求图示平面图形对形心轴 z 的惯性矩。

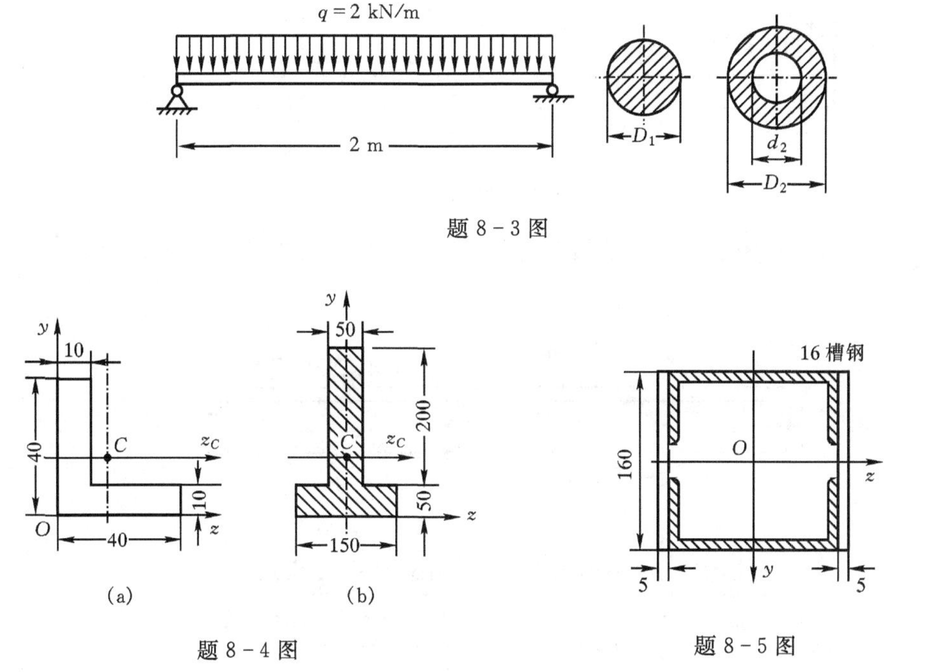

题 8-3 图

题 8-4 图　　题 8-5 图

8-6　10 工字钢梁 ABD,支承和载荷情况如图所示。已知圆截面钢杆 BC 的直径 d=20 mm,梁和杆的许用应力$[\sigma]$=160 MPa,试求许可均布载荷 q。

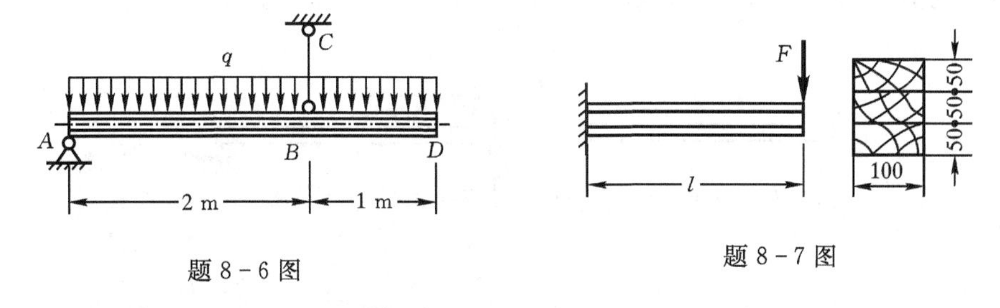

题 8-6 图　　题 8-7 图

8-7　由三根木条胶合而成的悬臂梁如图所示。跨度 l=1 m,各胶合面上的许用切应力为 0.34 MPa,材料的许用弯曲正应力$[\sigma]$=10 MPa,许用切应力$[\tau]$=1 MPa,试求许可载荷 F。

8-8　T 字形截面外伸梁,受力与截面尺寸如图所示。梁的材料为铸铁,其抗拉许用应力为$[\sigma]^+$=80 MPa,抗压许用应力为$[\sigma]^-$=160 MPa,试校核梁的强度。

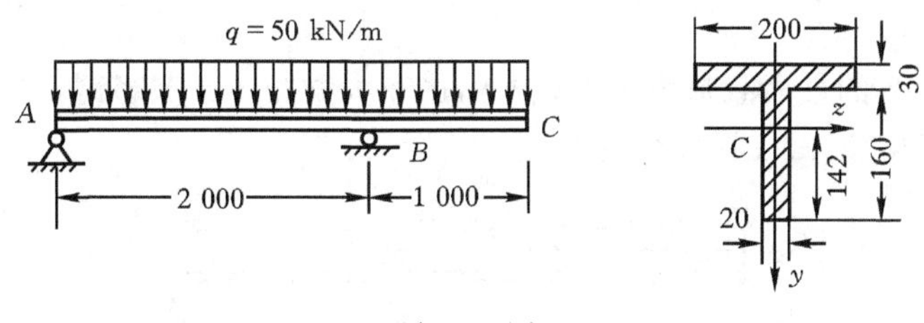

题 8-8 图

8-9　用积分法求图示各梁的挠曲线方程、自由端的挠度和转角,设 EI 为常量。

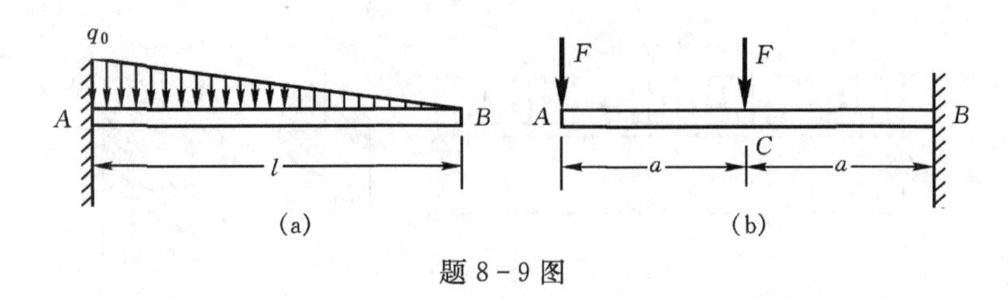

题 8-9 图

8-10　用积分法求图示各梁的端面转角 θ_A 和 θ_B、跨度中点的挠度及最大挠度，设 EI 为常量。

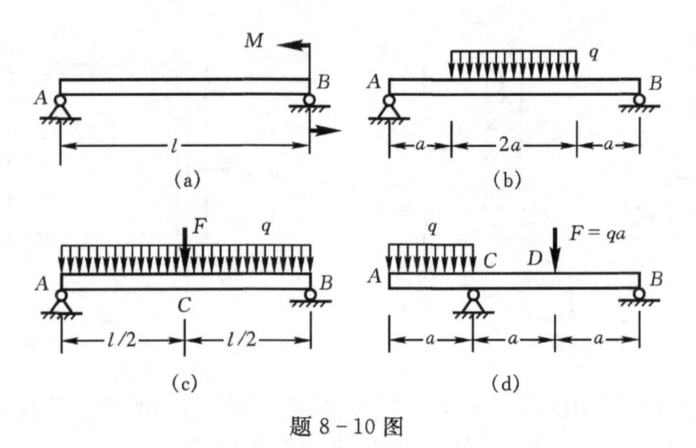

题 8-10 图

8-11　用叠加法求图示各梁截面 A 的挠度和截面 B 的转角。EI 为常数。

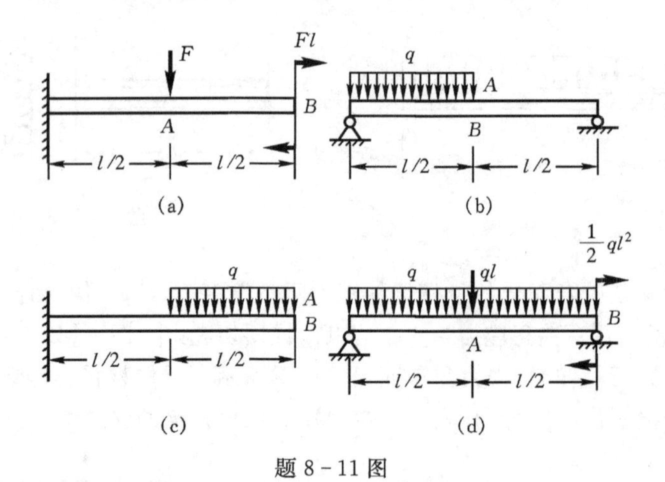

题 8-11 图

8-12　桥式吊车的最大载荷为 $F=20$ kN，吊车大梁为 32a 工字钢，$E=210$ GPa，$l=8.76$ m，许可挠度$[f]=l/500$，试校核大梁的刚度。

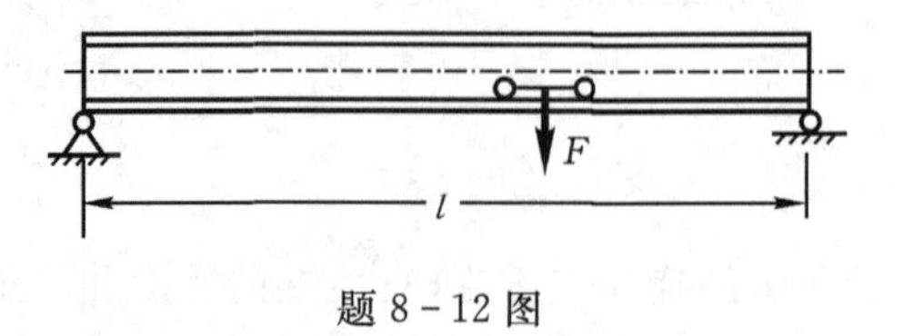

题 8-12 图

第 9 章　应力状态和强度理论

9.1　点的应力状态的概念

一般来说，在受力构件的同一横截面上，点的位置不同，应力就不同；而且在通过同一点的不同斜截面上，应力也随截面的方位而变化。为了深入研究构件的强度，必须分析通过一点的各截面上的应力情况。我们把在受力构件内部通过某点的各个截面上的应力状态称为该点处的**应力状态**。

研究受力构件内部某点处的应力状态，通常是假想地从构件内部围绕该点截取单元体。例如，直杆受轴向拉伸（图 9 - 1(a)），为了分析杆内任一点 A 处的应力状态，围绕 A 点假想地

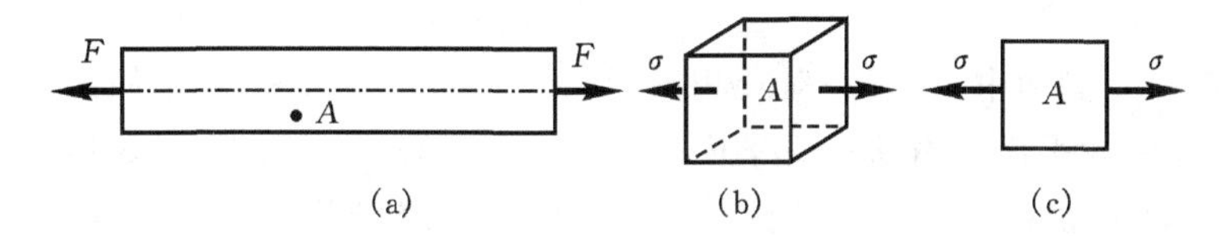

图 9 - 1

切取一微小正六面体，并称之为**单元体**（图 9 - 1(b)）。图 9 - 1(c)是单元体的平面图。单元体的左右两面都是横截面的一部分，面上的应力皆为 $\sigma=F/A$。单元体的上下前后四个面均平行于杆的轴线，这些面上的应力均为零。又如圆轴扭转时，表面上一点 K 的应力状态，也可仿效上述方法，从构件内 K 点处取单元体，用单元体六个面上的应力情况表示该点的应力状态，如图 9 - 2 所示。对其它受力构件中任一点的应力情况，都可以用围绕该点切取单元体的方法，研究各个侧面上的应力状况。由于单元体的边长均为无穷小量，因此可以认为在它的各个面上的应力都是均匀分布的，并且在单元体内互相平行的截面上的应力的性质相同，数值相等，都等于通过所研究的点的平行面上的应力。所以，单元体的应力状态就代表了该单元体所包围点处的应力状态。

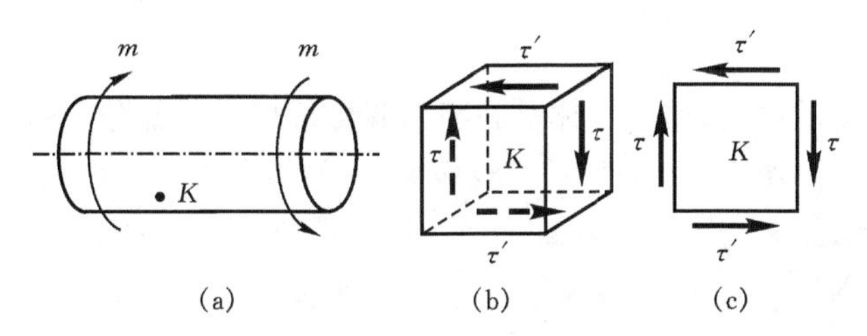

图 9 - 2

9.2 应力状态分析

在图 9-1(b)中，单元体的三对相互垂直的面上都无切应力，像这种切应力等于零的面称为**主平面**。主平面上的正应力称为**主应力**。一般来说，通过受力构件内的任意一点都可以找到三对相互垂直的主平面，因而任意一点都有三个主应力，通常按它们代数值的大小依次用 σ_1、σ_2、σ_3 表示，即 $\sigma_1 \geqslant \sigma_2 \geqslant \sigma_3$。由三对互相垂直的主平面构成的单元体称为**主单元体**。简单拉伸(或压缩)的构件，其内部任一点的三个主应力中只有一个不等于零，此种应力状态称为**单向应力状态**。若一点的三个主应力中有两个不等于零，称为**二向应力状态**或**平面应力状态**。当一点处的三个主应力都不等于零时，称该点处的应力状态为**三向应力状态**或**空间应力状态**。单向应力状态也称为**简单应力状态**，二向和三向应力状态统称为**复杂应力状态**。

关于单向应力状态的分析，在 6.1 节拉(压)杆的强度和变形中已经讨论过，本节着重分析平面应力状态。

9.2.1 平面应力状态分析的解析法

在单元体的六个侧面中，只有一对互相平行的侧面上应力为零，其余的四个侧面作用有应力，这种应力状态即为平面应力状态。平面应力状态的一般形式如图 9-3 所示。在垂直于 x 轴的截面上作用着应力 σ_x、τ_x，在垂直于 y 轴的截面上作用着应力 σ_y、τ_y，若 σ_x、τ_x、σ_y、τ_y 均为已知，现在来研究与 z 轴平行的任意斜截面 $efgh$ 上的应力。如图 9-4(a)所示，$efgh$ 截面的外法线 n 位于 xy 平面内，并与 x 轴成 α 角，此斜截面上的应力用 σ_α、τ_α 表示。

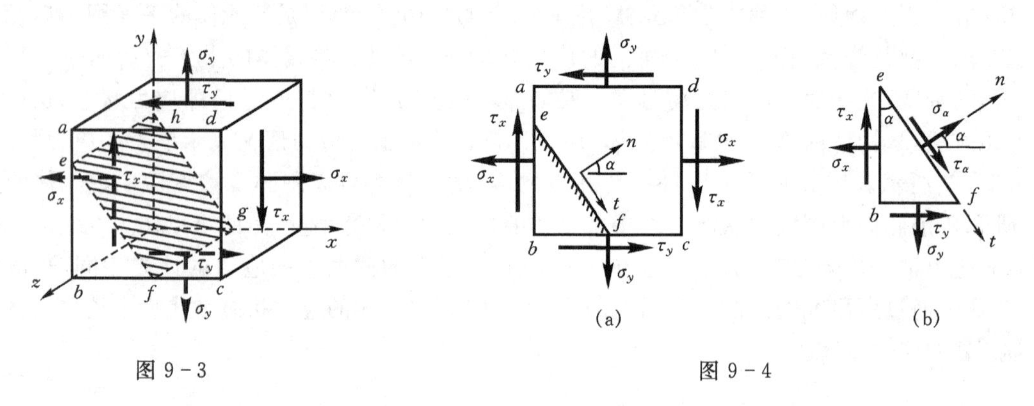

图 9-3　　　　图 9-4

为了计算该斜面上的应力，将单元体沿斜截面假想地切成两部分，并取左边三角微体 ebf 为对象，研究它的平衡，如图 9-4(b)所示。设截面 ef 的面积为 $\mathrm{d}A$，则截面 eb 和 bf 的面积分别为 $\mathrm{d}A\cos\alpha$ 和 $\mathrm{d}A\sin\alpha$。该微体沿斜截面 ef 法向 n 和切向 t 的平衡方程分别为

$$\sum F_{\mathrm{n}} = 0,\quad \sigma_\alpha \mathrm{d}A + \tau_x \mathrm{d}A\cos\alpha\sin\alpha - \sigma_x \mathrm{d}A\cos\alpha\cos\alpha + \tau_y \mathrm{d}A\sin\alpha\cos\alpha - \sigma_y \mathrm{d}A\sin\alpha\sin\alpha = 0$$

$$\sum F_{\mathrm{t}} = 0,\quad \tau_\alpha \mathrm{d}A - \tau_x \mathrm{d}A\cos\alpha\cos\alpha - \sigma_x \mathrm{d}A\cos\alpha\sin\alpha + \tau_y \mathrm{d}A\sin\alpha\sin\alpha + \sigma_y \mathrm{d}A\sin\alpha\cos\alpha = 0$$

可得

$$\sigma_\alpha = \sigma_x\cos^2\alpha + \sigma_y\sin^2\alpha - (\tau_x + \tau_y)\sin\alpha\cos\alpha$$

$$\tau_\alpha=(\sigma_x-\sigma_y)\sin\alpha\cos\alpha+\tau_x\cos^2\alpha-\tau_y\sin^2\alpha$$

根据切应力互等定理知，τ_x 和 τ_y 大小相等，以 τ_x 代换 τ_y，简化上述两式，得

$$\sigma_\alpha=\frac{\sigma_x+\sigma_y}{2}+\frac{\sigma_x-\sigma_y}{2}\cos2\alpha-\tau_x\sin2\alpha \tag{9-1}$$

$$\tau_\alpha=\frac{\sigma_x-\sigma_y}{2}\sin2\alpha+\tau_x\cos2\alpha \tag{9-2}$$

此即平面应力状态斜截面上的应力公式。

式(9-1)和式(9-2)表明，斜截面上的正应力 σ_α 和切应力 τ_α 随 α 角的改变而改变，即 σ_α 和 τ_α 都是 α 的函数。由以上公式可以确定正应力和切应力的极值以及它们所在截面的方位。将式(9-1)对 α 取导数，得

$$\frac{d\sigma_\alpha}{d\alpha}=-2\left(\frac{\sigma_x-\sigma_y}{2}\sin2\alpha+\tau_x\cos2\alpha\right) \tag{1}$$

若 $\alpha=\alpha_0$ 时，能使导数 $\frac{d\sigma_\alpha}{d\alpha}=0$，则在 α_0 所确定的截面上，正应力即为最大值或最小值。以 α_0 代入(1)式，并令其等于零，得

$$\frac{\sigma_x-\sigma_y}{2}\sin2\alpha_0+\tau_x\cos2\alpha_0=0 \tag{2}$$

由此解得

$$\tan2\alpha_0=-\frac{2\tau_x}{\sigma_x-\sigma_y} \tag{9-3}$$

由式(9-3)可以求出相差 90°的两个角度 α_0，它们确定两个相互垂直的平面，其中一个是最大正应力所在平面，另一个是最小正应力所在平面。比较式(9-2)和(2)式，可见满足(2)式的 α_0 恰好使 τ_α 等于零。也就是说，α_0 所确定的两个平面为主平面，主应力分别为最大正应力或最小正应力。由式(9-3)中解出 $\sin2\alpha_0$ 和 $\cos2\alpha_0$，代入式(9-1)，得最大、最小正应力为

$$\left.\begin{matrix}\sigma_{max}\\ \sigma_{min}\end{matrix}\right\}=\frac{\sigma_x+\sigma_y}{2}\pm\sqrt{\left(\frac{\sigma_x-\sigma_y}{2}\right)^2+\tau_x^2} \tag{9-4}$$

在导出以上公式时，除假设 σ_x、σ_y、τ_x 皆为正值外，并无其它限制，但使用这些公式时，如约定用 σ_x 表示两个正应力中代数值较大的一个，即 $\sigma_x\geqslant\sigma_y$，则用式(9-3)确定的两个角度 α_0 中绝对值较小的一个确定 σ_{max}所在的平面。

例 9-1　讨论圆轴扭转时的应力状态，并分析铸铁试件受扭时的破坏现象及原因。

解　根据圆轴扭转时切应力公式 $\tau_\rho=\frac{T}{I_p}\rho$，可见，在横截面的边缘处切应力最大，且与圆周相切，其值为

$$\tau_{max}=\frac{T}{I_p}\cdot\frac{D}{2}=\frac{T}{W_t}$$

在圆轴的最外层，按图 9-5(a)所示切取单元体 $ABCD$，该单元体各面上的应力如图 9-5(b)所示。

在此情况下，$\sigma_x=\sigma_y=0$，$\tau_x=\tau_y=\tau$。将以上 σ_x、σ_y、τ_x 之值代入式(9-4)得

$$\left.\begin{matrix}\sigma_{max}\\ \sigma_{min}\end{matrix}\right\}=\frac{\sigma_x+\sigma_y}{2}\pm\sqrt{\left(\frac{\sigma_x-\sigma_y}{2}\right)^2+\tau_x^2}=\pm\tau$$

由式(9-3)得

$$\tan2\alpha_0=-\frac{2\tau_x}{\sigma_x-\sigma_y}\to-\infty$$

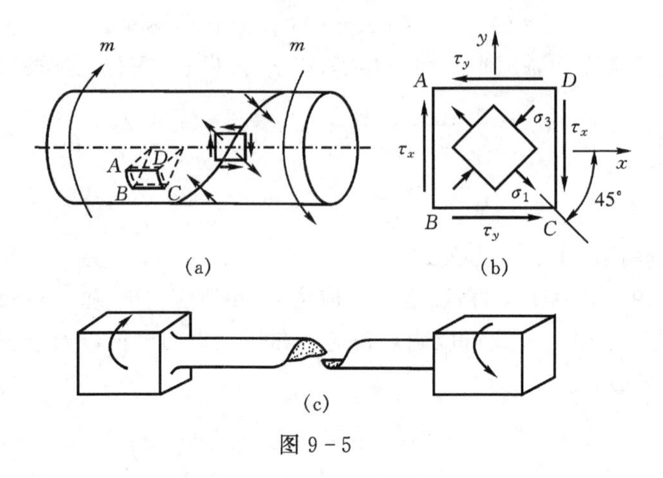

(a) (b)

(c)

图 9-5

所以 $$2\alpha_0=-90° \text{ 或 } -270°,\alpha_0=-45° \text{ 或 } -135°$$

由此可知，从 x 轴正向量起，由 $\alpha_0=-45°$(顺时针)所确定的主平面上的主应力为 $\sigma_{max}=\tau$；而由 $\alpha_0=-135°$所确定的主平面上的主应力为 $\sigma_{min}=-\tau$。按照主应力的记号规定

$$\sigma_1=\sigma_{max}=\tau,\ \sigma_2=0,\ \sigma_3=\sigma_{min}=-\tau$$

圆截面铸铁试件扭转时，表面各点的 σ_{max}所在主平面连成倾角为 45°的螺旋面。由于铸铁为脆性材料，其抗拉强度较低，试件将沿这一螺旋面因拉伸而发生断裂破坏。

例 9-2 如图 9-6(a)所示，矩形截面简支梁长为 l，受均布载荷 q 作用，试确定Ⅰ—Ⅰ截面上 K 点的应力状态，并绘出主单元体表示。

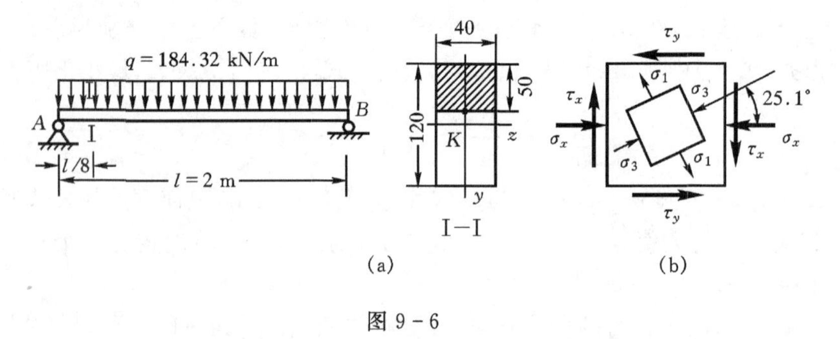

(a) (b)

图 9-6

解 由对称性可得 A、B 支座的约束力为

$$F_{Ay}=F_{By}=184.32\ \text{kN}$$

由截面法求得Ⅰ—Ⅰ截面上的剪力和弯矩分别为

$$F_S=F_{Ay}-\frac{1}{8}ql=184.32-\frac{1}{8}\times184.32\times2=138.24\ \text{kN}$$

$$M=F_{Ay}\frac{l}{8}-\frac{1}{2}q(\frac{l}{8})^2=184.32\times\frac{2}{8}-\frac{1}{2}\times184.32\times(\frac{2}{8})^2$$

$$=40.32\ \text{kN}\cdot\text{m}$$

由矩形截面尺寸得

$$I_z=\frac{bh^3}{12}=\frac{40\times120^3}{12}=5.76\times10^6\ \text{mm}^4$$

$$S_z^{(w)} = 40 \times 50 \times 35 = 7 \times 10^4\ \text{mm}^3$$

Ⅰ—Ⅰ截面上 K 点的正应力和切应力分别为

$$\sigma_K = \frac{My_K}{I_z} = -\frac{40.32 \times 10^6 \times 10}{5.76 \times 10^6} = -70\ \text{MPa}$$

$$\tau_K = \frac{F_S S_z^{(\omega)}}{I_z b} = \frac{138.24 \times 10^3 \times 7 \times 10^4}{5.76 \times 10^6 \times 40} = 42\ \text{MPa}$$

切取 K 点处的单元体如图 9-6(b)所示。图中 $\sigma_x = -70$ MPa，$\sigma_y = 0$，$\tau_x = 42$ MPa，$\tau_y = -42$ MPa。由式(9-3)确定主平面的位置

$$\tan 2\alpha_0 = -\frac{2\tau_x}{\sigma_x - \sigma_y} = -\frac{2 \times 42}{-70} = 1.2$$

$$2\alpha_0 = 50.2° \text{ 或 } 230.2°,\quad \alpha_0 = 25.1° \text{ 或 } 115.1°$$

由式(9-4)确定主应力

$$\left.\begin{matrix}\sigma_{\max}\\ \sigma_{\min}\end{matrix}\right\} = \frac{\sigma_x + \sigma_y}{2} \pm \sqrt{\left(\frac{\sigma_x - \sigma_y}{2}\right)^2 + \tau_x^2}$$

$$= \frac{-70}{2} \pm \sqrt{\left(\frac{-70}{2}\right)^2 + 42^2} = \begin{cases} 19.67 \\ -89.67 \end{cases} \text{MPa}$$

K 点的三个主应力分别为

$$\sigma_1 = 19.67\ \text{MPa},\quad \sigma_2 = 0,\quad \sigma_3 = -89.67\ \text{MPa}$$

9.2.2　平面应力状态分析的图解法

由式(9-1)和式(9-2)可知，α 斜截面上的正应力 σ_α 和切应力 τ_α 都是 α 的函数。为了建立 σ_α 和 τ_α 之间的直接关系式，首先将式(9-1)和式(9-2)改写成如下形式

$$\left.\begin{aligned} \sigma_\alpha - \frac{\sigma_x + \sigma_y}{2} &= \frac{\sigma_x - \sigma_y}{2}\cos 2\alpha - \tau_x \sin 2\alpha \\ \tau_\alpha - 0 &= \frac{\sigma_x - \sigma_y}{2}\sin 2\alpha + \tau_x \cos 2\alpha \end{aligned}\right\} \tag{1}$$

然后，将以上两式等号两端各自平方后相加，得

$$\left(\sigma_\alpha - \frac{\sigma_x + \sigma_y}{2}\right)^2 + \tau_\alpha^2 = \left(\frac{\sigma_x - \sigma_y}{2}\right)^2 + \tau_x^2 \tag{2}$$

因为 σ_x、σ_y、τ_x 皆为已知量，所以(2)式是一个以 σ_α 和 τ_α 为变量的圆周方程。若以 σ 为横坐标，以 τ 为纵坐标，则该圆的圆心坐标为 $\left(\frac{\sigma_x + \sigma_y}{2}, 0\right)$，圆的半径 $R = \sqrt{\left(\frac{\sigma_x - \sigma_y}{2}\right)^2 + \tau_x^2}$，而圆周上任一点的纵、横坐标分别代表单元体某一斜截面上的切应力和正应力。这个表示一点处应力状态的圆称为**应力圆**或**莫尔圆**，如图 9-7 所示。

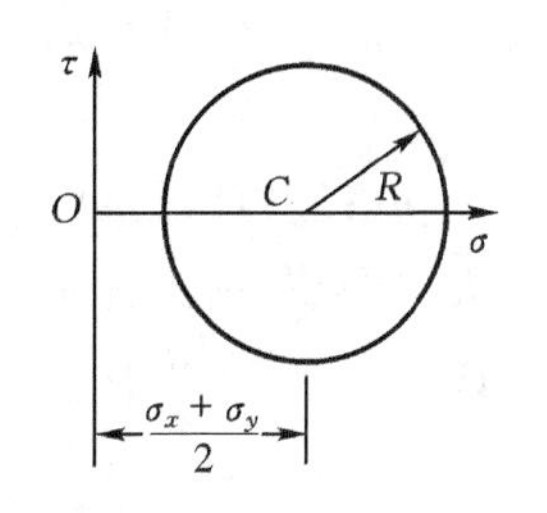

图 9-7

现以图 9-8(a)所示的平面应力状态研究应力圆的绘制及其应用。

如图 9-8(b)所示，在 σ-τ 平面内，按一定的比例尺量取横坐标 $\overline{OA} = \sigma_x$，纵坐标 $\overline{AD_x} = \tau_x$，确定 D_x 点。D_x 点的坐标(σ_x，τ_x)代表单元体上以 x 轴为法线的面上的应力。按同样比例尺量取 $\overline{OB} = \sigma_y$，$\overline{BD_y} = \tau_y$，确定 D_y 点。τ_y 为负，故 D_y 点的纵坐标也为负。D_y 点的坐标(σ_y，τ_y)

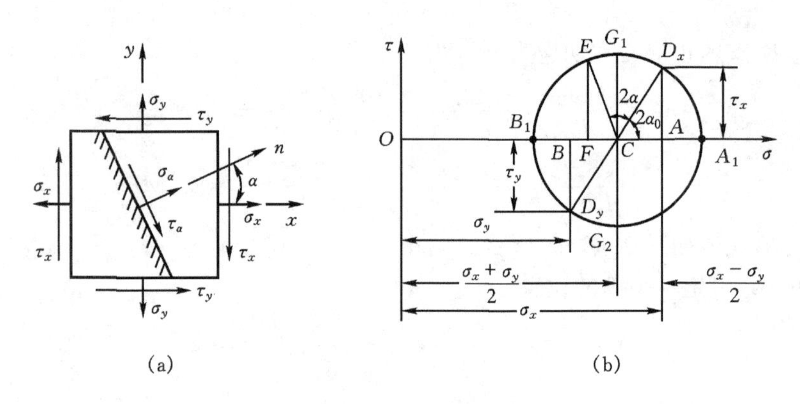

图 9-8

代表单元体上以 y 轴为法线的面上的应力。连接 D_xD_y 与横坐标轴 σ 交于 C 点。以 C 点为圆心、$\overline{CD_x}$ 为半径作圆，该圆即为(2)式所表示的应力圆。

可以证明，单元体内任意斜截面上的应力都可用应力圆求出。在图 9-8(a)中，设由 x 轴正向到任意斜截面法线的夹角为逆钟向转动 α 角。在应力圆上，从 D_x 点(σ_x,τ_x)(它代表以 x 轴为法线的面上的应力)也按逆时针沿圆周转到 E 点，且使 $\overset{\frown}{D_xE}$ 所对的圆心角为 α 角的两倍，则 E 点的坐标(σ_E,τ_E)就代表以 n 为法线的斜截面上的应力。这是因为

$$\begin{aligned}\sigma_E &= \overline{OC}-\overline{CF}=\frac{\sigma_x+\sigma_y}{2}+\overline{CE}\cos(2\alpha_0+2\alpha)\\&=\frac{\sigma_x+\sigma_y}{2}+\overline{CD}_x\cos(2\alpha_0+2\alpha)\\&=\frac{\sigma_x+\sigma_y}{2}+\overline{CD}_x\cos2\alpha_0\cos2\alpha-\overline{CD}_x\sin2\alpha_0\sin2\alpha\\&=\frac{\sigma_x+\sigma_y}{2}+\frac{\sigma_x-\sigma_y}{2}\cos2\alpha-\tau_x\sin2\alpha \qquad (3)\end{aligned}$$

$$\begin{aligned}\tau_E &= \overline{CE}\sin(2\alpha_0+2\alpha)=\overline{CD}_x\sin2\alpha_0\cos2\alpha+\overline{CD}_x\cos2\alpha_0\sin2\alpha\\&=\frac{\sigma_x-\sigma_y}{2}\sin2\alpha+\tau_x\cos2\alpha \qquad (4)\end{aligned}$$

将式(3)、(4)分别与式(9-1)、式(9-2)比较，可见

$$\sigma_E=\sigma_\alpha,\quad \tau_E=\tau_\alpha$$

利用应力圆还可以比较方便地求出主应力的数值和确定主平面的方位。在应力圆上 A_1 和 B_1 两点的横坐标是正应力 σ 的最大值和最小值，而纵坐标皆等于零，因此这两点的横坐标即代表主应力，故有

$$\sigma_{\max}=\overline{OA}_1=\overline{OC}+\overline{CA}_1=\frac{\sigma_x+\sigma_y}{2}+\sqrt{\left(\frac{\sigma_x-\sigma_y}{2}\right)^2+\tau_x^2}$$

$$\sigma_{\min}=\overline{OB}_1=\overline{OC}-\overline{CB}_1=\frac{\sigma_x+\sigma_y}{2}-\sqrt{\left(\frac{\sigma_x-\sigma_y}{2}\right)^2+\tau_x^2}$$

这里得到与式(9-4)完全相同的结果。

现在来确定主平面的方位。在应力圆上由 D_x 点到 A_1 点所对的圆心角为顺时针的 $2\alpha_0$，

在单元体中由 x 轴的正向也按顺时针量取 α_0 角，这样就确定了 σ_1 所在主平面的法线方向(图 9－9)。在应力圆上由 A_1 点到 B_1 点所对圆心角为 180°，在单元体中，σ_1 和 σ_2 所在主平面的法线之间夹角为 90°。从 x 轴正向到 σ_1 所在主平面法线的转角 α_0 为顺时针方向，按照关于 α 角的符号规定，α_0 是负值，故 $\tan 2\alpha_0$ 也应为负值。由图 9－8(b)可以看出

$$\tan 2\alpha_0 = -\frac{\overline{AD_x}}{\overline{CA}} = -\frac{2\tau_x}{\sigma_x - \sigma_y} \tag{5}$$

(5)式也与式(9－3)完全一样。

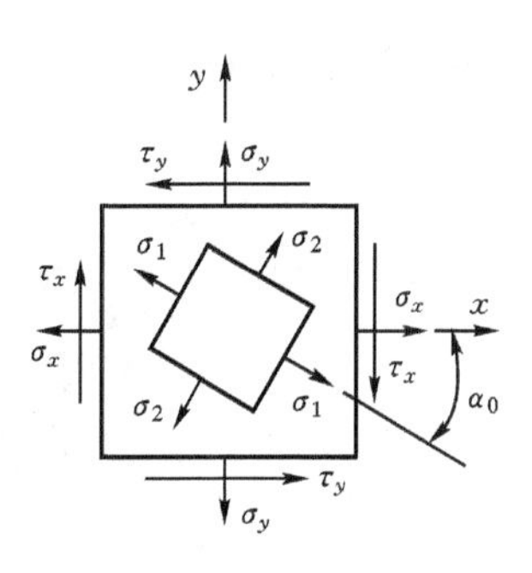

图 9－9

例 9－3　从受力构件中切出的单元体各侧面的应力如图 9－10(a)所示，试用图解法计算 m—m 斜截面上的正应力 σ_m 和切应力 τ_m 以及该单元体的主应力和主平面方位。

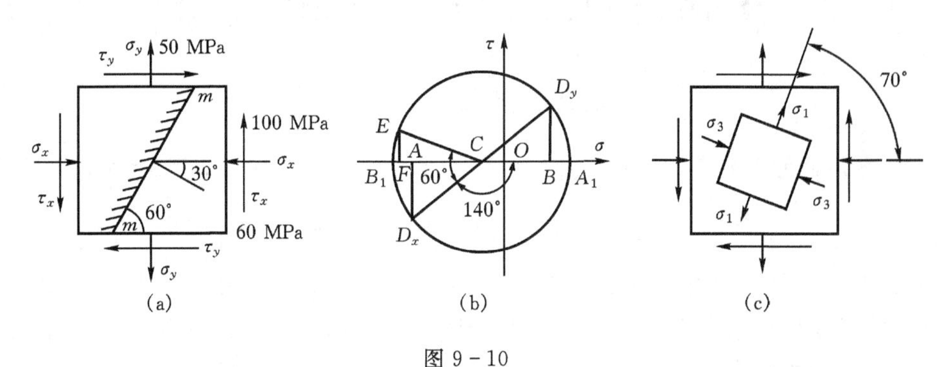

图 9－10

解　在 σ－τ 平面内，按照一定的比例量取横坐标 $\overline{OA} = -100$ MPa，纵坐标 $\overline{AD_x} = -60$ MPa，确定 D_x 点；量取横坐标 $\overline{OB} = 50$ MPa，纵坐标 $\overline{BD_y} = 60$ MPa，确定 D_y 点。连接 D_xD_y，交横坐标轴于 C 点，以 C 点为圆心，$\overline{CD_x}$ 为半径作圆，该圆为图 9－10(a)所示单元体之应力圆。由图 9－10(a)知，m—m 斜截面的外法线与 x 轴正向夹角 $\alpha = -30°$，从 D_x 点开始，沿应力圆顺时针转过圆心角 $2\alpha = -60°$，到达 E 点，则 E 点的坐标(σ_E，τ_E)即为 m—m 斜截面上的正应力和切应力。由图 9－10(b)量取 $\overline{OF} = \sigma_E = -110$ MPa，$\overline{EF} = \tau_E = 35$ MPa，$\overline{OA_1} = \sigma_1 = 71$ MPa，$\overline{OB_1} = \sigma_3 = -121$ MPa，$2\alpha_0 = 140°$，$\alpha_0 = 70°$。于是可得主平面的方位如图 9－10(c)所示。

9.2.3　三向应力状态时的最大切应力

三向应力状态分析比较复杂，这里只讨论当三个主应力 σ_1、σ_2 和 σ_3 已知时，试确定单元体内的最大切应力。

设某一单元体处于三向应力状态，如图 9－11(a)所示。设想用 $aa'c'c$ 平面把单元体分成两部分，取三棱柱部分进行研究。由于其前后两个三角形面积相等，σ_3 在这两个平面上产生的力自相平衡，对斜截面上的应力没有影响，故该斜截面上的应力只取决于 σ_1 和 σ_2，相当于二向应力状态，如图 9－11(b)所示。因而平行于 σ_3 的各截面上的应力，可由 σ_1 和 σ_2 所确定的应力圆上相应各点的坐标来表示，如图 9－11(c)中的 A_1A_2 小圆所示，由 A_1A_2 应力圆可知，平行于 σ_3 的各斜截面上的极值切应力 τ_{12} 的大小，等于 A_1A_2 应力圆的半径，即

$$\tau_{12} = \frac{1}{2}(\sigma_1 - \sigma_2)$$

其作用面与 σ_1 和 σ_2 的作用面均成45°夹角。

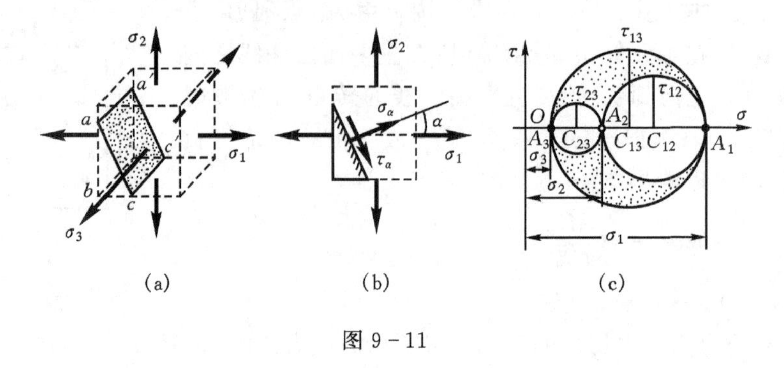

图 9-11

同理,平行于 σ_1 的各斜截面上的应力,由应力圆 A_2A_3 上相应各点的坐标来表示,其极值切应力为

$$\tau_{23} = \frac{1}{2}(\sigma_2 - \sigma_3)$$

平行于 σ_2 的各斜截面上的应力,由应力圆 A_1A_3 上相应各点的坐标来表示,其极值切应力为

$$\tau_{13} = \frac{1}{2}(\sigma_1 - \sigma_3)$$

研究表明,除上述三类斜截面外的其它任意斜截面上的正应力和切应力,也可用 $\sigma-\tau$ 坐标系内某一点的坐标值来表示,并且该点必位于图 9-11(c)所示三个应力圆所围成的阴影范围内。因此三向应力状态时的最大切应力应等于 A_1A_3 应力圆的半径,即

$$\tau_{max} = \frac{1}{2}(\sigma_1 - \sigma_3) \tag{9-5}$$

由于单向和二向平面应力状态均为三向应力状态的特例,因此上式对单向和二向平面应力状态同样适用。

9.3 广义胡克定律

在讨论单向拉伸或压缩时,根据实验结果曾得到在线弹性范围内应力与应变的关系为

$$\sigma = E\varepsilon \quad 或 \quad \varepsilon = \sigma/E \tag{1}$$

这就是胡克定律。此外,实验还指出,轴向变形也将引起横向尺寸的变化(见6.2节),横向应变 ε' 可表示为

$$\varepsilon' = -\nu\varepsilon = -\nu\sigma/E \tag{2}$$

在纯剪切的情况下的实验结果表明,当切应力不超过材料的剪切比例极限时,切应力和切应变之间的关系也服从胡克定律,即

$$\tau = G\gamma \quad 或 \quad \gamma = \tau/G \tag{3}$$

但是,如果构件不是单向应力状态或纯剪切应力状态,而是其它的复杂应力状态时,其应力和应变的关系是否还服从(1)式或(3)式表示的胡克定律呢? 下面来讨论这一问题。

当构件上某点处于复杂应力状态时,单元体各侧面上共有18个应力分量,由于单元体两平行平面上的应力相等,所以单元体的三对互相垂直的表面上的应力可用9个应力分量表示,

如图 9-12 所示，即 3 个正应力分量 σ_x、σ_y、σ_z 和 6 个切应力分量 τ_{xy}、τ_{yz}、τ_{zx}、τ_{yx}、τ_{zy}、τ_{xz}。

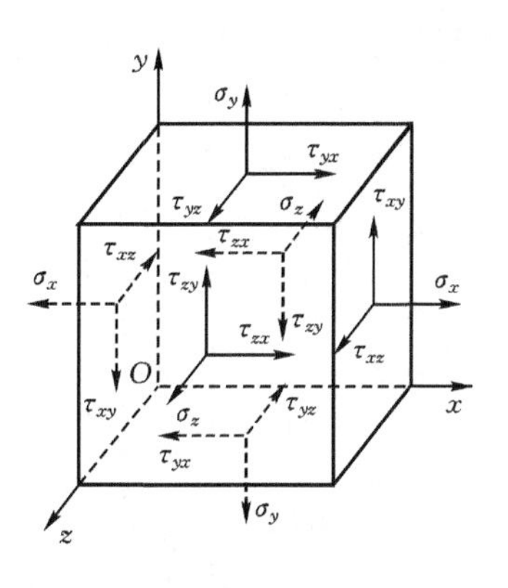

图 9-12

切应力分量中第一个下标表示该切应力作用面的外法线方向，第二个下标表示该切应力的方向。由切应力互等定理可知

$$\tau_{xy}=-\tau_{yx},\quad \tau_{yz}=-\tau_{zy},\quad \tau_{zx}=-\tau_{xz}$$

因此，实际上只有 3 个独立的切应力分量。

对于各向同性材料，当变形很小且在线弹性范围内时，线应变只与正应力有关，而与切应力无关；切应变只与切应力有关，而与正应力无关。这样，对于三向应力状态的单元体，可以利用(1)、(2)、(3)式分别求出各应力分量各自对应的应变，然后进行叠加，从而得到三向应力状态的应力和应变之间的关系。例如，图9-12所示三向应力状态单元体，由 σ_x 单独作用，在 x 方向引起的线应变为 σ_x/E，由 σ_y、σ_z 单独作用，在 x 方向引起的线应变分别为 $-\nu\sigma_y/E$ 和 $-\nu\sigma_z/E$。其余切应力分量与 x 方向的线应变无关。叠加上述结果得

$$\varepsilon_x=\frac{\sigma_x}{E}-\nu\frac{\sigma_y}{E}-\nu\frac{\sigma_z}{E}=\frac{1}{E}[\sigma_x-\nu(\sigma_y+\sigma_z)]$$

同理可得在 y 方向和 z 方向的线应变 ε_y 和 ε_z。最后得

$$\left.\begin{aligned}\varepsilon_x&=\frac{1}{E}[\sigma_x-\nu(\sigma_y+\sigma_z)]\\ \varepsilon_y&=\frac{1}{E}[\sigma_y-\nu(\sigma_z+\sigma_x)]\\ \varepsilon_z&=\frac{1}{E}[\sigma_z-\nu(\sigma_x+\sigma_y)]\end{aligned}\right\}\tag{9-6}$$

至于切应变与切应力之间的关系，自然是(3)式所表示的关系，且与正应力分量无关。这样，在 Oxy、Oyz、Ozx 三个面内的切应变分别为

$$\gamma_{xy}=\frac{\tau_{xy}}{G},\quad \gamma_{yz}=\frac{\tau_{yz}}{G},\quad \gamma_{zx}=\frac{\tau_{zx}}{G}\tag{9-7}$$

式(9-6)和式(9-7)称为**广义胡克定律**。

当单元体是主单元体时，设 x、y、z 方向分别与 σ_1、σ_2、σ_3 方向一致。这时，$\sigma_x=\sigma_1$，$\sigma_y=\sigma_2$，$\sigma_z=\sigma_3$，$\tau_{xy}=\tau_{yz}=\tau_{zx}=0$，广义胡克定律变为

$$\left.\begin{aligned}\varepsilon_1&=\frac{1}{E}[\sigma_1-\nu(\sigma_2+\sigma_3)]\\ \varepsilon_2&=\frac{1}{E}[\sigma_2-\nu(\sigma_3+\sigma_1)]\\ \varepsilon_3&=\frac{1}{E}[\sigma_3-\nu(\sigma_1+\sigma_2)]\end{aligned}\right\}\tag{9-8}$$

这里 ε_1、ε_2、ε_3 分别表示沿三个主应力方向的线应变，称为**主应变**。式(9-8)是由主应力表示的广义胡克定律。

例 9-4　图 9-13(a)所示螺旋桨主轴承受轴向拉伸与扭转作用。为了用实验方法测定拉力 F 和扭矩 T，在主轴上沿轴线方向及与轴向夹角 45°的方向各贴一电阻丝应变片。实验

测得轴在匀速旋转时线应变平均值分别为 $\varepsilon_{90^\circ}=25\times10^{-6}$，$\varepsilon_{45^\circ}=140\times10^{-6}$。若已知轴的直径 $d=100$ mm，$E=2.1\times10^5$ MPa，$\nu=0.28$，求轴向拉力 F 和扭矩 T。

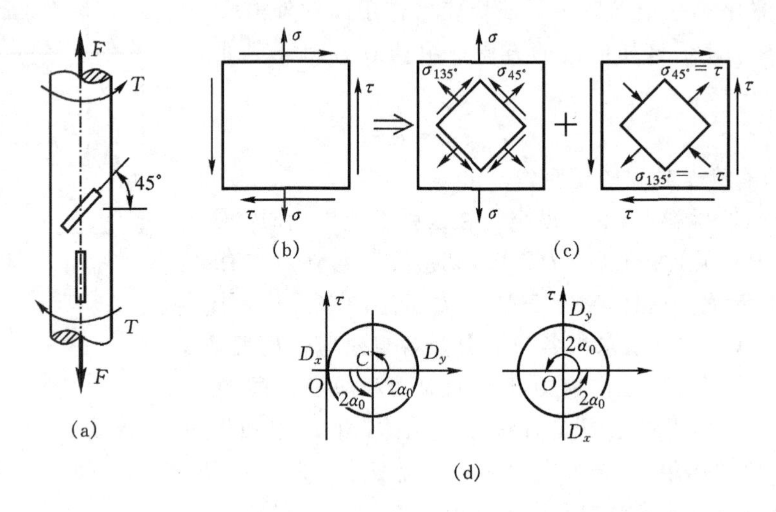

图 9-13

解　主轴在拉力和扭矩的作用下，外表面各点的应力状态均相同，如图9-13(b)所示。其中

$$\sigma=\frac{F_{\mathrm{N}}}{A}=\frac{4F}{\pi d^2},\quad \tau=\frac{T}{W_{\mathrm{t}}}=\frac{16T}{\pi d^3}$$

根据叠加原理，图 9-13(b)之应力状态可以分解成单向拉伸应力状态和纯切应力状态的叠加，如图 9-13(c)所示。由图可见，只有单向拉伸应力状态中的正应力(沿轴线方向)引起轴向应变 ε_{90°，而纯切应力状态，因为在轴线方向无正应力而不会引起轴向应变；但两种应力状态都会引起 45°方向的应变，应用应力圆或解析式，可求得引起 45°方向正应变的正应力 σ_{45° 与 σ_{135° 的大小和方向，分别标于图 9-13(d)的两个应力状态中。于是有

$$\varepsilon_{90^\circ}=\frac{\sigma}{E}=\frac{4F}{E\pi d^2}$$

可得

$$F=\frac{\varepsilon_{90^\circ}E\pi d^2}{4}=\frac{25\times10^{-6}\times2.1\times10^5\pi\times100^2}{4}$$

$$=41.2\ \mathrm{kN}$$

由式(9-8)知

$$\varepsilon_{45^\circ}=\frac{\sigma_{45^\circ}}{E}-\nu\frac{\sigma_{135^\circ}}{E}=\frac{1}{E}(\sigma_{45^\circ}-\nu\sigma_{135^\circ})$$

其中

$$\sigma_{45^\circ}=\frac{\sigma}{2}+\tau,\quad \sigma_{135^\circ}=\frac{\sigma}{2}-\tau$$

而

$$\sigma=\frac{4F}{\pi d^2}=\frac{4\times41.2\times10^3}{3.14\times100^2}=5.25\ \mathrm{MPa}$$

所以

$$\varepsilon_{45^\circ}=\frac{1}{E}\left[\frac{\sigma}{2}+\tau-\nu\left(\frac{\sigma}{2}-\tau\right)\right]$$

$$=\frac{\sigma}{2E}(1-\nu)+\frac{\tau}{E}(1+\nu)$$

$$=\frac{5.25}{2E}(1-\nu)+\frac{\tau}{E}(1+\nu)$$

考虑到 $\tau=\frac{16T}{\pi d^3}$，则扭矩

$$T=\frac{\pi d^3[2\varepsilon_{45°}E-5.25(1-\nu)]}{32(1+\nu)}$$

$$=\frac{3.14\times100^3[2\times140\times10^{-6}\times2.1\times10^5-5.25\times(1-0.28)]}{32\times(1+0.28)}$$

$$=42.2\ \mathrm{kN\cdot m}$$

9.4　强度理论

9.4.1　强度理论的概念

实验表明，各种材料的破坏现象是不相同的。塑性材料，如低碳钢，在轴向拉伸、压缩和扭转时，当应力达到屈服极限后，将出现明显的不可恢复的塑性变形。材料的这种破坏形式，称之为**塑性屈服**。在这种情况下，构件已不能正常工作，因此出现流动现象或塑性变形就是这类破坏的标志。脆性材料，如铸铁，在轴向拉伸、压缩和扭转时，当还没有出现明显的塑性变形时，就突然断裂，这是材料破坏的另一类形式，称之为**脆性断裂**。值得注意的是，材料的破坏形式不仅与材料的性质有关，还与材料所处的应力状态有关。如灰铸铁在三向等压情况下将发生塑性屈服破坏，而不是脆性断裂破坏。

在轴向拉伸时，塑性材料的塑性屈服破坏发生于应力达到屈服极限，而脆性材料的脆性断裂破坏发生于应力达到强度极限。因此把屈服极限 σ_s 作为塑性屈服破坏的极限应力 σ_{jx}，而把强度极限 σ_b 作为脆性断裂破坏的极限应力 σ_{jx}。极限应力除以安全因数得到材料的许用应力，即

$$\text{塑性屈服破坏}\quad[\sigma]=\frac{\sigma_s}{n_s};\quad \text{脆性断裂破坏}\quad[\sigma]=\frac{\sigma_b}{n_b}$$

式中：n_s 和 n_b 分别是塑性屈服破坏和脆性断裂破坏时的安全因数。确定了许用应力以后，容易建立以下强度条件

$$\sigma\leqslant[\sigma]$$

所以在单向应力状态下，强度条件可以说是根据实验结果建立的。

但在工程实际中，很多受力构件的危险点都处于复杂应力状态。实现材料在复杂应力状态下的试验要比单向拉伸或压缩困难得多。而且复杂应力状态中应力组合的方式有无数种，若完全靠实验来一一对应的建立强度条件是不可能的。为了对复杂应力状态下的构件进行强度计算，一般是依据部分实验结果，采用判断推理的方法，提出一些假说，推测材料在复杂应力状态下的破坏原因，从而建立相应的强度条件。

实际上，尽管材料的应力状态多种多样，破坏现象也比较复杂，但大量的试验表明，材料的破坏形式主要还是塑性屈服与脆性断裂两种类型。人们在长期生产实践和大量试验中，积累了各种各样破坏现象的资料，经过分析、判断、推理、综合，对材料的破坏现象以及发生破坏的原因提出了各种不同的假说，这些假说普遍认为，材料的某一类型的破坏是某一特定因素引起

的。按照这种假说，无论是简单应力状态或是复杂应力状态，某种类型的破坏都是同一因素引起的。于是可以利用简单应力状态下的试验结果，建立复杂应力状态下的强度条件。这样的一些假说称为**强度理论**。

强度理论既然是推测材料破坏原因的假说，它是否正确，以及适用范围如何，都必须经过实践检验。经常会遇到这种情况，适用于某种材料的强度理论，并不适用于另外一种材料；在某种条件下适用的理论，却不一定适用于另外一种条件。

9.4.2 常用的四种强度理论

目前工程上常用的有四种强度理论，它们比较成功地解决了常用材料的强度计算问题。

材料破坏的主要形式为塑性屈服破坏与脆性断裂破坏，强度理论也相应地分为两类。一类是解释材料脆性断裂破坏的强度理论，包括最大拉应力理论和最大伸长线应变理论；另一类是解释材料塑性屈服破坏的强度理论，包括最大切应力理论和形状改变比能理论。这是在常温、静载条件下经常使用的四种强度理论。

1. 最大拉应力理论(第一强度理论)

这一理论认为最大拉应力是引起材料脆性断裂破坏的主要因素，即认为无论是复杂应力状态还是简单应力状态，引起脆性断裂破坏的因素都是最大拉应力 σ_1。在单向拉伸时，脆性断裂破坏的极限应力是强度极限 σ_b。按照这一理论，在复杂应力状态下，只要最大拉应力 σ_1 达到简单拉伸时的极限应力 σ_b，就认为会引起脆性断裂破坏。于是得到发生脆性断裂破坏的条件是

$$\sigma_1 = \sigma_b$$

按照第一强度理论建立的强度条件是

$$\sigma_1 \leqslant [\sigma] \tag{9-9}$$

铸铁等脆性材料在单向拉伸时的脆性断裂破坏发生于拉应力最大的横截面上。脆性材料的扭转破坏也是沿拉应力最大的斜截面发生断裂。这些都与最大拉应力理论相符。但该理论没有考虑其它两个主应力 σ_2 和 σ_3 对材料破坏的影响，而且对没有拉应力的应力状态(如单向压缩、三向压缩等)无法应用。

2. 最大伸长线应变理论(第二强度理论)

这个理论假定材料的脆性断裂破坏，取决于最大伸长线应变 ε_1。按照这个理论，无论材料在何种应力状态下，只要最大伸长线应变 ε_1 达到某一极限值$\varepsilon_{jx}=\sigma_b/E$时，就认为材料会发生脆性断裂破坏。于是得到材料发生脆性断裂破坏的条件是

$$\varepsilon_1 = \varepsilon_{jx} = \sigma_b/E$$

由广义胡克定律式(9－8)

$$\varepsilon_1 = \frac{1}{E}[\sigma_1 - \nu(\sigma_2 + \sigma_3)]$$

代入上式，得到用应力表达的脆性断裂破坏条件为

$$\sigma_1 - \nu(\sigma_2 + \sigma_3) = \sigma_b$$

最后得到按第二强度理论建立的强度条件是

$$\sigma_1 - \nu(\sigma_2 + \sigma_3) \leqslant [\sigma] \tag{9-10}$$

实验证明，石料或混凝土等脆性材料受轴向压缩时，试件将沿垂直于压力的方向发生脆性

断裂破坏，而这一方向也就是最大伸长线应变的方向。铸铁在拉-压二向应力状态且压应力较大的情况下，试验结果也与这一理论结果相近。但是，铸铁受二向拉伸时的破坏却与这一理论相矛盾。

3. 最大切应力理论(第三强度理论)

这一理论认为最大切应力是引起材料塑性屈服破坏的主要因素，即材料无论处于何种应力状态，引起材料塑性屈服破坏的主要因素都是最大切应力为 $\tau_{\max}$。在单向拉伸时，当横截面上的拉应力达到材料塑性屈服破坏极限 σ_s 时，与轴线成 45°的斜面上相应的最大切应力为 $\tau_{\max}=\sigma_s/2$。按照这一理论，在复杂应力状态下，当最大切应力 $\tau_{\max}$ 达到单向拉伸发生塑性屈服破坏时的最大切应力时，就认为材料发生了塑性屈服破坏。由此得出材料发生塑性屈服破坏的条件是

$$\tau_{\max}=\sigma_s/2$$

由式(9－5)知

$$\tau_{\max}=\frac{\sigma_1-\sigma_3}{2}$$

代入上式，得到用主应力表达的塑性屈服破坏条件是

$$\sigma_1-\sigma_3=\sigma_s$$

于是，按照第三强度理论建立的强度条件是

$$\sigma_1-\sigma_3\leqslant[\sigma] \tag{9-11}$$

低碳钢受拉伸时，在与轴线成 45°的斜截面上发生最大切应力，也正是在沿这些平面的方向出现滑移线。钢和铜的薄管试验都表明，塑性材料出现塑性变形时，最大切应力接近常数。这个理论忽略了 σ_2 的影响，使得在二向应力状态下，按这一理论所得的结果与试验结果相比偏于安全。由于上述原因，加之该理论提供的算式也比较简明，因此得到广泛应用。

4. 形状改变比能理论(第四强度理论)

材料在外力作用下发生变形，同时在材料内部积蓄变形能，单元体内积蓄的变形能称为变形比能。一般单元体变形时其形状发生改变，同时体积也发生改变，与体积改变相应的那一部分变形比能称为**体积改变比能**，与形状改变相应的那一部分变形比能称为**形状改变比能**。第四强度理论认为形状改变比能是引起材料塑性屈服破坏的主要原因。即假定无论材料处于何种应力状态，引起材料塑性屈服破坏的因素都是形状改变比能，当构件内一点处的形状改变比能达到极限值(材料受单向拉伸发生塑性屈服破坏的形状改变比能)时，就认为材料会发生塑性屈服破坏。根据这一理论建立的由主应力表达的塑性屈服破坏条件是

$$\sqrt{\frac{1}{2}[(\sigma_1-\sigma_2)^2+(\sigma_2-\sigma_3)^2+(\sigma_3-\sigma_1)^2]}=\sigma_s$$

于是，按照第四强度理论建立的强度条件是

$$\sqrt{\frac{1}{2}[(\sigma_1-\sigma_2)^2+(\sigma_2-\sigma_3)^2+(\sigma_3-\sigma_1)^2]}\leqslant[\sigma] \tag{9-12}$$

塑性材料钢、铜、铝等的薄管试验资料表明，这一理论与试验结果相当接近，它比第三强度理论更符合试验结果，更为经济。

综合式(9－9)、式(9－10)、式(9－11)、式(9－12)可以把四个强度理论的强度条件写成下面的统一形式

$$\sigma_{xd}\leqslant[\sigma] \tag{9-13}$$

式中：σ_{xd}称为相当应力，它是由三个主应力按一定形式组合而成的。按照从第一强度理论到第四强度理论的顺序，相当应力分别是

$$\sigma_{xd1} = \sigma_1, \quad \sigma_{xd2} = \sigma_1 - \nu(\sigma_2 + \sigma_3), \quad \sigma_{xd3} = \sigma_1 - \sigma_3$$

$$\sigma_{xd4} = \sqrt{\frac{1}{2}[(\sigma_1 - \sigma_2)^2 + (\sigma_2 - \sigma_3)^2 + (\sigma_3 - \sigma_1)^2]}$$

9.4.3 强度理论的选择

以上介绍了四种常用的强度理论。一般说来，处于复杂应力状态并在常温和静载条件下的脆性材料（如铸铁、石料、混凝土、玻璃等），通常以断裂的形式失效，宜采用第一和第二强度理论。塑性材料（如碳钢、铜、铝等），通常以屈服的形式失效，宜采用第三和第四强度理论。第一、第三强度理论的表达式比较简单，第二、第四强度理论多用于设计较为经济的截面尺寸。

根据材料来选择相应的强度理论，在多数情况下是合适的。但是材料的脆性和塑性还与其所处的应力状态有关。即便是同一材料，在不同应力状态下也可能有不同的失效形式。例如，碳钢在单向拉伸下以屈服的形式失效，但碳钢制成的螺钉受拉时，螺纹根部因应力集中引起三向拉伸，就会出现断裂。这是因为当三向拉伸的三个主应力数值接近时，屈服将很难出现。又如，铸铁单向受拉时以断裂的形式失效。但如以淬火钢球压在铸铁板上，接触点附近的材料处于三向受压状态，随着压力的增大，铸铁板会出现明显的凹坑，这表明已出现屈服现象。以上各例说明材料的失效形式还与它所处的应力状态有关。无论是塑性或脆性材料，在三向拉应力相近的情况下，都将以断裂的形式失效，宜采用最大拉应力理论。在三向压应力相近的情况下，都可引起塑性变形，宜采用第三或第四强度理论。

例 9-5 图 9-14(a)所示薄壁锅炉，其圆筒平均直径为 D，壁厚为 δ（当$\delta < D/20$时，称为**薄壁容器**），承受蒸汽内压，其压强为 p，试计算横截面和纵截面上的应力并建立强度条件。

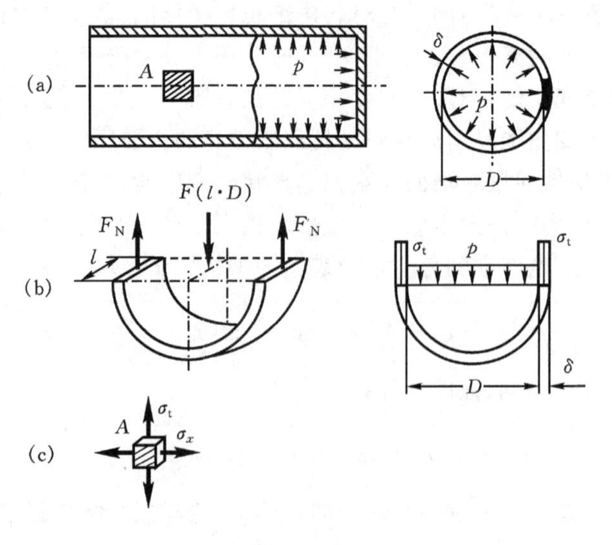

图 9-14

解 锅炉两端封头上的蒸汽压力的合力

$$F = \frac{\pi D^2}{4} p$$

由于轴向拉伸,横截面上的应力是均匀分布的,故横截面上正应力

$$\sigma_x = \frac{F}{A} = \frac{\frac{\pi D^2}{4} p}{\pi D \delta} = \frac{pD}{4\delta}$$

利用截面法,用相距单位长度的两个截面与一个通过锅炉轴线的径向纵截面,从锅炉中取出一部分为研究对象(图 9 - 14(b)),作用在该部分上的总压力为 $p(l \cdot D)$,取 $l=1$ 个单位长度,则总压力为 pD,纵截面上的法向内力为

$$F_{\mathrm{N}} = \sigma_{\mathrm{t}}(l \cdot \delta) = \sigma_{\mathrm{t}} \delta$$

由平衡方程

$$2F_{\mathrm{N}} - pD = 0$$

得纵截面应力

$$\sigma_{\mathrm{t}} = \frac{pD}{2\delta}$$

由上述计算知,薄壁圆筒处于二向应力状态(图 9 - 14(c),其主应力

$$\sigma_1 = \sigma_{\mathrm{t}} = \frac{pD}{2\delta}, \quad \sigma_2 = \sigma_x = \frac{pD}{4\delta}, \quad \sigma_3 = 0$$

锅炉为塑性材料,按第三和第四强度理论建立的强度条件分别为

$$\sigma_{\mathrm{xd3}} = \frac{pD}{2\delta} \leqslant [\sigma], \quad \sigma_{\mathrm{xd4}} = \frac{\sqrt{3} pD}{4\delta} \leqslant [\sigma]$$

思考题

9 - 1　为什么要研究一点的应力状态?如何研究一点的应力状态?

9 - 2　圆轴受扭时,轴表面各点处于何种应力状态?梁受横力弯曲时,梁顶、梁底及其它各点处于何种应力状态?

9 - 3　有人说,最大正应力作用面上没有切应力,最大切应力作用面上没有正应力,对吗?

9 - 4　何谓强度理论,略述四个常用强度理论的内容及其适用范围。

习　题

9 - 1　求图示单元体中指定斜截面上的应力,并用应力圆校核。应力单位为 MPa。

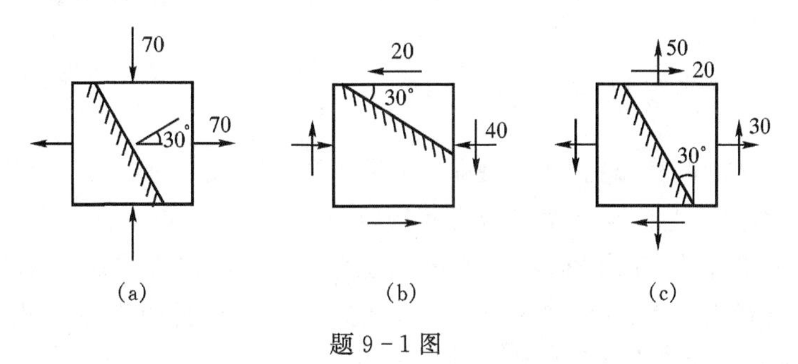

题 9 - 1 图

9 - 2　试求图示单元体的主应力大小和方向,并按主平面画出单元体。应力单位为 MPa。

9 - 3　试求图示应力状态的主应力及最大切应力。应力单位为 MPa。

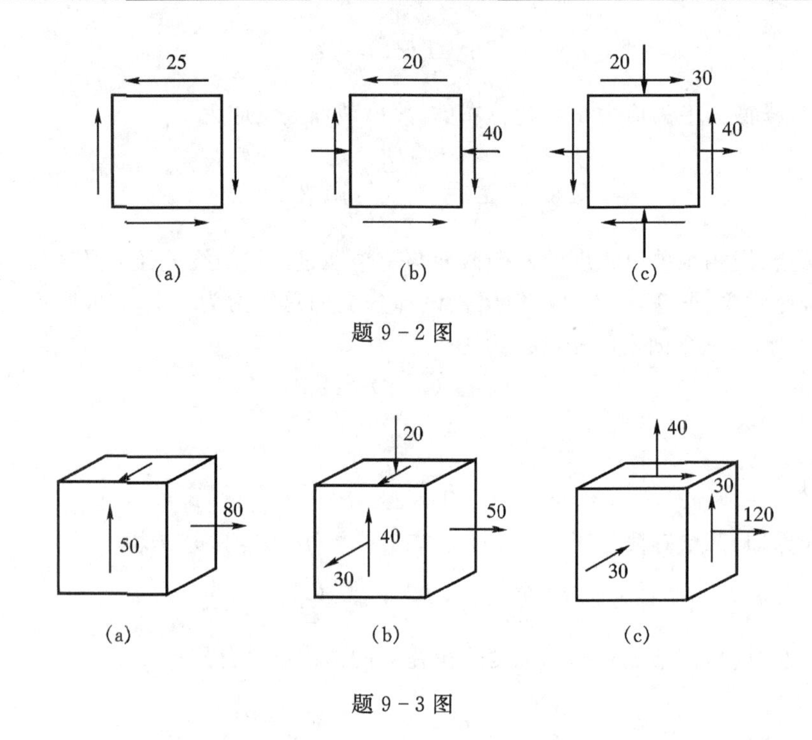

题 9 - 2 图

题 9 - 3 图

9 - 4　已知矩形截面梁某截面上的剪力 $F_S=120$ kN，弯矩 $M=10$ kN · m，截面尺寸如图所示。试绘出 1、2、3、4 点的应力状态，并确定各点的主应力。

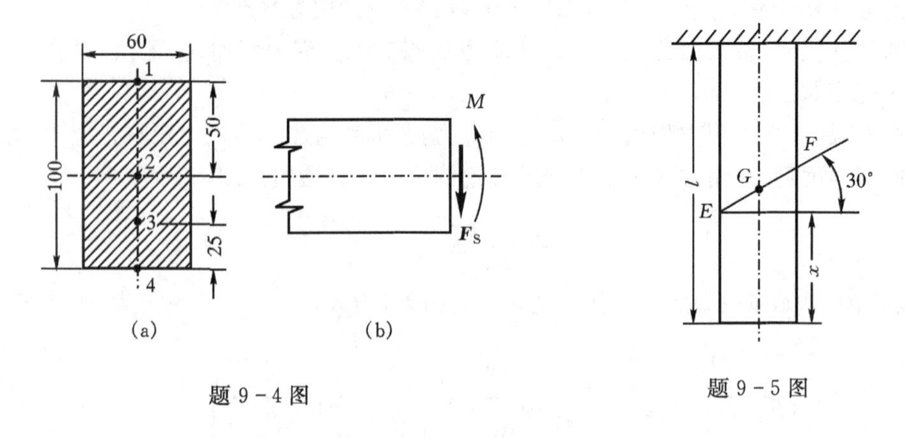

题 9 - 4 图　　　　题 9 - 5 图

9 - 5　直径为 d 的圆杆，悬挂于天花板，承受自重作用，如图所示。若尺寸 d、l 及比重 γ 均为已知，求 EF 斜截面上 G 点所受正应力和切应力。G 点位于杆表面上。

9 - 6　图示薄壁容器，其内径 $D=500$ mm，壁厚 $t=10$ mm，在内压 p 的作用下分别测得容器轴向和周向的线应变为 $\varepsilon_l=100\times10^{-6}$，$\varepsilon_t=350\times10^{-6}$，材料的弹性模量 $E=200$ GPa，泊松比 $\nu=0.25$。试求轴向应力和周向应力及内压力 p。

9 - 7　承受轴向拉伸的直杆如图所示。若已知横截面上的正应力 σ，材料的弹性模量 E 和泊松比 ν，求与轴线夹角 45°方向上的正应变 ε_{45°。

9 - 8　由铸铁 HT20 - 40 制成的液压缸，平均直径 $D=500$ mm，壁厚 $t=20$ mm，承受内压

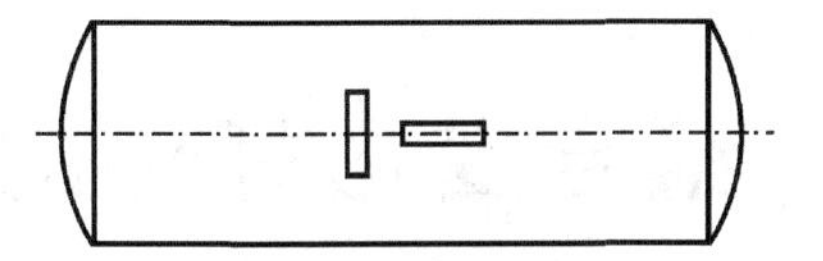

题 9-6 图

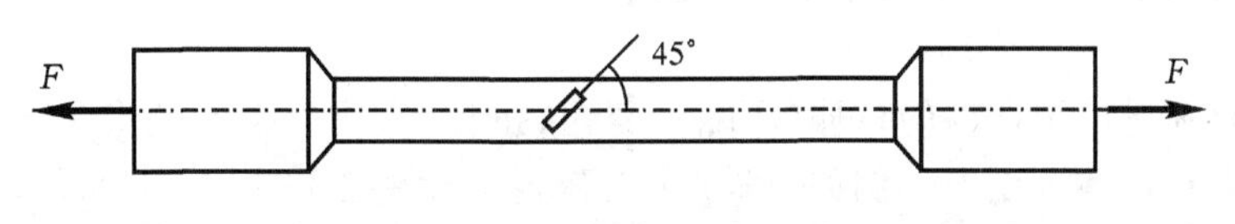

题 9-7 图

力 p 及轴向压力 $F=4D^2p$；材料抗拉强度极限 $\sigma_b^+=300$ MPa，抗压强度极限 $\sigma_b^-=750$ MPa，安全因数 $n=2$。求液压缸所能承受的许可内压力 p（取 $\nu=0.25$），并分析当材料改为$[\sigma]=160$ MPa 的钢材料时，许可内压力如何变化？

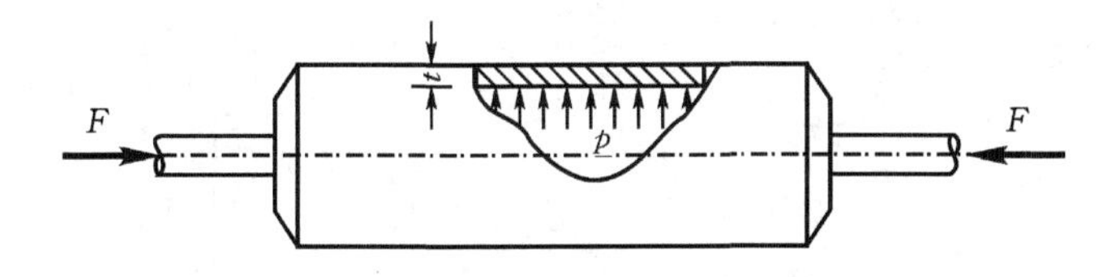

题 9-8 图

第 10 章　组合变形杆件的强度计算

10.1　组合变形问题的基本分析方法

以上各章分别讨论了杆件的拉伸(压缩)、剪切、扭转、弯曲等基本变形。工程结构中的构件大多同时产生几种基本变形。例如，机器中由齿轮传动的轴(图 10－1(a))，由于传递扭转力偶而发生扭转，同时还因横向外力的作用而发生弯曲。又如烟囱(图 10－1(b))，除因自重而发生轴向压缩外，还因受风力作用而发生弯曲。这类由两种或两种以上基本变形组合的情况，称为**组合变形**。

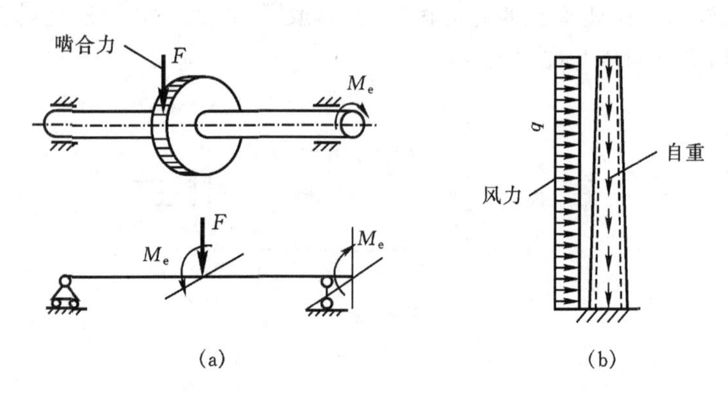

图 10－1

由于所研究的构件是在小变形条件下，并且材料服从胡克定律，所以可认为各载荷的作用彼此独立，互不影响，即每一载荷所引起的应力或变形不受其他载荷的影响。这样可以将作用于构件上的载荷进行适当的简化和分解，使分解后的每组载荷只产生一种基本变形。分别计算各基本变形所引起的应力，然后把这些应力叠加，得到的就是原所有载荷作用下的总应力。求解的基本步骤是：

(1)将作用在构件上的载荷进行分解、简化，得到与原载荷静力等效的几组载荷，使构件在每组载荷作用下，只产生一种基本变形；

(2)分别计算构件在每种基本变形情况下的应力；

(3)将各基本变形情况下的应力叠加，即当构件危险点处于单向应力状态时，可将上述各应力进行代数相加；若处于复杂应力状态时，按有关的强度理论计算相当应力，然后根据强度条件进行强度计算。

10.2　拉伸(压缩)与弯曲的组合变形

在载荷作用下，构件同时产生拉伸(或压缩)变形与弯曲变形的情况，称为**拉伸(压缩)与弯**

曲的组合变形。以图 10 - 2(a)中起重机横梁 AB 为例，其受力如图 10 - 2(b)所示。轴向力 F_{Bx} 和 F_{Ax} 引起压缩变形，横向力 F_{Ay}、F、F_{By} 引起弯曲变形，所以梁 AB 产生压缩与弯曲的组合变形。现在讨论拉伸(压缩)与弯曲组合变形构件的应力和强度计算。

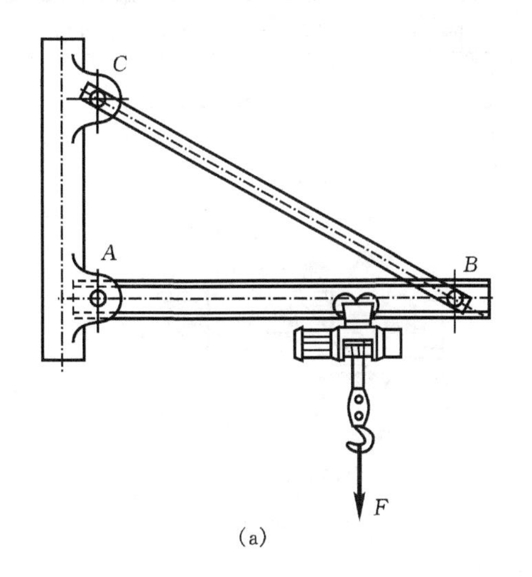

(a)

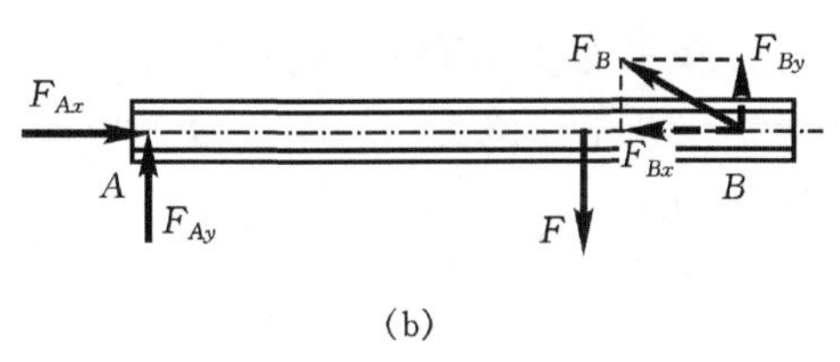

(b)

图 10 - 2

图 10 - 3(a)所示矩形截面杆的一端固定，另一端自由。杆受到轴向拉力 F 以及在纵向对称面内作用的集度为 q 的横向均布载荷。

轴向拉力使杆发生轴向拉伸。此时，任一横截面上的轴力均为

$$F_N = F$$

因此，杆的横截面上各点的正应力均为

$$\sigma' = F_N/A$$

横向外力使杆发生平面弯曲，距左端为 x 的横截面上的弯矩值为

$$M = \frac{1}{2}q(L - x)^2$$

该截面上距中性轴为 y 点处的弯曲正应力 σ'' 为

$$\sigma'' = My/I_z$$

σ' 与 σ'' 在横截面上的分布情况如图 10 - 3(b)、(c)所示。

杆件在外力作用下变形很小时，可用叠加原理。上述任意一点处的总的正应力应为以上两项正应力的代数和，即

$$\sigma = \sigma' + \sigma'' = \frac{F_N}{A} + \frac{My}{I_z} \tag{10 - 1}$$

叠加后正应力沿横截面高度的分布情况如图 10 - 3(d)所示。

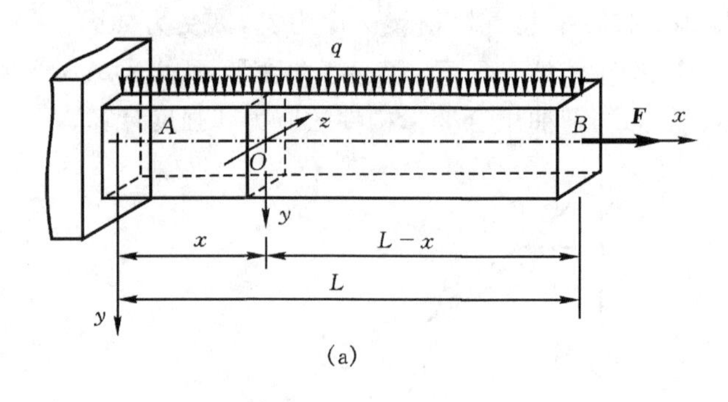

(a)

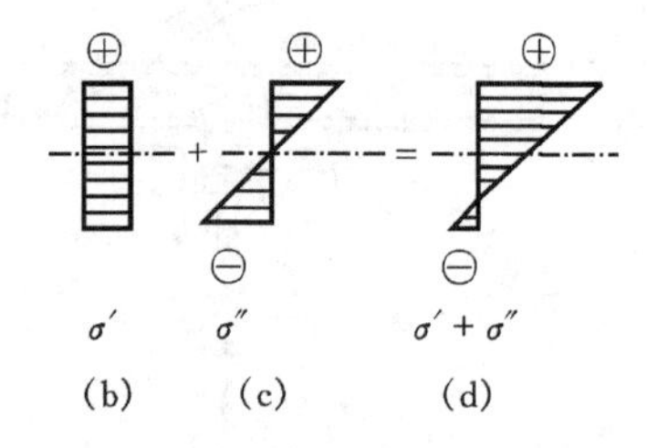

(b)　(c)　(d)

图 10－3

由于杆在固定端截面 A 上的弯矩最大，而各横截面上的轴力是相等的，故截面 A 为危险截面。危险点位于该截面的上边缘或下边缘处。在上边缘处由于 σ' 和 σ'' 均为拉应力，故总应力为两应力之和。所以最大拉应力为

$$\sigma_{\max}^{+}=\frac{F_{N}}{A}+\frac{M_{\max}}{W_{z}} \tag{10-2}$$

在下边缘处由于 σ' 为拉应力，而 σ'' 为压应力，故总应力为两应力之差，由此得出最大压应力为

$$\sigma_{\max}^{-}=\frac{F_{N}}{A}-\frac{M_{\max}}{W_{z}} \tag{10-3}$$

上两式中：$M_{\max}$ 为危险截面处的弯矩；W_z 为弯曲截面系数。如果轴力是压应力，F_N 用负值代入。如果轴向压应力在数值上大于弯曲正应力，上、下边缘的总应力都是压应力。如果轴向拉应力在数值上大于弯曲正应力，则上、下边缘的总应力都是拉应力。得到危险点的总应力后，即可建立强度条件。由于危险点处的应力状态为单向应力状态，因此强度条件分别为

$$\sigma_{\max}^{+}=\frac{F_{N}}{A}+\frac{M_{\max}}{W_{z}}\leqslant[\sigma]^{+} \tag{10-4}$$

$$\sigma_{\max}^{-}=\left|\frac{F_{N}}{A}+\frac{M_{\max}}{W_{z}}\right|\leqslant[\sigma]^{-} \tag{10-5}$$

式中：$[\sigma]^{+}$ 和 $[\sigma]^{-}$ 分别为材料在拉伸和压缩时的应用应力。

一般情况下，对于抗拉与抗压能力不相同的材料，如铸铁和混凝土等，需用以上两式分别校核强度；对于抗拉与抗压能力相同的材料，如低碳钢，则只需校核总应力绝对值最大处的强度。

也可将强度条件统一写成

$$[\sigma]_{\max}^{+}=\left|\pm\frac{F_{N}}{A}\pm\frac{M_{\max}}{W_{z}}\right|\leqslant[\sigma] \tag{10-6}$$

例 10－1　悬臂吊车的计算简图如图 10－4(a)所示。横梁由两根 20 槽钢组成，材料的许

用应力[σ]=120 MPa,试校核横梁的强度。

解　(1)受力分析。横梁 AB 的受力如图 10-4(b)所示。由平衡方程

$$\sum M_A = 0,\quad F_{BC}h - FL/2 = 0$$

及

$$h = L\sin\alpha = L\,\overline{AC}/\overline{BC} = L/2$$

得

$$F_{BC} = F = 40\ \text{kN}$$

由图 10-4(a)知 $\alpha=30°$。将 F_{BC} 分解为水平分量 F_{Bx} 和铅垂分别 F_{By},则

$$F_{Bx} = F_{BC}\cos 30° = 40\times\sqrt{3}/2 = 34.6\ \text{kN}$$

$$F_{By} = F_{BC}\sin 30° = 40\times 1/2 = 20\ \text{kN}$$

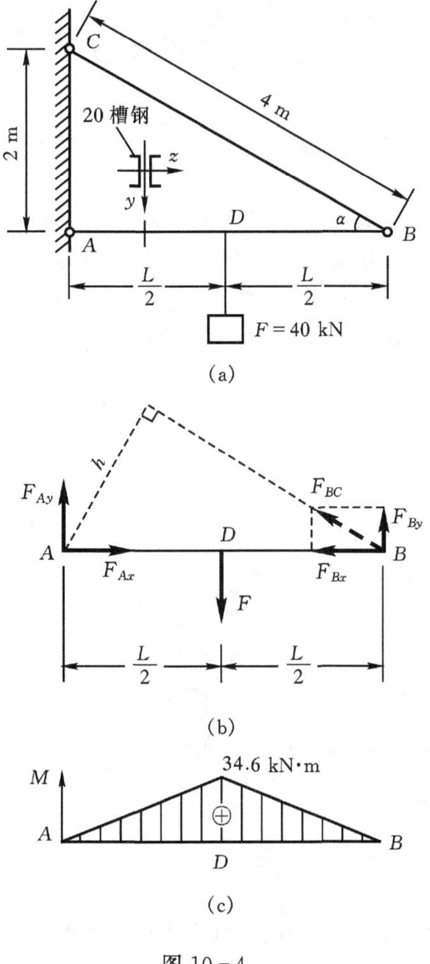

图 10-4

最后由平衡方程 $\sum F_x = 0$ 和 $\sum F_y = 0$,分别得

$$F_{Ax} = F_{Bx} = 34.6\ \text{kN}$$

$$F_{Ay} = F - F_{By} = 40 - 20 = 20\ \text{kN}$$

可见,横梁既因横向力 F 发生弯曲,又因轴向压力 F_{Ax} 发生轴向压缩,其变形属于轴向压缩与平面弯曲的组合变形。

(2)确定危险截面。作横梁的弯矩图如图 10－4(c)所示。由图可见，最大弯矩 $M_{max}=34.6\ kN\cdot m$发生在截面 D 上。由于轴力在横梁各横截面上相等，故截面 D 为危险截面。

(3)求危险截面上的最大正应力。从型钢规格表查得 20 槽钢截面的 $A=32.83\ cm^2=32.83\times10^{-4}\ m^2$，$W_z=191.4\ cm^3=191.4\times10^{-6}\ m^3$。

在危险截面的上边缘各点处具有最大压应力，可由 $M_{max}=34.6\ kN\cdot m$ 及 $F_N=-34.6\ kN$，按前述方法求得为

$$\sigma_{max}^{-}=-\frac{F_N}{A}-\frac{M_{max}}{W_z}=-\frac{34.6\times10^3}{2\times32.83\times10^{-4}}-\frac{34.6\times10^3}{2\times191.4\times10^{-6}}$$

$$=-5.27-90.38=-95.6\ MPa$$

(4)强度校核。将上述 σ_{max}^{-}的值与许用应力$[\sigma]$相比，可见

$$\sigma_{max}^{-}=95.6\ MPa<[\sigma]$$

故此梁能满足强度要求。

以上计算了力 F 作用在横梁中点时的情况。请读者考虑，当力 F 可以在横梁上移动时，其力作用点的最不利位置在哪里。

当作用在直杆上的载荷作用线与轴线平行但不重合时，这种受力情况称为**偏心拉伸**或**偏心压缩**，这种载荷称为**偏心载荷**，载荷偏离横截面形心的距离称为偏心距。例如，图 10－5(a)所示的夹具，在夹紧工件时，夹具受到的载荷将使夹具的竖杆产生偏心拉伸(图 10－5(b))。又如图 10－5(c)所示支承吊车梁的立柱，作用在牛腿上的载荷将使立柱产生偏心压缩。

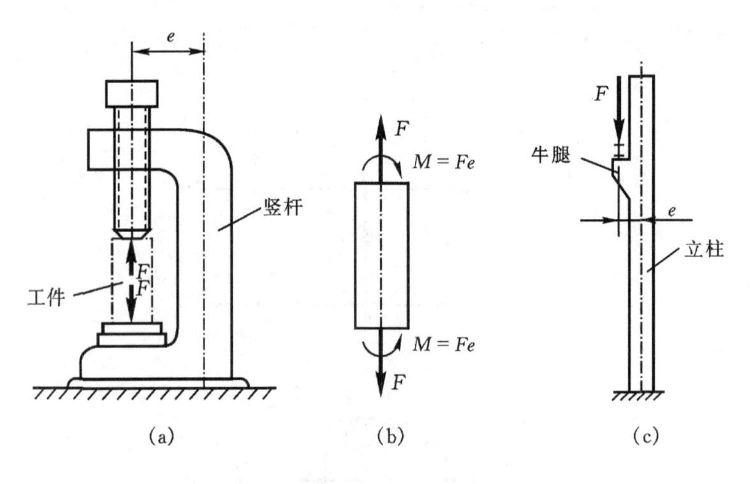

图 10－5

构件受偏心拉伸或偏心压缩时，将同时产生拉伸或压缩和弯曲变形。故其实质是产生了拉伸(压缩)与弯曲组合变形。以图 10－5(a)所示的夹具为例，将作用在夹具上的载荷向竖杆轴线平移，可得一力 F 及一矩为$M=Fe$ 的力偶，如图 10－5(b)所示。F 引起拉伸变形，M 引起弯曲变形，显然是拉伸与弯曲的组合变形。力偶矩 M 称为**偏心弯矩**。由此可见，偏心拉伸或偏心压缩时的强度计算仍可按前述方法进行，只要将公式中的最大弯矩改成偏心弯矩即可。

例 10－2 图 10－6(a)所示的钩头螺栓联接，已知螺纹的内径 $d_1=24$ mm，材料的许用应力$[\sigma]=120$ MPa，在拧紧螺母后，螺栓受一偏心载荷 $F=6$ kN，偏心距 $e=d_1$，试校核螺栓的强度。

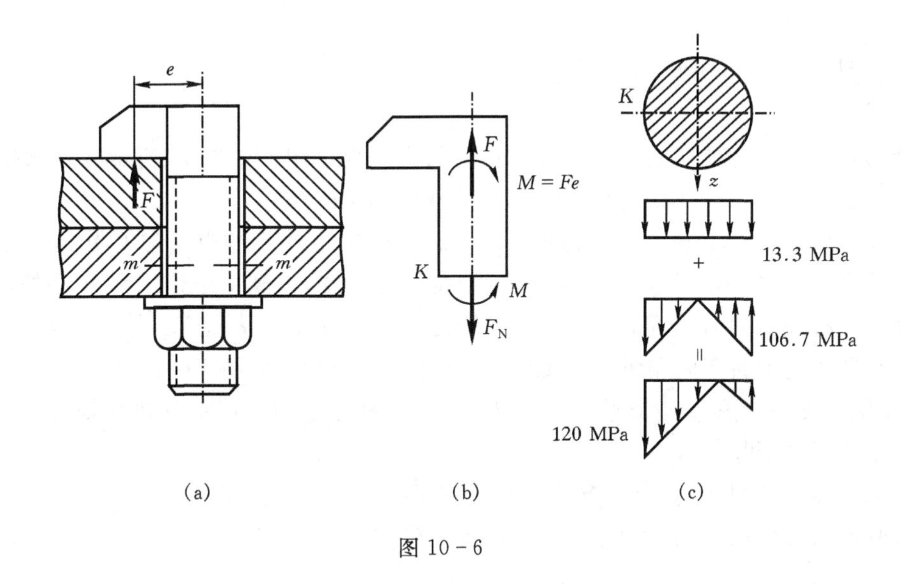

图 10-6

解　(1)外力分析。钩头螺栓所受载荷为偏心载荷，将载荷平移到轴线上，得一力 F 及一矩为 $M_e=Fe$ 的力偶。F 引起拉伸，M_e 引起弯曲。故为拉伸与弯曲的组合变形。

(2)内力分析。假想将螺栓沿 $m—m$ 截面截开，如图 10-6(b)所示。$m—m$ 截面上有轴力 F_N 及弯矩 M，其中

$$F_N = F = 6\ \text{kN},\quad M = M_e = Fe = 6 \times 24 = 144\ \text{kN}\cdot\text{mm}$$

(3)应力分析。由于钩头螺栓各截面的内力 F_N 及 M 是相同的，所以各截面的危险程度相同。根据拉伸与弯曲的应力分布规律可知，K 点为危险点(图 10-6(c))。危险点处的拉伸正应力为

$$\sigma' = \frac{F_N}{A} = \frac{6\ 000}{(\pi/4)\times 24^2} = 13.3\ \text{MPa}$$

最大弯曲正应力为

$$\sigma'_{\max} = \frac{M}{W_z} = \frac{144\times 10^3}{(\pi/32)\times 24^3} = 106.7\ \text{MPa}$$

因此，危险点处总的正应力为

$$\sigma^+_{\max} = \frac{F_N}{A} + \frac{M}{W_z} = 13.3 + 106.7 = 120\ \text{MPa}$$

(4)强度校核。危险点处总的正应力

$$\sigma^+_{\max} = 120\ \text{MPa} = [\sigma]$$

钩头螺栓满足强度要求。

如果螺栓所受载荷不是偏心的，这时螺栓所能承受的载荷是

$$F' = A[\sigma] = \frac{\pi}{4}d_1^2[\sigma] = \frac{\pi}{4}\times 24^2 \times 120 = 54.3\ \text{kN}$$

$$F'/F = 54.3/6 = 9$$

由此可见，构件受偏心载荷的作用，承载能力将大大降低。故工程中应尽量避免采用钩头螺栓。在装配时应尽量使螺母及螺栓头部支承面为平面，并且与螺栓轴线垂直，否则将因螺栓头部的偏斜而产生附加弯曲应力。

10.3　扭转与弯曲的组合变形

扭转与弯曲的组合变形是工程中最常见的情况。现以图 10－7(a)所示处于水平位置的曲拐为例，说明杆件在弯扭组合变形下的强度计算方法和步骤。

水平安装的曲拐，AB 段为一等截面圆杆，A 端固定，在曲拐的自由端 C 作用有铅垂向下的集中载荷 F。将集中载荷向 AB 杆的截面 B 的形心平移，得到一个作用在 B 端的横向力 F 和一个作用在杆端截面 B 内且矩为 Fa 的扭转力偶 M_e(图 10－7(b))。横向力 F 和力偶 M_e 分别使 AB 杆发生平面弯曲和扭转。AB 杆的弯矩图和扭矩图如图 10－7(c)、(d)所示。由图可见，固定端截面 A 上的弯矩值最大，$M=Fl$，而 AB 杆在各横截面上的扭矩都相等，$T=Fa$，故截面 A 为危险截面。

现在分析截面 A 上的应力情况。对应于弯矩 M，横截面上有正应力，其分布情况如图 10－7(e)所示，在此截面上的最上点 k_1 处有最大拉应力，最下点 k_2 处有最大压应力，其数值为

$$\sigma = M/W_z$$

式中：M 为危险截面上的弯矩。对应于扭矩 T，各横截面上切应力 τ 的分布情况均相同，如图 10－7(e)所示。在截面 A 周边上各点处的切应力均达到最大值，其值为

$$\tau = \frac{T}{W_t}$$

式中：T 为危险截面上的扭矩。由上面分析可知，因为该截面上 k_1 和 k_2 点处的正应力 σ 和切应力 τ 均为最大值，故此两点均为危险点。对于拉伸和压缩强度性能相同的材料制成的杆，如低碳钢杆，这两点的危险程度是相同的，故可取其中任一点(例如 k_1 点)来研究。

k_1 点处于平面应力状态(图 10－7(f))，这就必须根据适当的强度理论来进行强度计算。

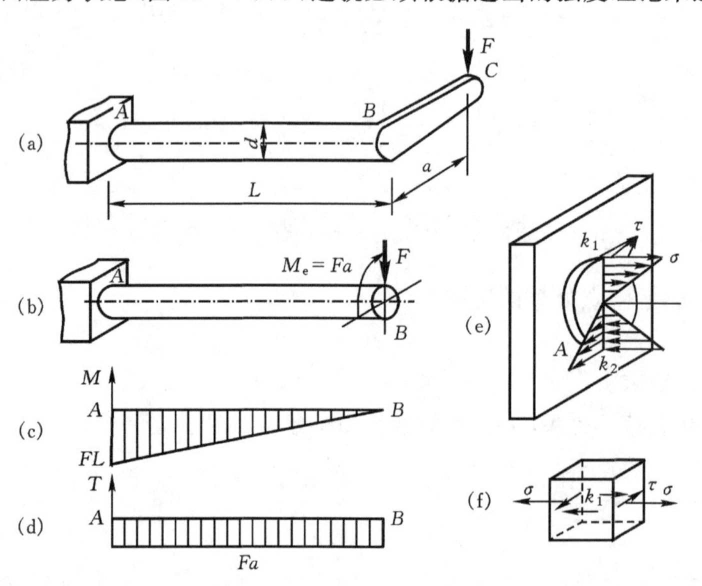

图 10－7

对于图 10－7(f)所示的一类平面应力状态，其强度理论公式可进一步简化。为此，可将 $\sigma_x=\sigma$，$\sigma_y=0$，$\tau_{xy}=-\tau$ 代入求主应力公式(9－4)，得主应力为

$$\sigma_1=\frac{\sigma}{2}+\sqrt{\left(\frac{\sigma}{2}\right)^2+\tau^2},\quad \sigma_2=0,\quad \sigma_3=\frac{\sigma}{2}-\sqrt{\left(\frac{\sigma}{2}\right)^2+\tau^2}$$

轴类零件一般都采用塑性材料——钢材，所以应选用第三或第四强度理论建立强度条件。现将上述主应力分别代入第三、第四强度理论的强度条件得

$$\sigma_{xd3}=\sqrt{\sigma^2+4\tau^2}\leqslant[\sigma] \tag{10-7}$$

$$\sigma_{xd4}=\sqrt{\sigma^2+3\tau^2}\leqslant[\sigma] \tag{10-8}$$

上面两式中的 σ 和 τ 均为危险截面上危险点处的正应力和切应力。

将 $\sigma=M/W_z$ 和 $\tau=T/W_t$ 代入式(10－7)和式(10－8)，并注意到圆截面 $W_t=2W_z$($W_t=\pi d^3/16$，$W_z=\pi d^3/32$)，可得到圆轴弯扭组合变形时，按第三强度理论得到的另一形式的强度条件为

$$\sigma_{xd3}=\frac{\sqrt{M^2+T^2}}{W_z}\leqslant[\sigma] \tag{10-9}$$

按第四强度理论得到的另一形式的强度条件为

$$\sigma_{xd4}=\frac{\sqrt{M^2+0.75T^2}}{W_z}\leqslant[\sigma] \tag{10-10}$$

式中：M 和 T 分别为危险截面上的弯矩和扭矩；W_z 为圆轴的弯曲截面系数。

上面两式也适用于空心圆截面杆，但不适用于非圆截面杆，因为前者也有 $W_t=2W_z$ 的关系，而后者则一般无此关系。

例 10－3　图 10－8(a)为绞车轴，直径 $d=90$ mm，鼓轮直径 $D=360$ mm，两轴承间距离为 $l=800$ mm，轴的材料为钢材，许用应力$[\sigma]=40$ MPa。试按第三强度理论求轴的许可载荷。

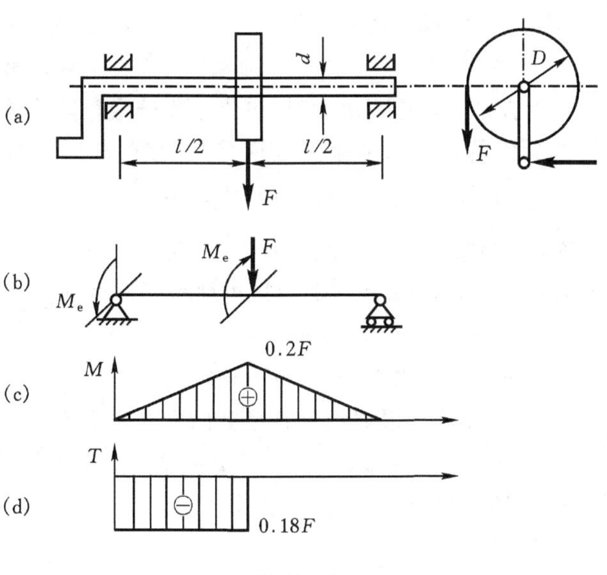

图 10－8

解 (1)外力分析。将外力 F 向轴线平移得到一个使轴弯曲的横向力 F 和使轴扭转的力偶矩 M_e，如图 10 - 8(b)所示。由受力情况可知，轴将产生扭转和弯曲组合变形。

(2)内力分析。作弯矩图和扭矩图分别如图 10 - 8(c)、(d)所示。分析内力图可知，危险截面在轴的跨中截面处，其上内力分别为

$$M_{max} = Fl/4 = F \times 0.8/4 = 0.2F, \quad T = FD/2 = F \times 0.36/2 = 0.18F$$

(3)确定许可载荷。由式(10 - 9)得

$$\sigma_{xd3} = \frac{\sqrt{M^2 + T^2}}{W_z} \leqslant [\sigma]$$

所以

$$\frac{1}{\pi d^3/32}\sqrt{(0.2F)^2 + (0.18F)^2} \leqslant 40 \times 10^6$$

$$F \leqslant \frac{40 \times 10^6 \times \pi \times 0.09^3}{32\sqrt{(0.2)^2 + (0.18)^2}} = 10.8 \text{ kN}$$

此轴的许可载荷 $F_{cr} = 10.8$ kN。

例 10 - 4 一变速箱的齿轮轴如图 10 - 9(a)所示，材料的许用应力$[\sigma] = 55$ MPa，试按最大切应力理论校核轴的强度。

解 (1)外力分析。首先将外力 F_{z_1}、F_{y_1} 和 F_{z_2}、F_{y_2} 分别平移到横截面 D 和 C 的形心，得轴的受力图如图 10 - 9(b)所示。载荷 F_{y_1} 和 F_{y_2} 及相应的约束力使轴在 xy 平面内发生弯曲(图 10 - 9(c))；F_{z_1}、F_{z_2} 及相应的约束力使轴在 xz 平面内发生弯曲(图 10 - 9(e))；力偶矩 $M_{e1} = M_{e2} = 1.4 \times \frac{75}{2} = 52.5$ N·m，使轴的 CD 段发生扭转(图 10 - 9(b))。由此可见，轴的变形属于两个平面内的平面弯曲与扭转的组合变形。

(2)内力分析。由于横向力作用在两个互相垂直的平面内，为了便于计算弯矩和确定轴的危险截面，作这两个平面内的弯矩图即 M_z 图和 M_y 图(图 10 - 9(d)、(f))，轴的扭矩图如图 10 - 9(g)所示。

(3)确定危险截面。对于圆截面轴，横截面的任一直径都是对称轴，故当外力作用在两个互相垂直的直径平面时，可将在同一横截面内产生的两个弯矩按矢量求和，从而得到该截面上的总弯矩。按此方法求得全轴的最大总弯矩后，即可进一步确定危险截面。在本例题中，由图 10 - 9(d)、(f)可知，总弯矩最大的截面只可能在 B 或 C 处，该两截面上的总弯矩应分别为

$$M_B = \sqrt{M_{By}^2 + M_{Bz}^2} = \sqrt{(-42)^2 + 15^2} = 44.6 \text{ N·m}$$

$$M_C = \sqrt{M_{Cy}^2 + M_{Cz}^2} = \sqrt{(-85.7)^2 + (-9.52)^2} = 86.2 \text{ N·m}$$

显然 M_C 值为最大值。在 CD 段内，各横截面上的扭矩都相同。故截面 C 是危险截面，该截面上的弯矩和扭矩值分别为

$$M_C = 86.2 \text{ N·m}, \quad T_C = 52.5 \text{ N·m}$$

(4)计算相当应力并作强度校核。根据轴的直径算出弯曲截面系数为

$$W_z = \pi d^3/32 = \pi \times 30^3 \times 10^{-9}/32 = 2.65 \times 10^{-6} \text{ m}^3$$

然后将有关数据代入式(10 - 9)，对轴进行强度校核：

$$\sigma_{xd3} = \frac{\sqrt{M_C^2 + T_C^2}}{W_z} = \frac{\sqrt{86.2^2 + (-52.5)^2}}{2.65 \times 10^{-6}} = 38 \text{ MPa} < [\sigma]$$

故此轴的强度足够。

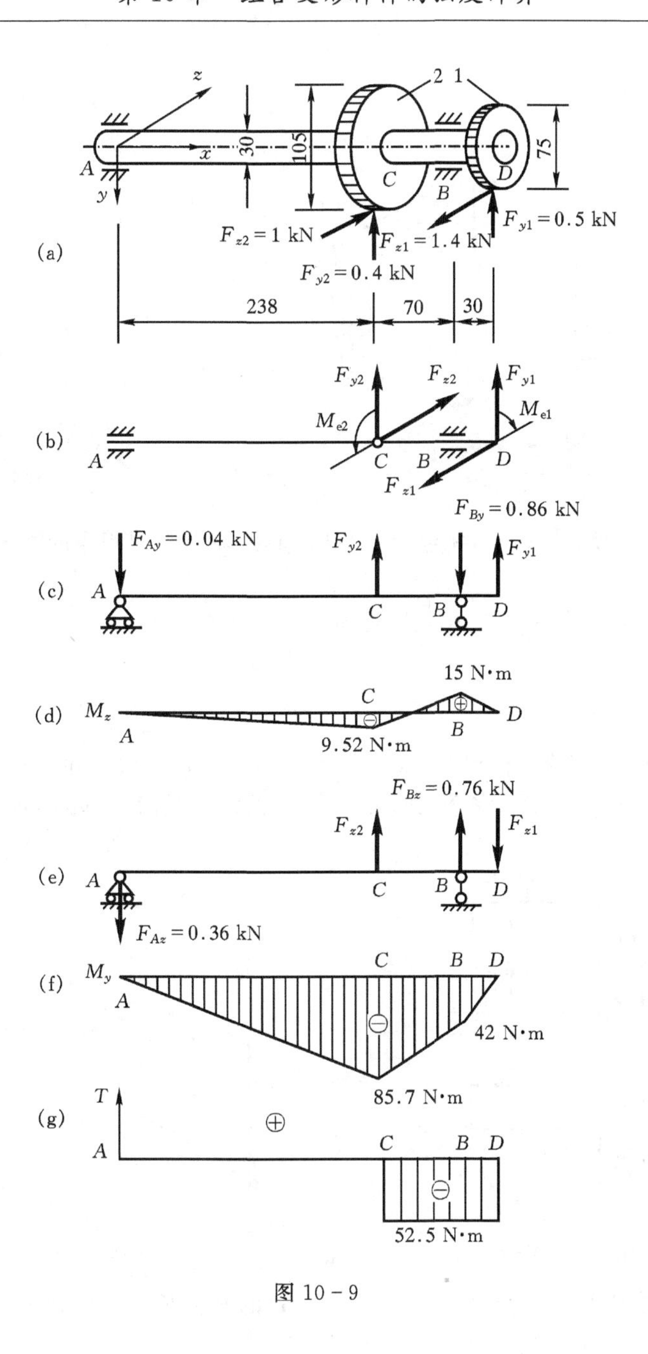

图 10 - 9

思考题

10 - 1　试判断图中杆 AB、BC 和 CD 各产生哪些变形？

10 - 2　钢制圆杆承受拉伸与扭转组合变形，试写出它的强度条件，并说明它与弯扭组合变形有何异同。

10 - 3　若在正方形截面短柱的中间处开一个槽，使横截面面积减少为原截面的一半。试问最大正应力比不开槽时增大几倍？

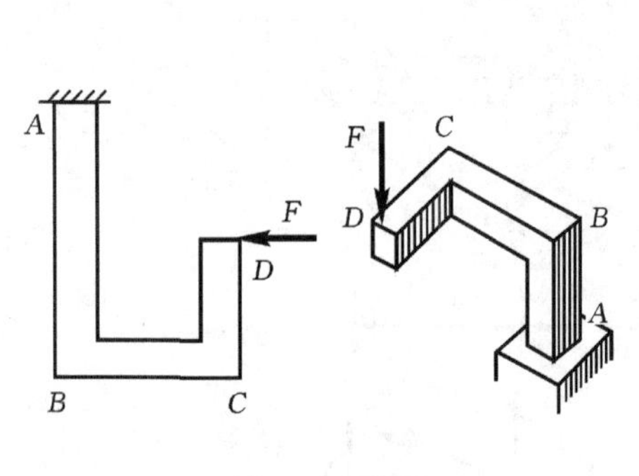

思 10－1 图

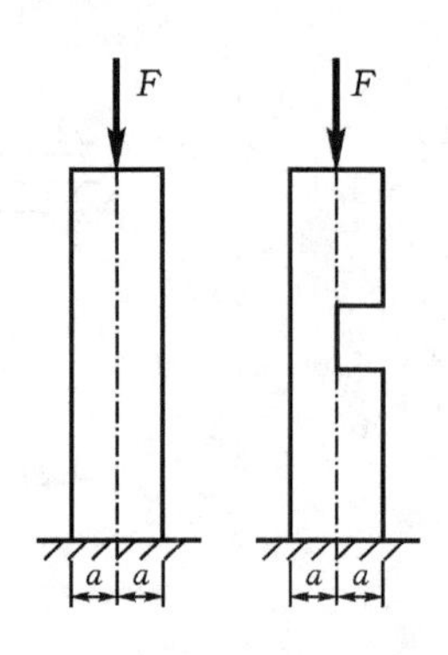

思 10－3 图

10－4　对于圆形截面杆，在弯扭组合变形时，其危险点处的相当应力 $\sigma_{xd3}=\dfrac{\sqrt{M^2+T^2}}{W_z}$，应力应用叠加原理为 $\sigma_{xd3}=\dfrac{\sqrt{M^2+T^2}}{W_z}+\dfrac{F_N}{A}$，对吗？为什么？

习　题

10－1　图示为一夹紧器，材料为 A3 钢。已知 $F=2$ kN，偏心距 $e=9$ cm，$a=1$ cm，$b=2.2$ cm，屈服应力 $\sigma_s=240$ MPa，安全因数 $n=1.5$。试校核截面 n—n 的强度。

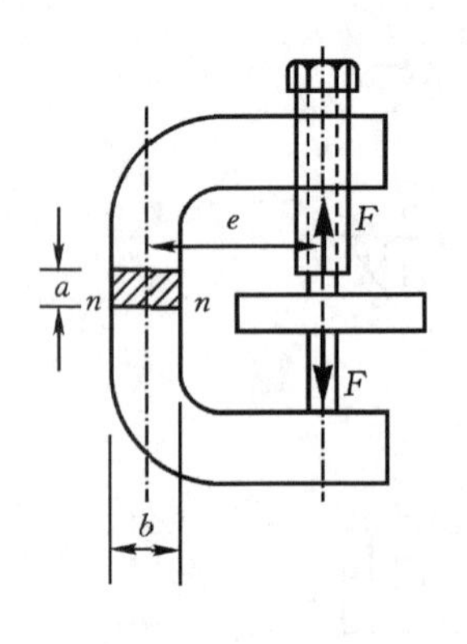

题 10－1 图

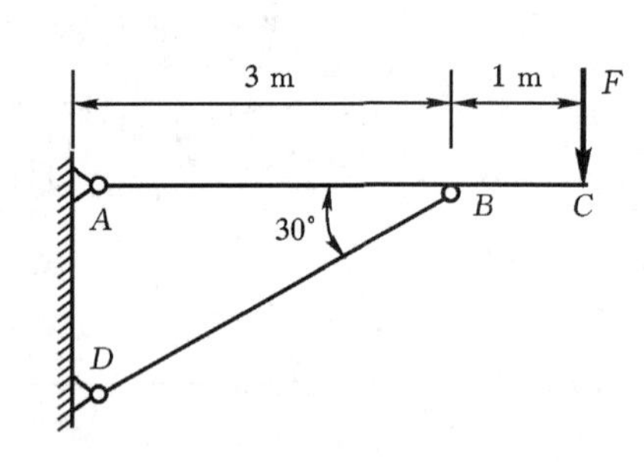

题 10－2 图

10－2　图示支架中，AC 杆为直径 $d=15$ cm 的圆截面杆，已知其许用应力 $[\sigma]=160$ MPa，$F=45$ kN。试校核 AC 杆的强度。

10－3　图示为某一起重链条的链环，环径 $d=50$ mm，材料的许用应力 $[\sigma]=100$ MPa，求链环承受的许可拉力 F_{cr}。

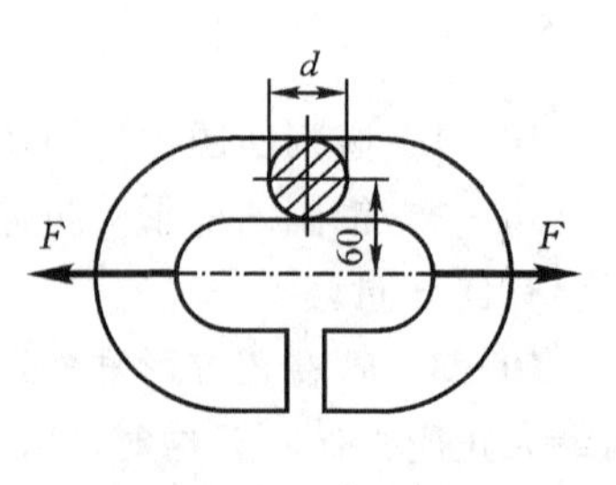

题 10－3 图

10－4　拆卸工具的爪由 45 钢制成，其许用应力 $[\sigma]=180$ MPa。试按爪的强度，确定工具的最大顶压力 F_{max}。

10－5　一 20a 工字钢斜放在高度不同的两支座 A、B 上如图所示。材料的许用应力 $[\sigma]=170$ MPa。试求该杆的轴力，作弯矩图，并校核杆的强度(不计工字钢自重)。

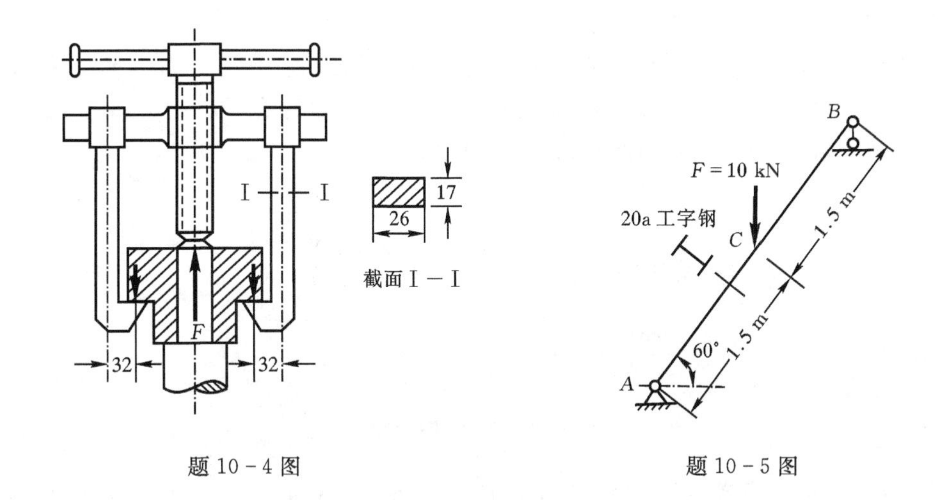

题 10－4 图　　题 10－5 图

10－6　一矩形截面悬臂梁如图所示，其截面高度与宽度之比 $h/b=2$，梁的长度 $l=20b$。在自由端 B 处沿端截面的水平对称轴作用有集中载荷 $F_1=F$，在梁长中点处沿横截面的铅垂对称轴作用有集中载荷 $F_2=F$。试求梁横截面上的最大正应力。如果横截面为圆形，其直径为 d，且梁长 $l=10d$，试再求梁横截面上的最大正应力。

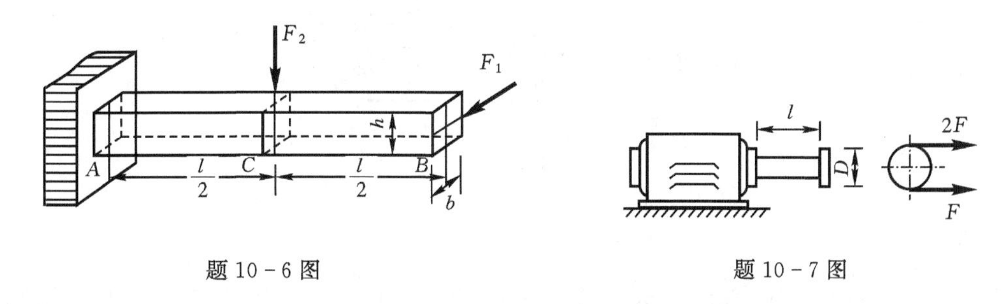

题 10－6 图　　题 10－7 图

10－7　电动机的功率为 9 kW，转速为 715 r/min，皮带轮直径 $D=250$ mm，主轴外伸部分长度为 $l=120$ mm，主轴直径 $d=40$ mm，材料的许用应力$[\sigma]=60$ MPa，试用第三强度理论校核轴的强度。

10－8　电动机带动直径 $D=300$ mm，重量 $W=600$ N 的皮带轮转动。若电动机功率 $P=14$ kW，转速 $n=900$ r/min。皮带轮紧边拉力与松边拉力之比为 $F_{T1}/F_{T2}=2$，轴的许用应力$[\sigma]=120$ MPa。试按第四强度理论设计轴的直径。

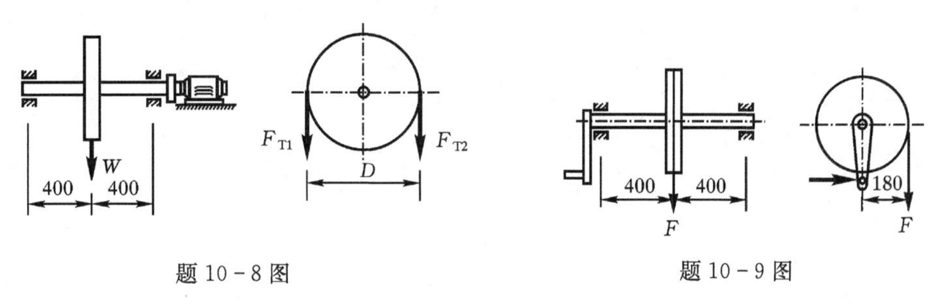

题 10－8 图　　题 10－9 图

10－9　手摇绞车如图所示。轴的直径 $d=30$ mm，材料为 Q235 钢，$[\sigma]=80$ MPa，试按第

三强度理论确定铰车的最大起吊重量 F。

10－10　图示传动轴装有两个直齿轮。齿轮 C 上的圆周力 $F_{tC}=10$ kN，直径 $d_C=150$ mm；齿轮 D 上的圆周力 $F_{tD}=5$ kN，直径 $d_D=300$ mm，轴的直径 $d=55$ mm。若 $[\sigma]=100$ MPa，试分别用第三和第四强度理论校核轴的强度。

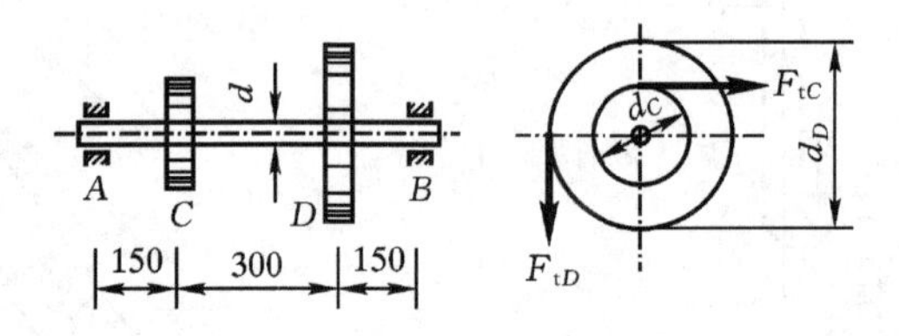

题 10－10 图

10－11　图示胶带轮传动轴传递功率 $P=7$ kW，转速 $n=200$ r/min，胶带拉力 $F_{T1}=2F_{T2}$，胶带轮重量 $W=1.8$ kN。左端齿轮上啮合力 F_N 与齿轮节圆切线的夹角（压力角）为 20°。轴的材料为 Q235 钢，许用应力 $[\sigma]=80$ MPa。试分别在忽略和考虑胶带轮重量的两种情况下，按第三强度理论设计轴的直径。

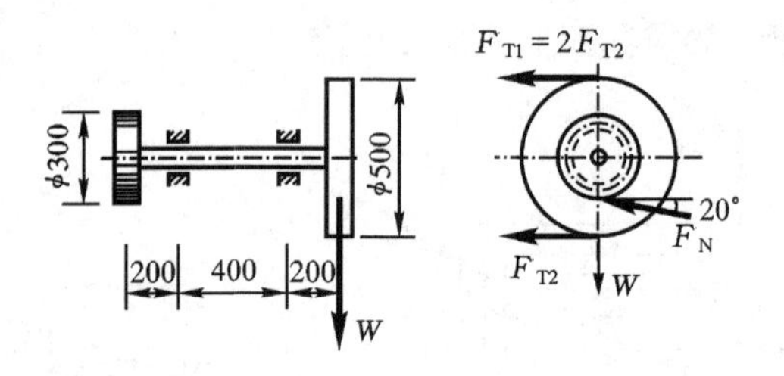

题 10－11 图

10－12　一折杆 ABC 如图所示，材料的许用应力 $[\sigma]=120$ MPa。试按第四强度理论校核 ABC 杆的强度。

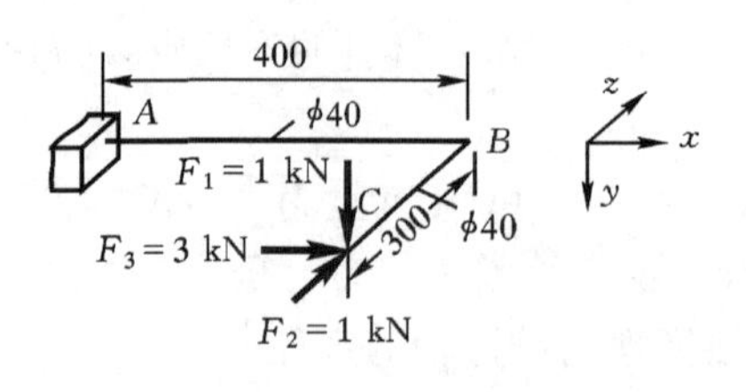

题 10－12 图

第 11 章　压杆稳定

11.1　压杆稳定性的概念

所谓压杆，是指受轴向压力的直杆。在第六章讨论压杆时，认为杆总是在直线形状下保持平衡，只要满足压缩强度条件，压杆就能保持正常工作，而杆失去正常工作能力都是由于强度不足而引起的。事实上，这个结论只对粗短的压杆才是正确的，如果用于细长的压杆，将导致错误的结果。以下实验说明：取两根横截面尺寸均为宽 $x=30$ mm，厚 $y=5$ mm 的松木直杆，它们的长度分别为 $l_{z_1}=20$ mm 与 $l_{z_2}=1\ 000$ mm，强度极限 $\sigma_b=40$ MPa。沿它们的轴线施加压力 F（图 11－1）。按照强度计算的概念，只有当它们的压应力达到了材料的强度极限，才发生破坏，此时压力 $F=6$ kN。而实验结果表明，长度为 20 mm 的杆符合上述情况，且破坏前始终保持直线形状的平衡。但是长度为 1 000 mm 的杆，当 $F=30$ N 时，就开始变弯。如果力 F 继续增加，则杆的弯曲变形将急剧加大而折断，此时力 F 远小于 6 kN。这说明细长直杆受压丧失工作能力不是简单的受压强度破坏，而是在受压时不能保持自己原有的直线形状而发生弯曲的缘故。这种不能保持原有形状下的平衡而发生弯曲的现象，称为**压杆丧失稳定性**，简称**压杆失稳**。

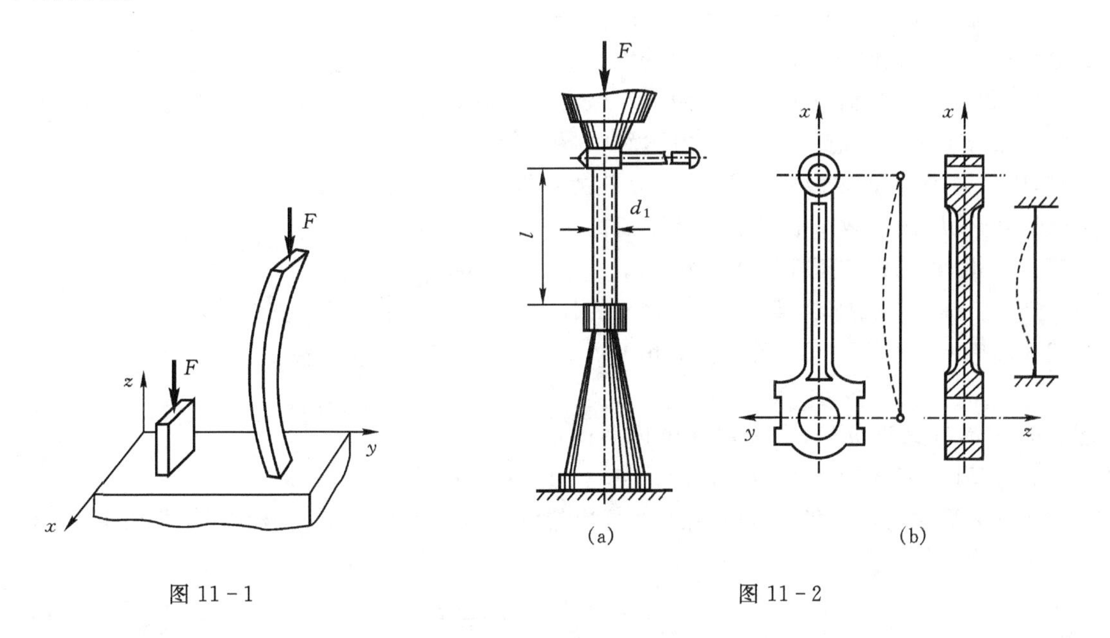

图 11－1　　图 11－2

机械中有许多细长压杆，例如，螺旋千斤顶的螺杆（图 11－2(a)），内燃机的连杆（图 11－2(b)）、内燃机气门阀的挺杆等。还有，桁架结构中的受压杆、建筑物中的柱等都是压杆。这类构件除了要有足够的强度外，还必须有足够的稳定性，才能正常工作。

历史上发生过不少次桥梁突然倒塌的严重事故(如北美洲圣劳伦斯河上的魁北克大桥，1907年、1916年两次发生倒塌)，其原因是对桥梁桁架中的受压杆只按强度条件设计，而实际上发生的是失稳破坏。

怎样判定细长压杆是否稳定呢？我们可以作这样的试验，取一细长直杆承受轴向压力 F，此杆在力 F 作用下处于直线形状的平衡，如图 11-3(a)所示。此时给杆加一横向干扰力 F_1，杆便发生微小弯曲，当去掉干扰力后，杆经几次摆动，仍然复为原来的直线平衡状态(图 11-3(b))，这说明在杆最初的直线形状的平衡是稳定的；但当压力 F 增大到某一值 F_{cr} 时，杆受横向力干扰后将发生弯曲，当除去干扰力后，杆便不再恢复原有的直线形状，而在微弯形状下保持新的平衡(图 11-3(c))，此时压杆在它最初的直线形状下的平衡就是不稳定的。

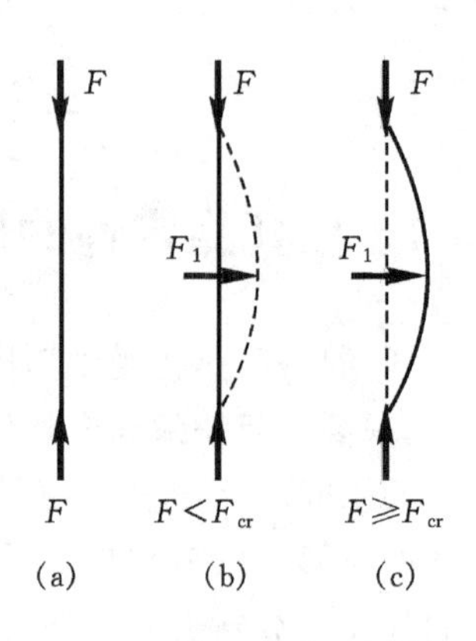

图 11-3

可见，细长压杆的直线平衡状态是否稳定，取决于压力 F 的大小。当压力达到临界值 F_{cr} 时，压杆就处于由直线平衡过渡到不稳定微弯形状下平衡的临界状态。对应于这种临界状态的压力值 F_{cr}，称为**临界压力**或**临界力**。它是压杆丧失工作能力的极限载荷。所以，对于压杆稳定性的研究，关键在于确定临界力 F_{cr} 的数值。

11.2　细长压杆的临界力

为了确定临界力的大小，现在研究图 11-4(a)所示的长为 l、两端为球形铰支座的细长压杆 AB。设此压杆受轴向压力 F 作用而在微弯形状下保持平衡。如前所述，当压力达到临界值时，压杆就有可能在微弯形状下保持平衡。可以认为，使压杆在微弯形状下保持平衡的最小压力 F 值，即为细长压杆的临界力 F_{cr}。

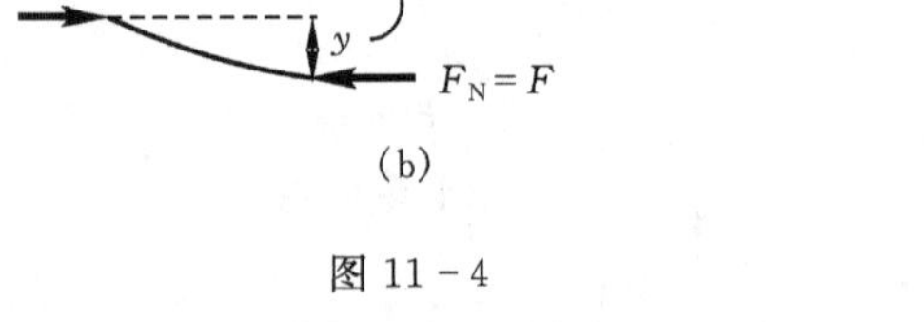

选取坐标系如图所示，距原点 A 为 x 的任意截面的挠度为 y，弯矩 M(图 11-4(b))为

$$M(x) = -Fy$$

图 11-4

因为力 F 不考虑正负号，在选定的坐标系内，当 y 为正值时，$M(x)$ 为负值，所以 $M(x)$ 与 y 的符号恒相反。

压杆失稳时的弯曲变形是很小的，当杆内的应力不超过材料的比例极限时，其挠曲线近似微分方程为

$$\frac{d^2 y}{dx^2} = \frac{M(x)}{EI} = \frac{-Fy}{EI} \tag{1}$$

由于两端是球铰，允许杆件在任意纵向平面内发生弯曲变形，因而杆件的微小弯曲变形一定发生于抗弯能力最小的纵向平面内。所以上式中的 I 应是横截面最小的惯性矩。

令
$$k^2=\frac{F}{EI} \tag{2}$$
于是(1)式可以写成
$$\frac{d^2y}{dx^2}+k^2y=0 \tag{3}$$
此微分方程的通解为
$$y=A\sin kx+B\cos kx \tag{4}$$
式中:A、B 为积分常数。

AB 杆两端的约束提供了两个边界条件:在 $x=0$ 处,$y=0$;在 $x=l$ 处,$y=0$。将第一个边界条件代入(4)式得
$$B=0$$
则(4)式可改写成
$$y=A\sin kx \tag{5}$$
再将第二个边界条件代入(4)式得
$$A\sin kl=0$$
由此解得
$$A=0 \quad 或 \quad \sin kl=0$$
当取 $A=0$ 时,由式(4)得 $y\equiv 0$,表明压杆没有弯曲,仍保持直线形状的平衡,这与杆已发生微小弯曲变形的前提相矛盾,因此必须是 $\sin kl=0$。满足这一条件的 kl 的值为
$$kl=n\pi \quad (n=0,1,2,\cdots)$$
由此求得
$$k=n\pi/l \tag{6}$$
将(6)式代回(2)式,求出
$$F=n^2\pi^2EI/l^2 \tag{7}$$
上式表明,使杆保持曲线平衡的压力,理论上是多值的。在这些压力中,使杆保持微小弯曲的最小压力,才是临界力 F_{cr}。若取 $n=0$,则 $F=0$,表示杆件上并无压力,与讨论的情况不相符。这样,只有取 $n=1$,才使压力为最小值。于是得临界力为
$$F_{cr}=\frac{\pi^2EI}{l^2} \tag{11-1}$$
式中:E 为压杆材料的弹性模量;I 为压杆横截面对中性轴的最小惯性矩;l 为压杆的长度。此式即为**两端铰支细长压杆临界力的计算公式**,也称为**两端铰支压杆的欧拉公式**。

从公式(11-1)可以看出,临界力 F_{cr} 与杆的抗弯刚度 EI 成正比,与杆长 l 的平方成反比。这就是说,杆越细长,其临界力越小,越容易丧失稳定。

导出欧拉公式时,用变形以后的位置计算弯矩,如(1)式所示。这里不再使用原始尺寸原理,是稳定问题在处理方法上与以往不同之处。

例 11-1　柴油机的挺杆是钢制空心圆管,内、外径分别为 10 mm 和12 mm,杆长 383 mm,钢材的 $E=210$ GPa,可简化为两端铰支的细长压杆。试计算该挺杆的临界压力 F_{cr}。

解　挺杆横截面的惯性矩
$$I=\frac{\pi}{64}(D^4-d^4)=\frac{\pi}{64}[(12\times10^{-3})^4-(10\times10^{-3})^4]=5.27\times10^{-10}\ \text{m}^4$$
由公式(11-1)即可算出该挺杆的临界压力为

$$F_{cr}=\frac{\pi^2 EI}{l^2}=\frac{\pi^2\times 210\times 10^9\times 5.27\times 10^{-10}}{(383\times 10^{-3})^2}=7\ 446\ \text{N}$$

上面导出的是两端铰支压杆的临界力计算公式。工程实际中，将遇到不同形式的杆端约束。当压杆两端的约束情况改变时，压杆的挠曲线近似微分方程和边界条件也随之改变，因而临界力的数值也是不同的。仿照前述方法，可得到各种约束情况下压杆的临界力计算公式。这些公式的形式是相类似的，只是因为约束不同，计算公式的系数有些变化。因此欧拉公式的一般形式为

$$F_{cr}=\frac{\pi^2 EI}{(\mu l)^2} \tag{11-2}$$

式中：μl 表示把压杆折算成两端铰支杆的长度，称为**相当长度**，μ 称为**长度系数**，它反映了不同支承情况对临界力的影响。几种常见的理想杆端约束情况的 μ 值列于表 11－1 中

表 11－1　压杆长度系数表

支座	两端铰支	一端固定 一端自由	两端固定	一端固定 一端铰支
简图	F, l	F, l	F, l	F, l
μ	1	2	0.5	0.7

应该指出，上表所列的压杆长度系数，仅适用于理想约束情况。在实际问题中，支座情况要复杂一些，有时很难简单地将其归结为哪一种理想约束。这就应该根据实际情况作具体分析，选用适当的 μ 值。尤其应注意的是，在将具体支座抽象为固定端约束时，要特别慎重，因为压杆的端部连接，很难完全固定，杆端截面往往会有一些转动，但又不像铰支那样能自由转动。设计时应根据杆端固接程度在 0.5 与 1 之间取一接近实际情况的 μ 值。在工程实际中，压杆的长度系数 μ 可在有关的设计手册或规范中查到。

11.3　欧拉公式的适用范围及经验公式

前面已经导出了计算临界压力的公式(11－2)，我们还可以用临界应力表达式来描述欧拉公式。用压杆的横截面面积 A 除 F_{cr}，得到与临界压力对应的应力

$$\sigma_{cr}=\frac{F_{cr}}{A}=\frac{\pi^2 EI}{(\mu l)^2 A} \tag{1}$$

式中：σ_{cr}称为**临界应力**。把横截面的惯性矩 I 写成

$$I = i^2 A$$

式中:i 为横截面的惯性半径,则(1)式可以写成

$$\sigma_{cr} = \frac{\pi^2 E}{(\mu l / i)^2} \tag{2}$$

再令

$$\lambda = \frac{\mu l}{i} \tag{11-3}$$

则(2)式可改写为

$$\sigma_{cr} = \frac{\pi^2 E}{\lambda^2} \tag{11-4}$$

式中:λ 称为压杆的**柔度**或**长细比**,它是一个无量纲量,集中反映了压杆的长度、约束条件、截面尺寸和形状等因素对临界应力的影响。从式(11-4)可以看出,柔度越大,临界应力越低。因此压杆总是在柔度大的弯曲平面内首先失稳。式(11-4)是欧拉公式(11-2)的另一种表达形式,两者并无实质性的差别。

欧拉公式是由挠曲线近似微分方程$\frac{d^2 y}{dx^2} = \frac{M}{EI}$导出的,而材料服从胡克定律又是上述微分方程成立的基础,所以,**欧拉公式适用的条件是:压杆的临界应力不能超过材料的比例极限**,即

$$\sigma_{cr} = \pi^2 E / \lambda^2 \leqslant \sigma_p$$

由此得到

$$\lambda \geqslant \sqrt{\frac{\pi^2 E}{\sigma_p}} = \lambda_1 \tag{11-5}$$

这就是欧拉公式(11-2)或(11-4)适用的范围。不在这个范围之内的压杆不能使用欧拉公式。公式(11-5)中的 λ_1 称为压杆的**极限柔度**,也就是适用欧拉公式的最小柔度,它与压杆的材料性质有关。例如,Q235 钢的 $E=206$ GPa,$\sigma_p=200$ MPa,于是

$$\lambda_1 = \sqrt{\frac{\pi^2 E}{\sigma_p}} = \sqrt{\frac{\pi^2 \times 206 \times 10^9}{200 \times 10^6}} \approx 100$$

所以,用 Q235 钢制成的压杆,只有当 $\lambda \geqslant 100$ 时,才能使用欧拉公式。其它材料 λ_1 可查表 11-2。

表 11-2　直线公式的系数和适用范围

材料		a/MPa	b/MPa	λ_1	λ_2
Q235 钢	$\sigma_s=235$ MPa $\sigma_b=372$ MPa	304	1.12	100	61.4
优质钢	$\sigma_s=306$ MPa $\sigma_b=470$ MPa	460	2.57	100	60
硅钢	$\sigma_s=353$ MPa $\sigma_b=510$ MPa	577	3.74	100	60
铬钼钢		980	5.29	55	
硬铝		392	3.26	50	
铸铁		331.9	1.453	80	
松木		39.2	0.199	89	

柔度 $\lambda \geqslant \lambda_1$ 的压杆称为**大柔度杆(细长杆)**。它在弹性范围内会因失稳而致破坏。

若压杆的柔度 λ 小于 λ_1,则临界应力 σ_{cr} 大于材料的比例极限 σ_p,此时欧拉公式已不能应用,属于超过比例极限的压杆稳定问题。常见的压杆,如内燃机连杆、千斤顶螺杆等,其柔度 λ 就往往小于 λ_1。对超过比例极限后的压杆失稳问题,也有理论分析的结果。但工程中对这类压杆的计算,一般使用以试验结果为依据的经验公式,如直线公式和抛物线公式等。在这里我们只介绍直线公式。计算临界应力的直线公式为

$$\sigma_{cr} = a - b\lambda \tag{11-6}$$

式中:λ 是压杆的柔度;a 和 b 是与材料性质有关的常数。例如,Q235 钢制成的压杆,$a=304$ MPa,$b=1.12$ MPa。几种材料的 a、b 值可查表 11-2。

上述经验公式,也仅适用于压杆柔度的一定范围。例如,对于塑性材料制成的压杆,当其临界应力等于材料的屈服极限时,压杆就会发生屈服而应按强度问题来考虑。因此,应用直线公式时,压杆的临界应力不能超过屈服极限 σ_s,即

$$\sigma_{cr} = a - b\lambda \leqslant \sigma_s$$

用柔度来表示,上式可写成

$$\lambda \geqslant \frac{a-\sigma_s}{b} = \lambda_2 \tag{11-7}$$

λ_2 是适用于直线公式的最小柔度。对于脆性材料,只需将式中的 σ_s 改成 σ_b 即可。

注意到式(11-5),则直线公式的适用范围为

$$\lambda_2 \leqslant \lambda \leqslant \lambda_1 \tag{11-8}$$

通常将这一类压杆称为**中柔度杆(中长杆)**。λ_2 的值可查表 11-2。

对于 $\lambda \leqslant \lambda_2$ 的压杆,称为**小柔度杆(粗短杆)**,它的破坏是由强度不足引起的,应按压缩强度计算。

综上所述,可归结如下。

(1)**大柔度杆(细长杆)**,当 $\lambda > \lambda_1$ 时,是在比例极限范围内丧失稳定,应该用欧拉公式计算。

(2)**中柔度杆(中长杆)**,$\lambda_2 \leqslant \lambda \leqslant \lambda_1$,在比例极限和屈服极限间丧失稳定,可用直线公式计算。

(3)**小柔度杆(粗短杆)**,$\lambda < \lambda_2$,是强度问题,按压缩强度计算。

压杆的承载能力也可用图 11-5 所描述的临界应力 σ_{cr} 随压杆柔度 λ 变化的曲线图来表示,此图称为**临界应力总图**。从图上可以明显看出,粗短杆的临界应力不随 λ 变化,而中长杆与细长杆的临界应力则随 λ 的增大而减小。

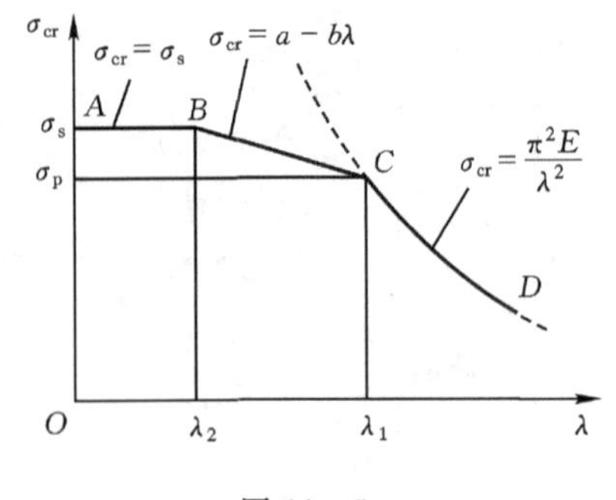

图 11-5

例 11-2　图 11-6 所示压杆,两端为固定端约束,材料为 Q235 钢,弹性模量 $E=200$ GPa,横截面形状有两种,但其面积均为 314 mm²,试计算它们的临界应力。

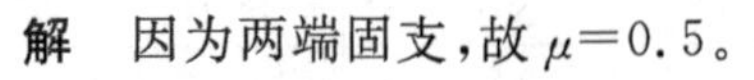

解　因为两端固支,故 $\mu=0.5$。

(1)实心圆截面杆的临界应力。

为了判定应按哪个公式计算临界应力,首先应求出压杆的柔度 λ,再根据适当的公式计算临界应力。

①柔度计算。因为 $A=\pi d^2/4$,故

$$d=\sqrt{\frac{4A}{\pi}}=\sqrt{\frac{4\times 314}{3.14}}=20\ \text{mm}$$

$$i=\sqrt{\frac{I}{A}}=\sqrt{\frac{\pi d^4}{64}\Big/\frac{\pi d^2}{4}}=\frac{d}{4}=5\text{mm}$$

所以　$\lambda=\mu l/i=0.5\times 1\ 200/5=120$

②临界应力计算。查表 11－2 得 $\lambda_1=100$，由于 $\lambda>\lambda_1$，属大柔度杆，应采用欧拉公式计算临界应力，即

$$\sigma_{cr}=\pi^2 E/\lambda^2=3.14^2\times 200\times 10^3/120^2=137\ \text{MPa}$$

(2)空心圆截面杆的临界应力。

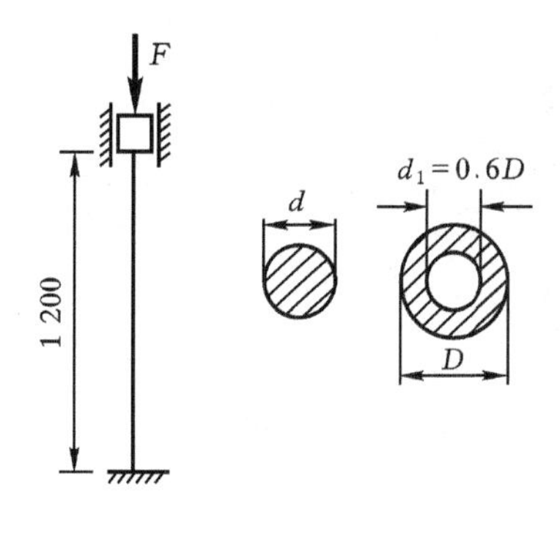

图 11－6

①柔度计算。因为 $A=\frac{\pi}{4}(D^2-d^2)=\frac{\pi}{4}[D^2-(0.6D)^2]=0.16\pi D^2$，故

$$D=\sqrt{\frac{A}{0.16\pi}}=\sqrt{\frac{314}{0.16\times 3.14}}=25\ \text{mm},\quad d_1=0.6D=15\ \text{mm}$$

$$i=\sqrt{\frac{I}{A}}=\sqrt{\frac{(\pi/64)(D^4-d_1^4)}{(\pi/4)(D^2-d_1^2)}}=\frac{\sqrt{D^2+d_1^2}}{4}=\frac{\sqrt{25^2+15^2}}{4}=7.29\ \text{mm}$$

所以

$$\lambda=\mu l/i=0.5\times 1\ 200/7.29=82.3$$

②临界应力计算。查表 11－2 得 $\lambda_2=61.4$，因此 $\lambda_2<\lambda<\lambda_1$，属于中长杆，应采用直线公式计算临界应力。再查表 11－2 得 $a=304$ MPa，$b=1.12$ MPa，所以临界应力为

$$\sigma_{cr}=a-b\lambda=304-1.12\times 82.3=212\ \text{MPa}$$

11.4　压杆稳定性计算

前面已经讨论了确定各种柔度的压杆的临界力和临界应力的问题。这仅相当于在强度计算中知道了材料的极限应力。为了对压杆进行稳定性计算，还须建立类似于强度条件的**稳定条件**。通常采用的方法为**安全因数法**，即为了使压杆能正常工作，不丧失稳定，则压杆工作时的工作安全因数 n 应大于规定的稳定安全因数 $[n]_{st}$。故压杆的稳定条件为

$$n=\frac{\sigma_{cr}}{\sigma}\geqslant [n]_{st}\quad 或\quad n=\frac{F_{cr}}{F}\geqslant [n]_{st}\tag{11-9}$$

式中：F 是压杆的实际工作压力；σ 是压杆的实际工作应力，由 $\sigma=F/A$ 计算得到。

压杆规定的稳定安全因数 $[n]_{st}$ 一般要高于强度安全因数。这是因为一些难以避免的因素，如杆件的初弯曲、压力偏心、材料不均匀和支座缺陷等，都严重地影响压杆的稳定，降低了临界压力。关于稳定安全因数 $[n]_{st}$，一般可在有关设计手册或规范中查到。

应当指出，由于压杆的稳定性取决于整个压杆的抗弯刚度，因此，在确定压杆的临界力或临界应力时，可不必考虑压杆局部截面削弱(如油孔、螺钉孔等)的影响，均按未削弱截面的尺寸来计算截面面积、惯性矩及惯性半径。但是，进行强度校核时，横截面面积要按削弱后截面的尺寸来计算。

压杆稳定性计算可根据稳定条件进行压杆稳定性校核、压杆截面选择和压杆能承受的最大压力来确定。下面举例说明。

例 11-3 图 11-7(a)所示托架，承受载荷 $F=10$ kN，已知 AB 杆的外径 $D=50$ mm，内径 $d=40$ mm，两端铰支，材料为 Q235 钢，$E=200$ GPa，若规定稳定安全因数 $[n]_{st}=3$，试问 AB 杆是否稳定。

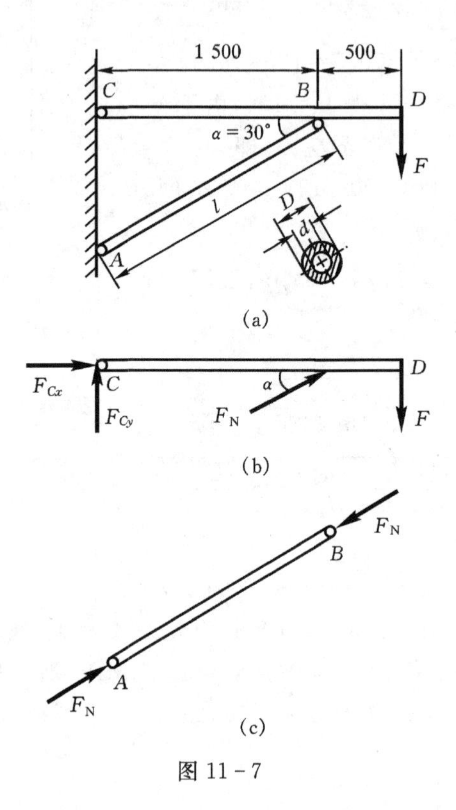

图 11-7

解 (1)计算 AB 杆的轴向压力。分别取 CD 杆和 AB 杆为研究对象，受力如图 11-7(b)、(c)所示。根据平衡方程有

$$\sum M_C = 0,\quad F_N \times 1\ 500\sin30^\circ - 2\ 000 \times F = 0$$

可得

$$F_N = \frac{2\ 000 \times 10}{1\ 500 \times \sin30^\circ} = 26.67\ \text{kN}$$

(2)计算压杆柔度

$$i = \sqrt{\frac{I}{A}} = \sqrt{\frac{(\pi/64)(D^4 - d^4)}{(\pi/4)(D^2 - d^2)}} = \frac{\sqrt{D^2 + d^2}}{4} = \frac{\sqrt{50^2 + 40^2}}{4} = 16\ \text{mm}$$

$$l = \frac{1\ 500}{\cos30^\circ} = 1\ 732\ \text{mm}$$

AB 杆两端铰支，$\mu=1$。所以 AB 杆的柔度为

$$\lambda = \mu l/i = 1 \times 1\ 732/16 = 108.2$$

(3)计算临界力。由表 11-2 查得 $\lambda_1=100<\lambda$，故 AB 杆属大柔度杆，其临界力

$$F_{cr} = \sigma_{cr} \cdot A = \frac{\pi^2 EA}{\lambda^2} = \frac{\pi^2 \times 200 \times 10^3 \times \pi \times (50^2 - 40^2)}{(108.2)^2 \times 4} = 119\ \text{kN}$$

(4)校核稳定性

$$n = F_{cr}/F_N = 119/26.67 = 4.46 > [n]_{st} = 3$$

所以 AB 杆满足稳定要求。

例 11-4　某发动机的连杆如图 11-8 所示。已知连杆的横截面面积 $A=552\ \text{mm}^2$，惯性矩 $I_z=7.42\times10^4\ \text{mm}^4$，$I_y=1.42\times10^4\ \text{mm}^4$，材料为 45 钢，所受的最大轴向压力为 30 kN，规定稳定安全因数为 $[n]_{\text{st}}=5$，试进行稳定校核。

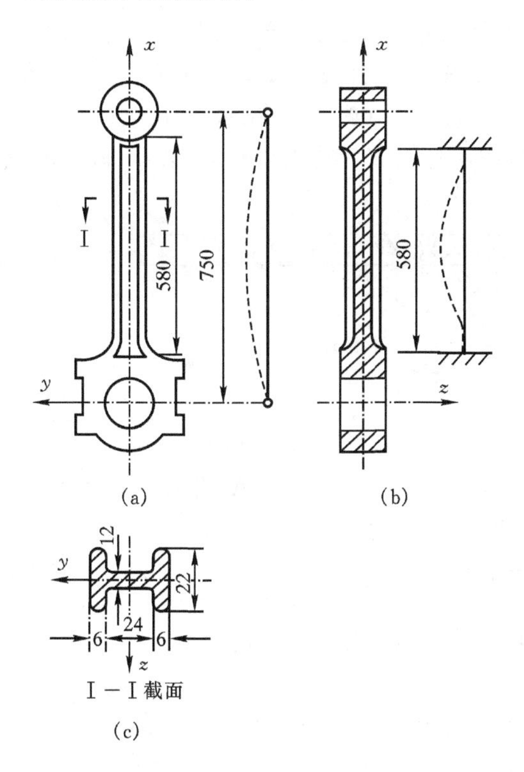

图 11-8

解　(1)柔度计算。连杆受压时，可能在 $x-y$ 平面内失稳，也可能在 $x-z$ 平面内失稳。故在进行稳定计算时，必须首先计算出两个失稳平面的柔度，以确定失稳平面。

若在 $x-y$ 平面内失稳(图 11-8(a))，则连杆两端可认为是铰支，$\mu=1$，连杆的柔度为

$$\lambda_z=\frac{(\mu l)_z}{i_z}=\frac{(\mu l)_z}{\sqrt{I_z/A}}=\frac{1\times750}{\sqrt{7.42\times10^4/552}}=64.7$$

若在 $x-z$ 平面内失稳(图 11-8(b))，则连杆两端可认为是固定端，$\mu=0.5$，连杆的柔度为

$$\lambda_y=\frac{(\mu l)_y}{i_y}=\frac{(\mu l)_y}{\sqrt{I_y/A}}=\frac{0.5\times580}{\sqrt{1.42\times10^4/552}}=57.2$$

由于 $\lambda_z>\lambda_y$，故连杆将首先在 $x-y$ 平面内失稳。所以只须对连杆在 $x-y$ 平面内的稳定性进行校核。

(2)临界力或临界应力计算。查表 11-2 得 45 钢(属优质钢)$\lambda_1=100$，$\lambda_2=60$，有 $\lambda_2<\lambda<\lambda_1$，连杆在 $x-y$ 平面内属中长杆，应用直线公式。再查表 11-2 得 $a=460$ MPa，$b=2.57$ MPa，所以，连杆的临界应力为

$$\sigma_{\text{cr}}=a-b\lambda=460-2.57\times64.7=294\ \text{MPa}$$

(3)稳定性校核。连杆的工作应力为

$$\sigma = F/A = 30 \times 10^3/552 = 54.3\ \text{MPa}$$

由稳定条件得　$n=\sigma_{cr}/\sigma=294/54.3=5.41>[n]_{st}=5$

所以连杆是稳定的。

例 11-5　图 11-9 所示压杆,上端为铰支,下端为固定端,杆的外径 $D=200$ mm,内径 $d=100$ mm,材料为 Q235 钢,$E=200$ GPa,$[n]_{st}=4$,$[\sigma]=160$ MPa,若杆长 $l=9\ 000$ mm,试求压杆的许可载荷。

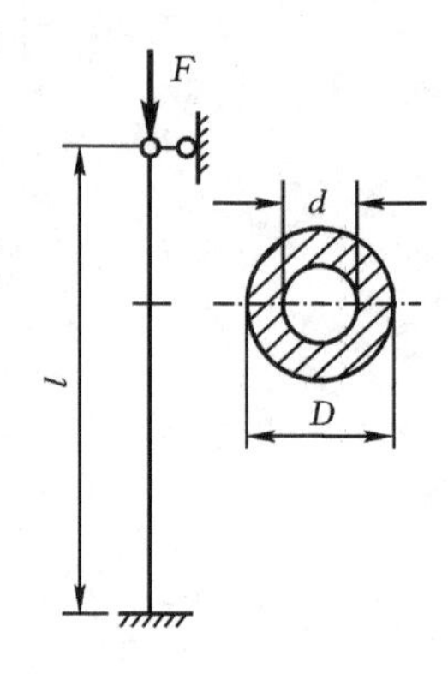

图 11-9

解　(1)柔度计算。根据压杆两端的约束可知$\mu=0.7$。截面的惯性半径为

$$i=\sqrt{\frac{I}{A}}=\sqrt{\frac{(\pi/64)(D^4-d^4)}{(\pi/4)(D^2-d^2)}}=\frac{\sqrt{D^2+d^2}}{4}$$

$$=\frac{\sqrt{200^2+100^2}}{4}=55.9\ \text{mm}$$

压杆的柔度为

$$\lambda=\mu l/i=0.7\times 9\ 000/55.9=112.7$$

(2)临界力或临界应力计算。查表 11-2 得 A3 钢 $\lambda_1=100$,因为 $\lambda>\lambda_1$,压杆为大柔度杆,应采用欧拉公式计算临界力

$$F_{cr}=\sigma_{cr}A=\frac{\pi^2 EA}{\lambda^2}=\frac{3.14^3\times 200\times 10^3\times(200^2-100^2)}{112.7^2\times 4}=3\ 656\ \text{kN}$$

(3)确定许可载荷。根据压杆稳定条件 $n=F_{cr}/F\geqslant[n]_{st}$,故压杆的许可载荷

$$[F]\leqslant F_{cr}/[n]_{st}=3\ 656/4=914\ \text{kN}$$

例 11-6　图 11-10 所示压杆横截面为空心正方形的立柱,其两端固定,材料为优质钢,许用应力$[\sigma]=200$ MPa,$\lambda_1=100$,$\lambda_2=60$,$a=460$ MPa,$b=2.57$ MPa,$[n]_{st}=2.5$,因构造需要,在压杆中点 C 开一直径为 $d=5$ mm的圆孔,断面形状如图 11-10 所示。当顶部受压力 $F=40$ kN 时,试校核其稳定性和强度。

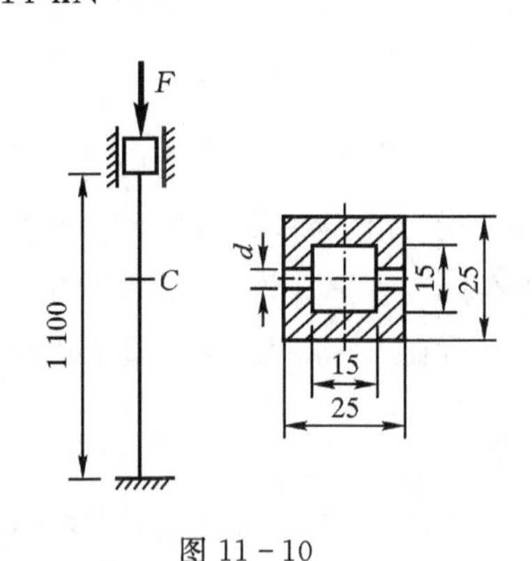

图 11-10

解　(1)柔度计算

$$i=\sqrt{\frac{I}{A}}=\sqrt{\frac{(25^4-15^4)/12}{(25^2-15^2)}}=8.41\ \text{mm}$$

故柔度　$\lambda=\mu l/i=0.5\times 1\ 100/8.41=65.4$

(2)临界应力计算。由于 $\lambda_2<\lambda<\lambda_1$,属中长压杆,采用直线公式计算临界应力

$$\sigma_{cr}=a-b\lambda=460-2.57\times 65.4=292\ \text{MPa}$$

(3)稳定性校核

$$\sigma=\frac{F}{A}=\frac{40\times 10^3}{25^2-15^2}=100\ \text{MPa}$$

故　$n=\sigma_{cr}/\sigma=292/100=2.92>[n]_{st}=2.5$

所以压杆满足稳定性要求。

(4)强度校核。压杆开孔处 C 截面为危险截面,其横截面面积为

$$A_C = A - 2 \times 5 \times 5 = 25^2 - 15^2 - 50$$
$$= 350\ \text{mm}^2$$

故
$$\sigma = F/A_C = 40 \times 10^3 / 350$$
$$= 114.3\ \text{MPa} < [\sigma] = 200\ \text{MPa}$$

所以压杆的强度也足够。

11.5　提高压杆稳定性的措施

如前所述，压杆的临界力或临界应力的大小，反映了压杆稳定性的高低。提高压杆稳定性的关键，在于提高压杆的临界力或临界应力。而影响压杆临界应力的因素有：压杆的截面形状、长度、约束条件、材料的性质等。因而，也从这几方面着手，讨论如何提高压杆的稳定性。

1. 选择合理的截面形状

从欧拉公式看出，截面的惯性矩 I 越大，临界压力 F_{cr} 越大。从直线公式又可看到，柔度 λ 越小，临界应力越高。由于 $\lambda = \mu l / i$，所以提高惯性半径 i 的数值，就能减小 λ 的数值。可见，如不增加截面面积，尽可能使材料分布在离截面形心较远处，以取得较大的 I 和 i，临界压力会随之提高。例如，当截面面积相同时，图 11 - 11(c)所示的截面形状比图 11 - 11(b)所示的截面形状更为合理；由四根角钢组成的起重臂(图 11 - 12(a))，其四根角钢分散布置在截面的四角(图 11 - 12(b))，比集中布置在截面形心附近(图 11 - 12(c))更为合理。

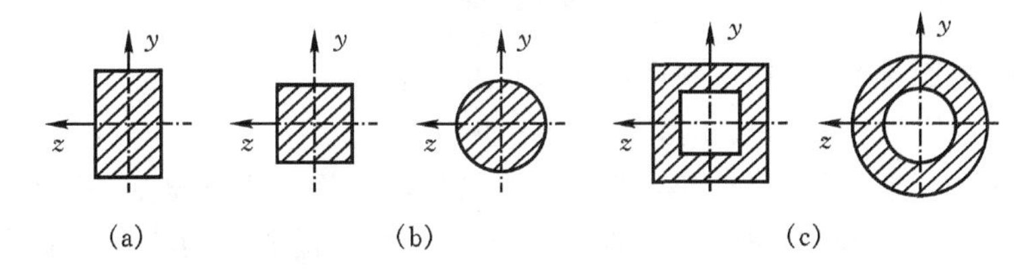

图 11 - 11

另外，由于压杆的失稳首先发生于柔度大的弯曲平面内，所以选择截面形状时，应使压杆在各个弯曲平面内的柔度尽可能相等或相近，这样可以提高其抗失稳的能力。例如，图 11 - 11(b)、(c)显然比(a)的截面形状合理。

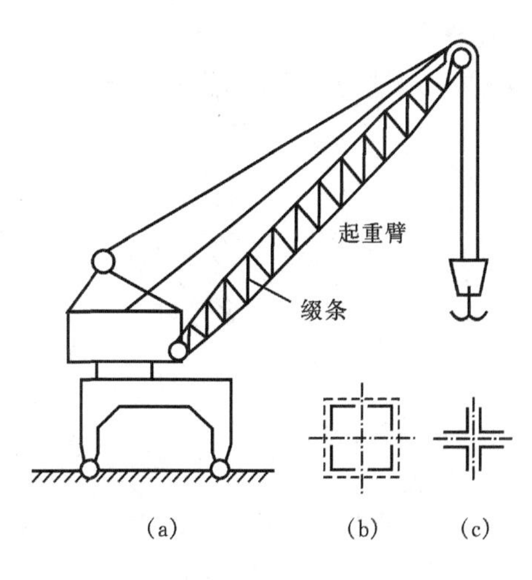

图 11 - 12

若压杆需要图 11 - 11(a)类似的截面形状时，可通过选择合适的约束来配合，从而使压杆在各弯曲平面内的柔度相近，以利提高压杆的稳定性。例 11 - 4 所示的连杆就是采用此种方法，$\lambda_z = 64.7$，$\lambda_y = 57.2$，二者相近，说明该连杆设计是比较合理的。当然最理想的设计是 $\lambda_z = \lambda_y$，这种情况称为**等稳定性**。

2. 改变压杆的约束条件

改变压杆的支座条件,直接影响临界力的大小。例如,将两端铰支的压杆改为两端固定约束,则长度系数由 $\mu=1$ 变为 $\mu=0.5$,临界力由原来的 $F_{cr}=\pi^2 EI/l^2$ 变为 $F_{cr}=\pi^2 EI/(0.5l)^2=4\pi^2 EI/l^2$,提高了三倍。

再如将长为 l、两端铰支压杆(图 11-13(a))的中点增加一个中间支座,如图 11-13(b)所示,则压杆的长度变为原来的一半,而它的临界力变为原来的四倍,从而提高了稳定性。一般说来增加压杆的约束,使其更不容易发生弯曲变形,可以提高压杆的稳定性。

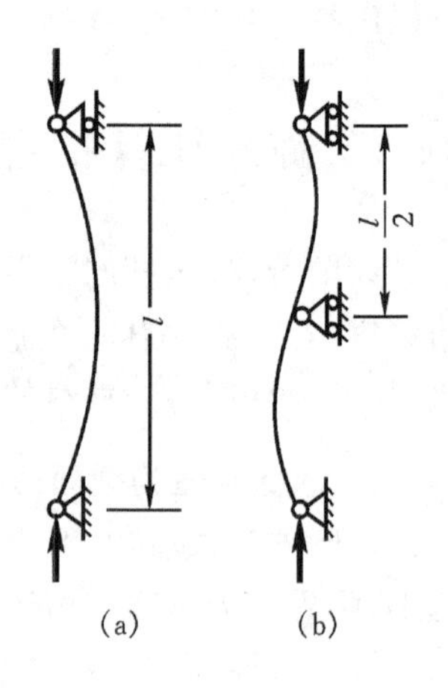

图 11-13

3. 合理选择材料

对于细长压杆($\lambda>\lambda_1$),临界应力 $\sigma_{cr}=\pi^2 E/\lambda^2$。故选用 E 值较大的材料能提高细长压杆的稳定性。但由于各种钢材的 E 大致相等,而合金钢比普通碳钢价格高得多,所以试图选用合金钢来提高细长压杆的稳定性是不合理的。

对于中长杆($\lambda_2<\lambda<\lambda_1$),其临界应力 $\sigma_{cr}=a-b\lambda$。由于优质钢、合金钢的 a 值比普通碳钢高,故选用前者在一定程度上可以提高其稳定性,当然在设计时应对提高稳定性和构件造价综合考虑。

思考题

11-1 构件的稳定性与强度、刚度的主要区别是什么?

11-2 什么叫柔性?它的大小由哪些因素确定?

11-3 如何区分细长杆、中长杆和粗短杆?它们的临界应力各是如何确定的?

11-4 若其它条件不变,细长压杆的长度增加一倍,它的临界力有什么变化?

11-5 若其它条件不变,圆形截面细长杆的直径增加一倍,它的临界力有什么变化?

11-6 对于两端铰支,由 Q235 钢制成的圆截面压杆,问杆长 l 应比直径 d 大多少倍,才能用欧拉公式?

11-7 两端为铰支,其截面形状如图所示。问压杆失稳时,各横截面将绕哪一根轴转动?

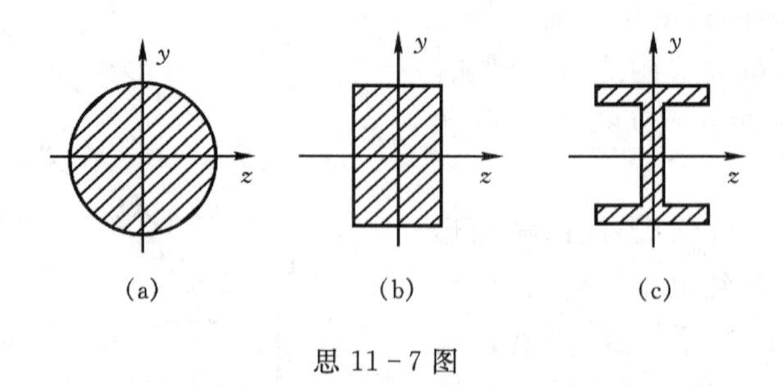

思 11-7 图

11-8 如图所示,四个角钢所组成的焊接截面,当压杆两端均为铰支时,哪种截面较为合理?为什么?

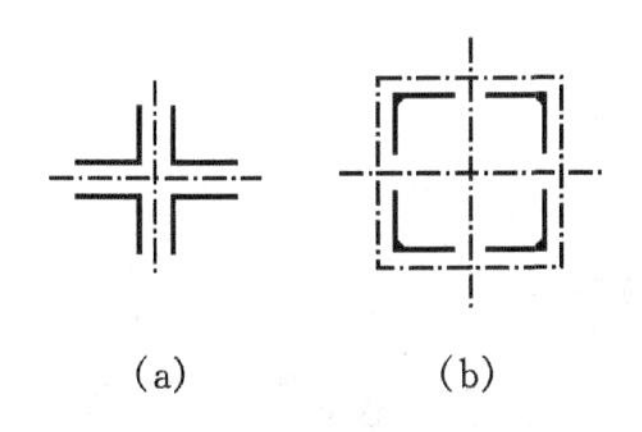

思 11-8 图

习　题

11-1　图示细长杆，两端为球形铰支，弹性模量 $E=200$ GPa，试用欧拉公式计算其临界力。

(1)圆形截面，$d=25$ mm，$l=1\ 000$ mm；

(2)矩形截面，$h=40$ mm，$b=20$ mm，$l=1\ 000$ mm；

(3)16 工字钢，$l=2\ 000$ mm，已知 $I=9.31\times10^{-7}\ \mathrm{m}^4$。

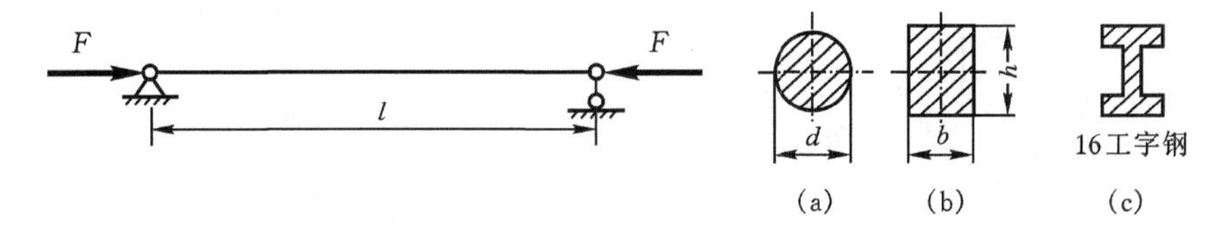

题 11-1 图

11-2　两端铰支、一端铰支另一端固定以及两端固定的细长压杆分别如图(a)、(b)、(c)所示。杆的材料均为 Q235 钢，横截面均为圆形，直径均为 $d=100$ mm，材料的弹性模量 $E=200$ GPa，试求各杆的临界力。

11-3　图示蒸汽机的活塞杆 AB，可简化为两端铰支，所受的压力 $F=120$ kN，$l=1\ 800$ mm，横截面为圆形，直径 $d=75$ mm。材料为 Q275 钢，$E=210$ GPa，$\sigma_p=240$ MPa。规定稳定安全因数$[n]_{st}=8$，试校核活塞杆的稳定性。

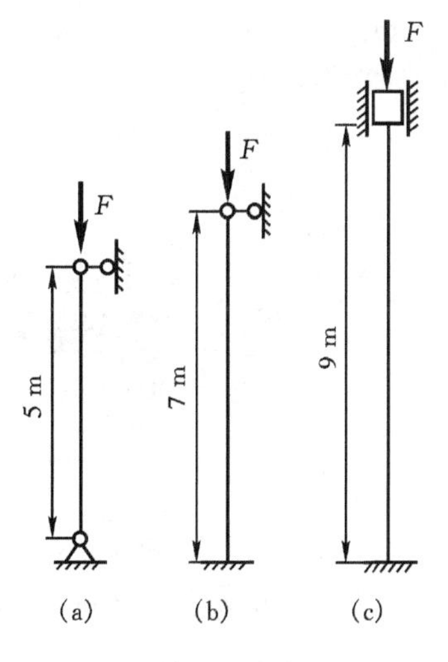

题 11-2 图

11-4　两端固定并由 28a 工字钢制成的立柱如图所示。材料为 Q235 钢，$E=200$ GPa，立柱所受压力 $F=400$ kN，规定稳定安全因数$[n]_{st}=2.5$，试校核该立柱的稳定性。

11-5　图示立柱的一端固定，一端自由，顶部受轴向压力 $F=200$ kN 作用。立柱用 25a 工字钢制成，材料为 Q235 钢，规定稳定安全因数$[n]_{st}=3$，许用应力$[\sigma]=160$ MPa，$E=200$ GPa，在立柱中点横截面 C 处，开一直径为 $d=70$ mm 的圆孔。试校核其稳定性和强度。

11-6　已知如图所示的千斤顶丝杠的最大承载量 $F=150$ kN，丝杠内径 $d_1=52$ mm，长度 $l=500$ mm，材料为 Q235 钢，试计算此丝杠的工作安全因数。(提示：可认为丝杠下端

固定，上端是自由的）

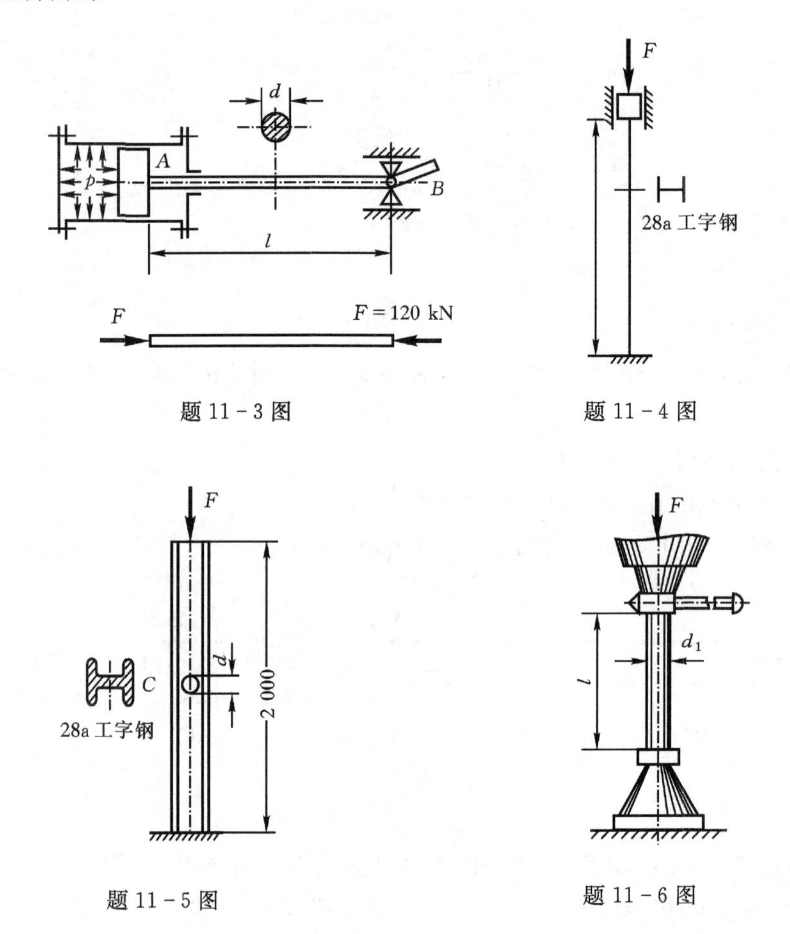

题 11-3 图　　题 11-4 图

题 11-5 图　　题 11-6 图

11-7　无缝钢管厂的穿孔顶杆如图所示，杆端承受压力，杆长 $l=4.5$ m，横截面直径 $d=15$ cm。材料为 Q235 钢，两端可简化为铰支，$E=200$ GPa，规定稳定安全因数 $[n]_{st}=3.3$。试求顶杆的许可载荷。

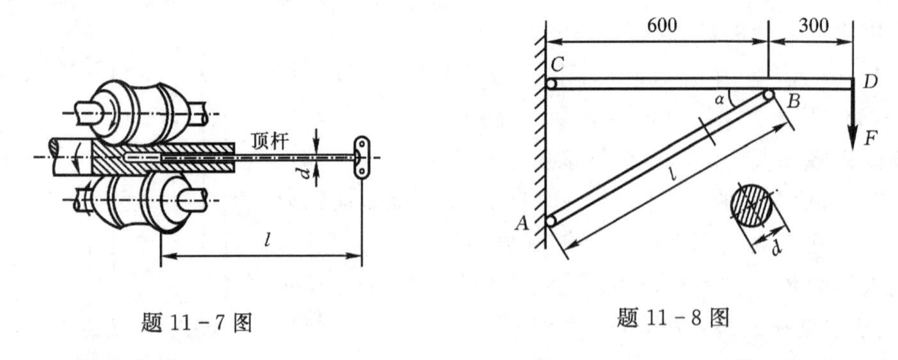

题 11-7 图　　题 11-8 图

11-8　图示托架中的 AB 杆，直径 $d=40$ mm，长度 $l=800$ mm，两端可视为铰支，材料为 Q235 钢。

(1)试求托架的临界载荷 F_{cr}；

(2)若已知工作载荷 $F=70$ kN；并要求 AB 杆的稳定安全因数 $[n]_{st}=2$，试问此托架是否安全？

11－9　蒸汽机车的连杆如图所示。截面为工字钢，材料为 Q235 钢，连杆承受最大轴向压力为 465 kN。在 $x-y$ 平面内，两端可认为铰支，在 $x-z$ 平面内，两端可认为是固定支座，试确定其安全因数。

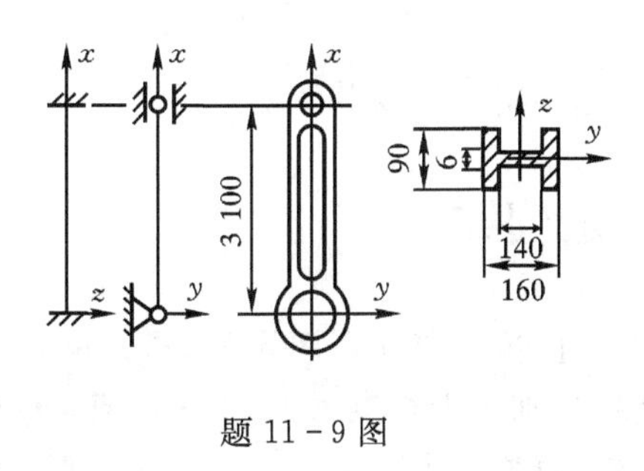

题 11－9 图

11－10　图示机构中，横梁 AB 及支撑杆 CD 材料均为 Q235 钢，许用应力$[\sigma]=100$ MPa，材料的弹性模量 $E=200$ GPa，AB 梁为矩形截面梁。支撑杆 CD 为空心圆截面立柱，规定其稳定安全因数为$[n]_{st}=2$，试确定许可载荷 F_u。

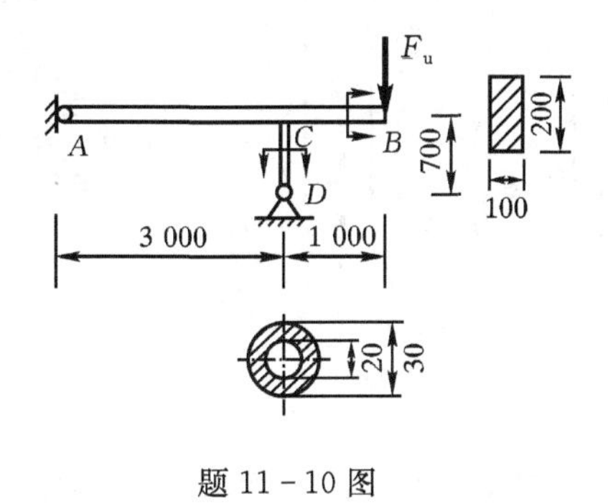

题 11－10 图

第12章　简单超静定问题

本章主要研究一些简单的超静定问题及其解法。

12.1　拉伸和压缩超静定问题

在图12-1(a)中,直杆AB上下两端都是固定的,沿杆的轴线受到一个集中力F作用。可以看出,在杆的上下固定处将分别产生约束力F_A和F_B,且AC段受到拉伸,CB段将受到压缩,根据整个杆的静力平衡条件,只能列出一个独立的平衡方程,即

$$F_A + F_B - F = 0 \tag{1}$$

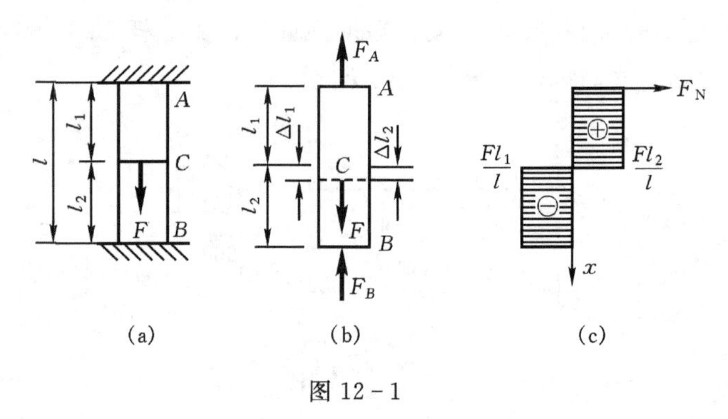

图12-1

为了求出两个独立的未知量F_A、F_B,必须设法建立一个补充方程,这就需要分析杆的变形情况。图12-1(b)中,当杆受外力F作用而变形时,上、下端截面A和B不会沿杆轴线方向发生相对线位移,即在外力F作用下,杆的上段产生伸长变形Δl_1,下段产生缩短变形Δl_2,但杆的总长度l不会改变。故有

$$\Delta l_1 - \Delta l_2 = 0 \tag{2}$$

这个关系称为**变形协调条件**。

在弹性范围内,由胡克定律,又可建立力与变形的物理关系

$$\Delta l_1 = \frac{F_A l_1}{EA}, \quad \Delta l_2 = \frac{F_B l_2}{EA} \tag{3}$$

将(3)式代入(2)式,即得补充方程

$$\frac{F_A l_1}{EA} - \frac{F_B l_2}{EA} = 0 \tag{4}$$

解方程组(1)和(4),得

$$F_A = Fl_2/l, \quad F_B = Fl_1/l$$

根据外力F、F_A、F_B便可求出轴力F_{N1}和F_{N2},画出轴力图如图12-1(c)。

例12-1　图12-2(a)所示一结构,由刚性杆AB及两弹性杆EC及FD组成,在B端受力F作用。两弹性杆的抗拉刚度分别为E_1A_1和E_2A_2。试求杆EC及FD的内力。

解　设两杆的轴力分别为 F_{N1} 和 F_{N2}，由平衡条件有

$$\sum M_A = 0,$$

$$F_{N1} \times \frac{l}{3} + F_{N2} \times \frac{2l}{3} - F \times l = 0 \tag{1}$$

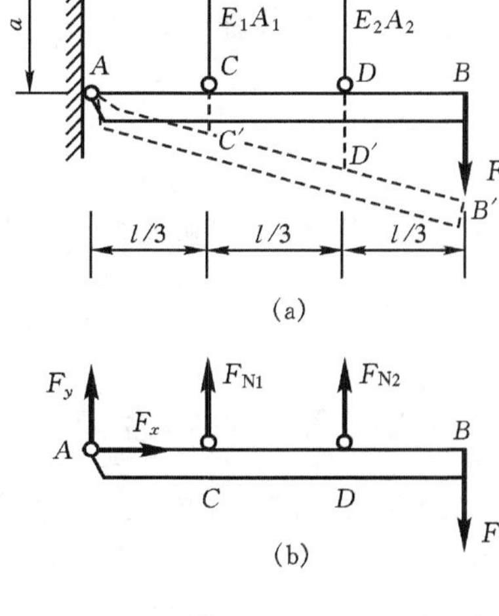

图 12－2

由变形协调条件建立补充方程。刚性杆在力 F 作用下，将绕 A 点顺时针转动，杆 EC 和 FD 将伸长。由于是小变形，可以认为 C、D 两点铅垂向下移动到 C' 和 D' 点，设两杆的伸长分别为 $\overline{CC'} = \Delta l_1$，$\overline{DD'} = \Delta l_2$，由图可知它们的几何关系为

$$\Delta l_1 / \Delta l_2 = 1/2 \tag{2}$$

根据变形和内力的物理关系，即胡克定律，有

$$\Delta l_1 = \frac{F_{N1} a}{E_1 A_1}, \quad \Delta l_2 = \frac{F_{N2} a}{E_2 A_2} \tag{3}$$

将(3)式代入(2)式得

$$2\frac{F_{N1} a}{E_1 A_1} = \frac{F_{N2} a}{E_2 A_2} \tag{4}$$

这就是补充方程。将补充方程代入(1)式得

$$F_{N1} = \frac{3E_1A_1F}{E_1A_1 + 4E_2A_2}, \quad F_{N2} = \frac{6E_2A_2F}{E_1A_1 + 4E_2A_2}$$

12.2　温度应力与装配应力

12.2.1　温度应力

温度变化时，构件的形状与尺寸也将发生变化。对于静定结构，由于构件可以随温度变化而自由伸长和缩短，因此，温度的改变对构件的内力不会产生影响。如图 12－3(a)所示的杆件，左端固定，右端自由，是静定杆件，当温度为 t_1 时，其长为 l，当温度升高 Δt 而成为 $t_2 = t_1 + \Delta t$ 时，长度增长 Δl_t，此时杆能自由伸长到 B'，杆件不产生内力。但对如图 12－3(b)所示的杆件，两端固定，是超静定的，当温度升高时，杆件要伸长 Δl_t，如图 12－3(a)那样要达到 B' 位置。但由于右端是固定的，使杆的伸长受到限制，就会在杆端产生约束力 F_B(图 12－3(c))。此力使杆件缩短 Δl_F，由于杆件两端固定，其长度不能改变，于是得变形条件

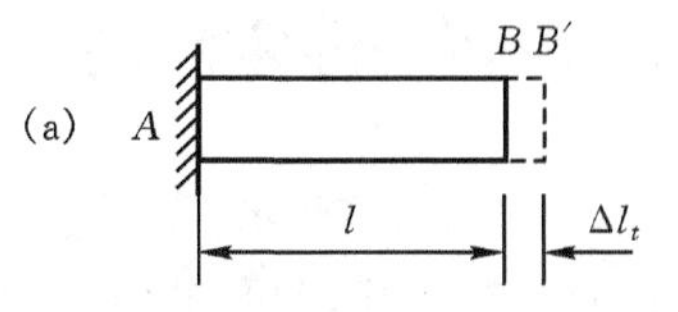

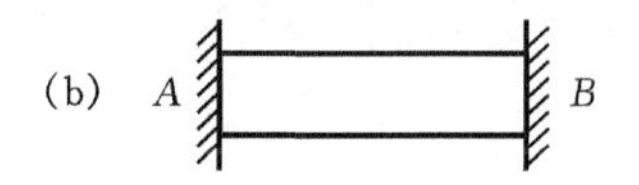

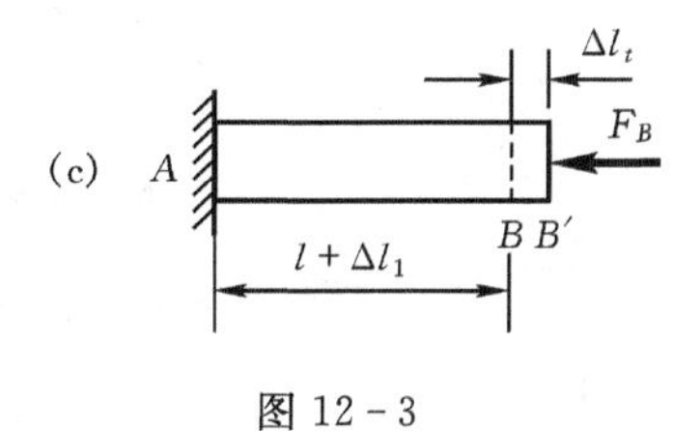

图 12－3

$$|\Delta l_F| = \Delta l_t \tag{1}$$

其物理方程为

$$\Delta l_t = \alpha l(t_1 - t_2), \quad \Delta l_F = \frac{F_B l}{EA} \tag{2}$$

式中：α 为材料的线膨胀系数。将(2)式代入(1)式得

$$\frac{F_B l}{EA} = \alpha l(t_1 - t_2)$$

即

$$F_B = \alpha EA(t_1 - t_2) \tag{3}$$

然后利用平衡条件，可解得温度内力 F_N 和温度应力 σ 分别为

$$F_N = F_B = \alpha EA(t_1 - t_2) \tag{4}$$

$$\sigma = F_N / A = \alpha E(t_1 - t_2) \tag{5}$$

12.2.2 装配应力

在超静定结构中，有时并无载荷作用，但由于有些构件制作不精确，在强行装配后即产生装配应力。有时也由于某种需要，有计划地使其产生一定的装配应力，如图 12－4 所示杆件，装配前原长为 $l+\Delta l$，其中 Δl 是制作误差，装配后长度被迫缩短为 l，于是两端产生压力 F_N，显然

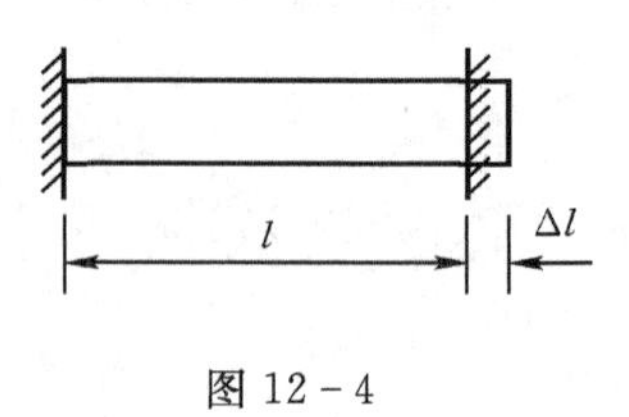

图 12－4

$$\Delta l = \frac{F_N(l + \Delta l)}{EA}$$

在通常情况下，$\Delta l \ll l$，所以上式右端的 Δl 可略去不计，即

$$\Delta l = \frac{F_N L}{EA} \tag{6}$$

所以

$$\sigma = \frac{E}{l}\Delta l \tag{7}$$

这就是**装配应力**。

12.3 扭转超静定问题

如图 12－5(a)所示，有一空心管 A 套在实心圆杆 B 的一端，两杆在同一横截面处各有一直径相同的贯穿孔，两孔的中心线的夹角为 β。现在杆 B 上施加一外力偶，使其扭转到两孔对准的位置，并在孔中装上销钉。欲求在外力偶除去后两杆所受到的扭矩，这是一个扭转超静定问题。

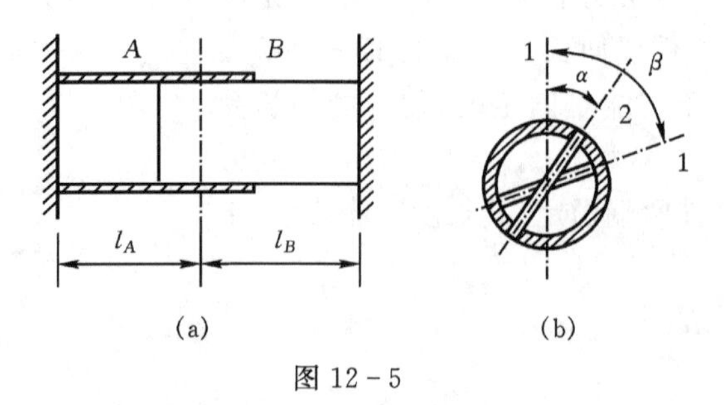

(a) (b)

图 12－5

图 12－15(b)中，1 为孔的原始位置，2 为装上销钉，除去外力偶后孔的位置。由于内杆和

外管通过销钉相互作用，因此，它们所承受的扭矩 T_A、T_B 必然大小相等、转向相反。

设除去外力偶后内杆带动外管转过 α 角。与初始状态比较，内杆的扭转角为

$$\varphi_B = \beta - \alpha \tag{1}$$

而外管的扭转角为

$$\varphi_A = \alpha \tag{2}$$

下面分别列出其平衡、物理、几何三方面的条件。

平衡条件
$$T_A = T_B = T \tag{3}$$

变形协调条件
$$\varphi_A + \varphi_B = \beta \tag{4}$$

物理关系
$$\varphi_A = \frac{T_A l_A}{GI_{pA}}, \quad \varphi_B = \frac{T_B l_B}{GI_{pB}} \tag{5}$$

将(5)式代入(4)式得

$$\frac{T}{G}\left(\frac{l_A}{I_{pA}} + \frac{l_B}{I_{pB}}\right) = \beta$$

$$T = \frac{G\beta}{(l_A/I_{pA}) + (l_B/I_{pB})}$$

12.4　弯曲超静定问题

图 12-6(a)、(b)所示的梁 AB 都是超静定梁。

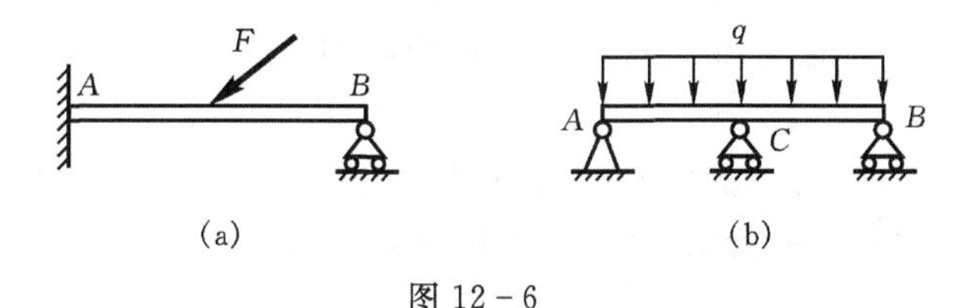

图 12-6

在超静定梁中，那些超过维持梁平衡所必须的约束，习惯上称为**多余约束**，相应的约束力称为**多余约束力**。可以设想，如果撤除超静定梁上的多余约束，那么这个超静定梁又将变为一个静定梁。这个静定梁称为原超静定梁的**静定基**。下面介绍对超静定梁进行强度或刚度计算的**变形比较法**。由于该法以力或力偶矩作为方程的未知量，因此也称为**力法**。

图 12-7(a)所示的梁为超静定梁。我们将支座 B 视为多余约束，并将该支座去掉代之以约束力 F_B。视 F_B 为已知，这样图 12-7(a)所示的超静定梁就变成在集度为 q 的均布载荷和 F_B 作用下的静定梁(图 12-7(b))。该梁在均布载荷 q 和 F_B 的共同作用下，变形情况应与原超静定梁完全相同。在图 12-7(a)中，支座 B 处的挠度为零，即

$$y_B = 0 \tag{1}$$

所以，静定梁在均布载荷 q 和 F_B 的共同作用下，B 处的挠度也应等于零，即

$$y_B = y_q + y_{F_B} = 0 \tag{2}$$

式中：y_q 和 y_{F_B} 为静定梁上只有均布载荷 q 和只有 F_B 单独作用时在 B 处引起的挠度，其值分别为

$$y_q = -\frac{ql^4}{8EI_z}, \quad y_{F_B} = \frac{F_B l^3}{3EI_z} \tag{3}$$

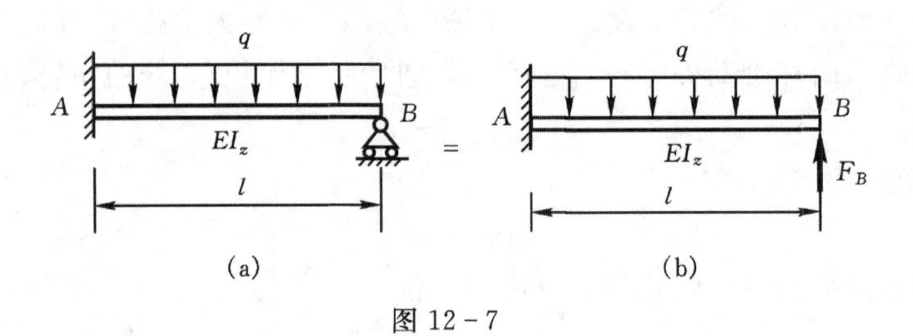

图 12-7

将 y_q 和 y_{F_B} 代入(2)式得

$$-\frac{ql^4}{8EI_z}+\frac{F_Bl^3}{3EI_z}=0 \tag{4}$$

上式就是根据梁的变形条件建立的补充方程。由该方程可解得

$$F_B=3ql/8$$

求得多余约束力 F_B 后,图 12-7(a)所示之超静定梁就变成了图 12-7(b)所示之静定梁,支座 A 的约束力及梁的内力便可方便地求出。

需要指出,超静定梁对应的静定基并不是唯一的,在选取静定基时,可选取不同的形式,只要静定梁可承受载荷即可。例如,上面讨论的超静定梁,也可选取图 12-8 所示的静定基。此时 M_A 为多余约束力,而列补充方程式的变形条件,则为支座 A 处的转角等于零,从而建立一个补充方程,并由该方程求出 M_A。虽然所选的静定基不同,但两者所求得的全部支座约束力是相同的。建议读者自行验证。

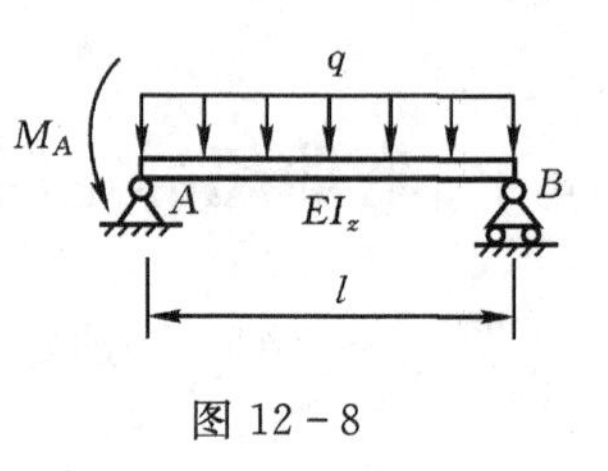

图 12-8

例 12-2　图 12-9(a)所示为水平放置的两根悬臂梁。二梁在自由端处自由叠落在一起,梁的长度及梁上的载荷如图所示,已知二梁抗弯刚度相同。试分别画出二梁的弯矩图。

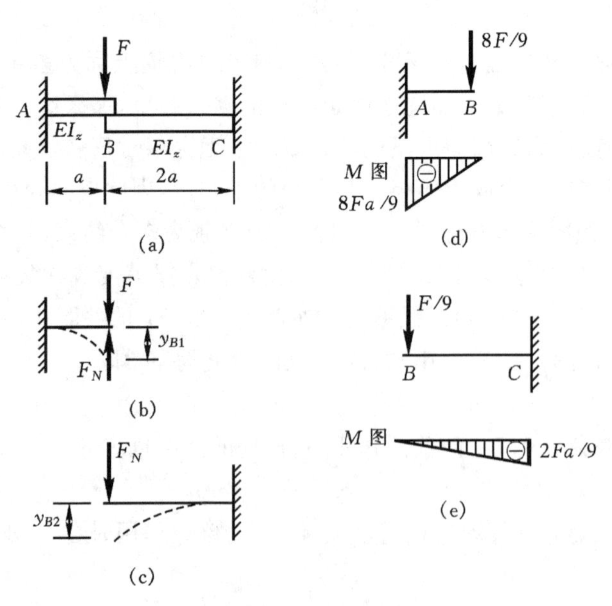

图 12-9

解　此结构为超静定结构。欲画二梁的弯矩图应首先求出每根梁所承受的载荷。AB、BC 二梁的受力分别如图 12－9(b)、(c)所示，其中 F_N 为未知力，可通过补充方程求得。因二梁在自由端处叠落在一起，所以二梁在自由端处的挠度相等，即

$$y_{B1}=y_{B2}\tag{1}$$

式中：y_{B2} 是由 F_N 引起，y_{B1} 是由 F 与 F_N 共同引起的，其值分别为

$$y_{B1}=-\frac{(F-F_N)a^3}{3EI_z},\quad y_{B2}=-\frac{F_N(2a)^3}{3EI_z}$$

将 y_{B1} 和 y_{B2} 代入(1)式得

$$\frac{(F-F_N)a^3}{3EI_z}=\frac{F_N(2a)^3}{3EI_z}\tag{2}$$

从而可解得

$$F_N=F/9$$

于是，二梁弯矩图分别如图 12－9(d)、(e)所示。

思考题

12－1　什么叫超静定问题？超静定问题是如何发生的？解超静定问题的步骤如何？

12－2　计算拉压超静定问题时，轴力的指向和变形的伸缩是否可以任意假设？为什么？

12－3　杆件只要发生变形，就必然有应力，这种说法是否正确？

12－4　图示两端固定的直杆，在 C 处受一集中力 F 作用，因该杆件总伸长为零，即全杆既不伸长又不缩短，因而该杆各点处的线应变和位移都等于零。这种说法错在哪里？

12－5　如图所示的超静定梁，试选择三种不同形式的静定基，并分别写出其变形协调条件。

思 12－4 图　　思 12－5 图

12－6　求解超静定梁，除静力平衡方程外，还必须列出补充方程，其补充方程是否是唯一的？

习　题

12－1　图示两端固定杆 AC、CD 和 DB 三段长均为 l，今在 C、D 两截面处加一对沿轴线方向的力 F，杆的截面面积为 A，求杆内的最大正应力。

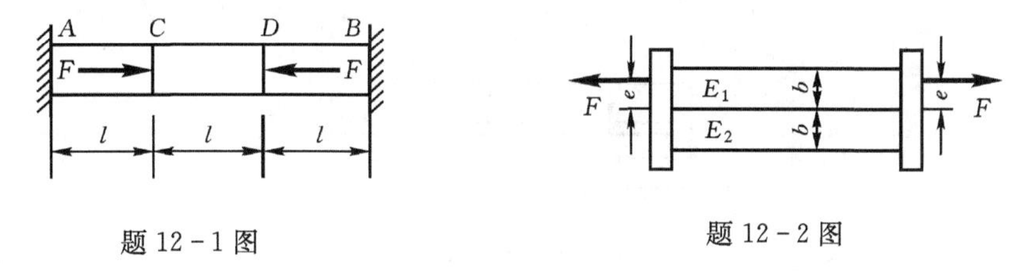

题 12－1 图　　题 12－2 图

12－2　一方形截面杆由两根不同材料的杆件构成，弹性模量分别为 E_1 和 E_2，两杆截面

尺寸相同，假设 $E_1>E_2$。假设其端板是刚性的，试求使两杆都为均匀受拉时，载荷 F 的偏心距 e。

12-3　图示刚性梁受均布载荷作用。梁在 A 端铰支，在 B、C 两点由两根钢杆 BD 和 CE 支承。已知 BD 和 CE 杆的横截面面积分别为 $A_2=200\ \text{mm}^2$，$A_1=400\ \text{mm}^2$，钢的许用应力 $[\sigma]=170\ \text{MPa}$，试校核钢杆 BD 的强度。

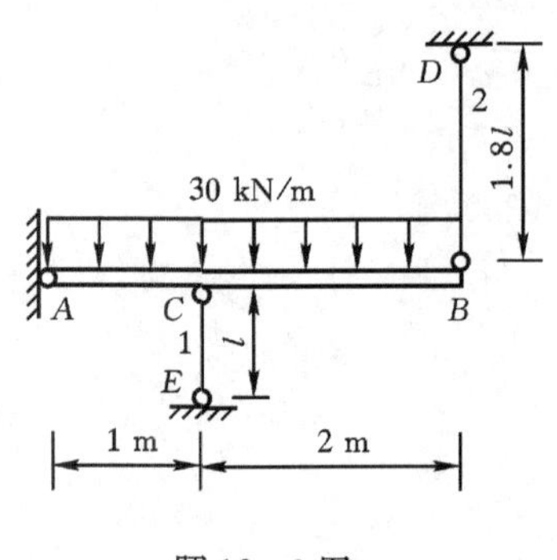

题 12-3 图

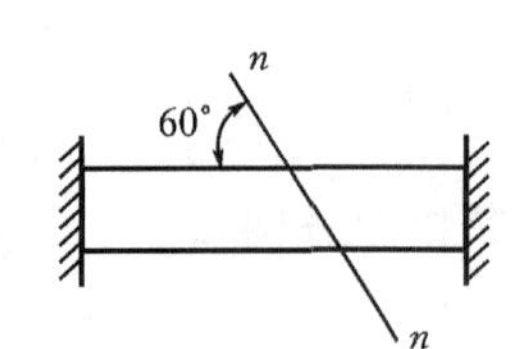

题 12-4 图

12-4　在室温为 21 ℃时，将金属杆固定于两刚性支承之间，如图所示。试计算当温度升高到 111 ℃时，斜截面 $n—n$ 上的正应力和切应力。假设 $\alpha=11.7\times10^{-6}\ \text{K}^{-1}$，$E=200\ \text{GPa}$。

12-5　如图一变截面杆 AB，两端为刚性固定连结，其上作用有一对大小相等、方向相反的力 F。已知 AC 段和 DB 段的横截面面积皆为 $A=500\ \text{mm}^2$，$F=21\ \text{kN}$，$b=3a=375\ \text{mm}$，为了使杆中间段的应力为零，必须降低多少温度 Δt？假设 $\alpha=26\times10^{-6}\text{K}^{-1}$，$E=40\ \text{GPa}$。

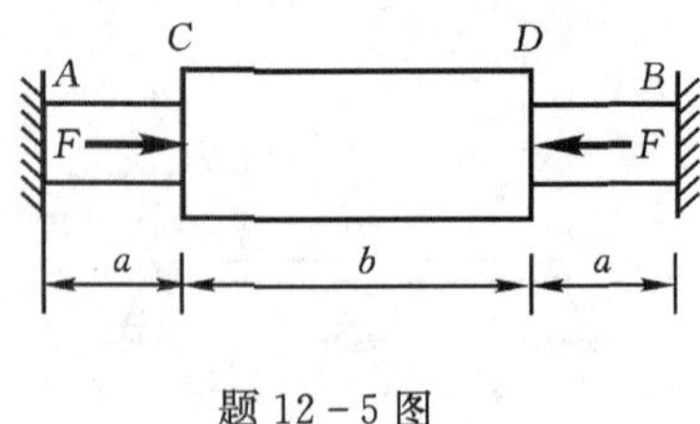

题 12-5 图

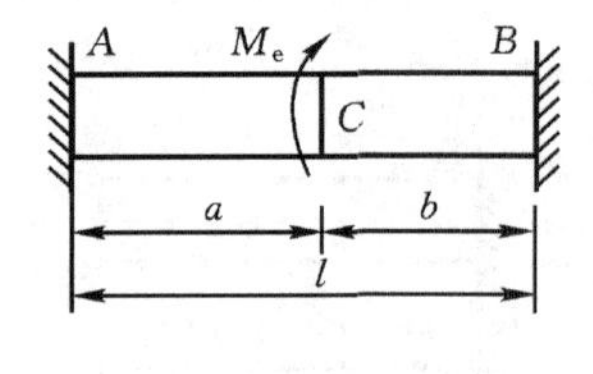

题 12-6 图

12-6　如图所示，将钢质圆杆 AB 的两端加以固定，并在截面 C 上作用有转矩 M_e，设轴的许用切应力为$[\tau]$，试求轴的直径 d。($a>b$)

12-7　图示悬臂梁 AB，在它的自由端用缆索 BC 悬挂着，在载荷作用前，缆索是拉紧的，但没有受力。试求在均布载荷 q 的作用下，缆索所产生的拉力 F_T。假设梁的抗弯刚度为 EI，缆索的抗拉刚度为 EA。

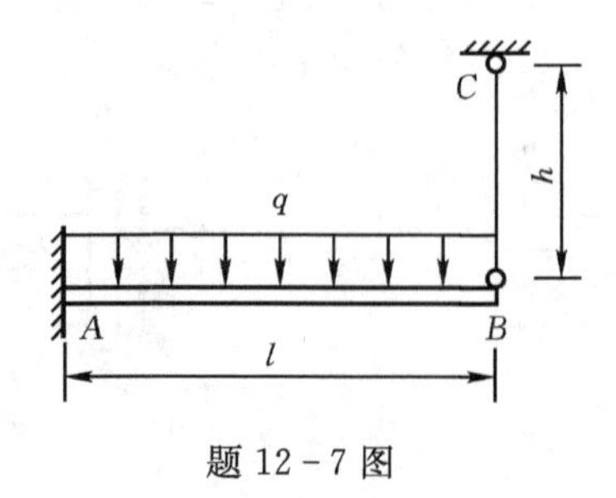

题 12-7 图

12－8　两跨不相等的连续梁，其上作用有均布载荷，如图所示，试求其全部约束力。

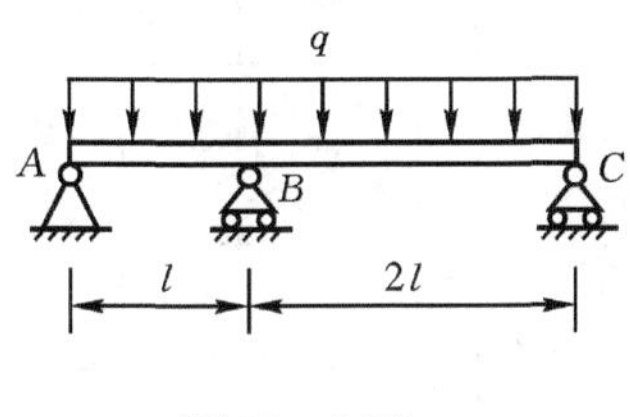

题 12－8 图

12－9　一双跨梁在受载之前支承于 A 处和 C 处，梁与 B 支座之间有一微小的间隙 Δ。当均布载荷作用于梁上时，其间隙密合了，同时三个支座处都产生了约束力，为了使三个支座约束力相等，试问间隙 Δ 应为多大？（EI 已知）

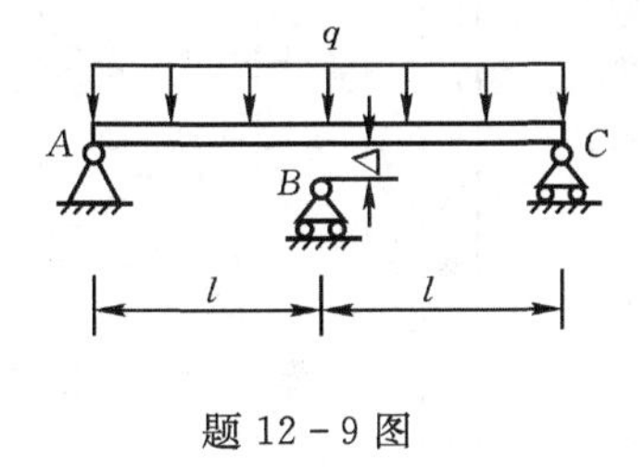

题 12－9 图

12－10　两悬臂梁 AB 和 CD，其支承如图所示。在两梁之间的 D 处放置有辊子，上、下两梁的抗弯刚度都为 EI，试求二梁在 D 处传递的力。

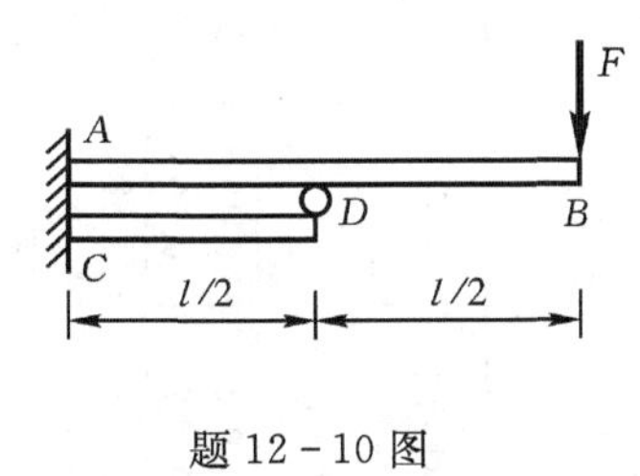

题 12－10 图

附录一　型钢规格表

表 1　热轧等边角钢(GB9787—88)

符号意义：

b—— 边宽度；　I—— 惯性矩；

d—— 边厚度；　i—— 惯性半径；

r—— 内圆弧半径；　W—— 截面系数；

r_1—— 边端内圆弧半径；　z_0—— 重心距离。

角钢号数	尺寸/mm			截面面积/cm²	理论重量/(×9.81 N·m⁻¹)	外表面积/(m²·m⁻¹)	参考数值										z_0/cm
							x—x			x_0—x_0			y_0—y_0			x_1—x_1	
	b	d	r				I_x/cm⁴	i_x/cm	W_x/cm³	I_{x0}/cm⁴	i_{x0}/cm	W_{x0}/cm³	I_{y0}/cm⁴	i_{y0}/cm	W_{y0}/cm³	I_{x1}/cm⁴	
2	20	3	3.5	1.132	0.889	0.078	0.40	0.59	0.29	0.63	0.75	0.45	0.17	0.39	0.20	0.81	0.60
		4		1.459	1.145	0.077	0.50	0.58	0.36	0.78	0.73	0.55	0.22	0.38	0.24	1.09	0.64
2.5	25	3		1.432	1.124	0.098	0.82	0.76	0.46	1.29	0.95	0.73	0.34	0.49	0.33	1.57	0.73
		4		1.859	1.459	0.097	1.03	0.74	0.59	1.62	0.93	0.92	0.43	0.48	0.40	2.11	0.76
3.0	30	3	4.5	1.749	1.373	0.117	1.46	0.91	0.68	2.31	1.15	1.09	0.61	0.59	0.51	2.71	0.85
		4		2.276	1.786	0.117	1.84	0.90	0.87	2.92	1.13	1.37	0.77	0.58	0.62	3.63	0.89
3.6	36	3	4.5	2.109	1.666	0.141	2.58	1.11	0.99	4.09	1.39	1.61	1.07	0.71	0.76	4.68	1.00
		4		2.756	2.163	0.141	3.29	1.09	1.28	5.22	1.38	2.05	1.37	0.70	0.93	6.25	1.04
		5		3.382	2.654	0.141	3.95	1.08	1.56	6.24	1.36	2.45	1.65	0.70	0.09	7.84	1.07
4.0	40	3	5	2.359	1.852	0.157	3.59	1.23	1.23	5.69	1.55	2.01	1.49	0.79	0.96	6.41	1.09
		4		3.086	2.422	0.157	4.60	1.22	1.60	7.29	1.54	2.58	1.91	0.79	1.19	8.56	1.13
		5		3.791	2.976	0.156	5.53	1.21	1.96	8.76	1.52	3.01	2.30	0.78	1.39	10.74	1.17
4.5	45	3	5	2.659	2.008	0.177	5.17	1.40	1.58	8.20	1.76	2.58	2.14	0.90	1.24	9.12	1.22
		4		3.486	2.736	0.177	6.65	1.38	2.05	10.56	1.74	3.32	2.75	0.89	1.54	12.18	1.26
		5		4.292	3.369	0.176	8.04	1.37	2.51	12.74	1.72	4.00	3.33	0.88	1.81	15.25	1.30
				5.076	3.985	0.176	9.33	1.36	2.95	14.76	1.70	4.64	3.89	0.88	2.06	18.36	1.33

续表 1

角钢号数	尺寸/mm			截面面积 /cm²	理论重量 /(×9.81 N·m⁻¹)	外表面积 /(m²·m⁻¹)	参考数值										
							$x—x$			$x_0—x_0$			$y_0—y_0$			$x_1—x_1$	z_0 /cm
	b	d	r				I_x /cm⁴	i_x /cm	W_x /cm³	I_{x0} /cm⁴	i_{x0} /cm	W_{x0} /cm³	I_{y0} /cm⁴	i_{y0} /cm	W_{y0} /cm³	I_{x1} /cm⁴	
5	50	3	5.5	2.971	2.332	0.197	7.18	1.55	1.96	11.37	1.96	3.22	2.98	1.00	1.57	12.50	1.34
		4		3.897	3.059	0.197	9.26	1.54	2.56	14.70	1.94	4.16	3.82	0.99	1.96	16.69	1.38
		5		4.803	3.770	0.196	11.21	1.53	3.13	17.79	1.92	5.03	4.64	0.98	2.31	20.90	1.42
		6		5.688	4.465	0.196	13.05	1.52	3.68	20.68	1.91	5.85	5.42	0.98	2.63	25.14	1.46
5.6	56	3	6	3.343	2.624	0.221	10.19	1.75	2.48	16.14	2.20	4.08	4.24	1.13	2.02	17.56	1.48
		4		4.390	3.446	0.220	13.18	1.73	3.24	20.92	2.18	5.28	5.46	1.11	2.52	23.43	1.53
		5	6	5.415	4.251	0.220	16.02	1.72	3.97	25.42	2.17	6.42	6.61	1.10	2.98	29.33	1.57
		8	7	8.367	6.568	0.219	23.63	1.68	6.03	37.37	2.11	9.44	9.89	1.09	4.16	47.24	1.68
6.3	63	4	7	4.978	3.907	0.248	19.03	1.96	4.13	30.17	2.46	6.78	7.89	1.26	3.29	33.35	1.70
		5		6.143	4.822	0.248	23.17	1.94	5.08	36.77	2.45	8.25	9.57	1.25	3.90	41.73	1.74
		6		7.288	5.721	0.247	27.12	1.93	6.00	43.03	2.43	9.66	11.20	1.24	4.46	50.14	1.78
		8		9.515	7.469	0.247	34.46	1.90	7.75	54.56	2.40	12.25	14.33	1.23	5.47	67.11	1.85
		10		11.657	9.151	0.246	41.09	1.88	9.39	64.85	2.36	14.56	17.33	1.22	3.36	84.31	1.93
7	70	4	8	5.570	4.372	0.275	26.39	2.18	5.14	41.80	2.74	7.44	10.99	1.40	4.17	45.74	1.86
		5		6.875	5.397	0.275	32.21	2.16	6.32	51.08	2.73	10.32	13.34	1.39	4.95	57.21	1.91
		6		8.160	6.406	0.275	37.77	2.15	7.48	59.93	2.71	12.11	15.61	1.38	5.67	68.73	1.95
		7		9.424	7.398	0.275	43.09	2.14	8.59	68.35	2.69	13.81	17.82	1.38	6.34	80.29	1.99
		8		10.667	8.373	0.274	48.17	2.12	9.68	76.37	2.68	15.43	19.98	1.37	6.98	91.92	2.03
7.5	75	5	9	7.367	5.818	0.295	39.97	2.33	7.32	63.30	2.92	11.94	16.63	1.50	5.77	70.56	2.04
		6		8.797	6.905	0.294	46.95	2.31	8.64	74.38	2.90	14.02	19.51	1.49	6.67	84.55	2.07
		7		10.160	7.976	0.294	53.57	2.30	9.93	84.96	2.89	16.02	22.18	1.48	7.44	98.71	2.11
		8		11.503	9.030	0.294	59.96	2.28	11.20	95.07	2.88	17.93	24.86	1.47	8.19	112.97	2.15
		10		14.126	11.089	0.293	71.98	2.26	13.64	113.92	2.84	21.48	30.05	1.46	9.56	141.71	2.22
8	80	5	9	7.912	6.211	0.315	48.79	2.48	8.34	77.33	3.13	13.67	20.25	1.60	6.66	85.36	2.15
		6		9.397	7.376	0.314	57.35	2.47	9.87	90.98	3.11	16.08	23.72	1.59	7.65	102.50	2.19
		7		10.860	8.525	0.314	65.58	2.46	11.37	104.07	3.10	18.40	27.09	1.58	8.58	119.70	2.23
		8		12.303	9.658	0.314	73.49	2.44	12.83	116.60	3.08	20.61	30.39	1.57	9.64	136.97	2.27
		10		15.126	11.874	0.313	88.43	2.42	15.64	140.09	3.04	24.76	36.77	1.56	11.08	171.74	2.35

续表 1

角钢号数	尺寸/mm			截面面积/cm^2	理论重量/(×9.81 N·m^{-1})	外表面积/(m^2·m^{-1})	参考数值										z_0/cm
							$x-x$			x_0-x_0			y_0-y_0			x_1-x_1	
	b	d	r				I_x/cm^4	i_x/cm	W_x/cm^3	I_{x0}/cm^4	i_{x0}/cm	W_{x0}/cm^3	I_{y0}/cm^4	i_{y0}/cm	W_{y0}/cm^3	I_{x1}/cm^4	
9	90	6	10	10.637	8.350	0.354	82.77	2.79	12.61	131.26	3.51	20.63	34.28	1.80	9.95	145.87	2.44
		7		12.301	9.656	0.354	94.83	2.78	14.54	150.47	3.50	23.64	39.18	1.78	11.19	170.30	2.48
		8		13.944	10.946	0.353	106.47	2.76	16.42	168.97	3.48	26.55	43.97	1.78	12.35	194.80	2.52
		10		17.167	13.476	0.353	128.58	2.74	20.07	203.90	3.45	32.04	53.26	1.76	14.52	244.07	2.59
		12		20.306	15.940	0.352	149.22	2.71	23.57	236.21	3.41	37.12	62.22	1.75	16.49	293.76	2.67
10	100	6	12	11.932	9.366	0.393	114.95	3.01	15.68	181.98	3.90	25.74	47.92	2.00	12.69	200.07	2.67
		7		13.796	10.830	0.393	131.86	3.09	18.10	208.97	3.89	29.55	54.74	1.99	14.26	233.54	2.71
		8		15.638	12.276	0.393	148.24	3.08	20.47	235.07	3.88	33.24	61.41	1.98	15.75	267.09	2.76
		10		19.261	15.120	0.392	179.51	3.05	25.06	284.68	3.84	40.26	74.35	1.96	18.54	334.48	2.84
		12		22.800	17.898	0.391	208.90	3.03	29.48	330.95	3.81	46.80	86.84	1.95	21.08	402.34	2.91
		14		26.256	20.611	0.391	236.53	3.00	33.73	374.06	3.77	52.90	99.00	1.94	23.44	470.75	2.99
		16		29.627	23.257	0.390	262.53	2.98	37.82	414.16	3.74	58.57	110.89	1.94	25.63	539.80	3.06
11	110	7	12	15.196	11.928	0.433	177.16	3.41	22.05	280.94	4.30	36.12	73.38	2.20	17.51	310.64	2.96
		8		17.238	13.532	0.433	199.46	3.40	24.95	316.49	4.28	40.69	82.42	2.19	16.39	355.20	3.01
		10		21.261	16.690	0.432	242.19	3.38	30.60	384.39	4.25	49.42	99.98	2.17	22.91	444.65	3.09
		12		25.200	19.782	0.431	282.55	3.35	36.05	448.17	4.22	57.62	116.93	2.15	26.15	534.60	3.16
		14		29.056	22.809	0.431	320.71	3.32	41.31	508.01	4.18	65.31	133.40	2.14	29.14	625.16	3.24
12.5	125	8	14	19.750	15.504	0.492	297.03	3.88	32.52	470.89	4.88	53.28	123.16	2.50	25.86	521.01	3.37
		10		24.373	19.133	0.491	361.67	3.85	39.97	573.89	4.85	64.93	149.46	2.48	30.62	651.93	3.45
		12		28.912	22.696	0.491	423.16	3.83	41.17	671.44	4.82	75.96	174.88	2.46	35.03	783.42	3.53
		14		33.367	26.193	0.490	481.65	3.80	54.16	763.73	4.78	86.41	199.57	2.45	39.13	915.61	3.61
14	140	10	14	27.373	21.488	0.551	514.65	4.34	50.58	817.27	5.46	82.56	212.04	2.78	39.20	915.11	3.82
		12		32.512	25.522	0.551	603.68	4.31	59.80	958.79	5.43	96.85	248.57	2.76	45.02	1 099.28	3.90
		14		37.567	29.490	0.550	688.81	4.28	68.75	1 093.56	5.40	110.47	284.06	2.75	50.45	1 284.22	3.98
		16		42.539	33.393	0.549	770.24	4.26	77.46	1 221.81	5.36	123.42	318.67	2.74	55.55	1 470.07	4.06
16	160	10	16	31.502	24.729	0.630	779.53	4.98	66.70	1 237.30	6.27	109.36	321.76	3.20	52.76	1 365.33	4.31
		12		37.441	29.391	0.630	916.58	4.95	78.98	1 455.68	6.24	128.67	377.49	3.18	60.74	1 639.57	4.39
		14		43.296	33.987	0.629	1 048.36	4.92	90.95	1 665.02	6.20	147.17	431.70	3.16	68.244	1 914.68	4.47
		16		49.067	38.518	0.629	1 175.08	4.89	102.63	1 865.57	6.17	164.89	484.59	3.14	75.31	2 190.82	4.55

续表 1

角钢号数	尺寸/mm			截面面积/cm^2	理论重量/(×9.81 $N \cdot m^{-1}$)	外表面积/($m^2 \cdot m^{-1}$)	参考数值										z_0/cm
							$x-x$			x_0-x_0			y_0-y_0			x_1-x_1	
	b	d	r				I_x/cm^4	i_x/cm	W_x/cm^3	I_{x0}/cm^4	i_{x0}/cm	W_{x0}/cm^3	I_{y0}/cm^4	i_{y0}/cm	W_{y0}/cm^3	I_{x1}/cm^4	
18	180	12	16	42.241	33.159	0.710	1 321.35	5.59	100.82	2 100.10	7.05	165.00	542.61	3.58	78.41	2 332.80	4.89
		14		48.896	38.388	0.709	1 514.48	5.56	116.25	2 407.42	7.02	189.14	625.53	3.56	88.38	2 723.48	4.97
		16		55.467	43.542	0.709	1 700.99	5.54	131.13	2 703.37	6.98	212.40	698.60	3.55	97.83	3 115.29	5.05
		18		61.955	48.634	0.708	1 875.12	5.50	245.64	2 988.24	6.94	234.78	762.01	3.51	105.14	3 502.43	5.13
20	200	14	18	54.642	42.894	0.788	2 103.55	6.20	144.70	3 343.26	7.82	236.40	863.83	3.98	111.82	3 734.10	5.46
		16		62.013	48.680	0.788	2 366.15	6.18	163.65	3 760.89	7.79	265.93	971.41	3.96	123.96	4 270.39	5.54
		18		69.301	54.401	0.787	2 620.64	6.15	182.22	4 164.54	7.75	294.48	1 076.74	3.94	135.52	4 808.13	5.62
		20		76.505	60.056	0.787	2 867.30	6.12	200.42	4 554.55	7.72	322.06	1 180.04	3.93	146.55	5 347.51	5.69
		24		90.661	71.168	0.785	2 338.25	6.07	236.17	5 294.97	7.64	374.41	1 381.53	3.90	166.55	6 457.16	5.87

注:截面中的 $r_1 = d/3$ 及表中 r 值的数据用于孔型设计,不作交货条件。

表 2　热轧不等边角钢(GB9788—88)

符号意义：

B——长边宽度；　b——短边宽度；
d——边厚度；　r——内圆弧半径；
r_1——边端内圆弧半径；　I——惯性矩；
i——惯性半径；　W——截面系数；
x_1——重心距离；　y_0——重心距离。

角钢号数	尺寸/mm				截面面积	理论重量	外表面积	参考数值													
								$x—x$			$y—y$			$x_1—x_1$		$y_1—y_1$		$u—u$			
	B	b	d	r	/cm^2	/(×9.81 N·m^{-1})	/(m^2·m^{-1})	I_x /cm^4	i_x /cm	W_x /cm^3	I_y /cm^4	i_y /cm	W_y /cm^3	I_{x1} /cm^4	y_0 /cm	I_{y1} /cm^4	x_0 /cm	I_u /cm^4	i_u /cm	W_u /cm^3	tanα
2.5/1.6	25	16	3	3.5	1.162	0.912	0.080	0.70	0.78	0.43	0.22	0.44	0.19	1.56	0.86	0.43	0.42	0.14	0.34	0.16	0.392
			4		1.499	1.176	0.079	0.88	0.77	0.55	0.27	0.43	0.24	2.09	0.90	0.59	0.46	0.17	0.34	0.20	0.381
3.2/2	32	20	3		1.492	1.171	0.102	1.53	1.01	0.72	0.46	0.55	0.30	3.27	1.08	0.82	0.49	0.28	0.43	0.25	0.382
			4		1.393	1.522	0.101	1.93	1.00	0.93	0.57	0.54	0.39	4.37	1.12	1.12	0.53	0.35	0.42	0.32	0.374
4/2.5	40	25	3	4	1.890	1.484	1.127	3.08	1.28	1.15	0.93	0.70	0.49	6.39	1.32	1.59	0.59	0.56	0.54	0.40	0.386
			4		2.467	1.936	0.127	3.93	1.26	1.49	1.18	0.69	0.63	8.53	1.37	2.14	0.63	0.71	0.54	0.52	0.381
4.5/2.8	45	28	3	5	2.149	1.687	0.143	4.45	1.44	1.47	1.34	0.79	0.62	9.10	1.47	2.23	0.64	0.80	0.61	0.51	0.383
			4		2.806	2.203	0.143	5.69	1.42	1.91	1.70	0.78	0.80	12.13	1.51	3.00	0.68	1.02	0.60	0.66	0.380
5/3.2	50	32	3	5.5	2.431	1.908	0.161	6.24	1.60	1.84	2.02	0.91	0.82	12.49	1.60	3.31	0.73	1.20	0.70	0.68	0.404
			4		3.177	2.494	0.160	8.02	1.59	2.39	2.58	0.90	1.06	16.65	1.65	4.45	0.77	1.53	0.69	0.87	0.402
5.6/3.6	56	36	3	6	2.743	2.153	0.181	8.88	1.80	2.32	2.92	1.03	1.05	17.54	1.78	4.70	0.80	1.73	0.79	0.87	0.408
			4		3.590	2.818	0.180	11.45	1.79	3.03	3.76	1.02	1.37	23.39	1.82	6.33	0.85	2.23	0.79	1.13	0.408
			5		4.415	3.466	0.180	13.86	1.77	3.71	4.49	1.01	1.65	29.25	1.87	7.94	0.88	2.67	0.78	1.36	0.404
6.3/4	63	40	4	7	4.085	3.185	0.202	16.49	2.02	3.87	5.23	1.14	1.70	33.30	2.04	8.63	0.92	3.12	0.88	1.40	0.398
			5		4.993	3.920	0.202	20.02	2.00	4.74	6.31	1.12	2.71	41.63	2.08	10.86	0.95	3.76	0.87	1.71	0.396
			6		5.908	4.638	0.201	23.36	1.96	5.59	7.29	1.11	2.43	49.98	2.12	23.12	0.99	4.34	0.86	1.99	0.393
			7		6.802	5.339	0.201	26.53	1.98	6.40	8.24	1.10	2.78	58.07	2.15	15.47	1.03	4.97	0.86	2.29	0.389

续表 2

角钢号数	尺寸/mm				截面面积 $/cm^2$	理论重量 /(×9.81 $N \cdot m^{-1}$)	外表面积 /($m^2 \cdot m^{-1}$)	参考数值													
								$x-x$			$y-y$			x_1-x_1		y_1-y_1		$u-u$			
	B	b	d	r				I_x $/cm^4$	i_x /cm	W_x $/cm^3$	I_y $/cm^4$	i_y /cm	W_y $/cm^3$	I_{x1} $/cm^4$	y_0 /cm	I_{y1} $/cm^4$	x_0 /cm	I_u $/cm^4$	i_u /cm	W_u $/cm^3$	$\tan\alpha$
7/4.5	70	45	4	7.5	1.547	3.570	0.226	23.17	2.26	4.86	7.55	1.29	2.17	45.92	2.24	12.36	1.02	4.40	0.98	1.77	0.410
			5		5.609	4.403	0.225	27.95	2.23	5.92	9.13	1.28	2.65	57.10	2.28	25.39	1.06	5.40	0.98	2.19	0.407
			6		6.647	5.218	0.225	32.54	2.21	6.95	10.62	1.26	3.12	68.35	2.32	18.58	1.09	6.35	0.98	2.59	0.404
			7		7.657	6.011	0.225	37.22	2.20	8.03	12.01	1.25	3.57	79.99	2.36	21.84	1.13	7.16	0.97	2.94	0.402
7.5/5	75	50	5	8	6.125	4.808	0.245	34.86	2.39	6.83	12.61	1.44	3.30	70.00	2.40	21.04	1.17	7.41	1.10	2.74	0.435
			6		7.260	5.699	0.245	41.12	2.38	8.12	14.70	1.42	3.88	84.30	2.44	25.37	1.21	8.54	1.08	3.19	0.435
			8		9.467	7.431	0.244	52.39	2.35	10.52	18.53	1.40	4.99	112.50	2.52	34.23	1.29	10.87	1.07	4.10	0.429
			10		11.590	9.098	0.244	62.71	2.33	12.79	21.96	1.38	5.04	140.80	2.60	43.43	1.36	13.10	1.06	4.99	0.429
8/5	80	50	5	8	6.375	5.005	0.255	41.96	2.56	7.78	12.82	1.42	3.32	85.21	2.60	21.06	1.14	7.66	1.10	2.74	0.388
			6		7.560	5.935	0.255	49.49	2.56	9.25	14.95	1.41	3.91	102.53	2.65	25.41	1.18	8.85	1.08	3.20	0.387
			7		8.724	6.848	0.255	56.16	2.54	10.58	16.96	1.39	4.48	119.33	2.69	29.82	1.21	10.18	1.08	3.70	0.384
			8		9.867	7.745	0.254	62.83	2.52	11.92	18.85	1.38	5.03	136.41	2.73	34.32	1.25	11.38	1.07	4.16	0.381
9/5.6	90	56	5	9	7.212	5.661	0.287	60.45	2.90	9.92	18.32	1.59	4.21	121.32	2.91	29.53	1.25	10.98	1.23	3.49	0.385
			6		8.557	6.717	0.286	71.03	2.88	11.74	21.42	1.58	4.96	145.59	2.95	35.58	1.29	12.90	1.23	4.18	0.384
			7		9.880	7.756	0.286	81.01	2.86	13.49	24.36	1.57	5.70	169.66	3.00	41.71	1.33	14.67	1.22	4.72	0.382
			8		11.183	8.779	0.286	91.03	2.85	15.27	27.15	1.56	6.41	194.17	3.04	47.93	1.36	16.34	1.21	5.29	0.380
10/6.3	100	63	6	10	9.617	7.550	0.320	99.06	3.21	14.64	30.94	1.79	6.35	199.71	3.24	50.50	1.43	18.42	1.38	5.25	0.394
			7		11.111	8.722	0.320	113.45	3.29	16.88	35.26	1.78	7.29	233.00	3.28	59.14	1.47	21.00	1.38	6.02	0.393
			8		12.584	9.878	0.319	127.37	3.18	19.08	39.39	1.77	8.21	266.32	3.32	67.88	1.50	23.50	1.37	6.78	0.391
			10		15.467	12.142	0.319	153.81	3.15	23.32	47.12	1.74	9.98	333.06	3.40	85.73	1.58	28.33	1.35	8.24	0.387
10/8	100	80	6	10	10.637	8.350	0.354	107.04	3.17	15.19	61.24	2.40	10.16	499.83	2.95	102.68	1.97	31.65	1.72	8.37	0.627
			7		12.301	9.656	0.354	122.73	3.16	17.52	70.08	4.39	11.71	233.20	3.00	119.98	2.01	36.17	1.72	9.60	0.626
			8		13.944	10.946	0.354	137.92	3.14	19.81	78.58	2.37	13.21	266.61	3.04	137.37	2.05	40.58	1.71	10.80	0.625
			10		17.167	13.476	0.353	166.87	3.12	24.24	94.65	2.35	16.12	333.63	3.12	172.8	2.13	49.10	1.69	13.12	0.622
11/7	110	70	6	10	10.637	8.350	0.354	107.04	3.17	15.19	61.24	2.40	10.16	499.83	2.95	102.68	1.97	31.65	1.72	8.37	0.627
			7		12.301	9.656	0.354	122.73	3.16	17.52	70.08	2.39	11.71	233.20	3.00	119.98	2.01	36.17	1.72	9.60	0.626
			8		13.944	10.946	0.354	137.92	3.14	19.81	18.58	2.37	13.21	266.61	3.04	137.37	2.05	40.58	1.71	10.80	0.625
			10		17.167	13.476	0.353	166.87	3.12	24.24	94.65	2.35	16.12	333.63	3.12	172.48	2.13	49.10	1.69	13.12	0.622

续表 2

角钢号数	尺寸/mm				截面面积/cm^2	理论重量/(×9.81 $N \cdot m^{-1}$)	外表面积/($m^2 \cdot m^{-1}$)	参考数值													
								x—x			y—y			x_1—x_1		y_1—y_1		u—u			
	B	b	d	r				I_x/cm^4	i_x/cm	W_x/cm^3	I_y/cm^4	i_y/cm	W_y/cm^3	I_{x1}/cm^4	y_0/cm	I_{y1}/cm^4	x_0/cm	I_u/cm^4	i_u/cm	W_u/cm^3	$\tan\alpha$
12.5/8	125	80	7	11	14.096	11.066	0.403	277.98	4.02	26.86	74.42	2.30	12.01	454.99	4.01	120.32	1.80	43.81	1.76	9.92	0.408
			8		15.989	12.551	0.403	256.77	4.01	30.41	83.49	2.28	13.56	519.99	4.06	137.85	1.84	49.15	1.75	11.18	0.407
			10		19.712	15.474	0.402	312.04	3.98	37.33	100.67	2.26	16.56	650.09	4.14	173.40	1.92	59.45	1.74	13.64	0.404
			12		23.351	18.330	0.402	364.41	3.95	44.01	116.67	2.24	19.43	780.39	4.22	209.67	2.00	69.35	1.72	16.01	0.400
14/9	140	90	8	12	18.038	14.160	0.453	365.64	4.50	38.48	120.69	2.59	17.34	730.53	4.50	195.79	2.04	70.83	1.98	14.31	0.411
			10		22.261	17.475	0.452	445.50	4.47	47.31	146.03	2.56	21.22	913.20	4.58	245.92	2.12	85.82	1.96	17.48	0.409
			12		26.400	20.724	0.451	521.59	4.44	55.87	169.79	2.54	24.95	1 096.09	4.66	296.89	2.19	100.21	1.95	20.54	0.406
			14		30.456	23.908	0.451	594.10	4.42	64.18	192.10	2.51	28.54	1 279.26	4.74	348.82	2.27	114.13	1.94	23.52	0.403
16/10	160	100	10	13	25.315	19.872	0.512	668.69	5.14	62.13	205.03	2.85	26.56	1 362.89	5.24	336.59	2.28	121.74	2.19	21.92	0.390
			12		30.054	23.592	0.511	784.91	5.11	73.49	239.06	2.82	31.28	1 635.56	5.32	405.94	2.36	142.33	2.17	25.79	0.388
			14		34.709	27.247	0.510	896.30	5.08	84.56	271.20	2.80	35.83	1 908.50	5.40	476.42	2.43	162.23	2.16	29.56	0.385
			16		39.281	30.835	0.510	1 003.04	5.05	95.33	301.60	2.77	40.24	2 181.79	5.48	548.22	2.51	182.57	2.16	33.44	0.382
18/11	180	110	10	14	28.373	22.273	0.571	956.25	5.80	78.96	278.11	3.13	32.49	1 940.40	5.89	447.22	2.44	166.50	2.42	29.88	0.376
			12		33.712	26.464	0.571	1 124.72	5.78	93.53	325.03	3.10	38.32	2 328.38	5.98	538.94	2.52	194.87	2.40	31.66	0.374
			14		38.967	30.589	0.570	1 286.91	5.75	107.76	369.55	3.08	43.79	2 716.60	6.06	631.95	2.59	222.30	2.39	36.32	0.372
			16		44.139	34.649	0.569	1 443.06	5.72	121.64	411.85	3.06	49.44	3 105.15	6.14	726.46	2.67	248.94	2.38	40.87	0.369
20/12.5	200	125	12		37.912	29.761	0.641	1 570.90	6.44	116.73	483.16	3.57	49.99	3 193.85	6.54	787.74	2.83	285.79	2.74	41.23	0.392
			14		43.867	34.436	0.640	1 800.97	6.41	134.65	550.83	3.54	57.44	3 726.17	6.62	922.47	2.91	326.58	2.73	47.34	0.390
			16		49.739	39.045	0.639	2 023.35	6.38	152.18	615.44	3.52	64.69	4 258.86	6.70	1 058.86	2.99	366.21	2.71	53.32	0.388
			18		55.526	43.588	0.639	2 238.30	6.35	169.33	677.19	3.49	71.74	4 792.00	6.78	1 197.13	3.06	404.83	2.70	59.18	0.385

注:(1)括号内型号不推荐使用。
(2)截面图中的 $r_1 = d/3$ 及表中 r 的数据用于孔型设计,不作交货条件。

表 3　热轧工字钢(GB706—88)

符号意义：
h—— 高度；
b—— 腿宽度；
d—— 腰厚度；
t—— 平均腿厚度；
r—— 内圆弧半径；
r_1—— 腿端圆弧半径；
I—— 惯性矩；
W—— 截面系数；
i—— 惯性半径；
S—— 半截面的静矩。

型号	尺寸 /mm						截面面积 /cm²	理论重量 /(×9.81 N·m⁻¹)	参考数值						
									$x-x$				$y-y$		
	h	b	d	t	r	r_1			I_x /cm⁴	W_x /cm³	i_x /cm	$I_x:S_x$ /cm	I_y /cm⁴	W_y /cm³	i_y /cm
10	100	68	4.5	7.6	6.5	3.3	14.3	11.2	245.00	49.00	4.14	8.59	33.000	9.720	1.520
12.6	126	74	5.0	8.4	7.0	3.5	18.1	14.2	488.43	77.529	5.195	10.85	46.906	12.677	1.609
14	140	80	5.5	9.1	7.5	3.8	21.5	16.9	712.00	102.00	5.76	12.00	64.400	16.100	1.730
16	160	88	6.0	9.9	8.0	4.0	26.1	20.5	1 130.00	141.00	6.58	13.80	93.100	21.200	1.890
18	180	94	6.5	10.7	8.5	4.3	30.6	24.1	1 660.00	185.00	7.36	15.40	12.000	26.000	2.000
20a	200	100	7.0	11.4	9.0	4.5	35.5	27.9	2 370.00	237.00	8.15	17.20	158.000	31.500	2.120
20b	200	102	9.0	11.4	9.0	4.5	39.5	31.1	2 500.00	250.00	7.96	16.90	169.000	33.100	2.060
22a	200	110	7.5	12.3	9.5	4.8	42.0	33.0	3 400.00	309.00	8.99	18.90	225.000	40.900	2.310
22b	200	112	9.5	12.3	9.5	4.8	46.4	36.4	3 570.00	325.00	8.78	18.70	239.000	72.700	2.270
25a	250	116	8.0	13.0	10.0	5.0	48.5	38.1	5 023.54	401.88	10.18	21.58	280.046	48.283	2.403
25b	250	118	10.0	13.0	10.0	5.0	53.5	42.0	5 283.96	422.72	9.938	21.27	309.297	52.423	2.404
28a	280	122	8.5	13.7	10.5	5.3	55.45	43.4	7 114.14	508.15	11.32	24.62	345.051	56.565	2.495
28b	280	124	10.5	13.7	10.5	5.3	61.05	47.9	7 480.00	534.29	11.08	24.24	379.496	61.209	2.493
32a	320	130	9.5	15.0	11.5	5.8	67.05	52.7	11 075.5	692.20	12.84	27.46	459.93	70.758	2.619
32b	320	132	11.5	15.0	11.5	5.8	73.45	52.7	11 621.4	726.33	12.58	27.09	501.53	75.989	2.614
32c	320	134	13.5	15.0	11.5	5.8	79.95	62.8	12 167.5	760.47	12.34	26.77	543.81	81.166	2.608
36a	360	136	10.0	15.8	12.0	6.0	76.30	59.9	15 760.0	875.00	14.40	30.70	552.00	81.20	2.690
36b	360	138	12.0	15.8	12.0	6.0	83.50	65.6	16 530.0	919.00	14.40	30.70	582.00	84.30	2.640
36c	360	140	14.0	15.8	12.0	6.0	90.70	71.2	17 310.0	962.00	13.80	29.90	612.00	87.40	2.600

续表 3

型号	尺寸 /mm						截面面积 /cm²	理论重量 /(×9.81 N·m⁻¹)	参考数值						
									$x—x$				$y—y$		
	h	b	d	t	r	r_1			I_x /cm⁴	W_x /cm³	i_x /cm	$I_x:S_x$ /cm	I_y /cm⁴	W_y /cm³	i_y /cm
40a	400	142	10.5	16.5	12.5	6.3	86.10	67.6	21 720.0	1 090.00	15.90	34.10	660.00	93.20	2.770
40b	400	144	12.5	16.5	12.5	6.3	94.10	73.8	22 780.0	1 140.00	15.60	33.60	692.00	96.20	2.710
40c	400	146	14.5	16.5	12.5	6.3	102.00	80.1	23 850.0	1 190.00	15.20	33.20	727.00	99.60	2.650
45a	450	150	11.5	18.0	13.5	6.8	102.00	80.4	32 240.0	1 430.00	17.70	38.60	855.00	114.00	2.890
45b	450	152	13.5	18.0	13.5	6.8	111.00	87.4	33 760.0	1 500.00	17.40	38.00	894.00	118.00	2.840
45c	450	154	15.5	18.0	13.5	6.8	120.00	94.5	35 280.0	1 570.00	17.10	37.60	938.00	122.00	2.790
50a	500	158	12.0	20.0	14.0	7.0	119.00	93.6	46 470.0	1 860.00	19.70	42.80	1 120.00	142.00	3.07
50b	500	160	14.0	20.0	14.0	7.0	129.00	101.0	48 560.0	1 940.00	19.40	82.40	1 170.00	146.00	3.01
50c	500	162	16.0	20.0	14.0	7.0	139.00	109.0	50 640.0	2 080.00	19.00	41.80	1 220.00	151.00	2.96
56a	560	166	12.5	21.0	14.5	7.3	135.25	106.2	65 585.6	2 342.31	22.02	47.73	1 370.16	165.08	3.182
56b	560	168	14.5	21.0	14.5	7.3	146.45	155.0	68 512.5	2 446.69	21.63	47.17	1 486.75	174.25	3.162
56c	560	170	16.5	21.0	14.5	7.3	157.85	123.9	71 439.4	2 551.41	21.27	46.66	1 558.39	183.34	3.158
63a	630	176	13.0	22.0	15.0	7.5	154.9	121.6	93 916.2	2 981.47	24.62	54.17	1 700.55	193.24	3.314
63b	630	178	15.0	22.0	15.0	7.5	167.5	131.5	98 083.6	3 163.38	24.20	53.51	1 812.07	203.60	3.289
63c	630	180	17.0	22.0	15.0	7.5	180.1	141.0	102 251.1	3 298.42	23.82	52.92	1 924.91	213.88	3.268

注：截面图和表中标注的圆弧半径 r、r_1 的数据用于孔型设计，不作交货条件。

表 4　热轧槽钢(GB707—88)

符号意义：
h—— 高度；
b—— 腿宽度；
d—— 腰厚度；
t—— 平均腿厚度；
r—— 内圆弧半径；
r_1—— 腿端圆弧半径；
I—— 惯性矩；
W—— 截面系数；
i—— 惯性半径；
z_0—— y—y 轴与 y_1—y_1 轴间距。

型号	尺寸 /mm						截面面积 /cm²	理论重量 /(×9.81 N·m⁻¹)	参考数值								
									x—x			y—y			y_1—y_1		
	h	b	d	t	r	r_1			W_x /cm³	I_x /cm⁴	i_x /cm	W_y /cm³	I_y /cm⁴	i_y /cm	I_{y1} /cm⁴	z_0 /cm
5	50	37	4.5	7.0	7.0	3.50	6.93	5.44	10.400	26.000	1.940	3.550	8.300	1.100	20.90	1.35
6.3	63	40	4.8	7.5	7.5	3.75	8.44	6.63	16.123	50.786	2.453	4.500	11.872	1.185	28.38	1.36
8	80	43	5.0	8.0	8.0	4.00	10.24	8.04	25.300	101.300	3.150	5.790	16.600	1.270	37.40	1.43
10	100	48	5.3	8.5	8.5	4.25	12.74	10.00	39.700	198.300	3.950	7.800	25.600	1.410	54.90	1.52
12.6	126	53	5.5	9.0	9.0	4.50	15.69	12.37	62.137	391.466	4.953	10.242	37.99	0.567	773.09	1.59
14a	140	58	6.0	9.5	9.5	4.75	18.51	14.53	80.500	563.700	5.520	13.010	53.200	1.700	107.10	1.71
14b	140	60	8.0	9.5	9.5	4.75	21.31	16.73	87.100	609.400	5.350	14.120	61.100	1.690	120.60	1.67
16a	160	63	6.5	10.0	10.0	5.00	21.95	17.23	108.300	866.200	6.280	16.300	73.300	1.830	144.10	1.80
16	160	63	8.5	10.0	10.0	5.00	25.15	19.74	116.800	934.500	6.100	17.550	83.400	1.820	160.80	1.75
18a	180	68	7.0	10.5	10.5	5.25	25.69	20.17	141.400	1 272.70	7.040	20.030	98.600	1.960	189.700	1.880
18	180	70	9.0	10.5	10.5	5.25	29.29	22.99	152.200	1 369.90	6.840	21.520	111.000	1.950	210.100	1.840
20a	200	73	7.0	11.0	11.0	5.50	28.83	22.63	178.000	1 780.40	7.860	24.200	128.000	2.110	244.000	2.010
20	200	75	9.0	11.0	11.0	5.50	32.83	25.77	191.400	1 913.70	7.640	25.880	143.600	2.090	268.400	1.950
22a	220	77	7.0	11.5	11.5	5.75	31.84	24.99	217.600	2 393.90	8.670	28.170	157.800	2.230	298.200	2.100
22	220	79	9.0	11.5	11.5	5.75	36.24	28.45	233.800	2 571.40	8.420	30.050	176.400	2.210	326.300	2.030
25a	250	78	7.0	12.0	12.0	6.00	34.91	27.47	269.597	3 369.62	9.823	30.607	175.529	2.243	322.256	2.065
25b	250	80	9.0	12.0	12.0	6.00	39.91	31.39	282.402	3 530.04	9.405	32.657	196.421	2.218	353.187	1.982
25c	250	82	11.0	12.0	12.0	6.00	44.91	35.32	295.236	3 690.45	9.065	35.926	218.415	2.206	384.133	1.921

续表 4

型号	尺寸/mm						截面面积/cm²	理论重量/(×9.81 N·m⁻¹)	参考数值							
									$x—x$			$y—y$			$y_1—y_1$	z_0/cm
	h	b	d	t	r	r_1			W_x/cm³	I_x/cm⁴	i_x/cm	W_y/cm³	I_y/cm⁴	i_y/cm	I_{y1}/cm⁴	
28a	280	82	7.5	12.5	12.5	6.25	40.02	31.42	340.328	4 764.59	10.91	35.718	217.989	2.333	387.566	2.097
28b	280	84	9.5	12.5	12.5	6.25	45.62	35.81	366.460	5 130.45	10.60	37.929	242.144	2.304	427.589	2.016
28c	280	86	11.5	12.5	12.5	6.25	51.22	40.21	392.594	5 496.32	10.35	40.301	267.602	2.286	426.597	1.951
32a	320	88	8.0	14.0	14.0	7.00	48.70	38.22	474.879	7 598.06	12.49	46.473	304.787	2.502	552.310	2.242
32b	320	90	10.0	14.0	14.0	7.00	55.10	43.25	509.012	8 144.20	12.49	49.157	336.332	2.471	592.933	2.158
32c	320	92	12.0	14.0	14.0	7.00	61.50	48.28	543.145	8 690.33	11.88	52.642	374.175	2.467	643.299	2.092
36a	360	96	9.0	16.0	16.0	8.00	60.89	47.80	659.700	11 874.2	13.97	63.540	455.000	2.730	818.400	2.440
36b	360	98	11.0	16.0	16.0	8.00	68.09	53.45	702.900	12 651.8	13.63	66.850	496.700	2.700	880.400	2.370
36c	360	100	13.0	16.0	16.0	8.00	75.29	50.10	746.100	13 429.4	13.36	70.020	536.400	2.670	947.900	2.340
40a	400	100	10.5	18.0	18.0	9.00	75.05	58.91	878.900	17 577.9	15.30	78.830	592.000	2.810	1 067.700	2.490
40b	400	102	12.5	18.0	18.0	9.00	83.05	65.19	932.200	18 644.5	14.98	82.520	640.000	2.780	1 135.600	2.440
40c	400	104	14.5	18.0	18.0	9.00	91.05	71.47	985.600	19 711.2	14.71	86.190	687.800	2.750	1 220.700	2.420

注：截面图和表中标注的圆弧半径 r、r_1 的数据用于孔型设计，不作交货条件。

附录二　习题参考答案

第一篇　刚体静力学

第 1 章

1-1　$\boldsymbol{F}_{\mathrm{R}}=549\boldsymbol{i}-383\boldsymbol{j}$ N

1-2　$F_1=173$ N，　$\gamma=95°$

1-3　$\boldsymbol{F}_{\mathrm{R}}=-228\boldsymbol{i}+652\boldsymbol{j}+485\boldsymbol{k}$ N

1-4　$\boldsymbol{M}=-160\boldsymbol{i}+213\boldsymbol{k}$ N·m

1-5　$F_2=51.4$ N

1-6　$M=400$ N·m

1-7　$m_z(\boldsymbol{F})=101$ N·m

1-8　(1)$\boldsymbol{M}_A(\boldsymbol{F})=-180\boldsymbol{i}+70\boldsymbol{j}+20\boldsymbol{k}$ N·m

(2)$\boldsymbol{M}_A(\boldsymbol{F})=-180\boldsymbol{i}+70\boldsymbol{j}+20\boldsymbol{k}$ N·m

1-9　(a)$M_O(\boldsymbol{F})=Fl\sin(\beta-\alpha)$　　(b) $M_O(\boldsymbol{F})=Fl\sin(\alpha+\beta)$

(c) $M_O(\boldsymbol{F})=-F\sqrt{l^2+b^2}\sin\alpha$

1-10　(a)$M_O=-\frac{1}{2}ql^2$；　(b)$M_O=-\frac{1}{3}ql^2$；　(c)$M_O=\frac{1}{2}qa^2$

1-11　$M_C(\boldsymbol{F})=-Fr[\cos(\alpha+\gamma)-\cos(\alpha+\beta)]$

1-12　$M_O=75$ N·m

第 2 章

2-1　$F'_{\mathrm{R}}=50$ N，$M_B=25$ N·m

2-2　$F'_{\mathrm{R}}=467$ N，$M_O=21.5$ N·m；$d=4.59$ m

2-3　$\boldsymbol{F}'_{\mathrm{R}}=-2\boldsymbol{i}-\boldsymbol{j}$，$M_O=-91$ N·m；$x-2y-9=0$

2-4　(1)$x_C=1.2$ m，$y_C=1.5$ m；　　(2)$F_A=3$ kN，$F_B=13$ kN

2-5　$\boldsymbol{F}'_{\mathrm{R}}=-345\boldsymbol{i}-250\boldsymbol{j}-20.6\boldsymbol{k}$ N，$\boldsymbol{M}_O=-51.8\boldsymbol{i}-36.6\boldsymbol{j}+104\boldsymbol{k}$ N·m

2-6　$x_C=0$，$y_C=-\frac{2R}{2+\pi}$

2-7　$F_{\mathrm{R}}=1$ kN

2-8　$x_C=8.17$ cm，$y_C=5.95$ cm

2-9　$x_C=1.68$ m，$z_C=0.659$ m

第 3 章

答案略

第 4 章

4-1　$F_{\mathrm{N}A}=1.24$ kN，$F_{\mathrm{N}B}=0.638$ kN，$F_{\mathrm{N}D}=1.13$ kN

4-2 $F_{AB}=101\ \text{kN}$，$F_{AD}=F_{AC}=-5\ \text{kN}$

4-3 $F_{Ax}=75\ \text{N}$，$F_{Ay}=0$，$F_{Az}=50\ \text{N}$，$M_A=22.5\ \text{N}\cdot\text{m}$；
$F_{1x}=75\ \text{N}$，$F_{1y}=0$

4-4 $F_{N3}=F_{N4}=0$，$F_{N2}=F_{N5}=\sqrt{2}M/a$，$F_{N1}=F_{N6}=-M/a$

4-5 $F_{Ax}=52.3\ \text{N}$，$F_{Ay}=-122\ \text{N}$，$F_{Az}=170\ \text{N}$；$F_B=122\ \text{N}$；$F_T=60\ \text{N}$

4-6 $\alpha=38.7°$

4-7 (a)$F_A=-\dfrac{M}{2a}-\dfrac{F}{2}$，$F_B=\dfrac{M}{2a}+\dfrac{3F}{2}$

(b)$F_A=-\dfrac{M}{2a}-\dfrac{F}{2}+\dfrac{5qa}{4}$，$F_B=\dfrac{M}{2a}+\dfrac{3F}{2}-\dfrac{qa}{4}$

(c)$M_A=Fl+\dfrac{ql^2}{2}$，$F_A=F+ql$

4-8 $F_1=4\ \text{kN}$，$F_2=28.7\ \text{kN}$，$F_3=1.27\ \text{kN}$

4-9 $F_{Ax}=-\dfrac{2(1+\sin\alpha)W_1+(1+4\sin\alpha)W}{4\cos\alpha}$，$F_{Ay}=W_1+3W$

$F_B=\dfrac{2(1+\sin\alpha)W_1+(1+4\sin\alpha)W}{4\cos\alpha}$

4-10 $W_{2\min}=60\ \text{kN}$

4-11 $W_{1\min}=333\ \text{kN}$，$x_{\max}=6.75\ \text{m}$

4-12 (a)$F_{Ax}=0$，$F_{Ay}=26.7\ \text{kN}$，$M_A=33.3\ \text{kN}\cdot\text{m}$；$F_D=3.33\ \text{kN}$
(b)$F_{Ax}=5.77\ \text{kN}$，$F_{Ay}=F_B=0$；$F_D=11.5\ \text{kN}$
(c)$F_{Ax}=8.66\ \text{kN}$，$F_{Ay}=35\ \text{kN}$，$M_A=70\ \text{kN}\cdot\text{m}$；$F_D=17.3\ \text{kN}$

4-13 $F_{Ax}=-4.66\ \text{kN}$，$F_{Ay}=-47.6\ \text{kN}$；$F_B=22.4\ \text{kN}$

4-14 $F_{Cx}=-992\ \text{N}$，$F_{Cy}=-2\ 520\ \text{N}$；$F_E=2\ 860\ \text{N}$

4-15 $M_1/M_2=1/4$

4-16 $F_{Ax}=120\ \text{kN}$，$F_{Ay}=300\ \text{kN}$；$F_{Bx}=120\ \text{kN}$，$F_{By}=300\ \text{kN}$

4-17 $F_T=\dfrac{Fa\cos\alpha}{2h}$

4-18 $F_T=6.93\ \text{N}$

4-19 $W_{2\min}=2W_1(1-r/R)$

4-20 $F_{Ax}=-F$，$F_{Ay}=-F$；　$F_{Bx}=-F$，$F_{By}=0$；　$F_{Dx}=2F$，$F_{Dy}=-F$

4-21 $F_{Ax}=1\ 200\ \text{N}$，$F_{Ay}=150\ \text{N}$；$F_B=1\ 050\ \text{N}$；$F_{TBC}=-1\ 500\ \text{N}$

4-22 $\dfrac{W_1}{W_2}=\dfrac{a}{b}$

4-23 $F=\dfrac{h}{H}F_T$

4-24 $F_{Bx}=825\ \text{N}$，$F_{By}=800\ \text{N}$

4-25 当 $F<F_{\min}=\dfrac{W}{\cos\alpha+f_s\sin\alpha}$ 时，$F_s=f_sF\sin\alpha$；
当 $F_{\min}\leqslant F<W/\cos\alpha$ 时，$F_s=W-F\cos\alpha$；
当 $F=W/\cos\alpha$ 时，$F_s=0$；

当$\frac{W}{\cos\alpha}<F\leqslant F_{max}=\frac{W}{\cos\alpha-f_s\sin\alpha}$时，$F_s=F\cos\alpha-W$；

当$F>F_{max}$时，$F_s=f_sF\sin\alpha$

4-26　$F_{sB}=4.33$ N，B不动；$F_{sA}=2.5$ N，A动

4-27　$F_{min}=162$ N

4-28　$W_{2max}=300$ N

4-29　(1)$s=\frac{2f_s(W_2+W_1)l\tan\alpha-W_1l}{2W_2}$；　(2)$\alpha_{min}=\tan^{-1}\frac{2W_2+W_1}{2f_s(W_2+W_1)}$

4-30　$F=1.5$ kN，先翻倒

4-31　$F_{min}=0.28$ kN

4-32　$e=f_sr$

第二篇　变形固体静力学

第5章

5-1　(a)$F=-1$ kN；　(b)$F=-4$ kN；

(c)$T=-7$ kN·m；　(d)$T=2$ kN·m；

(e)$F_S=11.3$ kN，$M=14.7$ kN·m；

(f)$F_S=-2$ kN，$M=0$

5-2　(a)$F_{N1}=-3$ kN，$F_{N2}=3$ kN；　(b)$F_{N1}=-4$ kN，$F_{N2}=-4$ kN；

(c)$T_1=4$ kN·m，$T_2=-2$ kN·m；

(d)$T_1=-6$ kN·m，$T_2=3$ kN·m；

(e)$F_{S1}=8.7$ kN，$M_1=35$ kN·m，$F_{S2}=-11.3$ kN，$M_2=35$ kN·m；

(f)$F_{S1}=-1$ kN，$M_1=-6$ kN·m，$F_{S2}=-1$ kN，$M_2=6$ kN·m

5-3～5-6 略

5-7　$F_{N7}=-6$ kN，$F_{N8}=10$ kN，$F_{N9}=-12$ kN，$F_{N10}=8$ kN

第6章

6-1　$\sigma_1=-100$ MPa，$\sigma_2=-33.3$ MPa，$\sigma_3=25$ MPa

6-2　$\sigma_{max}=74.7$ MPa

6-3　$\sigma(y)=65.8-6.67y$ MPa

6-4　$\sigma_{AE}=159$ MPa，$\sigma_{EG}=155$ MPa

6-5　$\sigma_{BC}=76.4$ MPa

6-6　$\sigma_{0^\circ}=100$ MPa，$\tau_{0^\circ}=0$；$\sigma_{30^\circ}=75$ MPa，$\tau_{30^\circ}=43.3$ MPa；$\sigma_{45^\circ}=50$ MPa，$\tau_{45^\circ}=50$ MPa；$\sigma_{60^\circ}=25$ MPa，$\tau_{60^\circ}=43.3$ MPa；$\sigma_{90^\circ}=0$，$\tau_{90^\circ}=0$

6-7　(2)$\sigma_{AB}=-2.5$ MPa，$\sigma_{BC}=-6.5$ MPa

(3)$\varepsilon_{AB}=-2.5\times10^{-4}$，$\varepsilon_{BC}=-6.5\times10^{-4}$

(4)$\Delta l=-1.35\times10^{-3}$ m

6-8　$\Delta l=7.5\times10^{-5}$ m

6-9　$x=l_1E_2A_2l/(l_1E_2A_2+l_2E_1A_1)$

6-10　$\sigma=151.25$ MPa，$\Delta_C=7.9\times10^{-4}$ m

6-11　$\Delta_A=17.2\times10^{-5}$ m

6-12　$d=0.017$ m

6-13　杆 AC 选 80×7 mm 的 8 角钢，杆 CD 选 75×6 mm 的 7.5 角钢

6-14　$d_{AB}=d_{BC}=d_{BD}=1.72\times10^{-2}$ m

6-15　$F=40.4$ kN

6-16　$F=33.2$ kN

6-17　$F=92.5$ kN

6-18　$\tau_A=51$ MPa，$\tau_C=61.1$ MPa

6-19　$\tau=66.3$ MPa，$\sigma_{jy}=102$ MPa

6-20　$d=1.4\times10^{-4}$ m

6-21　$t=8.0\times10^{-2}$ m

6-22　$\tau=0.95$ MPa，$\sigma_{jy}=7.4$ MPa

第7章

7-1　略

7-2　$\tau_{max}=77.4$ MPa

7-3　(1)$\tau_{max}=71.3$ MPa，$\varphi=0.0178$ rad

(2)$\tau_A=71.3$ MPa，$\tau_B=71.3$ MPa，$\tau_C=35.7$ MPa

7-4　$d=0.0626$ m

7-5　$P=1.64$ kW

7-6　$\tau_{max}=2.7$ MPa

7-7　$d_1=0.045$ m，$D_2=0.046$ m

7-8　(1)$d_{AB}=0.085$ m，$d_{BC}=0.075$ m

7-9　(1)$\overline{M}=9.76$ N·m/m；　(2)$\tau_{max}=17.8$ MPa；

(3)$\varphi_{AB}=0.148$ rad

7-10　(1)$d=22\times10^{-3}$ m；　(2)$W=1120$ N

7-11　$n=8$

第8章

8-1　$\sigma_{max}=3.24$ MPa，$\sigma_A=-2.77$ MPa，$\sigma_B=2.35$ MPa

8-2　$\sigma_{max}=63.6$ MPa

8-3　$A_2/A_1=0.71$，$\sigma_{max}=159$ MPa

8-4　(a)$I_{z_C}=9.44\times10^4$ mm^4；　(b)$I_{z_C}=102\times10^6$ mm^4

8-5　$I_z=239\times10^4$ mm^4，$i=60$ mm

8-6　$q=15700$ N/m

8-7　$F=3750$ N

8-8　$\sigma_C^+=76.5$ MPa，$\sigma_C^-=25.9$ MPa，$\sigma_B^+=46.0$ MPa，$\sigma_B^-=136$ MPa

8-9　(a)$f=\dfrac{-q_0l^4}{30EI}$，$\theta=\dfrac{-q_0l^3}{24EI}$；　(b)$f=\dfrac{-7Fa^3}{2EI}$，$\theta=\dfrac{5Fa^2}{2EI}$

8-10　(a)$\theta_A=-\dfrac{Ml}{6EI}$，$\theta_B=\dfrac{Ml}{3EI}$，$f_{l/2}=-\dfrac{Ml^2}{16EI}$，$f_{max}=-\dfrac{Ml^2}{9\sqrt{3}EI}$

(b)$\theta_A=-\frac{11qa^3}{6EI}$，$\theta_B=\frac{11qa^3}{6EI}$，$f_{l/2}=f_{\max}=-\frac{19qa^4}{8EI}$

(c)$\theta_A=-\frac{Fl^2}{16EI}-\frac{ql^3}{24EI}$，$\theta_B=\frac{Fl^2}{16EI}+\frac{ql^3}{24EI}$，

$f_{l/2}=f_{\max}=-\frac{Fl^3}{48EI}-\frac{5ql^4}{384EI}$

(d)$\theta_A=\frac{qa^3}{4EI}$，$\theta_B=\frac{qa^3}{12EI}$，$f_{\max}=-\frac{0.30qa^4}{EI}$

8-11　(a)$f_A=-\frac{Fl^3}{6EI}$，$\theta_B=-\frac{9ql^3}{8EI}$；　(b)$f_A=-\frac{5ql^4}{768EI}$，$\theta_B=-\frac{ql^3}{384EI}$；

(c)$f_A=-\frac{42ql^4}{384EI}$，$\theta_B=-\frac{7ql^3}{48EI}$；　(d)$f_A=-\frac{ql^4}{384EI}$，$\theta_B=-\frac{ql^3}{16EI}$

8-12　$f_{\max}=0.012$ m，安全

第9章

9-1　(a)$\sigma_\alpha=35$ MPa，$\tau_\alpha=60.6$ MPa

(b)$\sigma_\alpha=-27.3$ MPa，$\tau_\alpha=-27.3$ MPa

(c)$\sigma_\alpha=52.3$ MPa，$\tau_\alpha=-18.8$ MPa

9-2　(a)$\sigma_1=25$ MPa，$\sigma_2=0$，$\sigma_3=-25$ MPa，$\alpha_0=-45°$

(b)$\sigma_1=8.3$ MPa，$\sigma_2=0$，$\sigma_3=-48.3$ MPa，$\alpha_0=22.5°$

(c)$\sigma_1=52.4$ MPa，$\sigma_2=0$，$\sigma_3=-32.4$ MPa，$\alpha_0=22.5°$

9-3　(a)$\sigma_1=80$ MPa，$\sigma_2=50$ MPa，$\sigma_3=-50$ MPa，$\tau_{\max}=65$ MPa

(b)$\sigma_1=57.7$ MPa，$\sigma_2=50$ MPa，$\sigma_3=-27.7$ MPa，$\tau_{\max}=42.7$ MPa

(c)$\sigma_1=130$ MPa，$\sigma_2=30$ MPa，$\sigma_3=-30$ MPa，$\tau_{\max}=80$ MPa

9-4　1点:$\sigma_1=0$，$\sigma_2=0$，$\sigma_3=-100$ MPa

2点:$\sigma_1=30$ MPa，$\sigma_2=0$，$\sigma_3=-30$ MPa

3点:$\sigma_1=58.6$ MPa，$\sigma_2=0$，$\sigma_3=-8.6$ MPa

4点:$\sigma_1=100$ MPa，$\sigma_2=0$，$\sigma_3=0$

9-5　$\sigma_\alpha=\frac{3}{4}\gamma\left(x+\frac{d}{2}\tan30°\right)$，　$\tau_\alpha=-\frac{\sqrt{3}}{4}\gamma\left(x+\frac{d}{2}\tan30°\right)$

9-6　$\sigma_l=40$ MPa，$\sigma_t=80$ MPa，$p=3.2$ MPa

9-7　$\varepsilon_{45°}=(1-\mu)\sigma/(2E)$

9-8　材料为灰铸铁时，$p=8.7$ MPa；材料为钢材时，$p=5.8$ MPa

第10章

10-1　$\sigma_{\max}=158$ MPa

10-2　$\sigma_{\max}=142$ kN

10-3　$F_{cr}=18.5$ kN

10-4　$F_{\max}=19$ kN

10-5　$\sigma_{\max}=17$ MPa

10-6　横截面为矩形时，$\sigma_{\max}=75F/b^2$；横截面为圆形时，$\sigma_{\max}=114F/d^2$

10-7　$\sigma_{xd3}=58.3$ MPa

10－8　$d=39.5\ \text{mm}$

10－9　$F=788\ \text{N}$

10－10　$\sigma_{xd3}=83.6\ \text{MPa}$，$\sigma_{xd4}=80.4\ \text{MPa}$，安全

10－11　忽略胶带轮重量时，$d\geqslant 48\ \text{mm}$；考虑胶带轮重量时，$d\geqslant 49.3\ \text{mm}$

10－12　A 截面 $\sigma_{xd4}=110\ \text{MPa}$，$B$ 截面 $\sigma_{xd4}=152\ \text{MPa}$

第 11 章

11－1　(1)$F_{cr}=37.8\ \text{kN}$；　(2)$F_{cr}=210\ \text{kN}$；　(3) $F_{cr}=459\ \text{kN}$

11－2　(a)$F_{cr}=388\ \text{kN}$；　(b)$F_{cr}=404\ \text{kN}$；　(c)$F_{cr}=478\ \text{kN}$

11－3　工作安全因数 $n=8.28$

11－4　工作安全因数 $n=3.12$

11－5　工作安全因数 $n=1.73$，工作应力 $\sigma=46.6\ \text{MPa}$

11－6　$n=3.08$

11－7　$F_u=807\ \text{kN}$

11－8　$F_{cr}=119\ \text{kN}$，$n=1.7$

11－9　$n=1.27$

11－10　$F_u=40\ \text{kN}$

第 12 章

12－1　$\sigma=-\dfrac{2F}{3A}$

12－2　$e=\dfrac{b(E_1-E_2)}{2(E_1+E_2)}$

12－3　$\sigma_{BD}=161\ \text{MPa}<[\sigma]$

12－4　$\sigma=-158\ \text{MPa}$，$\tau=-91.2\ \text{MPa}$

12－5　$\Delta t=16.2\ ℃$

12－6　$d=\sqrt[3]{\dfrac{16M_e a}{\pi l \tau}}$

12－7　$F_T=\dfrac{3qAl^4}{8Al^3+24Ih}$

12－8　$F_A=ql/8$，$F_B=33ql/16$，$F_C=13ql/16$

12－9　$\Delta=\dfrac{7ql^4}{72EI}$

12－10　$F_D=\dfrac{5}{4}F$

参考文献

[1] 杜庆华.工程力学手册[M].北京:高等教育出版社,1994.

[2] 《力学词典》编辑部.力学词典[M].北京:中国大百科全书出版社,1990.

[3] 冯立富,谈志高,刘云庭.工程力学[M].北京:兵器工业出版社,1997.

[4] 蒋平.工程力学基础[M].北京:高等教育出版社,2003.

[5] 冯立富,李颖,岳成章.工程力学要点与解题[M].西安:西安交通大学出版社,2007.

[6] 冯立富,徐新琦,谈志高.理论力学[M].2版.西安:陕西科学技术出版社,2010.

[7] 哈尔滨工业大学理论力学教研室.理论力学[M].8版.北京:高等教育出版社,2019.

[8] 刘鸿文.材料力学[M].6版.北京:高等教育出版社,2017.

[9] 孙训方,方孝淑,关来泰.材料力学[M].5版.北京:高等教育出版社,2009.

[10] 铁木辛柯·盖尔.材料力学[M].北京:科学出版社,1978.

[11] 冯立富.理论力学规范化练习[M].2版.西安:西安交通大学出版社,2009.

[12] 冯立富.工程力学规范化练习[M].2版.西安:西安交通大学出版社,2014.

[13] 冯立富.材料力学规范化练习[M].3版.西安:西安交通大学出版社,2015.

[14] 王永正,冯立富.工程与生活中的力学[M].西安:陕西科学技术出版社,2005.

[15] 冯立富,岳成章,李颖.工程力学学习指导典型题解[M].西安:西安交通大学出版社,2008.

主编简介

冯立富　男,1945 年 6 月生,河南省沁阳市人,中共党员,空军工程大学教授。1969 年本科毕业于西北工业大学飞机系。曾被聘为中国力学学会教育工作委员会委员,陕西省力学学会常务理事兼教育工作委员会副主任,教育部高等学校力学教学指导委员会力学基础课程教学指导分委员会特邀代表。1970 年—1979 年在空军航空兵部队某部历任机械师、干事、科研参谋等职,曾被评为“学雷锋先进个人”,荣立二等功 1 次,集体三等功 2 次,获军队科技成果三等奖 1 项。1979 年后开始从事力学教育工作,共发表学术论文 50 余篇,获校、院级优秀教学成果奖 10 余项,荣立三等功 1 次,1990 年获国家教委首届全国优秀电教教材录像片三等奖 1 项。作为主编或第一主编在高等教育出版社、国防工业出版社、兵器工业出版社、陕西科学技术出版社、陕西人民教育出版社、西安交通大学出版社等出版的教材、辅助教材和科普读物等共 33 部,主要有:《科氏惯性力》《理论力学》《理论力学三基练习》《工程力学》《理论力学简明教程》《理论力学规范化练习》《工程力学规范化练习》《材料力学规范化练习》《工程与生活中的力学》《工程力学要点与解题》《工程力学学习指导典型题解》等。2001 年被评为空军首批高层次人才,获中国人民解放军院校育才奖银奖。2001 年 7 月被空军工程大学聘为力学类课程校级重点教学岗位专家,2003 年 5 月又被空军工程大学续聘为力学类课程校级重点教学岗位学术带头人。

贾坤荣　男,1974 年生,陕西省西安市人,致公党党员,西安工程大学城市规划与市政工程学院力学系副教授。1998 年 7 月本科毕业于兰州大学力学系,2004 年 4 月、2010 年 10 月分别于西北工业大学获硕士和博士学位。主要研究方向为材料力学行为的数值模拟和高温焊接结构的完整性评定。自 1998 年起从事基础力学教学及相关科研工作。主持完成校级重点教改项目 1 项,参与完成教改项目 2 项。主持完成横向科研项目 5 项,参与完成 3 项。主编《工程力学》教材 1 部,参编《理论力学》教材 1 部。发表科研和教改论文 20 余篇。2008 年获陕西省讲课竞赛二等奖,2018 年被评为“西安工程大学师德先进个人”,2019 年被评为“工程大之星”。

吴守军　男,1977 年生,甘肃省靖远县人,西北农林科技大学水利与建筑工程学院结构与材料系副教授,硕士生导师。2000 年 7 月本科毕业于西安石油大学机械设计与制造专业,2004 年 4 月、2007 年 3 月分别于西北工业大学获硕士和博士学位。2007 年在洛阳耐火材料研究院任研发工程师。2008 年—2010 年在以色列理工学院(Technion)从事博士后研究工作。美国化学学会会员,中国材料研究会会员。*ACS Applied Materials & Interfaces*、*Corrosion Science* 等国际知名期刊审稿人,*Non-Metallic Material Science* 等期刊编委。主要从事先进结构陶瓷、陶瓷基复合材料、水工新材料研究。发表 SCI 收录论文 40 余篇,作为第一发明人的授权发明专利 3 项,实用新型专利 3 项。

杨帆　女,1981 年生,四川省资中县人,中共党员,西安科技大学理学院讲师。2004 年本科毕业于西南科技大学工程力学专业,2009 年硕士毕业于兰州理工大学工程力学专业,2012 年博士毕业于西安交通大学工程力学专业,2014 年—2019 年在西安交通大学博士后流动站做博士后研究。自 2014 年起从事基础力学教学及相关科研工作。主持完成国家自然科学基金项目 1 项,陕西省科技厅自然科学基金项目 1 项,陕西省博士后项目 1 项,西安科技大学博士启动基金项目 1 项,西安科技大学教改项目 1 项。发表科研、教改论文 10 余篇。申请实用新型专利 4 项。